江苏"十三五"重点出版物出版规划项目

抗战时期的
南京城市与建筑

梅菁菁 / 著

东南大学出版社

内容提要

作为曾经的首都城市，南京经历了日本帝国主义侵略战争与日占、伪政权时期，历经浩劫的城市向畸形的方向生长了八年。南京城见证了中国从传统走向现代的第一步，同时也见证了中华民族面对强敌勇敢反抗，为争取民族解放与自由不屈不挠、殊死抗争的民族自尊与抗战精神。本书从多个角度考察并阐述抗战时期南京城市历史脉络、建筑现象和现存状态，并对抗战时期特定的社会、经济、文化及技术等背景进行探究，并依此尝试对南京的抗战建筑遗产做出系统定义，以期填补南京抗战时期城市和建筑研究的空白，推动南京抗战建筑遗产的保护与开发工作。本书可供建筑历史、建筑遗产保护相关专业人士，南京城市史、文化遗产研究者及爱好者阅读参考。

图书在版编目（CIP）数据

抗战时期的南京城市与建筑/梅菁菁著. --南京：
东南大学出版社，2020.12
ISBN 978-7-5641-9287-7.

Ⅰ.①抗… Ⅱ.①梅… Ⅲ.①城市建筑—建筑史—南京—1937—1945 Ⅳ.①TU-092.6

中国版本图书馆CIP数据核字（2020）第246029号

书　　名：**抗战时期的南京城市与建筑**
　　　　　Kangzhan Shiqi De Nanjing Chengshi Yu Jianzhu
著　　者：梅菁菁
责任编辑：戴　丽　杨　凡
出版发行：东南大学出版社　　　　　　　社　　址：南京市四牌楼2号（210096）
网　　址：http://www.seupress.com
出 版 人：江建中
印　　刷：南京新世纪联盟印务有限公司　　排　　版：南京布克文化发展有限公司
开　　本：787 mm×1092 mm　　1/16
印　　张：23.5　　　　　　　　　　　　字　　数：458 千字
版 印 次：2020 年 12 月第 1 版　2020 年 12 月第 1 次印刷
书　　号：ISBN 978-7-5641-9287-7　　定　　价：129.00 元
经　　销：全国各地新华书店　　　　　　发行热线：025-83790519　83791830

目　录

第一章
抗战爆发前夕南京城市脉络

南京城市格局成型于明代，在封建帝制瓦解之后的现代化发展中，依然保持了具有山水城林特色的历史骨架。南京的筑城历史可追溯至公元212年，东吴在南京始建都城，此后东晋、南朝的宋、齐、梁、陈先后在南京建都。这段长达300多年的都城建造时期，是古代南京城规划、建设从开创到兴盛繁荣的时期，同时也是南京城逐渐成为中国江南地域重要的政治、经济与文化中心的时期。这一时期中，南京城市基本格局自东吴始建都城之后，便没再发生显著变化。

公元937年，南唐定都南京，称都城为"江宁"。南唐掌权者舍弃当时已经荒废的六朝宫城，在其南面重建江宁府城，并按照"筑城以卫，造郭以守民"的理念规划城市，以南唐皇宫为中心，将城市轴线延伸至秦淮河，并将秦淮河一带繁荣的商市、人口稠密的居住区以及军事要塞石头城的一部分围入城内。南京老城南建筑密集的居民区与商贸区便于此时期成形。

南唐之后，南京城邑仍以南唐都城时期旧址为范围直至元末。公元1127年，南宋高宗南渡初期曾在南京停留，南唐所遗行宫、城池因此曾被多次修缮，作为高宗"行都"。公元1130年，金兵攻占建康城，全城建筑物遭到焚毁，城内居民人数大幅骤减。

此后直至公元1368年朱元璋建立的明王朝奠都南京后，南京城才再一次繁荣起来。

第一节　封建帝制后期的南京城

1356 年，朱元璋攻占集庆路，自称吴王，改集庆路为应天府。1368 年，朱元璋称帝并建立明王朝，改应天府为南京，开封为北京。1378 年，朱元璋正式颁诏，改南京为京师。

明代是南京城市建设最具特色的时期，这一时期南京人口激增，城区面积也进一步扩大，并最终奠定了近现代南京城市的主框架。

1. 明代南京城市空间成型

作为明朝京师的南京城，在都城北移之前，经历了两次建设高潮，可以概括为五个建设阶段：

第一阶段：公元 1356—1366 年（元至正十六年到二十六年）

这段时间是建设南京城的准备时期。

除修筑龙湾虎口城、设置军卫河改建国子学以外，南京并没有大规模的城市规划、建筑活动。

第二阶段：公元 1366—1369 年（元至正二十六年到明洪武二年）

这三年间是建设南京城的第一次高潮期。

这一时期的营造重点是皇家宫殿、城墙及各种坛庙等。工程量浩大、工期短，仅用不到三年时间便奠定了南京城之后的主要城市框架。

第三阶段：公元 1369—1375 年（洪武二年到八年）

这一时期中，朱元璋开始依照南京的皇宫布局及传统方城形式在其老家凤阳兴建中都。这一举动耗费了大量的人力、物力，以至南京的城市建设陷入停滞长达六年之久。但与此同时，中都的建设也给日后南京的皇城格局规划提供了经验。

第四阶段：公元 1375—1398 年（洪武八年至三十一年）

凤阳中都于洪武八年停建，其标志着南京城市建设进入了第二个高潮时期。

这一时期的南京城内，建设建筑类型广泛，建设速度稳健，建设重点在于充实城市内容。其中包括从洪武十四年（公元 1381 年）开始动工修建的明孝陵工程。明太祖朱元璋去世前，南京各区重大布局基本完成，城市规模达到了明初全盛阶段。

第五阶段：公元 1399—1420 年（建文元年至永乐十八年）

由于皇位更迭、战事不断以及迁都的准备，这一时期的南京城市建设仅限于维修和小型兴造。

经历五个阶段历时 60 余年的建设而发展成型的南京城内，保留了南唐以来秦淮河附近繁荣的街市与居民区。皇家宫城的选址则舍弃了原六朝与南唐宫城旧址，而另行选址于老城之外、钟山之阳，填筑燕雀湖为大内。这样一来，宫城虽偏离原南唐城市轴线，但基址背山面水、地阔天长、形式天成，既满足了明代宫廷、宗庙等皇家建筑群巨大规模的面积需求，又避免了惊扰黎民百姓。

（1）城墙建设

为扩张城市面积，明政权在南京修筑了新的城墙。

此时的南京城内拥有三大区，一是旧城区，二是宫城区，三是国家军卫区，三个区各自拥有独立轴线，新筑的城墙便是这三大区域的外缘合围。

明政权对南京城三个区城墙的建设工作有：

一、旧城区内城墙在旧城东、南、西面南唐旧城垣的基础上加高、增固；

二、宫城区内新建的皇宫区及衙署区向东、北、西面增建城墙以围护；

三、军事区两侧从石头山绕狮子山至太平门修筑新城墙。

新修成的南京城墙从旧城的大西门开始向东，沿玄武湖向北扩城，直达龙湾。充分利用了清凉山、马鞍山、四望山、卢龙山、鸡鸣山、覆舟山、富贵山、石头山等城市四周的小高地，城墙修筑于这些山脊之上，凭险制高。城墙之外则以河流、湖泊为濠，充分利用南京天然地势，达到修筑城墙的军防目的。修筑城墙、扩城的同时，南京城西南的南唐、宋元旧城及城中偏北的六朝建康城得到改造、利用。拆下的旧城砖被用于新城墙的建造，始建于东吴的石头城"石头虎踞"段上修建起新的城墙，城北龙湾狮子山的历代所建城堡被铲平，原址另修城墙。

以山顺势、利用各种天然险要修筑而成的南京明城墙，将南京市围合成一个宝葫芦形，虽集历代城垣之大成，但也使得南京大小数十座前朝古城池遗址消失无踪。

最终成形的南京城，是四重环套配置形制。由内而外为：宫城、皇城、京城及外郭。京城与外郭均为依山就势而形成的不规则轮廓。

（2）城市功能分区

在朱元璋平息战乱，统一全国并建都南京之后，南京的经济得到较快发展，人口也随之激增。明初南京人口最多时达 68 万人左右，其中包括约 20.6 万的禁卫军[①]。南京城面积为 41 平方公里，外郭面积按地形图测量，为 222.78 平方公里，人口主要分布在城内中部、南部及北部水陆码头的商贸区。

内城由 34.36 公里的城墙围合，开有 13 座城门，拥有六大功能区：

一、政治活动区

以宫廷区为主体，位于南京城市东侧，是政治活动区的核心区域。

二、经济活动区

集中在城南老城区内。明初原城南老城区内的旧民全部被迁往云南，全国各地的工匠、富民被调集前往城南安居。按功能可分为手工业区、商业区、居住区及服务业区等。

手工业区：于官府指定地点发展，按行业种类分布在旧城区南部秦淮河两岸，以职业称其聚居地为"某坊"，如颜料坊、织棉坊等。

商业区：在南京城内经商的分为三种：外地商户，一般经营规模较大，商铺位于官街两侧；本市居民，一般在居民区内经营小店、摊铺；近郊农户，一般以食物、燃料为主要销售商品，营业地点与时间都很集中，其交易场所沿用古制，称为"市"，城内主要分布在镇淮桥西两岸，大中桥、北门桥、三牌楼等处。南京商市除自古传承下来规模较大的市场外，凡是交通便利、人口聚集的地方，多有商市形成。其中规模较大的商市有：大市街旧天界寺的大市；大中桥西的大中街市；三桥篱门外斗杨村内的南市；新桥南北的新桥市；聚宝门外的来宾街市；长干里东通重译桥的东口市；安德乡来宾桥西的小口市；长安桥的西口市；江东门外的江东市；洪武街口的北门桥市；旧内府西的内桥市；江宁县冶西南 15 公里处的板桥市；清凉门外的上中下塌坊；仪凤门外的草鞋峡。

餐饮服务业也随着商业的发展而日益兴盛，明初在城内外的主要干道的江东门、三山门、石城门、聚宝门和三山街一带，由官府统筹建设了 16 座大型酒楼。

三、文教区

明代南京文教区中的应天府学仍沿用位于城南，宋时建设的夫子庙。

另外，由国子监、司天台等组成的文教区，设在城中心鼓楼岗附近。鸡笼山上设有"观象台"，在 1341 年（元至正元年）建立的司天台基础上，于 1385 年（洪武十八年）扩建为国家天文台。

① 奚永华.南京城规划志[M].南京：江苏人民出版社,2008:89.

四、祠庙区

明代南京有三大佛寺，它们分别是始建于六朝，聚宝门外的天界寺，于古长干里新建的大报恩寺，因建明孝陵而从独龙山迁至紫金山麓的灵谷寺。1411 年（永乐九年）为纪念郑和七下西洋的功绩，在兴中门外狮子山下建静海寺。1416 年又在静海寺前修建了天妃宫。1600 年（万历二十八年），南京第一座天主教堂由意大利传教士利玛窦在南京东郊洪武岗（今卫岗）一带建立。

五、居住区

城市居民的分布，在明代依旧是按照阶级、职业组织聚居的传统封建体制进行布局的。1380 年（洪武十三年）诏令实行统一编户制，以 110 户为单位，城中聚居地称为"坊"；近郊聚居地称为"厢"；村乡聚居地称为"里"。

城中功臣、官吏居住区多集中在城南沿内秦淮西半段的两岸及广义街以东。而城北则是贫民编户聚居地。

海外诸国的外交使团驻地设在"会同馆"和"乌蛮驿"，位于今通济门内公园路一带；外国商人和船员住在城外江边的"龙江驿"和"江东驿"。

六、城防区

为西北部城市新扩的区域，建置有各卫营房、军储仓库、校场，设置各种军事设施。

总的来说城内六大功能区的区位分布，仍符合明南京建都最初制定的南部为商业、人口集中区、中部为中央政治区、北部为军师驻防区的布局。

（3）城内外水陆交通

中国古代城市道路大多依照古制修建，形成南北、东西联通，交错的棋盘状。但明南京城内道路布局却是自成系统的，南部老城区保留旧有轴线和随之布局的街巷；东部新建的皇城开辟出另一条轴线；城北道路主要用于联通各军卫驻地，没有明显轴线。这三大区域的街道系统相对独立。

明代道路分为三个等级：官街、小街及巷道。城北军事区仅一条官街"洪武街"与长安街相连通往城中和城南。相比之下皇城交通十分便利，东西各有一条官街，联通皇城、贯穿城市东西。市区内的官街除以上两种外，多与工商区交织在一起。分布在旧城区内的主要为小街和巷道，作为联通各户的通道。内秦淮沿岸区域街道交织、盘旋曲折。

另外，南京城内水道历代均有凿浚。明初城外开凿了护城河与上新河等，城内新开皇城、宫城护城濠及小运河。新开凿的河道与南京旧有水系相连通，形成水系网络。其中护城河成为重要的水运干道，而皇城及宫城的护城濠主要是用于防卫。城北的驻军区亦利用水道进行军用品运输。此外，内秦淮河沿岸商家云集，盛行各种游船、灯船，所以除运输外，内秦淮也成了一条游览水道。

（4）南京外郭

南京外郭拥有三大功能区，它们是：东部明孝陵为核心的陵墓区；南部的厩牧寺庙区，包括饲养大型外来动物的养殖场；西部是对外商贸区域，是秦淮河与长江水道的连接处，水陆码头大量云集于江东门至水西门之间。

明政府为了加强南京城市防御能力，自1390年5月起动工建造南京外郭城垣。从城市西北方长江畔的外金川门开始沿江岸向东北一直到燕子矶附近修筑城墙，将幕府山等江防重地圈入外郭，并新开辟了观音门；城垣折向东南方向修筑，将紫金山全部包入外郭之内，在紫金山东麓麒麟门转向西南；沿城东南岗垅修筑到南端夹岗门，再折向西北，直达西郊长江边江东门，将内城南面雨花台等制高点全部包裹于外郭之中。

外郭号称"一百八十里"，实际周长60公里左右。外郭城垣大部分是利用岗垅的黄土筑成土墙，只在险要地段才以砖筑垣、建造城门。外郭由砖筑成的城墙共约20公里，占全长的三分之一左右。1391年，外郭城垣完工，郭内面积达300多平方公里。外郭与内城之间地区，仍为农田与自然村落。

南京外郭城门，根据历代史料记载，初建成时，有城门15座，后经历代增建，至民国年间朱偰所著的《金陵古迹考》中，列出外郭城门名19个。综合各史籍，南京外郭城垣城门门名共有20个，它们是：姚坊门、仙鹤门、麒麟门、沧波门、高桥门、上方门、夹岗门、凤台门、江东门、佛宁门、上元门、观音门、大安德门、小安德门、大驯象门、小驯象门、外金川门、双桥门、栅栏门、石城关，其中栅栏门与石城关为同一门[1]。

（5）浦子口城

为加强江防、防御北方来敌，1371年9月，朱元璋下令在南京长江北岸，修建浦子口城。其址位于今天浦口区东门镇、南门镇一带。初建成时，城周长60余里，拥有五座城门。

明代浦子口城曾多次修建。其中最主要的一次是1503年，浦子口南城毁于江洪，于是明政府于1617年开始动工修城，一年完工。补建的城垣长约2700米，增建门券四个、瓮城一座。

① 奚永华. 南京城市规划志[M]. 南京：江苏人民出版社，2008:84.

明初南京城市的规划与建设,是古代南京城市营造的巅峰时期,其主要特点有:

一、突破了前朝南京城及旧制城市的建设模式,形成了一种崭新的城市布局。明初南京城市建设,不再沿用以宫城为中心的方形为主的城市布局,而是从利用自然地形出发,根据旧城实际情况,因地制宜地将宫城置于城市东部,保留南面旧城繁荣区,向北扩展新的城区。从而避免了因建都而引起的扰民与浪费,奠定了今天的南京城市轮廓。

与此同时,南京旧有的城市框架被打破,在形成新的城市构架的基础上,大大扩展了城市面积。明南京都城比东吴最初定都南京建康城时,面积扩大了近五倍,这使南京成为中国古代面积最大的都城。在此基础上,明南京还完成了"宫城—里城—外城"这种真正意义上的"三套城"都城建设模式。

二、南京城内出现了明显的功能分区,具有近、现代城市规划的意义。城北为军事驻兵区;城东为中央政治区;城南为手工业区,同时也是平民住宅区;贵族、富甲居住区在城中部偏南以及偏东区;教育区与祠庙集中布局在城东偏北的地区。

三、奠定了南京成为消费型城市的基础。明初,朱元璋为改善都城内的人口结构,将原城南聚居的贫民迁往云南,从江浙一带迁来富户上万人,并从全国征集手工业者及劳工45 000户到南京落户。这些人的到来加速了经济的发展,南京城内商贾云集,奠定了南京成为消费型城市的基础。

2. 清末南京城

清顺治初期,南京作为江南省的首府而改称江宁府,城内在汉府街口设两江总督衙署,管辖江南、江西两省。明代建造南京城墙时所开设的13座城门,至清代被封闭了其中四座,剩仪凤门、定淮门、石城门、三山门、聚宝门、通济门、正阳门、朝阳门、太平门九座可供通行。清八旗军士在原明初修建的皇城的位置屯兵驻防。八旗驻防城又称满城,北墙为明皇城北墙,南面及东面延伸至南京城墙,以城墙为满城的东墙与南墙,所以朝阳门和正阳门被用作军用通道,实际上全城只有七座城门可供居民进出。

此外,南京城内的清代官署还有:夫子庙瞻园所在位置上的江宁市政司署;瞻园东侧的江宁督粮道署;奇望街针工坊口的江宁提刑按察司署;淮清桥的江宁提学司署;南捕厅的江南盐法道署;两江总督署前的江宁织造署等。

（1）太平天国天京城

1851 年 1 月 11 日，洪秀全在金田起义，定国号为"太平天国"。1853 年 3 月 19 日，太平军攻入南京城后，定都南京，改江宁为天京。

太平天国期间，南京城市建设的重点主要在城市防御建设与天朝宫殿及主要王府建设上。

①城防建设

由于与清军战争不断，太平天国将城市防御建设列为城市建设的头等大事，入南京城仅数日便发动全城军民改建南京内城，大力加强城防工事，并最终建成了一套新的城防体系：利用外郭与城市之间的山丘、河流等，建筑营垒，纵深布防。

太平天国政权在南京建有正阳门外七桥瓮、七里洲、观音门、仪凤门外中关、下关、秣陵关、江东门、江北九袱洲、烈山、郭家山、雨花台、天堡城、地堡城等营垒。

其中规模较大的为：

天堡城：修建于紫金山西峰之巅，故称天堡城。天堡城由巨石修建而成，在城西、南、北三面开城门，内堡拥有上下两层。

地堡城：与天堡城同时修建，位于紫金山西峰西麓，近湖的山凹处，故称地堡城。地堡城有三座石垒，外围修有三道濠，主堡位于高大的石台之上。

太平军于 1853 年占领镇江后，决定从北固山至长江边修筑一道护城，遂拆除明代筑成的江北防御城浦子口城，用其城砖来修筑新城墙，浦子口城随毁。

而后，太平天国政府对南京的明城墙进行了改造。在城门外加筑营垒，缩小城门的尺度，"砌之使其卑狭不容骑，不并行"[①]，加高城墙、增挖城濠，同时在清凉山内侧新建一道城垣。为方便军队进出，在城墙上新开城门，如东水关以南白鹭洲附近，拆城墙形成通道，又在水西门南、今集庆门一带开辟小南门。

城墙之内的城市内部亦进行军事设施的建设，其中包括街垒与望楼。城内被划分为四个军事防御区：鼓楼、北门桥以北，西华门复成桥以东，长乐路以南，天朝宫殿所在的行政中心，各为一区。

②天朝宫殿修建

原清朝廷两江总督衙署旧址被用于修建天朝宫殿。由于南京周边常年驻有清军，建筑材料无法从城外运入，太平天国拆毁明故宫遗存各殿建筑的材料，用来修筑天朝宫殿。原

① 马伯伦.南京[?]
置志 [M]. 深圳：海[?]
出版社,1994:211.

本明故宫一带由于太平天国建都前为清八旗屯兵驻地，又遭受城外清兵炮火影响，破坏十分严重，如此一来更是百无一存。明朝修建的行宫、寺观、衙署、祠庙皆遭到拆毁，数百里明代陵墓坊表柱础也被拆走，作为天朝宫殿的苑囿。

修成的天朝宫殿，呈长方形，以长向中轴对称，其范围北至太平桥西，东由黄家塘经东箭道街至利济巷，南至吉祥街、卫巷一带，西达太平北路东侧，外墙高五、六丈，周长近十里。宫墙之外挖有城濠，宽、深各二丈，名曰御沟。

③王府

太平天国建都南京之后，规定城内一切房屋皆归天朝所有，城内原有民间住宅或者商肆遂被太平天国中下级头目占据，而原明清衙署及大宅则被太平天国的各王及高级头目征用。

南京城内天朝王府的建设分为前、后两个阶段：

1853年至1856年间是建设的前阶段。南京城内建有王府七座，它们分别是东王杨秀清的东王府，位于汉中路虎贲仓以南，堂子街以北，黄泥巷、侯家桥以西，罗廊巷以东一带，方圆六七里；西王萧朝贵的西王府，位于瞻园；南王冯玉山的南王府，位于奇望街清江宁提刑按察司署；北王韦昌辉的北王府，位于白下路八府塘，前湖北巡抚李长华新宅；翼王石达开的翼王府，先后位于长江后街熊氏宅、大中桥畔斛斗巷旁刘宅与上江考棚安徽王宅；燕王秦日纲的燕王府，位于升平桥，由董姓、胡姓两户人家的住宅改建而成；豫王胡以晃的豫王府，是原江宁府署，今南京市第一中学校址。

后阶段在1856年天京事变爆发之后，前期所建王府大多衰败，东王府被北王韦昌辉纵火烧毁。1859年开始至1864年7月间，太平天国领导层频频封王，被封王者多达2700余人，受封为王者，无不建造王府。这一阶段，南京城内王府鳞次栉比。

南京城内天朝王府集中分布在内秦淮河北岸至鼓楼之间的区域中，多继承原有的官署、富贾房屋，或直接居住，或加以改建。

太平天国在南京建都十一年零四个月间，全城废除了"家庭"概念，除诸王外男女无论老幼，一律按性别分别编组，集中居住，婚娶也一并废止。土地、房屋和生产资料一律收归公有，禁止商业及其他一切私营企业，人人依附于军队或王府、衙署，从事工作、劳动，取得生活必需品。这使得南京全城实质上成了一个庞大的政府机构和一座巨大的军营。

这一时期南京总体城市布局仍传承自明代城市骨架。南京城内功能分区在明清发展遗留下来的基础上，结合城防需要被分为四个区：

一、城东明故宫一带由于战乱及太平天国拆明故宫建天朝宫城，而成为一片衰败区；

二、城南长乐路以南，因与驻守在城外雨花台一带的清军对峙而成了军事驻防区；

三、城区中部，是太平天国天京的政治、军事、经济中心；

四、鼓楼以北的军事城防区。

至 1864 年 7 月 19 日清军攻入南京，城内众多王府被清军烧毁的占七成，各大小王自行烧毁的占了三成，天朝宫殿被清军焚毁。驰名遐迩的大报恩寺也在太平天国时期被太平军焚烧，化为灰烬。南京城内一片破败之象。

（2）太平天国后至清末

1858 年，清政府与法国签订了不平等条约《天津条约》，南京被列为长江上首批开放的口岸之一。1868 年，美商轮船公司在下关设立码头，供其客轮上下旅客之用。

洋务运动兴起后，两江总督李鸿章于 1872 年令轮船招商局在下关建立简易的码头，至 1874 年，清政府所建码头的停泊吨位已达 1 600 吨。1882 年，在两江总督左宗棠批准下，轮船招商局在下关建起南京首座轮船码头。1895 年，两江总督张之洞又主持在下关建公用兼官厅码头一座，并修筑一条起于下关江边，经下关街道由仪凤门入城，沿旧石路到鼓楼，再经鸡笼山南麓、碑亭巷总督衙门绕驻防城边至通济门的马路，成为南京的第一条近代马路。同年，在惠民河龙江桥旧址建铁桥一座，衔接江边交通。

1865 年，金陵制造局由迁移而来的苏州洋炮局和安庆洋炮局合并成立，在雨花台、原大报恩寺旧址建厂。这也是南京成立的第一座采用机械化生产的工厂。

1899 年，在不平等条约《修改长江通商章程》的签订之下，南京正式开放为通商口岸，并划定下关惠民河以西，沿长江 2.5 公里为外商开设洋行和建造码头货栈的地区。此后南京市内交通量增大，除城外下关地区形成了商埠街、大马路、二马路之外，新建有三牌楼至陆军学堂路；大行宫与西华门间道路；洋务局至旱西门路；花牌楼至贡院路；升平桥至内桥路等五条次干道。干路宽 6 到 10 米，可行马车。贯穿南北的城市主干道也延伸至龙王庙；1901 年，再次延伸至内桥、贡院、大功坊；至 1903 年，已经延伸到了汉中门南侧。

此外，中山书院、清凉寺、毗卢寺、石鼓路天主教堂、基督教堂莫愁路堂等宗教建筑相继建设或重建，西方教会开始在南京创办西式医院与各类学校。1905 年，清政府废除科举制度，南京城内开办起各级学堂，兴办江南图书馆。1910 年，在南京城北举办了"南洋劝业会"，是官民合办的大型博览会，展会建筑集西方各国建筑风格，会场规模与面积空前。

这一时期，津浦铁路、沪宁铁路均修通，南京成为两段铁路的承接点。1907 年 10 月，城内修成贯通南北的市内小火车，全长 8 公里。

由于太平天国与清政府的战争，造成了南京城内大片建筑被毁、道路阻塞，城市经济凋零。在之后清政府统治的近五十年中，南京的基本城市骨架依旧没有大的变动，内城城墙因战争而被破坏的部分得到了清政府的修缮。由于被迫开放为通商口岸、连通北方与上海的铁路修成通车等原因，南京下关地区商贸口岸的雏形已基本形成。市内交通除了增建一条小火车线路外，贯穿城市南北的主要道路仍然只有一条马路，而这条马路的修筑也主要是为了服务于下关商贸区。

综上所述，太平天国失败后至清王朝覆灭这段时间内，南京城市基本格局并没有太大变化，城内主要的建设仍旧是以修复与点状增建为主的。

第二节　抗战爆发前民国南京城

1911 年辛亥革命的成功，标志着中国封建王朝的覆灭。1912 年 1 月 1 日，孙中山就任临时大总统，并定都南京。孙中山认为南京"位置乃一美善之地区，其地有高山、有深水、有平原，此三种天工，钟毓一处……得有正当开发之时，南京将来至发达，未可限量也"。同年 4 月，由于袁世凯夺权，临时政府迁往北京。1927 年 4 月 18 日，国民政府首都迁回南京，南京市政府遂于同年 6 月 1 日成立。5 日后的 6 月 6 日，直隶于国民政府行政院的南京特别市成立。

1927 年的南京城市面貌与清末相比仍没有明显变化，鼓楼以北的城内遍布池塘、农田、荒地，仍被称为"城北乡"。国民政府 1927 年迁回南京后，遂成立了首都建设委员会，开始了长达十年的"黄金建设"时期。

在 1919 年至 1937 年侵华日军占领南京之前的 18 年间，国民政府在南京先后实施了深度不一的六次城市总体规划，它们分别是：

1.《南京新建设计划》

第一次世界大战后，东西方贸易再度开始频繁往来。孙中山为开创民国新局面，谋求国际合作，于 1919 年完成《建国方略》中的《实业计划》部分，即物质建设方略。在这部计划中的"建设内河商埠计划"里对南京，重点是城北沿江商埠区与浦口的部分地区提出了原则性的规划意见，以此为基础所提出的《南京新建设计划》具体内容有：

（1）调整沿江用地结构。当时下关附近，由于江面狭窄，水流湍急，常有塌陷发生。为改善长江航道、巩固码头地位，在"计划"中提出将南京码头移至江心洲及南京外郭江岸之间，封堵江心洲下游水道，在江心洲和长江南岸之间形成可容纳远洋巨轮的泊船坞。与下关相比，此处离南京城内住宅区及商贸繁荣地带距离更近，便于形成一处码头至南京城墙间、面积数倍于下关的商业区。待该区域商业发展成熟时，便可并入南京市区范围内。

（2）加强长江南北交通联系，修建过江隧道。与南京一江相望的浦口，根据当时计划来看，势必成为江北所有南向火车的终点；长江南岸的南京又拥有通往海岸码头的便利交通。

所以"计划"中提出，在建设南京城的同时，修建火车过江隧道，以便南北之间的直通火车通行。

（3）加强浦口新城基础建设。作为江北火车终点商埠区，应为吸引外资而创造条件。江浦的发展应被纳入国家规划之中，修新式街道、整修河岸。

《南京新建设计划》虽然只是基于对外商贸的目的，对南京北部区域仅进行了粗略的规划，但却具有现代城市规划的特点和意义

2.《南京北城区发展计划》

在南京下关地区商埠日益繁盛之时，为加强、改善下关与老城区的联系，顺应南京北城区的工地扩展趋势，南京督办下关商埠局于1920年组织相关机构、人员编制了《南京北城区（含下关地区）发展计划》。其内容包括"区域分配计划"及城市"干道计划"两大部分内容。

一、区域分配计划

即用地规划。从功能分区的角度，对南京北城区用地进行了大致的划分，该区域规划基于已经存在的用地内容，在此基础上加以适当调整与一部分的重新划定。玄武湖畔被规划为公园区；西部城墙处设置要塞区；要塞区与玄武湖公园区之间为住宅区；下关原有商埠区往南、北沿长江江岸由码头区拓展加入商业区、要塞区等。

新规划的南京北城区拥有三个层次：生活区、过渡区及生产区。

二、干路计划

南京城市道路依照路宽，被规划为四个等级：40米、33.3米、20米及15米的道路。其中主要干道除连通下关与城市中心的主干道外，另设一条滨江大道。

此外其他次干道，由于新旧路网间生拼硬接，导致网络不清，道路构型紊乱。

《南京北城区发展计划》是基于发展南京北城区与下关商埠目的所进行的规划。是南京现代城市规划历史上最早具备总图的规划设计，但遗憾的是其道路的规划十分草率，未能很好地解决南京北城区广阔区域中的交通布局问题。

3.《南京市政计划》

民国政府定都南京之初，并没来得及在南京建设现代市政体系。于是南京各界代表于1926年开始聚议现代市政建设问题，并决定组建南京市政筹备处，负责制定南京城市发展计划，并于当年由陶保晋主笔拟成《南京市政计划》。

该计划属于综合性计划，其中对城市规划发展起到较为重要影响与作用的计划，其具体内容为：

交通计划：是以完善城内路网、加强城内外联系为目标，基于1920年《南京北城区（含下关地区）发展计划》的"干道计划"的基础上略加调整完成的。所以城北路型大致保持了前一次规划的基本结构，而城南旧城区道路则没有加以调整或拓宽。该计划具体包括：规划干路以利交通；修神策路以通车站；兴办环城电车；疏浚秦淮河；开辟城门以利交通；填筑下关江岸以兴商业等六个子项。根据"计划"，将新开辟与修整道路共二十八条，总长为233里。

工业计划："计划"认为工业的发展与水陆交通是否便利息息相关。于是将工业区设于下关老江口至观音门的沿江一线，为自来水厂、电灯公司等大型企业供电所需，计划在东炮台附近设立大型电厂。

公园、名胜计划：计划利用南京原有风景、名胜兴建五大公园与五大名胜。

住宅计划：为吸引下关日益增多的住户进城居住，拟开辟三牌楼、海陵门至双门楼、往东延伸至丰润门一带为住宅区。城南旧区已经经历了历代的发展，房屋林立、街巷错综复杂，宜保持原状。原皇城旧址已经破败不堪，则应利用，另辟为新住宅区。所有新建住宅区需要按照规定的建设计划建造，分配各类功能地段，辟路种树，所有建筑配套市政设施需符合现代都市建设要求

4.《首都大计划》

1927年，国民政府返回南京奠都之后，遂于当年6月成立南京特别市政府，开始负责南京市政建设工作。首都的建设计划于1928年国民政府北伐战争胜利在即时开始着手拟定。而要建设一座现代化大都市，必须要有市政计划。国民政府在派员出国考察现代都市的规

划方法的同时，开始筹建"南京城市设计委员会"，编制南京都市开发计划。1928 年 10 月，由南京市市长何民魂定名，完成了南京国民政府所编制并实施的第一部城市规划：《首都大计划》。

《首都大计划》其指导思想为：把南京建设为"农村化""艺术化""科学化"的新型城市。

"农村化"，即为城市"田园化"，是基于工业革命后，城市过度工业化造成市民生活环境不佳，而提出的改善城市生活空间，为市民建设、提供清新自然的生活环境的城市建设意见。

"艺术化"，则为"东方艺术化"。提出在南京城市的建设中不要盲目照搬西方著名城市的规划方法而舍弃中国传统悠久的东方艺术与文化；在南京的城市建筑样式上，也应该弘扬中国传统的民族形式及国粹精神。

"科学化"，即指在南京城市规划的制定中应该学习西方城市建设方面的先进经验，考虑现代社会发展的新需要与新趋势。例如汽车时代到来对城市道路形式提出的新要求等等。此外，"科学化"还包括了在制定城市规划方法中应采取科学的手段，从客观出发，尽量避免主观臆断。

《首都大计划》的制定三易其稿，最终制定的成稿中，内容包括城市分区与城市道路规划两个部分：

城市分区：根据功能不同，在城市中划定七项功能区，即旧城区、行政区、住宅区、商业区、工业区、学校区、园林区。在计划中首次在南京的现代城市规划草拟了行政区与学校区。城东明故宫旧址将作为行政区。神策门以西至朝天宫起，西达水西门、草场门至城墙根为住宅区。商业区分为两处，一处位于中正街以北，鼓楼以南，东、东北与学校、行政区相连，西至朝天宫为止；另一处为下关商埠街全域及三牌楼的一部分。学校区毗连行政区北端，沿太平门向西北至丰润门为止，东南到西华门。而八卦洲则整体被定为工业区。

道路规划：规划拟定建设中山大道，自鼓楼直通向北，连接中央门。建设城内南北向道路，包括鼓楼经成贤街花牌楼至益仁巷段；鼓楼经干河沿直达秦淮河段；鼓楼至聚宝门段。以及城内东西向的道路，包括汉西门经中正街到大中桥段；汉西门经大行宫至朝阳门段；水西门经奇望街至通济门段等。

在《首都计划》正式颁布、实施之前，《首都大计划》中所设计、规划的内容在南京市政建设中曾起到过指导性的作用。

5.《首都计划》

国民政府于 1927 年定都南京后，"首都建设委员会"于 1928 年 1 月成立，下属"国都设计技术专员办事处"专门负责制定《首都计划》。

为借鉴西方现代化城市规划成功经验，国民政府特聘请美国著名设计师亨利·基拉姆·墨菲（Henry Killam Murphy）与古力治（Ernest P. Goodrich）担任顾问的同时，也聘请清华留美的建筑师吕彦直等国内专家相助，于 1929 年 12 月 31 日正式公布了《首都计划》。

美国建筑师亨利·基拉姆·墨菲 1899 年毕业于耶鲁大学，以设计殖民地式建筑而著称。1914 年至 1935 年间，墨菲活跃于中国的建筑舞台。在中国的设计生活中，墨菲认为不能直接简单地将美国的建筑设计风格和方法生搬硬套地带到中国，而应该将设计的重点放在努力地使中国的建筑适应现代社会的需求。墨菲在南京设计了一批中西合璧风格的建筑，如金陵女子文理学院的主楼、图书馆、大礼堂；国民政府铁道部；国民革命阵亡将士纪念堂与纪念塔等。1928 年参与南京《首都计划》的编制，使墨菲在中国的事业达到了巅峰期。

《首都计划》所提出的具体指导思想是："本诸欧美科学之原则，而于吾国美术之特点。"即以西方理念为主，以中国传统形制为辅，以西方现代都市规划理念作为大局把控，以东方审美情趣来进行细节雕琢。在城市的形象设计中，提倡采取中国传统建筑元素为最佳。

《首都计划》主要包括以下几个方面的内容：

一、首都界限规划

"计划"中重新划定了南京的四界。其划定原则包括六个方面：其一，利用天然分界线进行城市边界划定，如山脊分水岭、可通航之河道、原有路基等；其二，考虑国防需求，因南京为中央政府所在地，利于防守至关重要，遂将南京周边所有最高点均划入南京界内，如牛首山、王山、马鞍山、将军山等；其三，预留未来各项事业发展及人口增长所需求的面积，在南京境内广留种植地；其四，对南京界内地域适度进行整理；其五，为避免将来可能发生的经济、法律上的各类纠纷，通航水道两岸应划入同一行政机关统辖，并且在市界划定时不应从村庄中间穿过；其六，为方便市民进行游览，南京内城周边的风景名胜地点也划归南京界，如雨花台、牛首山、玄武湖、燕子矶、幕府山、紫金山等。

如此一来，新划定的南京市界线全长 117.2 公里，面积达 855 平方公里，其中浦口约占 200 平方公里，紫金山陵园约占 31 平方公里。

二、南京百年内人口预测

"计划"中称城市的规划不仅要满足当下市民需求，更应当为将来的市民着想，随着城市发展，城市人口必定增加，所以在进行实际规划前应对城市人口发展趋势进行研究。人口规模预测以一百年为远期期限，以六年为规划近期期限，以现有人口增长速度的统计作为预测的基础，结合西方发达国家及亚洲国家印度的比较，预测百年后南京城市人口以200万人为基准，根据城市分区条例规定的人口密度限制进行安排分布，并使用上规划中所保留的未来发展所需空地，南京城内应居住72.4万人，其余127.6万人居住在城外。

三、中央政治区

"计划"认为，中央政治区地点的选择十分重要。经过详细的调查后，选定三处地点较为合适：紫金山南麓、明故宫、紫竹林。就这三处地点互相比较而言，"计划"推荐紫金山南麓作为中央政治区地点，因其位于郊外且靠近总理陵园，环境优美、地域开敞，且有崭新革旧的寓意。紫金山南麓的中央政治区界限内面积为775.8万平方米。

四、城市行政区

市行政区根据四项原则进行选择：有足够的发展所需用地面积；地势较高以保证市府的尊严；各市级机关均能与市民有直接或间接的联系；不同性质的市政机关选择不同的办公地点。

行政用地按照百年内200万人口计算，约需要4万职员、总计55万平方米的使用面积。据此调查选址，鼓楼北大钟亭界内面积43.1万平方米，适合布局建设与市民日常接触频繁的政府机关；五台山界内63.7万平方米，拥有一处天然椭圆形运动场，适合布置公共运动场、图书馆、公共会所、博物院及各种文化机关。

五、工业区

"计划"认为中国已由农业时期向工业时期转型，而南京位于中国铁路运输节点、水路运输要道，将来必定成为全国工业中心。对工业区的规划在孙中山提出的《南京新建设计划》中安排在沿江两岸的基础上，规划江南片为以发展不含毒、低危险的小型工业为主的第一工业区；江北片区为污染性工业基地的第二工业区。

六、公营住宅区

合理解决市民的居住问题是城市建设中必须要面对的一项重要社会问题，而建造公营住宅区则是一种较好解决问题的手段。规划建造的公营住宅区中，提供给低收入者居住的布置在城南、城西、城中人口稠密的区域；提供给政府职员居住的须接近其工作的政府机关，所以选址于后湖东北及中央政治区东、西、南三面较为适宜；工厂工人的住宅则选在第一工业区附近，即下关三汊河南部诸地工厂区附近；提供给高收入人群的住宅区设在城北高级别墅区。

七、商业区

为引导全城向东发展，实现城市以同心圆式向四周均匀拓展的目标，商业区设在明故宫旧址。其址大半为政府所有，且接近中央政治区，一旦商业区形成规模，地价飙涨，也可为政府增加收入。

八、文化教育区

公共文化、体育区设置在鼓楼、五台山一带。大学校区以现有的几所大学位置为基础，可向四周发展建设；中、小学应设在人口稠密处。待中央政治区建设完成，遍布城内的政府机关集体迁往中央政治区之后，所遗留的机关旧址可改建为中、小学。

九、城市道路系统规划

鉴于南京的既有城市体系，鉴于鼓楼以南直至城南旧城区道路纵横密布，已成网状布局，对这一部分道路的建设便仍沿用原有的路线仅加以改良。城市的新发展区域及城东与城北两部分，少有建设、地广人稀，所以规划方格网对角线的构图方式形成新的密度较高、交通组织灵活的交通系统。

城市内道路规划分为五个等级：干道、次干道、环城大道、林荫大道、内街，路面以沥青路面为主。这其中，城市主干道均已基本建成已经定型；次干道包括零售商业区道路、新住宅区道路、旧住宅区道路等，根据区域不同的功能而决定其构型；环城大道拟将明城墙顶部改筑成能行驶小汽车的"高架"道路；城垣内侧修筑供人通行的林荫大道。

在新街口建立环形道路组成的广场，其周围建设成全市交通、商业与金融中心。

道路名称按照国民政府第 96 次国务会议决定，城南旧区道路以南京古称命名，城中道路以全国各大城市命名，城北以全国省名命名。市郊公路共拟建九条，以城市为中心向外放射，相互之间以横路相连接。

此外，城内沿用从下关连接至健康路的小铁路"宁省铁路"。

十、公园及林荫大道

南京已有中山陵园、玄武湖公园、第一公园三处大型公园，以及鼓楼公园和秦淮公园两处较小的公园。但"计划"认为现有公园将来必定不能满足城市居民的需求，应另外选择合适的地点开辟新公园，并在公园与公园之间建设林荫大道，串联全市绿地以形成一座城市大公园。包括明城垣内侧的林荫大道，南京公园及林荫道在城内的面积拟达 6.47 平方公里，占全市总面积的 14.4%。

十一、对外交通

南京铁路客运总站位置的选择仿照西方城市的布局方式，拟建设在未来城市中心位置：明故宫与富贵山之间。以促进城市中心区域的商业发展，引导城市中心向东迁移。

对港口的规划，以美国各大内河港为样板，以期将南京建设为国际商贸港。"计划"提出了四个标准：接近运输机关；码头至城内须有便利的交通；为在港口工作的职工配备居住设施；港口须规划预留仓库等各种配套设施的面积。南京港以下关为主要港口，以浦口港为辅。

对机场的规划，"计划"认为南京作为将来的国际化大都市应与西方大城市一样，在建设飞机场之外，还应建设飞机总站。飞机总站设在皇木场（今水西门外至上新河）为宜。另外还选三处建设机场，它们分别是：红花圩、沙洲圩、小营。其中红花圩紧连中央政治区，平日可做民用，战时可改作军用机场，保护中央政治区。

十二、水道改良

南京城有两条旧运河：城外的护城河与城内的秦淮河。两条运河在南京历史上均发挥了重要的运输作用，但因年久失修已不利于航行，急需疏浚维护。对这两条运河，根据其主要功能的不同，采取不同的改良方法。

城内秦淮河：为恢复其游乐、景观欣赏及排水功能，应拆除两岸背河而建的房屋，开辟为林荫道。另外须增设泵站、抽水机，以控制河水水位。

城外护城河：为充分发挥其货物运输的作用，保持河水的深度与河面宽度为维护的首要目的。靠城墙一侧河岸应修筑河堤，成为建设货栈、工业的基础。

十三、渠道计划

南京城内大部分区域地势平坦，为排涝排污需要有一套完整的城市排水沟渠建设计划。该计划内容主要包括：排水沟渠及泵站的选择；雨水沟与污水沟的分、合，即现代所提倡的"雨污分流"系统；城内雨水宣泄计划；城内污水宣泄计划；城西地势较低地区的特别技术措施；实施时应注意的事项等几方面。

十四、自来水厂与电厂计划

自来水厂建设规模按用水量指标人均每日15加仑即68.19升计算。以扬子江作为水源,水厂取水口位于江心洲北距洲300米处,可不受沿岸工业污染影响。采用清水池来调节供水与用水的平衡。

电厂可选址在江心洲北端或夹江东岸。其中后者为最佳,并提出不宜在现有下关电厂的基础上扩建,以免妨碍火车轨道路线的发展。

十五、浦口计划

浦口位于津浦铁路终点,拥有火车轮渡,连接江南铁路线路,又有长江码头,拟开辟成工业重镇,以辅助南京发展。现有浦口火车客运站拟改为货运专用,在其西北处另新建客运站。浦口镇内交通,以便利为主要目的,所以拟建设的干路多采取对角线方式布局。

十六、城市分区条例草案

在着手开始进行城市建设之前,首先要做好城市的区域划分。城市区域划分的作用在于使全市土地利用更加合理化、人口分配得当、交通空间与预留发展空间得到合理安排、确保公共环境卫生的良好等。"首都分区条例"共拟定19条条文,将南京城市用地划分为八个区域:公园区、第一住宅区、第二住宅区、第三住宅区、第一商业区、第二商业区、第一工业区、第二工业区。

《首都计划》所涉及的内容范围广泛,其中包括人口预测、城市功能分区、交通计划、市政工程、城市管理等各种条例,是南京城市建设史上第一部正式的规划文件,并且是南京历史上第一部依据西方先进城市规划理论、结合中国国情所拟定的城市规划,在南京近代城市建设上占据了重要的位置,对南京之后的城市规划、建设产生了重要影响。由于南京城当时的"首都"地位,《首都计划》的最终成果既需要体现城市现代化特性、与西方现代化大都市比肩,同时又不能做出崇洋媚外的姿态,须将中国东方文化、传统融会贯通至计划之间。

19世纪30年代的国民政府定都南京、国事初定,对首都的建设刻不容缓,从组织人员开始进行城市规划的工作到公布《首都计划》,前后只用了23个月。虽然参与编制的人员鞠躬尽瘁,却仍不能弥补时间过急而造成的规划脱离实际的不足之处。在《首都计划》公布之后,具体实施该计划中便出现了实际建设与书面规划存在明显差异的现象。南京现代化建设开始,到1937年南京沦陷城市建设完全停止,经历了约十年的快速发展时期。这一时期，南京城市建设过程中所产生的差异与战争因素造成的建设搁浅，奠定了南京今天的城市基本格局。

6.《首都计划》的调整计划

在《首都计划》制定完成后的实施阶段中，由于其思想理念过于理想与超前，加之当时民国政府经济实力不足以将全部"计划"内容进行全面实施，其大部分构想均未能实现。同时，"计划"中所规划的紫金山麓中央政治区、明故宫地区商业中心、环城大道、对外交通等构想，均在 1930 年至 1937 年间具体实施时被否定了。

在逐年的城市建设中，《首都计划》根据南京实际情况而不断做出调整。例如利用两江总督府旧址作为总统府；中央各部机构主要集中在中山北路、中山东路、中山路上；明故宫地区被重新规划为行政区；商业中心设在新街口。

在道路规划上，南京城内干道网规划增加了子午大道，即中山路向南延伸到内桥，向北延伸到中央门。

调整计划在依据《首都计划》的基础上，结合实际，对其进行深化与修正。南京国民政府在这一时期实施了第一、四住宅区的建设，即今颐和路一带的新住宅区建设；兴建了子午路，即今中央路、中山南路；建设了新街口周围的金融商业、文化娱乐等设施，形成了南京繁华的城市中心；工业区布置在长江两岸，以充分发挥水陆交通便利的优势。

在对新城区进行建设的同时，国民政府对南京城中的历史古迹也进行了一些改造及拆除。南京特色之一的明城墙，在国民政府的城市建设中并没有改变其总体形态，但随着城市道路建设的需要，民国时期在城墙上新开了六座城门：1921 年开海陵门，今名为挹江门；1926 年开雨花门；1929 年开武定门；1931 年开汉中门、新民门；1933 年开中央门；1929 年改朝阳门为中山门，并于 1931 年进行改建，将原来的单券门及外瓮城拆除，挖低地基修成三孔拱门。

城中内桥东南王府园一带，原有朱元璋在建成明故宫之前所居住的吴王城遗址一座。1927 年 7 月，南京特别市政府工务局为修路将其全部拆除，砖石及道路地基外的吴王府地基全部卖给商、民以增加政府收入。存在近 600 年的吴王城就此消失。

另外，国民政府还利用明代外郭土城，在其遗址上修筑公路，明南京外郭城垣遗迹便于此时被毁，进而完全消失。

　　南京《首都计划》与《首都计划》的调整计划，在实施过程中与规划制定上产生的不一致，不仅仅奠定了南京抗战前乃至现今的南京城市基本格局，虽然给之后的城市发展留下了种种需要解决的困难，但也为往后中国城市现代化的规划、建设，提供了宝贵的经验与值得思考的教训。

第三节 小结

现代南京主城区形制成形于明代。与中国历史上其他依照封建礼制规定所建成的方形都城不同，南京由城墙围合而成依山傍水的宝葫芦形，成为中国封建帝制时代首个以城市所处地势形态为主要依据而建成的都城，形成了南京"山水城林"的独特城市景观。

南京城内由城南部人口密度最高也同时是全城商业中心的旧城区、城中部明代中央权力中枢区与城北部广袤的军事驻军区三大部分组成。此后，至太平天国起义定都南京，由于其政权的不稳定性及拥有资源的局限性等原因，在南京的建设以军事城防建设为主，南京全城整体面貌未有较大改变，但城中大量明代遗留的规格较高的皇家建筑被拆除用作太平天国的宫殿、王府的修建，造成南京城内现存明代高规格建筑极少的现象。

清末，南京因清政府签订的不平等条约成为全国少数几个对外通商口岸之一，下关地区因此迅速发展成为南京城北重要的商贸中心，打开了南京向现代化城市转型的大门。

1927 年，民国政府定都南京，开始建设现代化的南京城。经历六个阶段的城市建设，至 1937 年，南京城内修建起现代化的机动车道路、建成各色高规格的新式建筑，城市公共设施与市民公共娱乐空间一应俱全。与此同时，由于民国政府财力、物力的不足，城墙之内，仍有大片农田、水塘、空地。在全面西化的城市中心，向外走出不远一段距离便能看到中国传统的小型院落被水塘、农田环绕，一派田园风光，成为这一时期南京特殊的城市景象。

拥有超过 100 万人口的南京市，在抗战爆发之前是全国的经济、政治、文化中心。与此同时，军国主义日本在中国境内的侵略企图日益显露。国民政府在对南京进行城市建设的同时，于 1934 年在德国军事专家的指导下开始策划、修筑以南京为中心的国防军事工事，至 1937 年全国抗日战争全面爆发前，已基本完成建设。

第二章
南京城防建设与南京保卫战

第一节　1932—1937 年南京战备军事建设

自明朝以来，长江三角洲地区这块中国经济的中心区域始终是外敌入侵的重要目标。南京城位于长江入海口的咽喉地带，曾为中华民国政府的首都。1932 年日军策划"一·二八事变"后，虽最终中日双方签署了《淞沪停战协定》，却也使得当时国民政府认识到，作为各列强国租界所在地的上海已经在日本帝国主义当局的窥视之下，一旦中日战争在上海再度爆发，日本当局极有可能依仗其优势海军、空军力量的掩护，溯长江而上，并以其精锐陆军部队沿京沪铁路线同步自上海向西推进，威胁首都南京。国民政府参谋本部于 1932 年 12 月在部内秘密成立了城塞组，并于 1934 年拟就《首都防御作战计划》。其主要任务是在德国军事顾问团的指导下，在南京以东、上海以西的广泛地中构筑国防工事，并整修长江沿岸的江阴、镇江、江宁等各要塞，构筑江防要塞。

1. 首都防御作战准备

在北方日军虎视眈眈窥视中原大地的同时，国民政府仍以错误的"攘外必先安内"为首要国防目标，国防工事的修筑计划虽然已经于 1932 年开始拟订，但直至 1935 年长城抗战的枪声响起前，国民政府的主要军力、财力都倾注于对中央苏区的围剿。其真正意义上的"首都防御作战准备"则是从 1935 年匆匆开始的。依计划，国民政府以南京为中心防御城市，于南京以东、上海以西，太湖南、北两面，规划并建造了四道防线，它们是：

（1）上海、南京之间，修建的钢筋水泥的国防工事（图 2–1）：吴

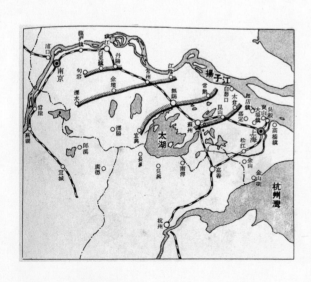

图 2–1　中国军队防线设置
图片来源：[日]陆军画报社，『支那事變戰跡の栞』（上、中、下卷）陆军恤兵部，1938。

福线（苏州吴县—常熟福山）、锡澄线（无锡—江阴）；沿海的平嘉线（平湖—嘉兴）、宜武线（宜兴—武进）。当时号称这些防线为"东方马其诺防线"。

（2）警戒阵地：设于南京周边的石头山、大连山、湖熟、秣陵关、江宁镇一线。

（3）南京外围阵地：以乌龙山、栖霞山、青龙山、牛首山、大胜关一线等城市周边小高地为防御阵地设置重点。

（4）南京复廓阵地：利用既有明城墙为内廓阵地，并沿紫金山、麒麟门、雨花台、下关和幕府山一线设外廓阵地。内廓、外廓相互结合，构成一个整体。在城内，以北极阁、鼓楼和清凉山为界，划分为南、北两个守备区，在清凉山等制高点构筑坚固的核心据点。

警戒阵地与南京外围阵地两翼均依托长江，面向上海方向形成两道大弧形阵地。

国民政府以"决战"为目的修筑几道防线，核心保护南京城。而一旦南京城被敌军围困之时，国民政府则希望依托于坚固的军事壁垒，能够保证南京城被敌军久攻不下，并能在很大程度上取得反击获胜的机会。

由于 1932 年中日之间签订的《淞沪停战协定》的约束，使得上海至 1937 年已经成为日本侵华的重要基地，其在上海所囤兵力逾万人，各种火炮百余门，军舰三十余艘。而中国军队则不能于上海市区内驻扎军队，仅保有淞沪警备司令部下辖的上海市保安总团、上海市警察总队、上海市保卫团等非战斗序列的部队。

1937 年 8 月 13 日淞沪战役爆发，为巩固南京门户、保全全国经济枢纽，70 万中国军队主力主动挺进淞沪地区，与日本上海派遣军总司令松井石根指挥的近 30 万日本军队展开了激烈的战斗。

而此时中日两国国力、兵力悬殊，当时两国国力主要指标对比如表 2-1 所示：

表 2-1　中日两国国力主要指标对比表（1937 年）

指标	日本	中国	比率
工业生产总值 / 亿美元	60	13.6	4.4:1
钢铁年产量 / 万吨	580	4	145:1
煤年产量 / 万吨	5 070	2 800	1.8:1
石油年产量 / 万吨	169	1.31	129:1
铜年产量 / 万吨	8.7	0.07	124:1
飞机年产量 / 架	1 580	0	—
大口径火炮年产量 / 门	744	0	—

（续表）

指标	日本	中国	比率
坦克年产量 / 辆	330	0	—
汽车年产量 / 辆	9 500	0	—
年造舰能力 / 吨	52 422	0	—
空军战机 / 架	2 700	305	8.9:1
海军总吨位 / 万吨	190	5.9	32:1
航空母舰 / 艘	6	0	—

表格来源：刘庭华，《中国抗日战争与第二次世界大战系年要录·统计荟萃（1931—1945）》，海潮出版社，1995:309–310。

基于国力基础指标的差距，在经济、军事等方面，日本对中国具有压倒性的优势。1937年 8 月，国民政府与侵华日军正式开战之前，其兵力与日本兵力对比如表 2-2 所示：

表 2-2　战前中日两国军事实力对比表（1937 年）

军事实力	日本			国民政府		
兵员	4 481 000 人 其中战斗兵人数为： 1 997 000 人	现役兵	380 000 人	约为 3 218 378 人	陆军现役兵	1 700 000 余人
		预备役兵	738 000 人		陆军正役军	0
		后备役兵	879 000 人		陆军续役军	0
		第一补充兵	1 579 000 人		国民兵	尚未举办
					壮丁训练	至 1937 年，训练完毕：500 000 余人；继续训练者约 1 000 000 人
		第二补充兵	905 000 人		学校军训	至 1937 年，高中及同等级学校合格预备士兵：17 490 人；专科及以上学校合格预备军官：888 人
陆军	17 个常备师团			191 个师，56 个旅，又 20 个独立团	兵种	总兵力	前线兵力
					步兵	182 个师，又 46 个独立旅	80 个师，又 9 个独立旅
					骑兵	9 个师，又 6 个独立旅	9 个师
					炮兵	4 个旅，又 20 个独立团	2 个旅，又 16 个独立团
					其他各特种部队		
海军	190 余万吨			约 5.901 5 万吨		

（续表）

军事实力	日本			国民政府
空军	约2 700架	陆军飞机	1 480架（包括预备补充之飞机）	305架
		海军飞机	1 220架（包括预备补充之飞机）	

表格来源：笔者自制。
数据来源：何应钦，《八年抗战之经过（摘录）》，南京中国陆军总司令部，1946:48–52。

由此可见，当时国民政府军队在装备数量与武器先进性上大大落后于日本侵略部队。基于武器装备的先进性，侵华日军在中国战场上惯用飞机先行投弹轰炸，再以坦克、装甲车开道，步兵紧随其后的中央突破战术，中国守军往往在看到日军之前，就在日本轰炸机的狂轰滥炸下损失严重。

尽管如此，1932年至1937年间于上海至南京之间修筑起来的国防工事仍在淞沪会战之后中国军队向南京撤退、侵华日军急进追击的过程中起到了一定的阻击日军、迟滞其行军速度的作用。

2. 以南京城为守卫中心的国防战线空间布局

国民政府于20世纪30年代初制定的"首都防御作战计划"中，准备在南京城周围修筑永久军事工事。最初提出的"京沪杭设防方案"中对南京采取闭锁式城防布局，后因这种方案形式陈旧而并未采用。之后德国军事顾问实地考察后提出的庞大方案，又因财力不足而未被采用。最后采用的方案是由军事委员会参谋本部几经实地勘察和研究后提出的一个较为合理的方案：整个京、沪、杭地区的国防工事，分作京沪、沪杭、南京三个地区，于1934—1936年间分3期施工完成。

由于南京城三面环山、北临长江，地势险要且四通八达，极易被敌军包围。南京城防工事的主导思想为：不被敌军包围，且万一受到包围则城内部队能够进行独立作战，打破敌人包围。基于这种要求，南京的城防工事设为外围阵地、复廓阵地两个层次，在外围阵地之外再设警戒阵地。

以"决战防御"为目的，南京国民政府警卫司令部参谋处拟订了南京防守计划：选定大胜关、牛首山、方山、淳化镇、大连山、汤山、龙潭等处的原城塞组既设永久工事线为主阵地。预备阵地设于复廓雨花台、紫金山、银孔山、杨坊山、红土山、幕府山、乌龙山一线。长江北岸以浦口镇为核心，由划子口沿浦口北面制高点的点将台到江浦县西端为主阵地，与东南阵地夹江形成一道环形要塞阵线。

南京周围的防御工事自 1934 年开始不断修筑。至 1937 年 8 月，南京城内外、沿江地段和东南远郊一带先后构筑了 533 个永久工事。其中，中国军队独立工兵一团在龙潭、汤山、淳化、方山、将军山、牛首山至板桥的弧线上筑有 233 个工事；第 85 师在南京西、北部长江左岸完成 45 座工事；参谋本部要塞组在长江沿岸及城厢内外建起 265 个工事[1]。由于紫金山为南京城市制高点，具有重要战略价值，国民政府于 1935 年至 1936 年间在紫金山修筑完成 159 座碉堡。南京工兵学校的练习队担负了南京城内外一些据点、地下室和紫金山附近部分重机枪工事的建造工作。宪兵团负责对南京城墙进行永久现代化军事工事加建的工程。南京城郊的战略要点，如富贵山、鸡鸣寺、南山、清凉山、雨花台、童子仓、方山、都天庙等处，都建筑了地下室和坑道工事，以备作战指挥和防空使用。其中处于富贵山的地下军事工事是南京规模最大且设备较为完善的一处掩体。

淞沪会战爆发后，南京军民冒着侵华日军飞机成年累月的轰炸、扫射，赶修城防碉堡、战壕。至 1937 年 11 月底，在南京外围已经筑成一道半圆形的战壕，由市内延伸至长江江岸，长达 58 千米。南京城内外布满战壕，一些交通要道堆置了沙包、拉起了带刺的铁丝网，光华门、中山门、太平门等城门均用沙包堵塞关闭，南京城内战壕纵横、处处街垒。

至 1937 年 12 月初南京城内政府机构全部西迁完毕后，守卫南京的军队大举进驻，再一次对城市进行了临战布防。城中街道上被挖掘了壕沟，十字路口架设铁丝网。在城墙上垛口位置设置机关枪据点，以沙袋或混凝土封堵上大部分的城门，仅留三座用于军事运输。城墙外围，中国军队奉命放火焚烧出一条宽约 1.5 千米的作战区域，但这一临战措施使得城市近郊百姓的财产蒙受了损失，同时也消耗了大量的汽油和弹药。

以南京为中心的国家防御体系，建立在连接上海与南京之间的陆路与水陆之上，目前仍遗留有大量军事设施的遗址遗迹与战场遗迹。同时，上海与南京之间的陆路及水路交通也是抗日战争时期华东沦陷区内被日伪当局频繁使用的交通要道。研究与发掘以南京为中心的国家防御设施遗址及抗日战场遗迹的历史价值，将能够串联起华东地区抗日战争期间

①孙宅巍. 南京保卫战史 [M]. 南京：南京出版社，2014:104；转引自：《全国已成国防工事报告表（1936年 8 月 3 日）》，中国第二历史档案馆藏，档案号七八七-2209。

的历史，具有组成华东地区抗战文化路线的极大潜质。

3. 南京军事工事建筑特征与空间布局

南京根据城市所处山脉、水系的走向筑城，"得山川之利　江湖之势"，自古以外秦淮河为天然护城河，东有钟山为依托，北有后湖为屏障，西纳山丘入城内，形成独具防御特色的立体军事要塞，环绕南京城市的明城墙更是成为守卫南京的一道有力屏障。

国民政府以南京为中心防御城市，于 1937 年前在南京以东、上海以西，太湖南、北两面，建造起四道国家永久性防线，其中城市内廓与外廓阵地相互结合，构成一个整体。在城内，划分南、北两个守备区，于制高点之上构筑核心据点。警戒阵地与南京外围阵地两翼均依托长江，面向上海方向形成两道大弧形阵地，以保护首都南京为核心目的而分布。

国民政府南京军事工事因是在德国军事顾问的指导下完成，新建军事建筑形式具有典型的德国军事建筑特征。由于南京独特的山水城林地理特征及国民政府财力限制等原因，新建军事碉堡体量与德国大型军事碉堡相比均较小，普遍以拥有 1 ~ 3 个射击孔的圆柱形射击位及一个容纳 10 人左右掩体组成的连体式碉堡为主要形式，同时因守备需求不同等原因也建有单人碉堡及较大型地下指挥所等军事设施。碉堡建筑以钢筋水泥为主要建筑材料。

南京北依长江天堑，其主要碉堡与防御阵线修筑面为城市东面至西南面，在此范围内的环绕城市的各个大、小高地上均修筑有守城阵地及永久军事工事，形成以南京为中心的半环形布局，东北与龙潭炮台衔接，西南与大胜关炮台衔接，包括南京明城墙及乌龙山、老虎山、幕府山、狮子山、马家山、清凉山、雨花台等炮台在内拥有四道近城守卫阵地。长江方向上的防守阵地则以幕府山及下关的四望山为主。在 1985 年由台湾地区防卫主管部门编译局出版的《抗日战史》中南京保卫战前态势图上，可清晰地看到南京外围及复廓防守阵地的布局形式（图 2-2），而从侵华日军航拍的照片上则可以看出南京复廓防守阵地的建筑形式是以战壕串联起来的类圆形作战阵地（图 2-3）。

南京的军事防线建设并没有对南京的城市空间造成过大的影响，仅明城墙外围在挖筑壕沟的时候，将壕沟沿线的建筑全部进行了清除。在随后到来的南京保卫战中，既设阵地上发生持续数日的激烈战斗，其附近山野环境、城市房屋街道与明城墙均遭到不同程度的战争毁坏，而带给南京城内建筑毁灭性冲击的并不是基于军事防御设施展开的战争，而是南京沦陷后进入城内的侵华日军有组织进行的劫掠与纵火焚烧。

　　国民政府以守卫南京为目标所建设的永久国家防线，在抗日战争爆发初期对迟滞侵华日军进攻南京的步调起到了一定的作用。同样，以永久军事工事为依托，南京城在 1937 年 12 月 13 日南京卫戍司令唐生智颁布撤退令之前，仍在中国守军手中。紫金山阵地在南京城已遭侵华日军突入之后，仍有中国守军依托军事工事在持续坚守。

　　南京的民国军事设施遗址遗迹，是中国守军在面对拥有制空权和极大军事优势的侵华日军的进攻之下，不畏牺牲、浴血奋战、守卫城市的见证，是南京抗战建筑遗产的重要组成部分。而南京与上海之间号称"东方马其诺防线"的国家防线遗址遗迹，今后势必能够成为串联中国人民抗日战争中华东抗战文化路线的重要历史见证与物质基础。

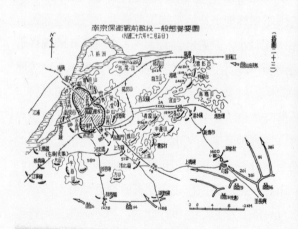

图 2-2　南京保卫战前态势图（1937 年 12 月 5 日）
图片来源：台湾地区防卫主管部门编译局，《抗日战史》第四辑，1985。

图 2-3　日军航拍中国守军复廓阵地
图片来源：[日]陆军画报社，『支那事變戰跡の栞（中卷）』，陆軍恤兵部，1938:176–177。

第二节　日军对南京的空中打击

基于对中国压倒性的经济、军事等方面的优势，日本当局狂妄地认为"中国一击就倒了"，十分自信地觉得 1937 年的中国会跟 40 余年前的甲午战争时一样，迅速惨败、屈服于其侵略之下。

然而此时的中国早已发生了巨大的变化。1936 年 12 月西安事变后，全国各界呈现出前所未有的民族团结与一致对外。1937 年 7 月卢沟桥事变后，全国抗日救亡热潮高涨。7 月 17 日，主持庐山会议的蒋介石表明了其抗日态度，7 月 20 日回到南京亲自指挥全国抗战。面对外来侵略，中共中央积极联系国民政府。淞沪会战爆发后，8 月 19 日国共两党就合作达成协议，中共随即派出代表到达南京，成立了办事处。9 月 22 日，蒋介石发表讲话承认共产党的合法地位及国共两党合作抗日。同时南京各界也掀起了空前的抗日救亡热潮。各社团组织纷纷捐款捐物，表明其支持抗战到底、绝不屈服、反对妥协投降的态度。

国民政府于 1937 年 8 月 7 日在南京召开最高国防会议，正式确定了"抗战到底、全面抗战"与"采取持久消耗战"的抗战国策与基本方针。全国军民团结一心的抗日热情与中国军队在各个战场上的顽强战斗，彻底打破了日本"以一战击败中国"的美梦，不得不把其要作战方向移至上海，于 8 月 13 日挑起淞沪战争。

已经于 1935 年退役的松井石根，此次被日本当局破格重新启用。五十九岁的松井石根，更是将此契机视为其建立战功的最后机会，誓要在中国的土地上夺取日本的全面胜利。在侵华战争中，松井石根不仅是日本陆军进攻上海的最高指挥官，还是日本陆军进攻南京的最高指挥官，最后成为南京大屠杀的罪魁祸首。

1. 上海陷落前的野蛮轰炸

面对中国军民的顽强抗争，日本政府认为必须加强对中国的战争恐怖威慑、对中国政府施加更大压力，以逼迫国民政府尽快妥协、投降。于是在猛烈攻击上海这座当时中国最大的工商业与对外贸易港口都市的同时，日本当局下令于 1937 年 8 月 15 日上午撤走日本驻南京外交人员和日本侨民，当天下午开始对南京实施无差别空袭。

中日开战初期的中国空军主要兵力部署在南京及句容、扬州、滁县、广德、苏州、杭州等地机场，具有一定的空防实力。其中南京地区的对空警戒力量和高射炮部队实力较强，拥有防空高射炮阵地8处，高射小炮阵地10处，高射机关枪阵地16处，共炮92门、机枪96挺[1]。而此时日军在华东战场上还没有陆上空军基地，其飞机只能从入侵中国海域的军舰、台湾地区日军机场或日本本土基地的机场起飞。因此在这个阶段中，日军空袭能力有限，其袭击规模较小、次数较少，南京军民伤亡及财产损失也相对较轻。

1937年8月15日下午2时50分，日本海军第一联合航空队所辖的木根津空队的20架次飞机[2]，历经5个小时的飞行，从日本本土长崎附近的大村航空基地达南京，顶着中国地面防空火力及空中力量拦截，强行冲入市区上空，对南京的军事设施、商业区与人口密集区域进行了丧心病狂的轰炸，包括：军事设施的明故宫机场、大校场机场，以及人口密集地的八府塘、第一公园、大行宫、新街口等，其中中央大学图书馆及实验楼也遭到了日机的低空机枪扫射。这是日军对南京进行的第一次空袭，造成了南京部分建筑物受损及数十名军民的伤亡。在这次袭击中，午朝门落一枚炸弹，未炸；城南郊外落6枚炸弹；马台街一电线杆被炸毁，由于当时已经停电，未造成更大损失；马府街落弹一枚，未炸。止马营4号被一弹击中，房屋被炸一窟窿；泰仓街4号一女仆、七里街21号住户、火瓦巷47号一年约15岁的女孩被日机机关枪射伤；下关宝塔桥有两人被击伤；东石坝街被日机扫射两次，房屋受损[3]。在日军对南京进行的第一天的轰炸中，日军被中国军队击落飞机4架，击伤日机6架，日军准士官以上战死3人；下士官兵战死27人[4]。但同时中国防守空军在南京、苏州上空付出了被日军击落9架飞机的代价[5]。

日军对南京商业区以及人口密集地区的轰炸违反了国际公法，引起世界的震惊与舆论的谴责，而日本当局却将其鼓吹为世界上首次"渡洋爆击的壮举""铁锚象征的长征"（图2-4）。

此后，日军飞机对南京的空袭日益加剧。

8月19日，日军飞机两度袭击南京，

图2-4　日本发行的漫画明信片，宣扬其"渡洋爆击"，空军袭击中国城市的"壮举"
图片来源：1930年代日军发行的明信片。

①经盛鸿，等. 南京大屠杀史料集1: 战前的南京与日机的空袭[M]. 南京: 江苏人民出版社, 2005:396.
②王卫星. 日本海军第一联合航空队对南京的空袭[J]. 民国档案, 2010(3):41-50.
③中央日报、新民报[N].1937年8月16日
④王卫星. 日本海军第一联合航空队对南京的空袭[J]. 民国档案, 2010(3):41-50.
⑤高晓星. 日本海军航空队空袭南京史料(1937年8月15日-12月13日)——《支那事变战记·海军航空战》节译[J]. 民国档案, 2004(4):42-49.

共出动飞机 23 架次。第一次空袭中，日军鹿屋海军航空队 9 架飞机轰炸了南京兵工厂、火药厂等处，中国空军对其进行狙击，击落日机 1 架，被击落 2 架①。第二次空袭，日军木更津部队 14 架敌机袭击参谋本部、大校场机场、陆军军官学校等处，中央大学本部遭到轰炸，图书馆、礼堂以及化学实验室被严重损坏。机场附近的村庄里也有日军飞机所投下的炸弹爆炸，炸死、炸伤村民多人。

8 月 27 日，日军木更津部队分别于凌晨 1 时 40 分、2 时 20 分各出动 4 架次飞机对南京宪兵团、航空署等处实施轰炸②。凌晨 3 时 58 分左右日军鹿屋海军航空队出动 6 架飞机对南京兵工厂等处实施空袭③。城南居民区、宪兵团驻地、国民政府卫生署、中央大学实验中学、省立第三医院、东郊卫岗的遗族学校被炸，城内外多处燃起大火。根据 1937 年 8 月 28 日《申报》报道，"无辜平民被炸毙、焚毙者数百人"。

这之后由于淞沪战场上战事胶着，日本海军将航空兵力集中用于上海方面战场作战，暂停了对南京的轰炸。

随着淞沪会战规模逐渐升级，日本海军又从国内和中国其他日占区抽调了更多航空兵力用于华东地区作战，对南京的空袭规模随即扩大，袭击次数更加频繁，企图以此挫伤中国军民的抗日热情。

1937 年 9 月 19 日，日本驻华海军第三舰队司令长官长谷川清海军中将向各国驻沪领事馆发出通告，宣称将于 9 月 21 号正午以后对南京城内以及附近的中国军队与军事设施采取轰炸与其他手段，要把南京化为灰烬。此时原本就实力有限的中国空军和地面防空部队经历了一个多月的战斗消耗，飞机和飞行员都受到不小的损失，而中国此时尚无法实现大型武器、设备的自主生产，而中国领海又已被日本当局封锁，向国外购买的武器装备难以运回国内，中国的防空力量不断下降。与中国部队情况相反，日本全国军工厂全力生产，为其侵华海、陆军源源不断地生产飞机和其他各种武器、设备。日军在淞沪地区新建起 2 个陆上飞机场并增派飞机百余架，极大增加了华东战场上日军的航空兵力，占据明显优势的日本空军部队，很快便取得了上海及南京地区的制空权。

日本海军发出通告的 19 日当日即提前行动。日本海军航空队两次空袭南京，第一次动用飞机 45 架次，集中轰炸大校场机场及兵工厂；第二次出动飞机 32 架次，轰炸南京宪兵司令部和警备司令部。中国空军 21 架次飞机起飞进行拦截，经过激战，击落日机 3 架，被击落 5 架④。在当日的轰炸中，南京一些军事设施被摧毁，市民伤亡百余人，许多民房被炸

① 王卫星. 日本鹿屋海军航空队对南京的空袭 [J]. 民国档案, 2010(4):43-55.
② 王卫星. 日本海军第一联合航空队对南京的空袭 [J]. 民国档案, 2010(3):41-50.
③ 王卫星. 日本鹿屋海军航空队对南京的空袭 [J]. 民国档案, 2010(4):43-55.
④ 南京市防护团. 空袭记录. 南京市档案馆.

毁，引起平民住宅区大火。

9月20日侵华日机再次分两次袭击南京。第一次日机16架，轰炸国民政府和无线电台，其中1架被中国防守部队击落。第二次空袭日军出动41架飞机突袭了大校场机场和沿江炮台。

9月22日侵华日军三次空袭南京。第一次袭击中，日机23架轰炸了航空委员会和南京市防空机构。第二次日机18架袭击了南京市政府、国民党中央党部，其中1架被中国防守部队击中坠毁。当日最后一次空袭日军出动20架飞机，轰炸了下关火车站地区。下关难民收容所燃起大火，难民死亡百余人。

9月25日这天成为日机轰炸南京最血腥的一天，日机在南京上空投弹500枚。从上午9时半到下午4时半，日军先后96架次日机、分4次空袭南京。遭到轰炸最多的是南京的文教、卫生、基础设施。第一次日军31架飞机袭击了南京电灯厂、南京市政府、南京市党部等处。第二次日机29架轰炸了南京无线电台、国民政府财政部。第三次日机6架，袭击了南京兵工厂。第四次日机28架攻击了下关火车站、南京防空指挥所、国民政府军政部。此外，遭到轰炸的还有首都自来水公司、中央大学文学院、中央医院、广东医院、首都电灯公司、下关难民所以及哈瓦斯、海通、合众三个外国通讯社的办事处等。其中下关电厂遭到严重破坏。中央广播电台被10枚炸弹击中，附近房屋及政治犯监狱围墙被炸毁。中山路一个防空洞被击中，炸死平民30人。德国黑姆佩尔饭店附近的12所房屋被炸。中央医院遭15枚炸弹击中，遭受了严重损失（图2-5）。同时，江东门、三条巷、边营、中山东路等平民住宅区也遭到日机投弹轰炸。

日军仅在9月19日至25日的一周内便出动飞机289架次对南京进行空袭，共投弹355枚，计32.3吨。南京城陷入一片火海之中，被袭击的不仅是军事设施，还有大批的文教、医疗、基础设施。大量建筑物和民居被炸成废墟，三条巷、建康路、三条营等处的住宅、商店、医院被炸，难民营也未能幸免于难。此外

图2-5　9月25日中央医院公共卫生人员训练所实验室被炸毁
图片来源: 张宪文，《日本侵华图志》，山东画报出版社，2015。

还有一些驻华使馆和办公机构也遭到日机无差别的轰炸。联合国大会为此做出了谴责日军暴行的决议。

同时，在这一周的反空袭作战中，中国军队虽然击落、击伤日机十余架，但空军实力被进一步削弱。此时的日军一方面因为引起了国际纠纷，一方面自认为武力威吓南京军民已经起到了一定效果，于是决定暂时减少对南京的空袭次数和规模，把主要航空兵力专用于支援淞沪战场地面部队及轰炸汉口、南昌等地。

25日之后的半月中，日军对南京的主要大规模空袭有四次：

9月27日日军在八卦洲投下数枚炸弹，浦口受损严重。津浦铁路局、浦口小学、扶轮小学、永利钰华工厂（也称永利钰厂）等处被轰炸，损毁严重。小南河下码头、合成街等平民居住区多处民房被炸毁，死伤20余人[①]。

9月28日侵华日军出动7架飞机在南京、句容上空同中国军队飞机发生激战。

10月6日上午日机8架再次袭击南京；同日下午日军再次出动10架飞机袭击南京，中国军队击落其中一架。

从10月12日起日军再度加剧对南京的空袭。负责袭击南京的日军主力为日本海军第一、第二联合航空队。12日当天20架日机轰炸了大校场机场、南京火药厂等处。10月13日12架日机对南京进行了狂轰滥炸。14日上午有12架日机、下午10架日机分别袭击了南京。16日15架日机再度轰炸了南京大校场。

根据当时南京市市长马俊超报告中的统计，从8月15日到10月15日的两个月之间，南京遭受了日军65次空袭，日机共投弹517枚，炸死392人，伤438人，1 949间房屋被损毁。按当时国民政府的划区，南京城各区受损情况如表2-4所示：

表2-4 1937年8月15日—10月15日间日军空袭南京受损情况表

区域	投弹数量 / 枚	死亡人员 / 人	受伤人员 / 人	损毁房屋 / 间
南京市第一区	77	66	70	442
南京市第二区	51	71	120	319
南京市第三区	38	29	21	246
南京市第四区	38	63	55	229
南京市第五区	9	10	16	91
南京市第六区	50	27	21	140
南京市第七区	9	10	27	22
南京市第八区	18	10	20	68

① 新民报 [N].1937年，9月28日.

（续表）

区域	投弹数量 / 枚	死亡人员 / 人	受伤人员 / 人	损毁房屋 / 间
南京市上新河区	63	33	30	20
南京市孝陵区	148	28	33	27
南京市燕子矶区	16	45	25	345
总计	517	392	438	1 949

表格来源：笔者自制
数据来源：经盛鸿等，《南京大屠杀史料集 1：战前的南京与日机的空袭》，江苏人民出版社，2005:305-306。

而这个统计仅包含南京市和近郊的普通市民，而在日机轰炸南京期间伤亡的中国军人和远郊平民则未在统计之中。

自 10 月 18 日至 24 日的一周间，日机每日对南京进行空袭轰炸，共出动飞机 117 架次，南京军民再度遭受巨大损失。

接下来的半个月内，日本海军航空部队集中火力支援地面部队攻占上海，直到中国军队从淞沪战场撤退前夕。11 月 10 日日本第一联合航空队上海派遣队派出飞机 11 架次于下午 2 时 05 分至 2 时 10 分左右到达南京，对南京大校场飞机库、兵营及附属建筑等进行了约 1 个小时的轰炸[1]。11 月 11 日，日军鹿屋海军航空队飞机 9 架于下午 1 时 15 分与上海上空日军第二联空飞机 9 架会合后，于下午 2 时 30 分对南京大校场机场进行了轰炸[2]。

自 1937 年 8 月 15 日，日军开始对南京进行野蛮、疯狂的空袭以来，面临日军战机连续不断、日益加剧的空袭，南京市民在开始阶段曾一度恐慌，但很快地在政府防空机构的组织与宣传下，渐渐适应了日机的空袭，且防空经验逐渐丰富，面临袭击逐渐能沉着应对起来。

南京市政府为教育市民树立防空意识、更加直接地了解日机投下的炸弹，在位于闹市区的新街口广场中央竖起一个高 12 米、直径 2 米、朝下放置的大炸弹模型（图 2-6），并在模型上用白漆书写着号召市民防空抗日的标语，这也是新街口广场上的第一个大型陈列物，可视为其树立大型雕塑的开端。这颗炸弹的模型一直竖立在新街口广场中心，直到 1937 年 12 月南京沦陷。

图 2-6　树立在新街口的炸弹雕塑
图片来源：［日］朝日画报《支那战线写真》第 35 报，1938 年 3 月 23 日

①王卫星. 日本海军
第一联合航空队对南
京的空袭 [J]. 民国档
案，2010(3):41-50.
②王卫星. 日本海军
第一联合航空队对南
京的空袭 [J]. 民国档
案，2010(3):41-50.

图 2-7　下关火车站月台顶迷彩涂层
图片来源：[日] 朝日画报《支那战线写真》
第 35 报，1938 年 3 月 23 日。

图 2-8　城市道路旁的简易防空壕
图片来源：[日] 朝日画报《支那战线写真》
第 35 报，1938 年 3 月 23 日。

为保障城市内外重要政府机构、纪念设施及军事、交通设施在侵华日军空袭下的安全，民国政府对城内外重要建筑进行了伪装。位于紫金山上的中山陵建筑群，被竹质骨架撑起的伪装网覆盖以使其掩如山林。自 1937 年 8 月起，城区内重要建筑物及交通设施屋顶及墙面上原本较为醒目的装饰色，如红色、银色等，均被覆盖以灰色或是迷彩色涂料，以防御侵华日军的空袭。如下关火车站的月台顶部，就覆盖上了迷彩涂层（图 2-7）。

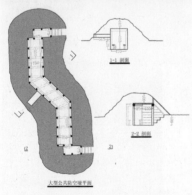

图 2-9　日本发行的明信片上南京市内公共防空洞照片（上）；公共防空壕平面及剖面图（下）
图片来源：（上）[日]侵华日军发行的明信片；（下）笔者自绘，资料来源：[日]朝日画报《支那战线写真》第 35 报，1938 年 3 月 23 日。

同时，为保障在日军空袭下的市民的日常生活及出行安全，在发动市民自发在自家挖掘防空壕外，市政府在全城范围内筹建了多处防空壕。其中数量最多的为一种修建在城市道路的人行道上通往道路下方的简易防空壕，这种防空壕在遭遇空袭时能够容纳 2~3 人，内部设置 2~3 根土管伸往地面用以通气（图 2-8）。另一种大型公共防空壕，设置在以新街口中央广场为中心向城市四面发散出去的主要城市道路两侧的 200 至 300 米范围内，由中国军队军事工程团依照德国防空壕制式建造而成，全城范围内建有约 67 处此类大型

41

防空壕。这类防空壕其结构与平面布局类似，平面呈 S 形，具有两出入口及一个通风井口，可容纳百余人同时避难（图 2-9）。

在政府的激励下南京市民间很快掀起了防空热潮。1937 年 10 月 23 日上海《辛报》发表徐志麟译自英文《大美晚报》西方记者的文章《南京在空袭下》，报道说："南京的居民，现在是那么的习惯于日本飞机的空袭了。几乎是每天，当四周想起了防空警号时，他们便满不在乎地躲入防空壕和地窖去，毫无慌张之象。"连日本的情报人员也在报告中不得不承认："一般市民已习惯空袭，面无惧色，态度冷静。"[1]

日军持续近三个月的空袭，虽然对南京城造成了巨大的财物损失、数以百计的市民遇害，但是并没有消磨掉南京军民的抗日热情，国民南京政府亦没有表现出半点屈服，并拒绝了德国大使陶德曼实为劝降的调解，积极准备长期抗战。

2. 上海陷落后之无差别空袭

11 月 12 日，中国军队正式从淞沪战场撤退，上海陷落。从 11 月 13 日到 12 月 13 日南京沦陷为止的一个月间，日军从其占领的上海出发，兵分多路向南京逼近。日本海军航空部队在配合地面部队向南京进攻的同时，更加疯狂地对南京实施轰炸（图 2-10）。而此时的中国空军却因为制空权被日本掌握，无法补充战损飞机及损失的飞行员而几乎丧失了战斗力，南京的防空任务主要由地面高射炮部队负责。在日军新一轮的无差别轰炸中，南京及周边郊县内，无论是军事目标还是医院、商店、居民区，都成为日机袭击的目标。

11 月 15 日 18 架日军飞机空袭南京，其中一架被击落。24 日南京机场、电话局等遭到日机轰炸，"展览大楼被炸，当场有 40 个人被炸死，其中有 5 个是孩子"。[2] 22 日有日机 8 架次；24 日有日机 18 架次；25 日有 14 架次日机袭击南京。南京电话局、大校场等处遭袭。11 月 29 日，日本海军航空队轰炸南京市附近溧水县，被炸死居民达 1200 人，

图 2-10　侵华日军轰炸南京城
图片来源：张宪文，《日本侵华图志》，山东画报出版社，2015。

①马振犊，邢炫．[日]军大屠杀期间南京军民反抗问题研究[J]．抗日战争研究，2007(4):31-59.
②罗森致陶德曼报告.1937 年 11 月25 日, 陈谦平, 张连红, 戴袁支. 南京大屠杀史料集, 30: 德国使领馆文书[M]. 南京：江苏人民出版社，2007.

炸毁、烧毁房屋近 5 000 间[①]。

12 月日本陆军航空队加入针对南京的攻击行动。12 月 2 日，日本陆军航空队出动 3 架飞机出击南京、溧水，被击落 2 架，1 架负伤返航。同一天日本海军航空队出动 14 架飞机袭击大校场机场。但这一天苏联志愿航空队已飞抵南京加入对日作战，中、苏飞行员遂联合驱逐了来犯日机。

12 月 3 日日机 37 架再次袭击南京。中国飞行员驾驶着仅有的 2 架可用飞机与苏联飞机一起升空截敌。12 月 5 日大批日机再袭南京，在逸仙桥附近投炸弹及燃烧弹 20 余枚，该区死亡平民 14 人、伤 20 余人，房屋被毁 50 余间。

12 月 6 日上午 6 架日机轰炸南京，于明故宫机场附近投弹 8 枚，考试院也被炸弹击中，共死 12 人伤 20 人。当天下午日机在浦口车站附近投弹 10 余枚，多处起火。津浦铁路局第八号、第十号货栈被毁，死、伤平民 20 余人。同日日机对淳化进行轰炸不下八次，每次均有 20 架次以上的日机参与。晚间 6、7 时天色已黑时仍有 3 架日机不断投弹，共投弹约 300 枚。淳化镇内房屋尽毁，平民死伤据统计不下 200 人。

12 月 4 日起到 12 月 13 日南京陷落为止的 10 天里，日机对南京的轰炸几近疯狂。每天都有数十架次日本飞机对南京的车站、机关、医院、学校、居民区以及江面的船舶轮番进行野蛮轰炸。由于此时在日军疯狂的轰炸下南京的机场已被炸毁，中国航空队及苏联志愿航空队的飞机已撤离，地面的高射炮亦被炸得所剩无几，南京几乎没有了任何防空阻碍。空袭南京的日机经常把机上所有炮弹向南京倾泻完后飞回上海基地，加满油重新装上弹药，飞回南京再进行新一轮轰炸。

在日军如雨般的弹药轰炸下，南京军、民死伤重大，连一些外国驻华官员和侨民也不能幸免。从南京撤出的美国军舰 Panay 号在安徽和县江面遭到日军飞机追击中弹沉没，2 名美国人和 1 名意大利人遇难，15 人受伤，美孚石油公司的 3 艘油船被炸毁多人受伤。而这一时期中国民船被炸毁、击沉的更是无以计数，江面上常漂满了船只的碎片、船上的杂物及遇难者的尸体。

根据中国方面统计，1937 年 8 月 15 日到 12 月 13 日期间，南京市区共遭日军飞机空袭 118 次，投弹 1 357 枚，市民死亡 430 人，重伤 528 人，全毁房屋 24 所又 1 607 间。同样，这个统计中的伤亡人数，仅指南京市区及近郊的普通市民，不包括其数远远大于前者的中国军人和远郊民众[②]。

① 高晓星. 日军航空队袭击南京的暴行[J]. 抗日战争研究, 1998(1):97-108.
② 南京市人民政府网(www.nanjing.gov.cn). 当防空警报声响起[N].2015-9-18.

南京保卫战发展至南京复廓城垣之前，日空军部队已对南京进行了长达 4 个月之久的轰炸，其空袭行径异常残暴。1937 年 9 月日军海军第二联合航空队下达的作战命令中明确说明："轰击无须直击目标，以使敌人恐怖为着眼点。"[1]这直接表明了日军轰炸的目标不仅限于军事设施，而是可以肆意滥炸南京城里的任何区域，工厂、学校、商店、医院甚至是平民居住区和难民营，造成大量手无寸铁的平民的伤亡，以达到让中国人恐惧侵华日军的目的。由日军在 1938 年出版的支那事变战斗经过要图上亦可见，为了给侵华日军进攻南京铺平道路，除在南京进行频繁轰炸外，日军还在上海至南京的范围内，投入了大量飞机进行轰炸，其轰炸点非常密集（图 2-11）。

然而全国的抗日军民并没有被日军空袭南京、袭击平民及难民聚集区的行径吓倒。在日军狂轰滥炸之下，南京的军民在积极备战，为即将开始的南京保卫战而准备着。但此时侵华日军凭借其空中优势，在其陆军到达南京之前就已摧毁了南京的机场、高射炮台、武器装备储备等防御力量及部分的中国军队预设防守阵地，在一定程度上为其攻陷南京创造了条件。

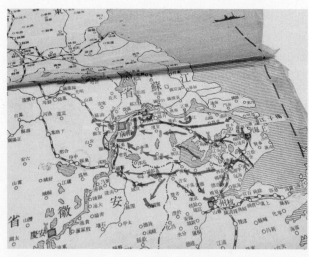

①防衛庁防衛研修所．中國方面海軍作戦：1[M]．朝雲新聞社，1974:405.

图 2-11　日军所绘地图上，其主要空袭地点标识。
图片来源：　[日] 1930 年代日军发行的军事地图。

第三节　国防工事的失守

淞沪会战失败后自上海方面回撤的中国军队新作战计划是：各作战集团转进至吴（县）福（山镇）线与平（湖）嘉（善）线各阵地，把日军阻挡在常熟—苏州—嘉兴以东，以既设国防线为依托等待增援；不得已时再向锡（无锡）澄（江阴）线、宜（宜兴）武（武进）线逐次撤退；教导总队直接撤往昆山集结乘车急返南京外，其余在淞沪战场上受创严重的战斗序列逐次向南京撤退进行修整，预做之后的抗敌准备。

但此时淞沪战场上的中国军队转进已然错过最佳时机，侵华日军第六师团长谷寿夫于11月8日指挥其部队攻击松江县城时发觉中国军队转进意图，遂以其主力经青浦向吴县以东三十公里的昆山前进，企图直接冲击转进中的中国军队右侧背，致使中国军队在转进之初陷入一片混乱之中。

虽然中国军队从淞沪战场上向南京方向转进之初陷入混乱，且穷追之日军不断对中国军队施以空中打击，但至日军抵达南京外围阵地的约20日间，中国军队在各条国防线上均与日军展开了激烈的战斗，一定程度上阻滞了日军西进，打击了日军狂妄的气焰。

1. 南京保卫战伊始，中日双方参战序列

侵华日军于1932年"一·二八"事变后即成立侵华日军上海派遣军，松井石根大将任司令官。1937年8月15日，侵华日军上海派遣军再度集结成立，其中第三、第十一师团于当月23日完成登陆，投入淞沪战场。至11月上旬侵华日军第十军于金山卫附近登陆，淞沪战场进一步扩大，日军遂撤销"上海派遣军"改建"华中方面军"，将其第十军并入序列以统一指挥，司令官仍为松井石根大将。11月16日侵华日军第十六师团在白茆口附近登陆，也一并列入侵华日军华中方面军序列。至此，南京保卫战期间侵华日军华中方面军序列如表2-5所示：

表 2-5　南京保卫战侵华日军华中方面军序列

侵华日军华中方面军	司令官：松井石根	上海派遣军司令官：松井石根	日军海军特别陆战队第十军司令官：宫柳川平助		
			第三师团 藤田进中将	步兵第五旅团 片山理一郎	步兵第六联队
					步兵第六十八联队
				步兵第二十九旅团 上野勘一郎	步兵第十八联队
					步兵第三十四联队
				骑兵第三联队	
				野炮第三联队	
				工兵第三联队	
				辎重兵第三联队	
			第十一师团 山室宗武中将	步兵第十旅团 天谷直次郎	步兵第十二联队
					步兵第二十二联队
				步兵第二十二旅团 黑岩义胜	步兵第四十三联队
					步兵第四十四联队
				骑兵第十一联队	
				山炮第十一联队	
				工兵第十一联队	
				辎重兵第十一联队	
			第九师团 吉住良辅中将	步兵第六旅团 秋山义允	步兵第七联队
					步兵第三十五联队
				步兵第十八旅团 井出宣时	步兵第十九联队
					步兵第三十五联队
				骑兵第九联队	
				山炮第九联队	
				工兵第九联队	
				辎重兵第九联队	
			第十三师团 荻洲立兵中将	步兵第二十六旅团 沼田重德	步兵第五十八联队
					步兵第一一六联队
				步兵第一〇三旅团 山田栴二	步兵第六十五联队
					步兵第一〇四联队
				骑兵第十七联队	
				山炮第十九联队	
				工兵第十三联队	
				辎重兵第十三联队	

（续表）

		日军海军特别陆战队第十军司令官：宫柳川平助			
侵华日军华中方面军	司令官：松井石根	上海派遣军司令官：松井石根	第一〇一师团 伊东政喜中将	步兵第一〇一旅团佐藤正三郎	步兵第一〇一联队
					步兵第一四九联队
				步兵第一〇二旅团 工藤义雄	步兵第一〇三联队
					步兵第一五七联队
				骑兵第一〇一联队	
				山炮第一〇一联队	
				工兵第一〇一联队	
				辎重兵第一〇一联队	
			第十六师团 中岛今朝吾中将	步兵第十九旅团 草场辰已	步兵第九联队
					步兵第二十联队
				步兵第三十旅团 佐佐木到一	步兵第三十三联队
					步兵第三十八联队
				骑兵第二十联队	
				山炮第二十二联队	
				工兵第十六联队	
				辎重兵第十六联队	
			重藤支队	台湾步兵第一联队	
				台湾步兵第二联队	
				骑兵联队	
				炮兵联队	
				工兵联队	
				辎重联队	
			独立机枪第一大队		
			战车第五大队		
			野炮、工兵各一联队		
		第十军司令官：宫柳川平助	第六师团 谷寿夫中将	步兵第十一旅团 坂井德太郎	步兵第十三联队
					步兵第四十七联队
				步兵第三十六旅团 牛岛满	步兵第二十三联队
					步兵第四十五联队
				骑兵第六联队	
				山炮第六联队	
				工兵第六联队	
				辎重兵第六联队	

（续表）

			日军海军特别陆战队第十军司令官：宫柳川平助		
侵华日军华中方面军	司令官：松井石根	第十军司令官：宫柳川平助	第十八师团 牛岛贞雄中将	步兵第二十三旅团 上野龟甫	步兵第五十五联队
					步兵第五十六联队
				步兵第三十五旅团 手冢省三	步兵第一一六联队
					步兵第一二四联队
				骑兵第二十二大队	
				山炮第十二联队	
				工兵第十二联队	
				辎重兵第十二联队	
			第一一四师团 末松茂治中将	步兵第一二七旅团秋山充三郎	步兵第一〇二联队
					步兵第六十六联队
				步兵第一二八旅团奥保夫	步兵第一一五联队
					步兵第一五〇联队
				骑兵第十八大队	
				山炮第一二〇联队	
				工兵第一一四联队	
				辎重兵第一一四联队	
			国崎支队		
			第六野战重炮兵旅团		
			独立第二野战重炮大队		
			第三飞行团		
			第一后备步兵联队		
			第二后备步兵联队		

表格来源：笔者自制。

数据来源：台湾地区防卫主管部门史政编译局，《抗日战史》第四册，台湾地区防卫主管部门史政局，1985:13。

　　侵华日军在淞沪战场上不仅动用其原本在上海方面的屯兵，还调集华北方面日军及日占台湾军前来追击转进之中国军队、扩大华东战区战场。

　　至淞沪会战后期中国军队向后方国防阵线转进前夕，其战斗序列如表 2-6 所示：

表 2-6　1937 年 10 月 27 日中国军队战斗序列表

第三战区 司令长：蒋中正（兼）；副司令长：顾祝同	右翼作战军总司令：张发奎	第十集团军：刘建绪	第四十五师	
			第五十二师	
			第一二八师	
			暂编第十一、第十二、第十三旅及独立第三十七旅	
			宁波防守司令部	
		第八集团军：张发奎（兼）	第二十八军	第六十二师
				第六十三师
			第五十五师	
			独立第四十五旅	
			炮兵第二旅第二团	
	中央作战军总司令：朱绍良	第九集团军：朱绍良（兼）	第七十二军	第八十八师
				上海保安总团
			第七十八军	第三十六师
			税警总团	
			第六十一师	
			第七十一军	第八十七师
				第六十七师
				第四十六师
			第一军	第一师
				第七十八师
		第三师：李玉堂		
		第十八师：朱耀华		
		第二十六师：刘雨卿		
		第二十军：杨森	第一三三师	
			第七十八师	
		教导总队：桂永清		
	左翼作战军总司令：陈诚	第十九集团军：薛岳	第六十六军	第一五九师
				第一六〇师
			第二军	第九师
				第一〇五师
			第六师	
			第五十三师	
			第三十二师（第三十三师并入）	
			第十一师	
			第九十师	
			第十四师	
			第一五五师	
		第十五集团军：陈诚 罗卓英（副）	第二十六军	第四十四师
				第七十六师
			第六十师	
			第九十八师	
			第七十四军	第五十一师
				第五十八师

（续表）

第三战区	司令长：蒋中正（兼）；祝同；副司令长：顾	左翼作战军总司令：陈诚	第二十一集团军 廖磊	第四十八军	第一七三师
					第一七四师
					第一七六师
				第一七一师	
				第三十九军	独三十四旅
					第五十六师
				第一三五师	
		炮兵指挥官：刘翰东	炮兵第三团		
			炮兵第四团		
			炮兵第十六团		
			炮兵第十团第一营		
			教导总队炮兵营		
			炮校练习队		

表格来源：笔者自制。
数据来源：台湾地区防卫主管部门史政编译局，《抗日战史》第四册，台湾地区防卫主管部门史政局，1985:114–115。

此时中国军队已在淞沪战场上历经血战各部队损失严重，后又经侵华日军杭州湾金山卫登陆扭转战局一役，第八集团军防守兵力不足、增援未及，再遭重创。中国军队全面向后方国防阵线转进之时，已与军事方面占有绝对优势的侵华日军战斗超过三个月，牺牲巨大。此时中国军队的"师"番号虽然没变，但实际战斗力量每师仅不足两个团，有的师甚至连一个团的战力都不到。

1937年11月8日夜中国军队右翼作战军首先收到命令向后方转进，占领昆山—支塘掩护阵地与枫泾—独山掩护阵地，并一部向嘉兴集结。转进途中中国军队遭到日军飞机频繁低空轰炸造成大幅损耗，加上沿路电线毁坏，通信完全中断。至9日黄昏右翼作战司令部转移至青浦北面金家桥附近之后，各部行动才逐渐重新掌握。

至10日中国军队第五十、第五十八、第九十六、第一五四、第十八师完成青浦—仇江掩护阵地占领，在其掩护下中国军队右翼作战军大部向昆山一带转进。侵华日军冈崎支队于11日晚21时，追击中国军队至青浦—仇江掩护阵地右翼天马镇，中国守军第五十、第五十八师随即与其发生激战，竭力支撑至12日晨1时，虽伤亡重大但成功阻滞了侵华日军冈崎支队的追击。至12日晚中国军队右翼作战军大部成功撤至昆山及其西南一带掩护阵地准备再战。右翼作战军中第十集团军除一部占领枫泾—独山掩护阵地外，主力往嘉兴、杭州地区集结。

11月10日午后，中国军队左翼作战军开始向后方国防阵地——吴福线转进，各部占领转进沿途重要据点，互相掩护着向吴福线阵地集结。但此时由于转进中的右翼作战部队异常混乱，左翼部队第二十一集团军及第十五集团军不得不延迟转进掩护右翼作战部队，造成了转进中的作战间隙。石岗门、嘉定正面之侵华日军第三、第一〇一师团，趁机沿公路绕过嘉定城，快速前进追击转进中的中国军队，同时侵华日军第十三、第十一师团亦向两翼展开，追击中国军队。至此，侵华日军华中方面军对中国军队全面发起追击作战。

2. 吴福线

作为中国军队主力部队自上海撤退转进的第一道国防阵线，吴（县）福（山镇）国防线属于中国军队的京沪防御区。其主阵线南起苏州（即吴县），北至长江边的福山镇，横跨于京沪铁路、公路与运河之间。主阵线东侧与上海之间还预设有两道掩护阵线，分别为最东边的第一道掩护阵线：北起南翔，南至青浦、珠街阁；第二道掩护阵线：北起支塘镇，南至昆山达淀山湖畔的昆支掩护阵地，并在紧邻长江的浏河镇、徐家市等军事要地设置了点状防御阵地。吴福国防线充分利用了江南湖沼如网、河流纵横，兼有山岳的地形特点，是阻敌西进的理想地域（图2–12）。

1937年11月13日晨自华北调来的侵华日军第十六师团，与原本在长江下游浏河镇与中国军队第三十九军对峙的侵华日军重藤支队作为先头部队逆长江而上，于白茆口、浒浦镇处强行登陆（图2–13）。中国军队江防部队第四十师当即奋起迎战。至当日午后中国江

图2–12　吴福及吴平嘉乍阵地占领及战斗经过概要图（1937年11月14日至15日）（甲）
图片来源：台湾地区防卫主管部门史政编译局，《抗日战史》第四册，台湾地区防卫主管部门史政局，1985。

图2–13　日军自白茆口登陆
图片来源：[日]《满洲グラフ》之《南京攻略特辑》，1938年第二辑。

防部队伤亡重大，强行登陆的侵华日军主力已进至徐家市附近。日军第十六师团师长中岛今朝吾，将其刚刚登陆的步兵部队组成两个支队分别由其下属的两个旅团长担任支队长，其中草场支队向福山镇进发，佐佐木支队攻向常熟，企图彻底消灭中国军队主力于吴福线前。

占领吴福线掩护阵地昆（山）支（塘）线的中国军队第二十一集团军遂以第一七六师协同已经占领支塘阵地的第一七三师一部向徐家市、周泾口镇一线急进，以增援江防第四十师、掩护中国军队主力部队向吴福线转进。

至 13 日下午 4 点侵华日军不断增兵，约一个加强师团日军持续于白茆口、浒浦口登陆，昆支掩护阵地遭遇被日军直接绕过的威胁，危及常熟。为避免吴福线在未完全准备的状态下过早投入战斗，中国军队第二十一集团军于当日夜间急调负责守备常熟的第一七一师一部，挺进常熟与徐家市之间古里一线警戒。至此，除中国军队第一七六师、第一七四师、第一七四师仍在周泾口镇以南与侵华日军第十六师团对战外，第二十一集团军及第十五集团军主力得以向吴福线转进，并于 15 日凌晨，勉强完成对吴福线阵地的占领。当日午后，日军第十六、第十一、第九师团及重藤支队追击中国军队陆续抵达吴福线前。

（1）昆支掩护阵地

中国向吴福线转进的第十五集团军自转进伊始便遭日军飞机轰炸，损失严重且转进速度被拖滞。与此同时日军除溯江而上于白茆口附近登陆企图绕开昆（山）支（塘）掩护阵地外，大部主力以地面部队追击中国转进中的部队。江边要地浏河镇被日军第十三师团攻陷后，日军右翼第一〇一、第三、第十一师团进至昆山掩护阵地之前的陆渡桥北、太仓及陈家坟一带；日军第九师团与第六师团大部于 13 日在安亭附近会合后，沿京沪铁路以南吴沪公路向西追击中国军队，至 14 日午后已逼近昆山。

自白茆口成功强行登陆的日军第十六师团步兵第三十旅团直扑昆支线最北端江边支塘，中国守军第一七三师遂奋起予以还击；同时，敌师团主力与重藤支队攻向梅李镇方向，中国守军第九十八师与十三师遂进行阻击，激战至当日下午，中国守军主动放弃梅李镇退守兴隆桥附近[1]。日军遂穿越梅李镇中国守军第四十四师、独立三十四旅的阵地直逼吴福线主阵地前方，中国军队第一七一、第九十八师随即进入阵地准备应战[2]。

14 日晨起中国守军各师交互向吴福线阵地转进，同时第二十一集团军之第四十八军下第一七三、第一七四、第一七六师仍在支塘附近阻击北侧徐家市附近向南挺进的日军部队，激战至当日下午 16 时方缩小防线，逐次向吴福线主阵地转进。当日夜间昆支掩护阵地北端

①王卫星. 南京大屠杀史料集 56-57：日军文献 [M]. 南京：江苏人民出版社，2010:263.
②台湾地区防卫主管部门史政编译局，抗日战史：第四册 [M]. 台湾地区防卫主管部门史政局，1985:146.

支塘阵地被日军攻破[①]。

15 日侵华日军第六师团联合第九师团攻陷昆支线南端昆山后，转而向南挺进。当日午后日军第十六、第十一、第九师团及重藤支队，逐次抵达吴福主阵地前。

与此同时追击中国军队的侵华日军华中方面军主力迟迟未抵达最前线，于淞沪战场上亦损耗不轻的侵华日军，在急行军追击中国军队时，士兵身体疲乏、脚气病等传染病暴发，不得不时常停下修整，队伍中怨气渐起[②]。

（2）福山镇

地处长江边的福山有山七座，镇以山而名旧称釜山，被称为吴北重镇，历代均为江海军事要塞。福山城肇始于明嘉靖三十四年（1555 年），又称总兵城即今福山镇。有东、南、北三座城楼，西面为水关，城墙为砖石结构，东门有城楼，历史上曾经历过四次修葺。至民国时期对日战斗中，福山总兵城旧城城墙依旧起到了部分防御作用，毁于战火后被逐渐拆除。

在吴福国防线上，福山处于紧邻长江南岸的阵线终点位置，一旦丢失吴福线就会被日军从北面迂回绕过，于是福山镇成了中国军队防守与日军攻击的重点区域（图 2-14）。

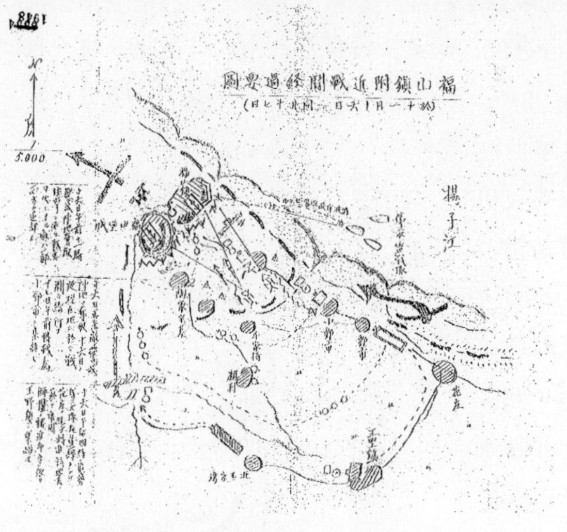

①台湾地区防卫主管部门史政编译局.抗日战史第四册[M].台湾地区防卫主管部门史政局.1985:146.
②[日]亚洲历史资料中心（https://www.jacar.go.jp），Ref.C14110894100、步兵第116連隊歴史，昭和12年9月1日～昭和16年1月8日，第4章南京に向ふ追撃戦.
③台湾地区防卫主管部门史政编译局.国民革命军战役史第二册（上）初期战役[M].台北：台湾地区防卫主管部门史政编译局.1993:310.

图 2-14　福山镇附近战斗经过要图
图片来源：［日］JACAR（アジア歴史資料センター）Ref.C11111199300、歩兵第３８連隊　江蘇省常熟県滸浦鎮附近戦闘詳報　昭和１２年１１月４日～昭和１２年１１月１５日（防衛省防衛研究所）。

11 月 15 日侵华日军第十六军团步兵第三十八联队开始攻击福山镇中国守军第七十六师阵地。在装备上远远落后于日军的中国守军第七十六师顽强抵抗，激战后，与日军在福山镇以东形成对峙[③]。16 日晨日军第三十八联队再次向福山镇发起冲击，再度与中国守军第七十六师发生激烈战斗。同时，日海军第三水雷战队亦以舰炮向福山镇中国守军阵地发起轰击。战斗至当日下午，日军改变战斗目标，以主力转向常熟方向[①]。17 日午后，经历两日激战中国守军第七十六师伤亡惨重，第四十八军遂抽调第一七三师和一七六师各两个营前往福山镇支援[2]。日军方面，原计划共同攻击福山镇的草场支队未能及时赶到，当晚到达的日军第十四师团第五十八联队直接加入进攻福山镇的队伍。18日整整一天，福山塘东岸的日军在一个中队的山炮掩护下多次试图强渡，但是均被中国守军击退。

直至19日夜，吴福国防线丧失守卫价值，所有中国守军逐次向锡澄线转进时，福山镇还是牢牢掌握在中国军队手中。

（3）谢家桥

谢家桥位于常熟市北、福山镇南。由于连通东西，谢家桥至清代后期逐渐形成街市。民国初期，商业兴起，街市繁荣，航运畅通。基于谢家桥所处地理位置陆路联通、水路通达，正处于福山镇与常熟的中间位置，使得它成为吴福线上的要点之一，中国军队在此构筑了大量掩护阵地（图2-15）。

1937年11月17日晨日军在福山镇久攻不下战事胶着的情况下，日军第十三师团一〇三旅团在炮兵掩护下攻向常熟北面谢家桥。此时中国守军大部集结于常熟附近，谢家桥仅有第四十八军特务营守卫。激战至中午，中国守军包括营长在内死伤过半，谢家桥一度失守。中国军队第二十一集团军随即派第五十六师一六六旅及第一七六师一个团前往恢复阵地，日军随即溃退，旋又增援，复行进攻，谢家桥被日军占领，吴福国防线上首次被日军打开了突破口。

为夺回谢家桥，中国军队第三十九军前往增援。日军不支，随呼叫日本海军航空兵飞机轰炸中国军队阵地，造成中国军队大量伤亡，不得不停止进攻。与此同时，日军鉴于兵力不足，也未继续攻击，双方在谢家桥附近陷入了对峙。

11月18日清晨中国军队第三十九军一部杀入谢家桥镇，与日军一〇四联队和六十五联队展开激烈巷战，至19日中国军队全线转进前，谢家桥镇仍未完全丢失。经此一役，谢家桥镇几乎全镇化为废墟。

（4）常熟保卫战

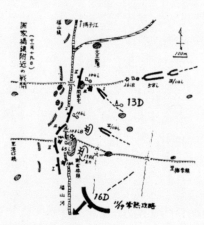

图2-15　谢家桥战斗情况图
图片来源：［日］宍仓义利：《山炮兵第19聯隊史》，《山炮兵第19联队纪念事业推进本部》，1975。

① ［日］亚洲历史资中 心 （https://ww jacar.go.jp），Re C11111199300，兵第38連隊 江蘇 常熟県滸浦鎮附近 闘詳報 昭和12 11月4日～昭和1 年11月15日（防 省防衛研究所）.
② 台湾地区防卫主 部门史政编译局：
日战史：第四册［M 台湾地区防卫主管 门史政局，1985:151

常熟自古就是江南的鱼米之乡，土壤肥沃、气候宜人。其主城区紧挨虞山，古时便有诗句形容"十里青山半入城"。虞山是常熟附近的制高点，登山便能俯视全城。虞山与福山是吴福线上两处必争要地（图2-16）。

11月17日拂晓自白茆口登陆的日军第十六师团步兵第三十旅团与重藤支队凭雨天晨雾的有利条件渡河逼近常熟城北，中国守军第四十四师依托碉堡阵地以轻重机枪扫射，成功阻滞日军。同时日军第三十三联队在五渠镇等方向的强行渡河，也被中国守军第十三师击退。当天午后日军见中国守军阵地久攻不下，于是联合上海派遣军直属炮兵队，将所有重炮一字排开对中国守军阵地展开炮轰，妄图轰垮中国军队阵地再轻松入城。24门三八式150毫米榴弹炮、16门八九式150毫米加农炮、16门十四式100毫米加农炮、36

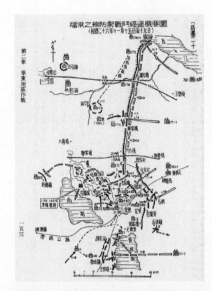

图2-16　福山至常熟附近防御战斗经过概要图
图片来源：台湾地区防卫主管部门史政编译局，《抗日战史》第四册，1985。

门四一式75毫米山炮[①]向常熟及附近各据点的坚固工事猛烈炮击，一直持续到当天晚上。中国守军予以炮火回击，但因为双方火力差距过大，守军基本被日军炮火压制，国防工事受损严重，整个常熟城化为一片火海，中国守军第四十四师官兵也死伤大半。18日上午八点日军步兵部队向常熟城进攻，中国军队第四十四师官兵依靠残破不全的工事持续顽强抵抗，日军步兵第三十旅团始料未及陷入苦战。

与此同时，郊区唯一制高点的虞山由于守军第四十四师兵力不足，于18日夜间被日军重藤支队攻占，常熟城陷入被日军居高临下的危险中。中国军队第十五集团军立刻抽调兵力赶赴虞山，血战一夜至19日上午八时，夺回虞山东部三处高地，日军仍占虞山北部一处高地，中日双方部队均伤亡严重，陷入僵持[②]。

日军对常熟的进攻进行了七天七夜仍未有重大进展，中国军队的顽强守卫打破了松井石根企图在吴福线前全歼中国军队的妄想。

然而19日当日，南线的嘉兴已经失守，突破嘉兴的日军又继续西进，有迂回吴福线侧背之企图；同时，在浒浦登陆的日军，经过与守军独立第三十四旅激战，已攻陷福山；苏

① [日]亚洲历史资料中 心（https://www.jacar.go.jp），Ref.C11111856100、独立攻城重炮兵第2大队：战闘详报，昭和12年11月15日～12年11月19日（防卫省防衛研究所）.

② 台湾地区防卫主管部门史政编译局. 抗日战史：第四册[M]. 台此：台湾地区防卫主管部门史政编译局.1985:152.

州方面日军于 18 日已抵近苏州城郊。吴福线很难再坚守下去，中国军队遂于 19 日开始逐段向锡澄线转进。当日晚 10：30，常熟被日军占领[①]。

吸取转进初期混乱局面的教训，中国军队在 11 月 16 日午后[②]便下达了逐次由吴福线向锡澄线转进、提早预做抗敌准备的部署。至 19 日，福山镇、谢家桥、常熟战斗均陷入僵持阶段，且守军伤亡过重，于是中国军队开始全面向后方锡澄线转进，吴福国防线遂全面被日军占领。

3. 乍平嘉线

乍（浦）平（湖）嘉（善）国防线以沪杭铁路为轴线，配有两条主阵地与大量防御阵地。其第一条主阵地南起乍浦北至嘉善，东侧配有南起独山北至枫泾的掩护阵地。第二条主阵地南起嘉兴北至苏州，并配有北至太湖边南浔镇南至杭州湾旁海宁的后方阵地。乍平嘉国防线全线在金山卫、全公亭、龙摆渡等军事要地构筑点状防守阵地，属于中国军队太湖以南的沪杭防御区。

1937 年 11 月接到淞沪战场撤退令后，中国军队主力右翼部队之第十集团军及第八集团军于 9 日起向乍平嘉国防线撤退，当日在枫泾遭到日军第十八师团、第六师团一部的追击，中日双方在乍平嘉线东侧独山至枫泾掩护阵地展开对峙，沪杭防御区战斗打响（图 2-17）。

11 月 10 日晨日军第十八师团主力猛攻枫泾，中国守军奋起迎战，日军遭到严重损失，其第三十五旅团团长手冢省三少将被炸成重伤，第一二四联队第二大队长川崎、第七中队长石桥等指挥官也相继受伤[③]。日军第十八师团在其第三十五旅团正面进攻受挫的情况下，以其第二十三旅团主力向中国守军阵地右翼迂回，以远距离绕至中国守军项背。10 日晨中国守军向后方撤退，独山至枫泾掩护阵地被日军突破。但此时枫泾镇仍在中国守军掌握之中，日海军遂出动轰炸机掩护其陆军部队向枫

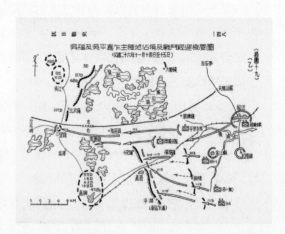

图 2-17 吴福及吴平嘉乍阵地占领及战斗经过概要图（1937 年 11 月 14 日至 15 日）
图片来源：台湾地区防卫主管部门编译局，《抗日战史》第四册，1985。

①原田贤一阵中志.1937 年 11 月 19 日；王卫星．南京大屠杀史料集.60-61，日军官兵日记与回忆 [M]．南京：江苏人民出版社，2010.
②台湾地区防卫主管部门史政编译局，抗日战史 [M]．第□册.台北：台湾地区防卫主管部门史政编译局.1985:149.
③张程．淞沪会战前至南京保卫战前中日两军华东战场作战实考察 [D]. 华东师范大学，2016；转引自：杉江勇．福冈师团队史，东京：秋田书店.1974:116.

〔日〕亚洲历史资料
中心 (https://www.
.car.go.jp)，Ref.
11111920400、中
方面地上作战经过
概要，昭和12年
1月上~13年2月
日（防卫省防卫研
所）.

王卫星.南京大屠
史料集.56~57,日
文献 [M].江苏人民
版社,2010:394.

台湾地区防卫主管
门史政编译局.抗日
史 [M],第四册.台北：
湾地区防卫主管部
史政局.1985:159.

泾镇突破，激战中中国守军预备十一师四十一团伤亡惨重。上午 10 时日军攻入枫泾镇，中国守军全面退守，向乍平嘉主阵地转进。当日中午日军第十八师团第三十五旅团即向乍平嘉阵地前进。此时中国守军第三八二旅七六四团主力已经进入乍平嘉防线工事阵地中备战。

10 日当天日军第一一四师团开始在金山卫以西登陆，以支援其第十八师团[①]。

11 日晨日军第十八师团第三十五旅开始从正面攻击乍平嘉国防线，中国守军第一二八师遂予以反击。同时，日军第二十三旅开始向中国守军左翼进攻，日本海军全天出动飞机对中国守军阵地进行猛烈轰炸。中国守军顶住日军压力，与其激战终日。

11 日下午 3 时日军第六师团平望支队占领了西塘镇[②]。12 日日军第一一四师团主力自金山卫西登陆成功，开始向乍平嘉线方向前进。12 日整天，国防线上中国守军奋力抵抗住了日军第十八师团三个联队的攻击，但同时日军平望支队却乘隙绕过了中国守军国防线，直逼连接太湖南北的枢纽平望镇。

14 日在乍平嘉主阵线上中国守军与日军交战陷于胶着之时，日军平望支队在炮击的掩护下发起突然袭击，攻占了平望镇。至此太湖南北战线，即吴县至嘉兴之间交通被日军完全阻断，中国军队第十集团军遂与主力部队分离。日军国崎支队接替平望支队进行平望镇的守备后，平望支队进一步向西准备进攻南浔镇。嘉善附近中国守军第一二八师、第一〇九师为避免退路被日军切断形成包围态势，遂开始向嘉兴撤退。日军第十八师团乘机在其海军飞机的掩护下发起总攻。中国守军坚持至傍晚损失巨大，向西面七星桥撤退。

15 日晨日军第十八师团占领嘉善。

16 日起日军第一一四师团开始向平湖以北前进，傍晚其主力转向经枫泾镇迂回向嘉兴前进，仅以一二七旅团继续由平湖向嘉兴前进。17 日日军第十八师团主力到达嘉兴以北，准备发起攻击。同时平望支队在南浔镇以东与中国军队桂军第一七〇师第五二二旅一〇四三团遭遇，激战后陷入对峙[③]。

18 日嘉兴成为乍平嘉国防线上最后一处中国军队的据点。上午 9 时日军开始以炮火轰击嘉兴附近要点，随后第十八师团开始向嘉兴发起全面攻击。中国守军顽强抵抗，但由于日军炮火压制，各阵地逐渐被日军突破。

19 日苏嘉线与沪杭线交汇点的嘉兴被日军攻陷，乍平嘉国防线被日军突破，沪杭防御区南京东面屏障仅剩湖州一线。

20 日日军国崎支队突袭中国桂军第七军先头部队第一七〇师一〇四四团，该团损失严重，遂于当晚退守升山市附近。日军第一一四师团是夜挺进至平望镇，第十八师团同时到达平望镇以南的盛泽镇。

21日日军国崎支队于升山市附近驻扎等待日军第十军主力到达，日军第一一四师团一二八旅团到达南浔镇，第十八师团进至平望、南浔之间震泽镇，与中国守军对峙，大战一触即发。

22日晨日军国崎支队首先向升山市中国守军桂军第七军一部发起攻击，随后日军各部在日本海军飞机及炮兵的火力支援下，向湖州附近中国守军各阵地发起进攻的同时，以国崎支队及第十八师团主力从南面向中国守军阵地迂回。

中日两方经历两日激战至24日上午8时，日军对湖州中国守军阵地发起全线进攻，中国守军历经数日战斗损失严重，至下午2时被迫向湖州南面转进，又遭日军自南面迂回的国崎支队及第十八师团主力突袭，湖州南门被日军占领。下午3点30分，因损耗过于严重无力组织反攻，中国守军决定放弃湖州，在守军一〇二七团的掩护下，中国守军桂军第七军部于24日晚顺利撤出湖州及其附近阵地。

25日上午9时日军第十八军团在炮兵协同下完成了对湖州的占领[1]。这之后南京方向上，已经没有中国军队预设的国防工事，日军挺进速度加快。当日下午3点日军一一四师团进至长兴附近，与中国守军交战。26日攻陷吴兴后日军以一部向广德、泗安、宣城、芜湖西犯，主力由郎溪向南京方向挺进。

4. 锡澄线

锡（无锡）澄（江阴）国防线，是吴福国防线西侧，与之平行的第二道国家防御阵线，同属于中国军队京沪防御区。锡澄线主阵地北起江阴要塞，南至太湖边、京（宁）沪线上的无锡，于1934年至1936年间与吴福线同时构筑。其具有优势地形，是第三战区左翼方向南京及长江的屏障，如坚固阵地可以长期扼守（图2-18）。

11月19日中国军队第三战区左翼部队，在吴福线阵地转进、战斗一周后吴福线失去战略价值，遂向锡澄线转进，同时在吴福线重镇常熟及锡澄线之间设置了两道收容阵线：庙桥镇—港口镇—大河镇—塘泾镇一线；陈家桥—塘墅—蠡菊镇—吼山—安镇一线，并分别布置了掩护部队。中国军队主力在交替掩护之下，完成了向锡澄线的转进。此时锡澄线

①张程. 淞沪会战后
至南京保卫战前中
两军华东战场作战史
实考察[D]. 上海：华
东师范大学，2016.

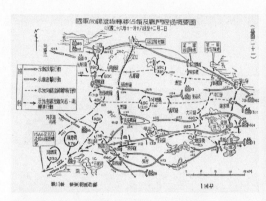

图 2-18 中国守军向锡澄线转移、占领及战斗经过要图（1937 年 11 月 18 日至 12 月 2 日）
图片来源：台湾地区防卫主管部门编译局，《抗日战史》第四册，1985。

图 2-19 日空军对无锡进行轰炸
图片来源：［日］《满洲グラフ》之《南京攻略特辑》，1938 年第二辑。

上中国军队胡宗南军团已经完成各项工事构筑，该军与自吴福线转进而来的中国军队第六十六军，第九、第六十一、第四十六师，以及新到达之第八十三军已经完成了对锡澄国防线各阵地的占领，江阴要塞另由第一〇三、第一一二师驻守[1]。

在中国军队左翼军撤离吴福线的同时，侵华日军华中方面军一方面驻军于苏州、嘉兴一线准备以后的作战，一方面命令上海派遣军准备攻击无锡（图 2-19），20 日侵华日军华中方面军正式下达攻击无锡的命令。

面对咄咄逼人之势向锡澄线发起攻击的日军，中国军队顽强抵抗，在转进锡澄线的过程中，于收容阵线上频频与正面追击的日军发生战斗。至 23 日，中国军队第二十一、第十五军团主力成功越过锡澄线向后方撤退，锡澄国防线上此时驻守有第一军之第一、第七十八师，第六十六军之第一五九、第一六〇师，第四军之第九十师，第二军之第九师，第八十三军之第一五五、第一五六师，第二十六军之第四十四、第七十六师，第三十九军之第五十六师、独立三十四旅，第六十一、第五十三、第五十七师，总兵力编制虽仍达十五个师又一个旅，但均为已经过长达数月战斗的部队，现存战力平均不足三分之一[2]。日军第九、第十一师团于 24 日会合先行到达的第十六师团后，自 25 日晨向无锡发起猛攻，中国守军遂与之发生激战，至 25 日中午 11 时[3]，无锡失守。中国守军主力向浙赣皖边区撤退。

27 日日军重藤支队突破皋岸泉中国第八十三军阵地，至此江阴与无锡之间交通被日军完全截断，中国军队被迫放弃锡澄国防线，第八十三军退守丹阳，同时，江防军仍坚守江

[1] 台湾地区防卫主管部门史政编译局. 抗日战史：第四册 [M]. 台北：台湾地区防卫主管部门史政局，1985:154,155.

[2] 台湾地区防卫主管部门史政编译局. 抗日战史：第四册 [M]. 台北：台湾地区防卫主管部门史政局，1985:156.

[3]［日］亚洲历史资料中心（https://www.jacar.go.jp），Ref. 11112025400、情记録第 22 号，昭和 12 年 11 月 25 日，集团司令部.

阴要塞。

位于锡澄线北端的江阴要塞，位于长江下游，地处上海、南京中间，与北岸靖江隔岸相望。长江下游江面一般约宽四至五公里，到江阴附近逐渐变窄，最窄处江面仅宽约两公里，其东有巫山、段山为屏，西有萧山、青山为障，南有秦望山、大小茅山为前哨，又是武澄、锡澄等公路的枢纽，战略地位十分重要。自清朝起历年统治集团均在江阴设有炮台驻防军（图2-20）。

图2-20 "长江第一门，江阴要塞"
图片来源：[日]《天下第一胜 扬子江》，黑白明信片

抗战开始前夕，日本海军在长江上游驻有军舰五艘，其中炮艇两艘，浅水舰三艘。时至淞沪会战爆发，南京军事当局密议在抗战全面开始前，派海军负责人在江阴长江江心凿毁旧军舰若干艘，载石沉入江底，以筑成长江江阴封锁线，阻遏日本巨型舰西上威胁南京及沿江城市安全，一并断绝日本海军上游五艘军舰的归路，另由南京政府派舰分别溯江而上予以截击、俘擒。然而这一计划被前汪精卫行政院机要秘书、汉奸黄浚在封江令下达前透露给了日军，致使日五艘军舰在中国海军正式执行封江防守任务前一天遁逸，经江阴出吴淞口扬长而去。

8月中国海军沉七艘旧舰于江底，调二十艘商船亦依次沉于江阴江心，另由海军次长陈季良率领六艘军舰于江面日夜把守封锁线。后又征调商船三艘、日本趸船八艘前往江阴加强阻塞。9月再调四艘大吨位军舰沉江阴塞，构成另一辅助阻塞线。总计在江阴航道共沉大小军舰、商船、趸船四十三艘，后又从江苏、浙江、安徽、湖北等省，征用民船、盐船185艘，填石子沉入江底弥补江底封锁间隙。历经两个月工作中国守军终完成江阴封锁线，这对于阻滞日本海军逆江而上，保证南京有足够备战时间，发挥了一定作用。日军为打破这道封锁，出动了大量飞机，对江阴要塞狂轰滥炸。

根据当时任中国海军第一舰队海容舰舰长的欧阳景修记述，全民抗战序幕揭开后，日军飞机每天必经江阴上空飞往南京等地轰炸，中国海军的作战任务除主要江防外，便是协助陆军用舰上高射炮击退敌飞机的侵袭。9月22日日军飞机来袭，炸伤中国海军军舰两艘，被中国军舰击落五架飞机。23日晨日机72架来袭，击沉中国军舰两艘，中国军舰击落日机四架。25日又有数十架日机飞往江阴要塞对中国军舰进行轰炸，击沉中国军舰两艘，被击落日机2架。其后，又有一艘增援之中国军舰被击沉，四艘以上舰艇被炸沉。鉴于中国海军大批主力舰艇被炸沉的严酷事实，国民政府军事委员会感到单凭中国海军落后于日军的军舰火力无法抵御日机的袭击，遂改变策略，将所有舰炮拆除，安装于长江两岸：巫山、六助港、萧山、长山、黄山五处，用以腰击日军舰，增强要塞阵地。

锡澄线于11月26日被突破后，江阴要塞便成为日军从正面攻击的主要目标。向江阴要塞进攻之日军与守备江阴要塞的中国军队实力对比如表2-7所示：

表2-7 江阴要塞进攻之日军与守备江阴要塞的中国军队实力对比

日本军队			中国军队		
第13师团			部队番号	驻守位置	装备
	进攻方向	装备	第103师何知重部	主力占领东线由金童桥经杨家港、凤凰山东麓至长山东麓间阵地	
步兵一个旅团	沿锡澄公路向江阴推进	重炮10余门，战车30余辆			
步兵两个混成连队	沿常澄公路向江阴推进		第112师霍守义部	主力占领南线由夏港口、夏港镇、青山、江阴城南至金童桥阵地	
另以集成骑兵部队	由福山沿江边，配合步兵正面攻击		江防部队欧阳格部		
			要塞部队许康部		要塞备炮61门
			海军炮队		

表格来源：笔者自制；
数据来源：孙宅巍，《南京保卫战史》"南京大屠杀史研究与文献系列丛书"第34册，南京出版社，2014:34-39。

由上表可见，中国军队驻守江阴要塞，在装备上对江面守备优势较大，但日军是由陆路进攻而来，所携带装备较中国军队先进，且机动性强，火力威胁巨大。

11月28日，日军分别沿公路进抵南闸、云亭线，向守军阵地冲袭，中国军队黄山炮台遏制住了江面日军军舰的袭击。中国军队与日军在陆路阵地上激战至次日晚，中国军队伤亡巨大，撤向青山、板桥一线。

30 日江阴城内炮弹横飞，大火蔓延。12 月 1 日，江阴守城战达到白热化阶段。日军第一〇四联队在炮火支援下于拂晓占领江阴城东南方板桥镇，随后向江阴南门外防线发起进攻。上午 9 时日军以 1 门 240 毫米榴弹炮、8 门 150 毫米加农炮、24 门 150 毫米榴弹炮、36 门 75 毫米山炮组成的炮群向江阴南门附近城墙进行了长时间的猛烈轰击[1]。中国军队要塞兵遂予以反击。至当日中午，攻城日军毫无进展。13 时 30 分日军第六十五联队一部向江阴西门发起进攻，中国守军奋起回击，日军首次攻击告失败。16 时日军再次发起进攻，企图在工兵配合下爆破江阴西门外门。在中国守军的阻击下，日军企图再度失败，不得不停止进攻。同时，日本海军轰炸机及长江方面舰艇向江阴城及中国守军江防要塞进行猛烈轰击。晚 10 时日军第一〇四联队向江阴南门展开夜间偷袭。

中日双方连日的炮战中，鹅山、萧山、黄山各台火炮被毁四门，通信设备几乎全被破坏。中国守军虽击退日军多次冲击，江阴城和江防要塞也仍在中国守军掌握中，但两个师兵力已经伤亡过半，且江防要塞主要面向江面，进犯日军已经由陆路进入炮火攻击的盲区死角之内。12 月 1 日下午江阴方面守军收到撤军命令，限期于 2 日晨 5 时前完成向镇江方面的转进。中国守军遂于当日晚间 20 时开始，以各要塞炮台向江阴城附近日军据点全力射击掩护步兵撤退，打光弹药后销毁火炮及工事以防被日军利用。当日深夜中国守军第一一二、第一〇三师开始撤退。日军第五十八联队跟进，于 2 日凌晨占领黄山炮台，4 时日军第一〇四联队偷袭爆破江阴南门成功，与中国守军掩护部队激战约一小时后占领南门。日军第六十五联队第三大队也同时突入江阴西门，其第二大队与第二十六旅团占领中山炮台；第一一六联队于 2 日上午占领萧山炮台。

此时中国守军第一一二、第一〇三师已全部撤至江北，向镇江转进，江阴要塞战斗持续五天后宣告结束（图 2-21）。

12 月 2 日江阴被日军占领。江阴守城战役中，中国军队奋勇抗敌，以重大的牺牲阻滞了侵华日军向南京和江北的进军。江阴失陷的同时，丹阳、金坛阵地守军也奉命弃守，向后方转进。锡澄国防线宣告失守。锡澄线上战斗虽然持续时间仅十天左右，但对掩护中国军队主力向宜兴、广德

① [日] 亚洲历史资料
中 心 (https://www.
jacar.go.jp)，Re
C11111877900、
立攻城重砲兵第2
隊 第2中隊陣中
誌 昭和12年1
月1日～12月1
月2日 (防衛省防
研究所).

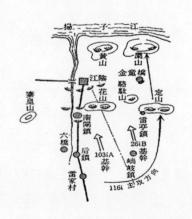

图 2-21　江阴要塞附近战斗过程概图
图片来源：[日] 大坪进：《步兵第百 16 联队概史》，原书房，1974。

方向转移做出了较大贡献。

至此，南京城在京沪线上不再有任何预设的国防阵线，日军部队已可直驱南京城郊。由日本于 1938 年发行的《支那事变》中对上海至南京之间中国军队既设阵地图上的阵地标注，及以"铜墙铁壁"来对中国守军阵地的描述可见，在淞沪会战之后向南京转进的过程中，太湖以北的两军战斗最为激烈。吴福线、锡澄线以及各道掩护阵地上中国守军的坚守予以日军沉重的打击，一定程度上阻滞了日军向南京方面急进的脚步。

自侵华日军入侵中国以来，掠夺中国物资、侵占中国土地、奴役中国百姓、企图把控中国现有政权的目的从未改变过，其相应的军事行动愈演愈烈。

淞沪会战开战以来，日本政府不顾国际道义，明目张胆地对中国展开进一步的掠夺及军事威慑。从淞沪战场追击中国军队而来的侵华日军，一路上烧杀抢掠无恶不作，在国民政府构筑的国防线上与中国军队激战中，更是给国防线上所涉及的城市、乡镇、村落带来了毁灭性的破坏。

福山镇建于清朝，近百年历史的城墙在战斗中被炮火炸毁；谢家桥镇作为重要的军事据点，全镇破坏殆尽；常熟被日军炮轰一整天，城内大火连天；川军第一四六师自开赴广德、泗安前线后，亲见日军对俘虏和负伤官兵，绑住手足，浇上煤油，就地烧死，对公路两侧两三公里附近逃离不及的平民百姓，无论男女老幼全部枪杀，无一幸免；所有房屋纵火焚烧，凄风遍野，尸体横陈，其状惨不忍睹。

侵华日军的暴行不胜枚举，从淞沪到国家防御线再到南京，他们用飞机、大炮、装甲、坦克，炸出了一条浸满中国抗日军人和无辜百姓鲜血的侵略道路。

第四节 南京保卫战

南京保卫战，是中国抗日战争历史中十分重要的一次战斗。作为当时全国经济、政治中心的南京，在抗日战争全面爆发初期，又成为全国抗日民族统一战线的重要政治舞台。随着 1937 年 12 月南京保卫战的失败，中国的抗战正面主战场也随之向中国内地迁移。

日本当局在发动侵略战争伊始便扬言要使中国在三个月内灭亡。随着战事推进，其天真狂妄的梦想被中国抗日军民打破的同时，"占领中国首都南京即意味着攻占全中国"的臆想成为侵华日军的新目标，遂自上海一路西进，急追中国转进军队，动用大量海陆空现代化武器，妄图速战速决拿下南京城。

南京保卫战，在中国抗日战争历史上具有非比寻常的意义。对当时首都南京的城市保卫，显示了中华民族与中国政府对于日本帝国主义侵略势力的不妥协、不投降，政治上坚持抗战的主张。负责守卫南京的中国军队，是在淞沪战场上经历了三个月血战，继而在撤退过程中于国家防御线上前后奋战 20 余天，人员、装备损失严重且无从补充的。即便是这样的队伍，面对具有绝对军事优势的日本侵略部队，坚守南京十数日，彰显了中国军民强烈的爱国热情及抵抗侵略的决心。

南京保卫战开始之前，由于日军累日的无差别轰炸与淞沪会战中国军队的失利南京已经失去了城市的制空权，仅靠地面防御体系应战。南京城市防御体系由远及近拥有外围阵地、复廓阵地两道既设阵地，外围阵地外再设警戒阵地，明城墙外围加急挖筑起的壕沟于 1937 年 11 月匆忙完工，明城墙亦经过现代军事化改建，在内部修建起了暗道、机枪射孔等设施。同时为应对可能发生的巷战，南京市内小高地上亦修筑有碉堡等永久军事设施，市内主要街道上设置了各类军事障碍。面对即将到来的城市防守战，南京军民严阵以待。

1. 外围防线激战

自上海追击而来的侵华日军分为左右两翼，南京三道既设阵地上主要战场均分布在日军前来的方向上。1937 年 12 月 4 日，外围阵地上南京西面的句容至天王寺附近首先遇敌。句容至汤山一线随即展开中国守军与侵华日军右翼部队的攻防战，战斗持续至 12 月 8 日，中国军队坚守四日，终不敌日军先进装备的进攻，汤山失守。同样在 12 月 4 日，日军一部到达南京淳化，随后与天王寺方面前来的侵华日军援军部队会合。至 12 月 8 日，守卫湖熟、淳化一线的中国守军损失惨重，不得不放弃阵地，

12 月 8 日凌晨，秣陵关西南面的牛首山阵地遭到日军猛攻，中国守军在日军飞机、山炮、战车的疯狂轰炸之下，坚守至 8 日傍晚。8 日傍晚，南京卫戍军总部下达收缩阵地命令，令中国守军除一部仍坚守牛首山阵地外，其余各部收缩至河定桥—牛首山一线。中国守军西撤之时，淳化—上坊—光华门公路出现了防守空隙，未能完成接防及对沿途交通设施的破坏。淳化正面侵华日军左翼部队趁机一举推进至光华门外的大校场和通光营房。

12 月 9 日南京城南秣陵关被日军占领。同日，因右侧防守部队过早撤退，坚守牛首山阵地的中国守军第五十八师陷入孤立状态。日军复发起新攻势，中国守军第五十八师官兵血战至日暮，直至南京卫戍军总部向该师下达撤退令。经牛首山连日苦战，中国守军第五十八师损失巨大，但其浴血奋战的英勇事迹，仍为南京保卫战中中国守军的光辉篇章之一。牛首山、将军山阵地的丢失，使得南京南部的雨花台阵地失去了最后的屏障，直接暴露在日军的面前。

在南京城市东南面防守阵地遇敌的同时，侵华日军海军部队乘舰艇自上海方向溯江而上，镇江要塞的中国守军遂对其展开阻截。镇江要塞主要由四处炮台组成，分别是象山炮台、焦山炮台、都天庙炮台以及圌山炮台。其中，象山炮台，位于长江南岸，东码头附近，有备炮 12 门；都天庙炮台，位于长江北岸，有备炮 8 门；焦山炮台，位于长江江心岛上，与象山炮台隔江相望，有备炮 8 门，这三所炮台可连成一线，协同作战。而圌山炮台则位于镇江城东北 30 公里处，矗立江边的圌山上，有备炮 12 门，拥有龟山、五峰山等主要阵地，地势险要，扼长江之咽喉①。要塞的任务是封锁长江江面，阻击日军海军舰艇西进，并在有效射程内将其消灭，确保长江流域的安全。因此镇江要塞的主要炮火防御方向正对江面，配以要塞守备营，掩护要塞炮台的安全，以弥补炮台火力之不及。但即便如此布防，镇江要塞仍对陆路来敌缺乏足够的防御能力。12 月 7 日，日军右翼部队一部在占领句容之后遂转向镇江方向，配合其江面海军侵略部队，对镇江要塞发起夹击。至 12 月 12 日下午，镇江要塞失守。镇江要塞的守备官兵，奋勇战斗，为拖滞日军向南京的前进贡献了极大力量。在镇江要塞失守之后，日军一个支队及海军舰艇部队先后到达南京近郊及附近江面。

2. 复廓阵地激战

12月8日起，中国守军防守阵地开始奉命收缩，城市防御阵线由原来的大防御线：西起长江畔的江宁镇，向东延伸至秣陵关、湖熟镇，再到句容、龙潭，延伸至下游长江边，收缩为：以南京城垣为依托，复廓地区为重点防御地带，西自长江边板桥镇、牛首山，向东至河定桥、紫金山，再到杨坊山、乌龙山，延伸至下游长江边。此番阵地收缩的部署虽是基于中日两方军事实力悬殊的实际形势考虑，但也反映了南京卫戍军最高指挥官战略、战术上的刻板：外围阵地数处被突破后，便直接放弃了交叉使用前进与撤退、进攻与防守、外线阵地与内线阵地交错的积极防守方式，转而统一撤退至新的阵地上守着，以待日军前来攻击。这种防御方式十分消极，但也从另一方面表现出了中国军队守卫南京的决心。12月9日晚，战事逐渐推进至雨花台、通济门、光华门、紫金山等南京东南城垣一带，次日通济门、光华门、中山门一带即爆发激战。

（1）城东战线

继淳化方面侵华日军部队于9日突进至光华门外大校场、通光营房后，12月10日中山门外孝陵卫中国守军与侵华日军一部发生激战。大校场方向日军部队兵分两路，分别向通济门、光华门进攻，雨花台阵地守军亦与日军展开战斗。紫金山方向，日军向乌龙庙、蒋王庙推进，直逼太平门。南京复廓阵地战斗自东由南向西，全面展开（图2-22）。

① 紫金山防御阵地

紫金山位于南京东郊，又名钟山。其山势雄伟，为南京群山之首，山岭东西长7公里，南北宽3公里，主峰高约450米，是南京东面天然的屏障。作为南京近城的战略制高点，紫金山易守难攻，但一旦被敌人攻下全城便会暴露在敌人的攻击视野之下，为南京城防的重点区域之一。

负责守备紫金山的是装备优良、战斗力较强的国民政府教导总队。教导总队是全国军队中的示范性部队，全称为"中央陆军军官学校

图2-22 向紫金山方向布阵的日军炮兵部队
图片来源：[日]《满洲グラフ》之《南京攻略特辑》，1938年第二辑。

① 王庚. 坚守镇江要塞记. 中国人民政治协商会议《南京保卫战》编审组. 南京保卫战：原国民党将领抗日战争亲历记[M].北京：中国文史出版社，1987:141-142.

教导总队"，是典型的中央军直系部队，接受过德国军事顾问直接指导。抗战开始后，教导总队奉命担任南京护卫任务。淞沪战役中曾奉命增援上海战场，在上海作战至 11 月 9 日中国军队主力全面撤退时直接撤回南京进行休整。教导总队撤回南京的兵力不足五千，回到南京后奉命补充新兵、扩大编制。以原有的三个步兵团为基干，扩编为三个旅，每旅辖两个团，直属部队除特务、通信两营外，骑、炮、工、辎四营均扩编为团，全总队共有十个团、两个直属营，作为防守南京的主力部队[①]。但因时间仓促，补充的新兵都未接受过军事训练，战斗力并不强。

12 月 8 日，从汤山方向西进的日军已到达紫金山地区，与中国守军在红毛山与老虎洞遭遇，并展开激战。红毛山位于孝陵卫营房东南，为南京中山门外京杭国道上的前哨阵地、紫金山的外围阵地。同日晨间，日军一部向守军老虎洞阵地发起炮击。老虎洞位于紫金山东，是一处突起小高地，为屏障紫金山第二峰、第一峰的重要据点。8 日至 9 日晨日军两次在炮击掩护下发起步兵冲击，均被中国守军击退。9 日午后风向对守军不利，日军在爆炸引起的浓烟的掩护下再次向守军阵地发起猛攻，守军一营伤亡大半，营长罗雨丰牺牲，最终不得不放弃老虎洞阵地，退守紫金山第二峰主阵地。

12 月 9 日，日军部队开始对紫金山守军阵地发起猛攻。至 10 日拂晓，日军在炮击和飞机扫射的掩护下，坦克分左、右两路引导步兵向守军阵地发起猛攻，其左路由孝陵卫街公路向西山进攻；右路由灵谷寺向中山陵、陵园新村前进。

负责守备紫金山的教导总队在紫金山已经驻守四年，熟悉阵地地形，加上阵地坚固，在日军猛烈炮击、轰炸之下，中国守备官兵们奋勇抵抗，使日军受到严重损失的同时，阵地始终掌握在中国守军手中。

11 日、12 日是紫金山阵地争夺战最为激烈的两日。侵华日军为夺取南京城制高点紫金山主峰以及南京城的东大门中山门，派出了大量部队增援，并以加农炮用穿甲弹射击守军阵地工事。紫金山第二峰阵地以及西山主阵地上，守军部分掩体被击毁，陵园新村也有数处房屋起火，部分阵地周围的枯草、树木也被日军投掷的燃烧弹引燃，烟火冲天（图 2-23）。面对

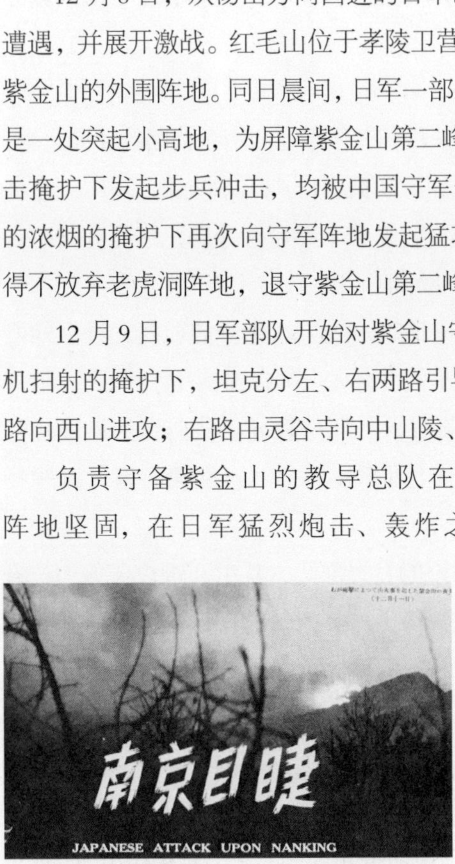

图 2-23　因日军炮击而起火的夜间紫金山（1937 年 12 月 11 日）
图片来源：（日）《满洲グラフ》之《南京攻略特辑》，1938 年第二辑

[①] 石怀瑜. 血沃钟山 欲恨长江——黄埔军校教导总队参加南京保卫战回忆[J]. 黄埔，1996(5)。

日军的火力压制，教导总队官兵仍固守各阵地，与其展开惨烈的拼杀。至 12 日下午 6 时，第二峰与西山阵地被日军突破。中国守军教导总队的官兵在卫戍军总部已经下达了总撤退令的情况下，仍坚守在紫金山一号高地与日军血战。

13 日当天日军已由不同地点攻入南京城，而这一天紫金山阵地的战斗却并没有停止。13 日凌晨中山门外的战斗已经停止，一片沉寂中唯独紫金山上仍火光冲天、冲杀声一片。被日军四面包围的紫金山阵地教导总队官兵英勇突围，与日军血战至日暮。

对于教导总队在紫金山阵地上的英勇战斗，不仅中国守军，卫戍军司令部的最高长官给予了较高的评价，连日本华中方面军司令官松井石根也不得不佩服并承认："南京教导总队曾发挥相当勇猛的抵抗。"①

② 紫金山左侧阵地杨坊山

杨坊山位于紫金山阵地左侧，地形险要，是京沪铁路和尧化门通向南京公路的要冲之地，南京在东北方向上重要的屏障。负责守备这里的是原驻防武汉的中国军队第二军团。在淞沪会战时，第二军团曾被抽调 1 万余人前往前线补充，以至于奉命开赴南京进行守备时，第二军团的士兵大部分均为未经训练的新兵，战斗力大打折扣。

紫金山左侧，南自杨坊山、北达曹庄的 20 公里长的防线虽战略价值很高，但沿线所建的永久工事却极少，守卫官兵赶赴阵地后冒着日军的炮火全力以赴，勉强筑成一定规模的防守工事。其南端的杨坊山，实为中国守军第四十八师与教导总队防线的连接点，因教导总队未能及时进驻杨坊山阵地，第二军团遂主动派出第二八八团第三营，占领杨坊山阵地。

侵华日军主攻杨坊山阵地的是其进攻紫金山阵地的右翼部队，其主要进攻任务为：沿紫金山、玄武湖北侧向和平门、下关前进。所以，杨坊山与其西侧的银孔山便成为其要达目标而必须夺下的重要通道。12 月 10 日下午，日军向中国守军第四十七师防线中的和尚庄发起猛烈攻击，守军随即予以回击，日军未能突破守军防线。11 日晨，日军又以大炮、飞机连续不断地向守军阵地发起轰击，继而以坦克掩护步兵将杨坊山包围，持续发起冲击。在明显呈劣势的军事条件下，杨坊山、银孔山阵地相继失守。尽管如此，驻守中国官兵不畏强敌、浴血奋战，杀伤大量敌军，对迟滞日军进攻的速度起到了一定的积极作用。

（2）城南战线

南京城南阵地，左翼起自光华门，右翼达水西门外。在这一阵线上，地处守军南线阵

①松井与山本对谈 [J] 文摘,1938 年 2 月。

第二章　南京城防建设与南京保卫战

地与东线阵地结合点的光华门，以及南京城正南方向大门的中华门与其屏障雨花台等地均发生了异常激烈的战斗。

　　① 光华门争夺战

　　1937 年 12 月 8 日，侵华日军左翼一部占领淳化镇后，趁中国守军换防间隙迅速占领了高桥门、七桥瓮以及中和桥，并于 9 日拂晓推进至光华门外。此时光华门仅有少量守军驻防，形势紧急，驻防守军即刻紧闭城门。光华门城墙高 13 米，且外侧有护城河环绕，并且守军在通向城门的道路上修筑了有力的防御工事，日军进攻遭遇到很大困难，遂以炮火猛烈轰击光华门段城墙。9 日，城墙几度被日军炮火击穿，守军组织迅速修复，但仍有部分日军乘机钻入城门门洞内潜伏下来，对守军造成威胁。当日的战斗中，日军三次企图用炸药炸开光华门城门，但都因炸药量不足、填埋深度不够等原因未果。遭日军炸损的城门均被中国守军迅速加以填堵。

图 2-24　光华门被日军炮击炸开的缺口
图片来源：[日] 陆军画报社，『支那事变 戦跡の栞（中卷）』，陆军恤兵部发行，1938:176—177。

　　10 日，日军持续不断的炮火轰击造成光华门两侧城墙被炸开两个缺口（图 2-24）。在坦克的掩护下，日军一部突破光华门右翼守军阵地，另一部百余人在火力掩护下突入光华门正面阵地，占据光华门外桥南街道两侧房屋作为据点，更有部分日军向城墙缺口处猛冲攀爬，企图攻入城内。中国守军教导总队第二团与军士营、战车防御炮连遂发起猛烈反攻，奋勇战斗，将日军击退。至当天傍晚，守军第八十七师兵分两路，一部在通济门外自西向东北方向攻击，一部在光华门外清凉巷、天堂村自东往西攻，对侵入中华门外正面阵地的侵华日军部队进行夹击，将其全部歼灭。

　　11 日至 12 日间，日军不断企图通过攀爬城墙缺口入城，并试图潜伏在城门门券内对城门造成威胁。光华门阵地陷入拉锯战，守军顽强作战，日军损伤惨重，直至南京卫戍指挥官唐生智下达撤退令，中华门仍处于守军掌控中。

　　光华门阵地是南京保卫战中成功守卫的阵地之一，直至接到撤退令的中国守军撤离城门，侵华日军才得以登上已无驻防的光华门城头。

② 雨花台防御战

南京城正南面城墙外有一道天然的重要屏障：雨花台。雨花台高约 100 米，东西走向长约 3 500 米，含有梅岗、凤台岗、石子岗三处主要山岗，为南京城南制高点所在，被称为南京的南大门，历来为兵家必争之地。其南部东南方向上有武定门外的丘陵高地，西南有安德门附近丘陵高地，两片丘陵高地共同形成了雨花台阵地的南部屏障。

作为南京保卫战最主要的战场之一，驻守于此的是中国部队第七十二军。其第二六二旅朱赤部负责右翼守备，第二六四旅高致嵩部负责左翼守备。开战前南京军民在雨花台阵地修筑完成了永久防御工事，其战斗面较小且战壕纵横交错，加之山地地形复杂，使得雨花台阵地易守难攻。12 月 9 日上午侵华日军左翼部队一部开始向雨花台阵地东侧的白壁高地发起进攻。中国守军顽强抵抗，日军久攻不下，增调部队继续进攻，仍未突破守军防线。10 日，侵华日军一部再次发起进攻，遭到中国守军三个火力点的顽强抵抗，激战整日后，侵华日军才在付出重大伤亡后，占领了守军白壁高地的东侧。

此时占领了牛首山之后的日军部队开始联合向雨花台西侧的安德门阵地发起冲击。中国守军第七十八军官兵浴血奋战，防守住了日军的五次冲击，在一整天的反复冲击、防守后，日军付出巨大代价，方才占领了安德门高地。当晚中国守军向安德门高地发起大规模突袭反攻，双方伤亡均十分严重，遗憾的是守军在这次偷袭中未能夺回安德门高地。

同样在 12 月 10 日从中路秣陵关方向而来的侵华日军一部，自正午时分起兵分两路[①]，向雨花台东侧以及中华门、通济门方向阵地发起了攻击。10 日经历终日激战，中国守军顶住三股日军的进犯，守住了雨花台阵地。

11 日雨花台阵地上的战斗愈加白热化。日军反复冲击，均被中国守军击退。激战进行至当日下午，中国守军第七十八军团雨花台右翼阵地方被日军突破。基于战况，当晚卫戍军司令部下令第七十八军团收缩阵地，固守雨花台与中华门附近城垣。

12 日晨，日军集中轰炸机与重炮，配合数千步兵，以绝对的优势对雨花台阵地发起集团冲锋，最终占领了雨花台阵地。经过 3 日的苦战，日军虽然夺取了南京城南最后的屏障阵地，却也付出了相当重大的代价。以侵华日军第一一四师团第一二八旅团第一一五联队第三大队为例，包括其大队长信泽少佐在内共有 3 名将校级以上人员战死，1 名准尉及 34 名下士士兵战死[②]。

中国守军第七十八军团及第八十八师官兵，在雨花台阵地的战斗中奋勇战斗，付出了巨大的牺牲，打击了日军器张的气焰。但在阵地失守后的撤退中缺少组织，因中华门为确

①［日］亚洲历史资料中心 (https://www.jacar.go.jp)，Ref. C11112025400、情报记录第 2 2 号，昭和 1 2 年 1 1 月 2 5 日，丁集团司令部。

②［日］亚洲历史资料中心 (https://www.jacar.go.jp)，Ref. C11112028000、南京攻略战闘详报（第 3 号其 2）昭和 1 2 年 1 2 月 1 0 日～1 2 月 1 3 日，步兵第 1 1 5 連隊第 3 大队 (2)。

① 孙宅巍.南京保卫史 [M].南京大屠杀研究与文献系列丛，第 34 册.南京出社.2014:190。

② [日]亚洲历史资料心 (https://www.car.go.jp)，Ref.11112028000、京攻略战闘詳報（第 3 号其 2）昭和 2 年 12 月 10 ～12 月 13 日，兵第 115 連隊第大隊（2）。

保防守早已封堵，自雨花台阵地撤退下来的第七十八军团官兵无路可退，只得沿护城河两岸撤退，被日军追击、射击，遭受了不必要的损失①。

12 日 12 时 40 分，侵华日军一部到达南京护城河边，开始对已被中国守军封堵的南京小火车铁路门雨花门进行轰炸。15 时 30 分，雨花门段一度被日军占领，中国守军随即开始反击，双方激战至 12 日夜间②。

③ 中华门激战

南京城墙正南面的中华门是一座雄伟的堡垒瓮城，前后拥有四重城门，南北长约 128 米，东西宽约 118 米，总面积达 15 168 平方米。城墙最高处 21.45 米，建有歇山式重檐筒瓦顶镝楼。中华门瓮城中筑有藏兵洞 27 个，号称能够藏兵三千。在南京保卫战中，这里发生了异常激烈的战斗。

负责守备中华门的中国军队左翼为守军第八十七师王敬久部，右翼为第五十一师王耀武部。对中华门发起攻击的日军部队兵分四路，一部主攻中华门城门方向，一部攻击中华门和城墙西南角之间位置的城墙段，一部攻击城墙西南角，一部攻击水西门城门方向。

自 12 月 10 日起便有小股日军，突破前方雨花台阵地守军防御前进至中华门前，对中华门发起攻击，均被中华门守军剿灭。至 12 日，随着雨花台阵地的失守，日军开始对中华门实施大规模的进攻。当日的战斗中，日军为横渡秦淮河进攻中华门死伤严重，秦淮河水深且河面宽阔，众多渡河日军被中华门守军击毙在河中。

待部分日军渡过秦淮河后，其炮兵开始对南京城墙进行持续炮击，同时 30 余架日军飞机轮番向中华门投弹轰炸，中华门上镝楼被完全炸毁，水西门至中华门间一段城墙被日军炸开。进攻的日军在火力掩护下数次自城墙缺口进行攀登，均被守军击退。与此同时，中华门东侧的城墙也遭到日军的攻击。攀爬城墙的日军不断被中国守军击退，这期间有少数成功登上城墙的日军，中国守军遂与之展开肉搏。

直至 12 日晚卫成军司令部下达撤退令，中华门堡垒仍未被日军完全攻破。接到命令的守军边战边撤退，日军才得以占领中华门。守卫中华门的中国守军以一个团左右的兵力抗击占有极大武器、兵力优势的一个师团日军的攻击，以英勇的抵抗，给予狂妄的侵华日军一记重击。

（3）城西战线

在日军其他部队对雨花台、中华门进行攻击的同时，侵华日军进攻南京的左翼部队一部自南京城垣西侧郊外攻向下关方向。

① 水西门外激战

驻守南自棉花堤，经上新河、保厂，至北面三汊河一线的守军第七十四军和宪兵部队与自南向西逼近南京下关地区的侵华日军一部发生了激烈交战。

12 月 10 日，日军左翼前锋部队进抵水西门外上新河、棉花堤一带。中午时分日军骑兵 1 个中队及便衣约 200 人，在棉花堤阵地与中国守军宪兵教导第二团第一营和宪兵第五团重机枪连接触，双方射击交战均造成较大伤亡。11 日，日军在坦克的掩护下再次向棉花堤发起猛攻，再度被守军击退。至 12 日晚接到撤退命令时，中国守军虽伤亡过半但棉花堤阵地仍在守军宪兵教导二团第一营的手中。

12 日，中国守军第一五三旅李天霞部据守的水西门至中华门间城垣附近发生激战。至日暮，守军不断与登上城墙的日军进行搏斗，将一股股登城日军歼灭的同时，守军部队也伤亡惨重。日军不断用炮火轰击附近的阵地与民房，水西门内外房屋多处被击毁，烟火弥漫。

中国守军接令撤退后，日军于 12 日夜半趁机占领了江东门，13 日晨占领了水西门。13 日拂晓，于城墙外往下关方向撤退的中国守军数部，在上新河至下关一线与侵华日军遭遇，中国守军部队英勇战斗，造成日军大量损伤，但终因装备与兵力的差距，守军几乎全部阵亡。

② 赛公桥激战

赛公桥如今已改称为"赛虹桥"，地处南京城墙西南拐角处，是通往城墙的重要通道。负责守备此处的是中国部队第七十四军第五十一师王耀武部。该师自 12 月 8 日放弃淳化镇后，沿线一路防守战斗，至 11 日换守至赛公桥经沈家圩到关帝庙以东一线，并以一部担任水西门以南 800 米处起到西南城角的城垣守备，构筑工事、掩护复廓阵地。

进攻南京的日军左翼一部作为攻击中华门的左翼部队，分别沿南京西南部城墙内、外，平行向下关方向推进。赛公桥一线的守军阵地正扼日军联队夺取中华门、水西门，逼近下关的路线之要冲。12 日拂晓，日军集中炮火轰击赛公桥及城墙西南角，以坦克、飞机掩护步兵向守军阵地发起猛攻。守军官兵奋勇抵抗，将日军数次冲击全部击退，直至收到南京卫戍司令部下达的撤退令。赛公桥一线守军在此次战斗中英勇战斗不畏牺牲，使日军遭受到了严重损失，表现出中国守城官兵强烈的爱国热情和抵抗侵略的决心，只可惜中日双方军事力量差距过大，最终中国守军部队因损失过大不得不奉命撤退。

至 12 月 12 日南京卫戍司令部向守军各部下达撤退令前，中国守军仍然坚守在各自的阵地上，英勇地与不断猛扑而来的日军进行战斗。即使在南京卫戍司令部下达撤退令以后，仍然有部分官兵抱着"与阵地同存亡"的必死决心，自发留在战斗第一线，阻滞日军的前进。中国守城部队官兵勇敢顽强视死如归，使自恃占有绝对优势而企图迅速而轻易拿下南京的日本侵略军不断受挫损失重大，极大地挫败了其嚣张的气焰。

3. 松井石根"劝降"与唐生智"破釜沉舟"

1937 年 12 月 9 日，约 30 万侵华日军部队逼临南京城下。侵华日军华中方面军最高指挥官松井石根，自恃日军占有绝对的武器、兵力优势并完全掌握了南京制空权，天真地认为南京城已如其囊中之物，被日军包围中的中国守城官兵只要一有机会便会向其屈膝投降。一如 1894 年至 1895 年间的甲午战争，当侵华日军赢得了辽东陆战和威海海战后，清政府连派大臣向日本乞降，最终签订了不平等条约《马关条约》，满足了日本所有的侵略要求。这次似乎只要日当局给南京国民政府"一个台阶下"，南京国民政府便会满足其一切要求。

松井石根期待着甲午战争的历史在 1937 年 12 月的南京重演。9 日，松井石根下令暂停对南京的进攻，用战斗机将其连夜赶写并翻译成中文的《劝降书》(又称《和平开城劝告文》)数千份于南京城上空散发。文中，除假惺惺地保证一旦投降，中国军民的安全及城内财产、设施的安全均将得到保障外，亦对持续抵抗侵略的中国军民发出"全灭"的恐吓，要求中国守城部队派出代表于 12 月 10 日正午，在中山门通往句容的警戒线上与日军谈判并投降。

对于日军的"劝降"，南京卫戍总司令唐生智表现出极大的愤怒，并口授了两道命令传达给所有卫戍部队：一是所有部队官兵必须死守阵地，不准退缩，否则将受到严厉惩罚；二是命令各军将所有船只上缴，严禁任何军事机构私自利用船舶渡江。同时调走了仅有的两艘轮渡，将其余所有的渡船统统收缴、凿沉。其"破釜沉舟、背水一战"的命令一度鼓舞了守城官兵的士气，但也直接造成中国军队收到撤退令而放弃阵地，侵华日军进入南京城后，大批滞留于城内的中国守军无法及时撤离。

没等到中国军队投降的侵华日军部队，于 1937 年 12 月 10 日午后开始了对南京城的猛烈炮轰。此时，指挥卫戍军顽强抵抗的唐生智私下里却寄希望于与日方达成停火协议，避免在城里进行战斗。由具有同样想法的南京安全区国际委员会出面牵头，草拟停火协议、联络松井石根，希望能够得到 3 天的停火时间以便中国军队撤出南京城，由日军和平接管南京，保障滞留南京的平民的生命安全。然而这个停火协议并没有得到蒋介石的同意，同时也被松井石根拒绝接受。

4. 巷战与撤退、突围

城垣保卫战打响后，南京城处于被日军自东、南、西三面的包围之中，而北面长江方向上，日军陆军部队配合其海军部队猛攻镇江要塞，随时都有突破中国守军防线顺江西下封锁南京北侧江面的趋势。

在这样危急的形势下，作为南京城最高指挥官的唐生智，下令城内守军部队做好巷战准备，并严令前线守军不得擅自撤退。11日，中国守军第七十八军宋希濂部奉命增加城防工事作巷战准备，一并执行维持城内军队秩序、阻止散兵任意撤退的任务。同时，守军第一六〇师奉命构筑玄武门至水西门的南面阵地。宪兵部队也接到了增筑工事、准备巷战的命令。南京主要干道，山西路、鼓楼、大行宫、新街口等处的十字路口也都有为巷战准备而修筑的工事（图2-25）。甚至在本应不设任何军事力量的南京城内由国际友人建立起的安全区内，也布置了全副武装的军警巡逻。

然而南京城巷战并没有正式打响，在接到蒋介石的撤退令后，卫戍军司令部遂做出了全城撤军的决定。

南京保卫战中巷战终未及实施，究其原因有三：

（1）最高领导人意志的不坚定。此时的战争最高指挥者蒋介石，仍抱希望于国际社会的干预能够阻止日军疯狂的侵略行为，同时对于以何种形式对南京进行防守，在思想仍上摇摆不定。而直接指挥南京保卫战的最高指挥官唐生智，虽在战争开始前同仇敌忾，抱有与南京共存亡的信念。但在开战后，接到蒋介石多次下达的撤退令且看不到有任何援助的情况下，选择了弃城而去。

（2）南京为国民政府首都所在，在抗战开始前国民政府投入了大量的人力、物力进行建设，除有国父孙中山先生陵寝外，还建有许多重要建筑。国民政府决定守卫南京主要是基于南京"首都"的

图2-25　市内随处可见的中国军队修筑的工事
图片来源：[日]《满洲グラフ》之《南京攻略特辑》，1938年第二辑。

重要政治地位，不能让其轻易地被敌军夺取，却没抱着宁为玉碎、不为瓦全，即便全城被毁也要誓死一战的决心。

（3）参与南京保卫战的守城军队，均为淞沪会战战场上撤退而来的部队。这些部队刚刚经历了与敌军军事力量悬殊的三月余苦战，自淞沪战场转进至南京前又一路与日军激战，到达南京后未能得到有效补充与休整，新补充的官兵没有实战经验，开战后再无增援。而进攻的日军拥有巨大的武器优势，完全掌控了南京的制空权，即便开展巷战，中国守军胜算也微乎其微。

在这样的情况下，中国守军最高指挥集团放弃了有计划、有指挥的巷战，开始实施全面撤退。

12月12日凌晨3点，再次接到蒋介石撤退令的南京卫戍军司令长官唐生智召集卫戍军高层将领至自家住处，商讨确定了卫戍军的撤退问题。下午5时，唐生智在住处召开了师长以上的高级将领会议，就当前南京城岌岌可危的状况，为保存实力，以待反攻，颁发了正式的撤退令。

根据被称为"卫戍作命特字第一号"的撤退令部署，南京卫戍军各部应按以下部署突围、撤退，各部队撤退时间及路线如表2-8所示：

表2-8　南京卫戍军各部撤退方向及时间表

部队番号	突围方向		突击时机
第七十四军	由铁心桥、谷里村、陆郎桥以东地区突击，向祁门附近集结		
第七十一军 第七十二军	自飞机场东侧高桥门、淳化镇、溧水以右地区突击，向黔县附近集结		12月12日晚，11时后
教导总队 第六十六军 第一○三师 第一一二师	自紫金山北麓麒麟门、土桥镇、天王寺以南地区突击。 教导总队向昌化附近集结。 第六十六军向休宁附近集结。 第一○三师、第一一二师向于潜附近集结		
第八十三军	于紫金山、麒麟门、土桥镇东北地区突击，向歙县附近集结		12月13日晨，6时
第二军团	力守乌龙山要塞，掩护封锁线，于不得已时渡江，向六合集结		不能再守时
第三十六师 宪兵部队及直属各部队	依次渡江，先向花旗营、乌衣附近集结。 第三十六师先掩护各部队渡江后再依次渡江。 集结码头为津浦码头及三北码头	司令长官司令部、特务队	12月12日晚，6时
		各种炮兵、战车部队、武器弹械、防空司令部、炮兵指挥部（不能搬运走的装备弹药，一律销毁）	12月12日晚，8时
		宪兵司令部，警备司令部，通信部队，工兵部队，本部机枪连	12月12日晚，10时
		第三十六师， 补充第十一师	12月12日晚，12时至 12月13日上午，4时
		义勇军，金陵师管区，补充兵训练处，铁道司令部，运输司令部，及前几次未能运载人员	12月13日上午，4时至 6时

表格来源：笔者自制。
资料来源：台湾地区防卫主管部门史政编译局.《抗日战史》第四册, 台湾地区防卫主管部门史政局, 1985:190。

部署完毕后，唐生智就撤退部署补充下达了口头命令，其内容包括：

（1）如果有部队长官因为士兵脱离掌控，无法继续指挥，可随唐生智一同渡江撤退；

（2）第八十七师、第八十八师、第七十四军、教导总队等部队，如果不能全部突围，有轮渡的时候，可由下关渡江，向滁州集结。

正是这道口头命令，使得原为"大部突围，一部渡江"的部署变为了"大部渡江，一部突围"的混乱局面。同时有一部分指挥人员，并未将撤退令传达至部队便匆匆渡江而去，使得一些没有接到撤退命令的部队士兵，看到友军撤退时面对城外的重围，纷纷选择撤向下关江边。

长江边可供渡江的船只为数不多，原有的渡轮早在唐生智"背水一战"的指导思想下开去了汉口，导致守城大部官兵撤退期间仅有几艘小火轮和几百艘民船可供使用。从 12 月 12 日晚开始撤退起至 13 日上午日军到达下关江边，在下关挹江门至长江之间挤满了中国守城部队的军人。

同时，由于撤退命令未能及时送达奉命维持秩序的第三十六师宋希濂部，造成该部竭力遵守其"阻止未经命令批准的渡江部队通过挹江门"的使命，并开枪加以制止。因而有些部队与第三十六师发生了冲突，造成了不必要的友军相残的惨剧。

中国 15 万卫戍大军除第六十六军、第八十三军付出重大伤亡后基本从正面突围，第二军团在乌龙山附近渡江外，约 10 万官兵蜂拥至下关江边，不但人为造成了不必要的伤亡，还被追击而至的日军俘虏、屠杀。

12 月 13 日晨，日军已于前日午夜破城，未能及时撤退的一部分中国军人、宪兵和警察，与日军展开了小规模的巷战。根据日本同盟通讯社记者前田雄二回忆，虽然南京城内的中国军队已经失去了指挥，但是在重要据点上仍然有部队在死守："街道上埋设了地雷（图 2-26），架设了好几道铁丝网，沿街的建筑内仍有布阵的中国守军用机枪从屋顶上、窗户内向外扫射。"上午 10 时，日军由光华门突入，中国守军遂在大光

图 2-26 日军入城后挖出的中国军队埋设的地雷
图片来源：[日]陆军画报社，『支那事變 戰跡の栞（中卷）』．陆军恤兵部发行，1938:176-177。

图 2-27　登上南京明城墙的日军向城内布阵
图片来源：[日]陆军画报社.『支那事變 戰跡の栞（中卷）』.陆军恤兵部发行，1938:176–177。

路、八宝前街、御道街、明故宫机场进行惨烈巷战。日本步兵前进受阻，其炮兵将山炮运上城墙，居高临下向城内实施炮击支援步兵巷战（图2-27），在遭受到日军部队炮击近1小时后，中国守军全部撤退。

　　市内除发生小规模零星巷战的地点，如长江路、汉中门、城西清凉山、山西路、下关发电厂等，主要交战地点还有中华门内外西街、金陵兵工厂、雨花门内剪子巷、边营、夫子庙

地区，以及东华门、逸仙桥、明故宫机场一线。

　　战争至13日下午枪声渐疏，侵华日军大队入城，占据原南京国民政府各个机关大楼布置守卫，同时分守各街口，开始全面扫荡中国军队遗留官兵。

第五节　小结

国民政府以守卫南京为目标所建设的永久国家防线，在抗日战争爆发初期对迟滞侵华日军进攻南京的步调起到了一定的作用。同样，以永久军事工事为依托，南京城在 1937 年 12 月 13 日南京卫戍司令唐生智颁布撤退令之前，仍在中国守军手中。紫金山阵地在南京城被日军突入之后，仍有中国守军依托军事工事在持续坚守。

南京的民国军事设施遗址遗迹，是中国守军在面对拥有制空权及极大军事优势的侵华日军的进攻之下，付出牺牲、浴血奋战、守卫城市的见证，是南京抗战文化遗产建筑的重要组成部分。而南京与上海之间号称"东方马其顿"的国家防线遗址遗迹，今后势必能够成为串联中国抗日战争中华东抗战文化路线的重要历史见证与物质基础。

第三章
南京城市浩劫

　　1937 年 12 月 13 日，南京沦陷。侵华日军闯入南京城后立刻分散兵力，以小分队为单位，在城内展开全面的扫荡。大批未在战火中受到破坏的建筑未能在日军的劫掠中幸存，被日军纵火焚毁。大量滞留在城内的普通市民及已缴械的中国军人遭到日军的虐待、围捕与屠杀。

第一节　战前撤离与南京国际安全区设立

作为历来战争时期敌人打击的重点目标——首都城市，组织城市人口疏散，以减少无必要的战争损失、减轻城市战争压力，对保证有生力量及战争潜力是十分重要而且必要的措施。

1937年7月7日侵华日军挑起"卢沟桥事变"后借机将战事不断扩大。位于上海西面仅300公里、同处长江南岸、拥有百万人口的中国首都南京势必成为野心勃勃的侵华日军的重点攻击目标，不日将陷入战争。

7月27日南京国民政府在其行政院会议上，对南京的人员疏散提出了在南京市内秘密疏散办公与跨区域异地迁移两种方案的提议。鉴于公开疏散政府办公人员眷属的行动会引发普通市民对战争即将到来的恐慌，所以将秘密进行。而对市民的有计划地分批疏散问题，国民政府的计划是"将南京的人口从100多万减至约20万，为身强力壮的男性"。[①]然而此计划刚仅半月时间，8月13日淞沪会战爆发，国民政府关于战前南京市民疏散的设想、并初步着手进行的南京人口疏散计划就此搁浅。

同年10月上海方面战事逼近，国民政府才再次就政府西迁、疏散等问题进行部署。

1. 公共机构与资源的撤离、西迁

保证国家政治、军事正常运作的公共机构与资源配给的撤离是按照政府最高决策层的计划一步步进行的。而战事发展的速度却超乎南京国民政府的想象，所以即便是依计划而实施的西迁，也进行得十分仓促。

1）政府、机关西迁

南京国民政府机构的搬迁从1937年10月下旬便已开始秘密进行。11月16日南京各大机关开始公开地分别向重庆、汉口、长沙等地迁移，进入大规模搬迁阶段。其中行政院、立法院、司法院、检察院、考试院直接迁往重庆；财政部、外交部、卫生署暂迁汉口；交通部暂迁长沙；部分军事机关暂留南京；英、美、苏等各国大使馆随后也迁往外交部所在的汉口。

政府以及其所属机关部门的疏散主要是档案文件、物资以及公务人员的输送。为此，

① 美国驻华大使（约翰逊）致美国国务卿（1937年8月6日）杨夏鸣，张宪文，张志刚．南京大屠杀史料集：美国外交文件[M]南京：江苏人民出版社，2010.

南京市区内所有民船全部被征集、编号，等候政府调遣。由于时间紧迫且运输工具有限，所有迁移之政府人员被精简，可以携带的行李也受到限制。

至 1937 年 11 月 20 日国民政府正式宣布迁都重庆，南京各机关的搬迁已大致完成。12 月 7 日，搬迁后的国民政府开始正式办公。

对于这次的政府层面的大规模搬迁，国民政府表明虽机关、部门已西迁，但南京仍为其首都，搬迁实为保存政府中枢力量，为长久地坚持抗战做准备。

2）工业西迁

中华民国成立之后，在相对清末较为稳定的政治、社会环境中，数年间中国民族工业急速发展起来。根据 1934 年国民政府建设委员会经济调查所调查所知：自 1927 年至 1934 年间，南京全市新建各类工厂 567 家。至 1934 年，全市共有工厂 847 家。分布于 21 个行业，资本总额达 1 084.7 万元[①]。

然而 1937 年侵华日军开始将入侵的触角伸向中国东南部地区。在战争的威胁之下，为使中国工业免受战火的摧残和侵略者的掠夺，国民政府对包括南京工业在内的战区民族工业展开了大规模的西迁计划。

依计划西迁的工厂分为两种：指定的军需工厂和普通工厂。

其中为保证国防需求的供给，指定西迁的军需工厂由政府机关组织，有分工、有计划地进行迁移。同时按实情享有政府的补助。

指定军需工厂范围包括：

（1）兵工所需的机器工厂、化学工厂、冶炼工厂；

（2）动力及燃料工厂及矿厂；

（3）交通器材制造工厂；

（4）医药品工厂；

（5）其他军用必需品工厂。

搬迁的普通工厂类包括除指定军需工厂外所有愿意西迁的工厂，但是因政府财力有限，所以并不予以补助，迁厂后的新址也由各厂自行选定。

1937 年 11 月中旬，中国军队从淞沪战场向南京方向转进开始，南京陷入战争危机之中，南京厂矿企业加紧西迁的步伐。

金陵兵工厂于 1937 年 11 月 16 日接到西迁重庆命令，该厂历时半个月将场内所有机械、

①经盛鸿，朱翔. 侵华日军大屠杀对南京工业的摧残[J]. 日本侵华史研究，2013，(1):22-34; 转引自：国民政府经济部编《南京经济志（南京市）》. 国民政府经济部（南京）,1934:136-211。

工具及原材料于 11 月底拆装完毕撤离南京，经汉口西运。其剩余的 60 余吨杂物也于 12 月 6 日运离南京。所有物资于 1938 年 1、2 月间陆续运抵重庆后，即刻择址开工，改厂名为"第 21 兵工厂"，迅速成为抗战大后方军工生产的主要骨干企业。

此外，南京还有一部分民营军工相关企业也进行了西迁撤离。如民营企业永利硫酸铔厂。该厂于 1937 年 2 月新建，具有先进的机械设备，号称"远东第一"。淞沪会战爆发后该厂受兵工署委托，为前线战争需要，以硝酸钙制作炸药。以至当侵华日军对南京开始实施空袭后，永利硫酸铔厂成为其重点轰炸目标之一，曾遭到过三次空袭打击，损失严重。12 月初该厂将铁工部的全部机械、其他一小部分机件及部分原料、成品装船西运。但当该厂准备返回南京进行二次物资撤离时，南京已被日军攻下无法进入了。撤离至四川的永利硫酸铔厂，由于资金筹措困难，最终并未能成功重建工厂。

除军工相关企业，根据 1937 年 11 月 1 日国民政府"江苏省迁移工厂要点"中建议：纺织业主要重视纱厂，但不必全部迁移；丝厂由于地域性强，也不必迁移；针织业选定规模较大的迁往武汉；面粉业由于建筑为其主要资产，不提倡迁移；造纸厂仅选定厂家迁往江西、湖南；火柴业不必迁厂；榨油业亦不必迁厂；其他，仅设备先进且被选定的厂家需设法迁移。且拟定迁移的工厂名单中并没有位于南京的工厂。

由于战事发展极快，自淞沪会战失败至南京沦陷，仅不足一个月的时间。这期间江苏全省的工厂仅有 9 家迁出。在南京，未能撤出的工厂除自淞沪战争开始便遭受到日军无差别轰炸所遭受的破坏外，日军占领南京初期也对其进行了疯狂的破坏与物资掠夺，其中重要的大、中型工厂企业损失 91 家，占原有工厂数的 80% 以上，价值达 15.9 亿元[①]。

从 1937 年 8 月至 1940 年底的三年间，中国东南部地区西迁的厂矿企业共 448 家。其中迁入四川的有 254 家，迁入湖南的有 121 家，迁入广西的有 23 家[②]。

3）教育、文化机构的西迁

作为全国重要文化中心的南京，在抗战爆发之前，集中了众多文化机构与多所公立、私立高等学校及中学，对青年的教育与专业人才的培养起到了重要的作用。1937 年 8 月淞沪会战爆发，为了持久地进行抗战及国家未来的进步，这些机构与学校展开了物资、师资等资源的大规模西迁。

其中，西迁最完整最迅速的是国立中央大学。1937 年 10 月在校长罗家伦的主持下，全校文、法、教育、理、工、农、医 7 个学院的 1 500 余名学生、1 000 名教职工与家属，共

① 经盛鸿，朱翔. 侵华日军大屠杀对南京工业的摧残 [J]. 日本侵华史研究，2013 1(1):22-34；转引自：李善丰. 我国战时工业政策之检讨 [J]. 建设研究（重庆版）第 3 卷，第 4 期。
② 苏海红. 论抗战时期的工业西迁 [J]. 三峡大学学报（人文社会科学版），2015,37(5):101-103；转引自：林继庸. 厂矿迁建统计 [M]. 中国第二历史档案馆藏。

4000 人携带 1900 多箱图书、仪器西迁，新校址设于重庆沙坪坝松林坡。待最后一批学生于 11 月到达重庆后，中央大学于 12 月 1 日在重庆正式开学。

由蒋介石亲自兼任校长的中央政治学校，是为国民党培养"新政治人才"的专门学校。1937 年时共设大学、研究二部，地政、计政、合作三个学院，以及蒙藏、边疆二学校。"七七事变"后随即迁往江西庐山，后又迁至湖南芷江，1938 年再迁到重庆。

于 1935 年刚刚筹建的国立药学专科学校，校长为孟目的，以丁家桥中央大学农学院园艺场为校址。"七七事变"时该校建筑还未竣工，全校师生即西迁至汉口，续招新生一次后 12 月迁往重庆。

国立戏剧学院创立于 1935 年 10 月，校长余上沅。全国抗战爆发后，学校迁往长沙，后迁至重庆，1939 年再迁到四川安县。1940 年更名为国立戏剧专科学校。

由美国基督教各教会共同创办的私立金陵大学，是一所历史悠久的著名教会学校。至 1937 年已有文、理、农三个学院，史学、化学、农业经济学三个学部以及中国文化研究所，校长陈裕光。1937 年 11 月中旬中国军队在淞沪战场失利后，该校才匆忙于 11 月 25 日、11 月 29 日及 12 月 3 日分三批西迁，共携带图书、仪器 400 余箱，随行员工、学生 300 余人。西迁后的私立金陵大学于 1938 年 3 月 1 日在成都华西坝正式开学，时有教职员 145 人，学生 387 人。

民国初期由多家北美教会联合创办的私立金陵女子文理学院，至 1937 年时由留美博士吴贻芳女士任校长，分设文、理两个学院，共十个科系。淞沪会战爆发后，吴贻芳校长决定将全院分三地：武昌、上海、成都，分区进行教学。后随着抗战形势发展，1938 年 1 月武昌教区结束教学，3 月上海分校结束教学，全校统一集中到成都办学。

高校之外，南京的一些中学也进行了内迁。其中，一些大学的附属中学，跟随主管大学一道进行搬迁。比如：中大附中迁至贵阳；金大附中迁至重庆附近的万县。此外，少数的普通中学亦进行了西迁。如：南京市立钟南中学，迁入了四川；南京私立东方中学迁至重庆。中学的内迁，为保存和培养建设国家的后备人才做出了积极贡献。

位于南京成立于 1928 年的学术研究机构——中央研究院，也在战争逼近之时各院、所分别进行了搬迁。这所全国最高的学术研究机构，由著名教育家蔡元培任院长，总办事处设于成贤街 57 号法制局旧址和 58 号瓦房内。其余地质、天文、气象、历史语言、心理、社会科学、动植物等七个研究所分设于南京各处。

1937 年 11 月接到西迁命令的中央研究院沪宁地区各机构迁移情况，根据各机构的历史记录，可总结如表 3-1：

表 3-1　南京沦陷前国民政府中央研究院沪宁机构迁移情况表

机构名称		迁移日期	到达地点
总办事处 1938 年 2 月 1944 年春		1937 年 11 月	长沙圣书院
		重庆，先后设址于：曾家岩隐庐、上清寺聚兴村 8 号、牛角沱生生花园内	
		国府路 337 号中央研究院新址	
地质研究所 1944 年 6 月 1944 年 12 月		1937 年	桂林环湖东路
		贵阳乐湾万松阁附近的一所大庙内	
		重庆，上清寺小龙坎，四川地质调查所内	
天文研究所 1937 年 12 月 8 日 1938 年 4 月		1937 年 8 月下旬	湖南省南岳
		迁往广西桂林	
		云南昆明	
气象研究所 1937 年 12 月底 1938 年 2 月 1939 年 5 月		1937 年 9 月初	汉口
		迁往重庆 通远门兴隆街设办事处	
		曾家岩隐庐	
		北碚	
历史语言研究所 1941 年		1937 年	云南昆明
		南溪县李庄	
心理研究所 1937 年 10 月 1937 年 12 月 1944 年 6 月 1944 年 11 月		1937 年 8 月	长沙
		衡山南岳圣经学校	
		桂林阳朔	
		自桂林疏散	
		重庆北碚	
社会科学研究所 1939 年春 1941 年		1937 年	桂林阳朔
		昆明	
		南溪李庄	
动植物研究所 1940 年 12 月		1937 年	桂林阳朔
		重庆北碚	
设于上海的研究所	物理研究所	1937 年	一部至阳朔 一部至昆明
		1940 年冬	桂林
		1944 年 6 月	自桂林疏散
		1944 年 11 月	重庆北碚
	化学研究所	1937 年	云南昆明
	工程研究所	1937 年	云南昆明

表格来源：笔者自制

　　中央研究院的西迁较为完整地保存了这一国家最高研究机构，其涉及多个学科的重要资料、仪器、设备以及研究人员都得到了较好的保护，对于推动国家战时科学、教育、文化事业的发展，加速社会的现代化进程起到了关键的作用。

　　西迁后的中央研究院，各院研究工作均各自有所展开。至 1945 年抗战胜利，各院、所人员与设备均较战前有所增多，并新增了三个研究所。回迁时因原址房屋不足，仅总办事处、评议会秘书处和天文、气象、地质、历史语言、社会五个研究所仍然使用南京原址；数学、物理、化学、动物、植物、医学、心理学七个研究所设于前上海自然科学研究所地址之内；工学研究所的钢铁研究部分，仍留在昆明；其余设于上海物理、化学、工程三个研究所所在的理工实验馆内。

　　教育与学术机构之外，南京的两家著名图书馆战前也进行了部分搬迁。其中筹建于 1933 年的中央图书馆，至 1937 年已藏书 15 万册。1937 年 11 月 18 日接到西迁命令后，于当月 20 日将重要书籍 130 箱约 1 万余册运往武汉，几经辗转于 1938 年 2 月 1 日抵达重庆，借川东师范大礼堂办公；1939 年 3 月因重庆遭到日机轰炸，奉命疏散至白沙；1941 年 2 月 1 日于重庆两浮支路建成新馆，对外开放。

　　另外还有位于南京清凉山麓龙蟠里的国学图书馆也于战前进行了搬迁。国学图书馆始建于清道光年间，至 1937 年已有藏书 24 万册。淞沪战役开始后日机空袭南京，该馆将部分书籍珍品藏于朝天宫地库，另一部分丛书及地方志 3 万余册，则船运至苏北兴化收藏。后兴化藏书大部分被日军焚烧、劫掠，剩余幸存的部分藏书也在战火中散失了。

　　南京两所大型图书馆馆藏的迁移，为保存南京及国内的书籍精华，做出了努力与贡献。但两馆大部分的书籍均在抗战期间被侵华日军焚毁、劫掠，或是散失于战乱中，造成了中华民族文化史上不可弥补的重大损失。

　　4）医疗机构西迁

　　随着战事的逼近，南京的医疗机构也参与进了政府、公共机构西迁的大潮之中。特别是军事附属医院以及亦承担教学、实习任务的高校附属医院。

　　其中包括当时南京城内规模最大、设备最完善的国立中央医院。

　　中央模范军医院筹建于 1929 年 1 月，1930 年 1 月更名为中央医院。更名后划归国民政府内政部卫生署直接管辖，刘瑞恒兼任院长。院址设于中山东路 205 号，医院主楼于 1931 年由基泰工程司的杨廷宝设计，建华营造厂建造。1937 年随国民政府撤离南京，南京被日军攻陷前夕中央医院遭到日机轰炸，损毁严重。沦陷期间，旧址及医院所有建筑均为日军细菌部队占用。抗战胜利后，国民政府于1946年2月4日收复医院建筑，经过维修改造后中央医院迁回原址。

中央大学附设医院于1935年应政府需求建成，院长由时任中央大学校长的罗家伦先生聘请的北京协和医院内科主任戚寿南教授担任。1937年抗日战争全面爆发后，中央大学西迁，中央大学医学院及附设医院也随之迁往成都，与齐鲁、华西两校联合建立"三大学联合医院"。中央大学医学院及附设医院于抗战胜利后的1946年整体从四川迁回南京丁家桥87号旧址。

同为大学附属医院的金陵大学鼓楼医院，其前身为于1893年3月开始收治病人、由美国传教士马林创建的基督医院。1911年几个美国教会合办的南京金陵大学增设了医科，聘马林为外科顾问。1914年金陵大学医学部购入基督医院，随后更名为"金陵大学鼓楼医院"。北伐战争后，医院由南京国民政府于1927年4月接受7月正式开院时将医院改名为"南京市立鼓楼医院"。1928年8月由于政府不予解决医院免费收治伤兵的经费问题，在多方努力下医院被归还于金陵大学，外科主任张逢怡成为第一位由中国人担任院长。1930年秋美籍医生谈和敦（J Horton Daniels）接任院长。

1937年7月抗战全面爆发后，鼓楼医院中不少员工随国民政府西迁。11月底院长谈和敦与多数中、外籍医护人员被迫撤离南京，仅有五名外籍医护人员与一些中国医护人员共二十余人，毅然决定留院工作。1941年12月太平洋战争爆发，日伪政权开始没收英、美在南京的资产，日本宪兵队与同仁会南京诊疗班遂霸占医院，将其改名为"同仁会南京鼓楼医院"。被霸占后的医院中，院长、副院长、各科负责人均由日本人担任，原美籍代院长和美籍牧师被关进集中营。抗战胜利后，鼓楼医院老职工陆续返院工作。1946年元月美籍医生谈和敦回到南京，开始接管医院事务。

随政府西迁的医疗结构，不仅为保持战区后方医疗力量、支持抗战做出了贡献，而且为国家未来医疗人员的培养保存了实力，提供了学习、实习的基础。而未能西迁的医疗机构在日军攻陷南京城前后，为救治南京伤、病官兵与市民，尽了其最大的努力；为沦陷时期南京市民的看诊提供了场所与巨大帮助。

2. 普通市民的撤离与滞留

战时合理选择城市人口疏散的时机、规模和地点，是保障市民人身财产安全及人口顺利疏散的重要前提。

但1937年抗日战争全面爆发之时，南京国民政府在不得已将"撤离南京"摆上台面之前，其公共机构、资源与人员的撤离均为秘密进行。作为首都的普通市民，在战争逼近的危险局势前，却因为政府要维持其首都在国际社会面前"临危不乱"的假象，而错失了最佳的撤离时机。

同时，在意识到战争危机的情况下南京市民自发地撤离，则既无方向也无组织。这造成在日军破城后，南京仍有大批平民滞留城中，成为日军疯狂屠杀中的刀下冤魂。

"七七事变"后，南京市防护团于1937年7月31日制定了《避难实施计划》，在"疏散要领"部分中规定[①]：

（1）公务人员之眷属，准其陆续回原籍；

（2）向在本市落户之住铺各户，其眷属无处可去者，于必要时，得令迁往郊外安全地带，另令当地军警保护之；

（3）前列二项人事至迁移，必要时得由政府机关征发车辆、船舶，听候备用，并应调派军、宪、警及防护团员掩护其出境。

由此计划内容可以看出，其疏散的重点是公务人员的眷属与外籍在宁落户的商户眷属，他们的疏散可由政府提供保障。而南京原住人口的疏散问题，则并没有被提及。

至同年11月12日上海沦陷至南京保卫战开始的不到一个月之间内的人口疏散，从时机上看属于临战疏散。按照战争发展的态势，应快速将处于高度危险中的城市人口有计划地疏散至郊区，或者低危险地区。11月15日南京国民政府正式宣布西迁，而其颁布的机构调整及人员疏散办法中，仍是将工作重心放在政府机关相关人员及其家属的疏散上，对于南京一般市民的疏散并未实际进行。由于政府西迁的物资、人员众多，过程仓促，大批民用运输工具被征用，使得这一时期的居民自主迁移更加困难。

1937年8月侵华日军开始对南京进行无差别轰炸后，一部分南京市民已经选择自主迁移。其中较为富裕的，多选择乘船溯江而上迁往中国内地地区；另有一部分市民前往苏北、皖北等地；还有部分市民则出城避往乡下。国民政府开始西迁后，又有一部分居民得以跟随迁移。但仍有众多平民不得已滞留于城中。南京城被日军攻破时，除外来逃难人口和军人外，南京常住人口应在46.8万至56.8万之间[②]。

（南京市防护团：《各
团团务会议记录》
（1937年7月31
号），南京市档案馆
藏，南京特别行政机
构档案·南京防护团：
001—11/5.

②张连红.南京大屠
杀前后南京市常住人口的构成：
以南京市常住人口
中心[J].南京师大
学报（社会科学版），
007(6):57–63.

3. 安全区的设立

1937 年末在中国政府大举西迁、外国政府号召在宁外侨迅速撤离的同时，有外侨 27 人不顾各自政府的警告，冒着生命危险选择留在南京。其中包括美侨 18 人，德侨 5 人，英侨 1 人，奥侨 1 人，及俄侨 2 人。他们以一己之力建立起了"南京安全区"，为战火中无法逃离的南京穷苦平民提供了暂时可以躲避战乱的安全区域。

这 27 名外侨中，有 5 名记者于 1937 年 12 月 16 日离开了南京，其余的 22 位均在"南京安全区国际委员会"及"国际红十字会南京委员会"中担任职位。其具体姓名、国籍、所属单位与职位如表 3-2 及表 3-3 所示：

表 3-2　南京安全区国际委员会委员名单（1937 年）

职务	姓名	国籍	服务机关
主席	约翰·拉贝 John H.D.Rabe	德	西门子洋行
秘书	刘易斯·史密斯博士 Lewis S.C.Smythe	美	金陵大学
委员	福娄 P.H.Munro-Faure	英	亚细亚火油公司
委员	约翰·马吉牧师 John Magee	美	美国圣公会
委员	希尔滋 P.R.Shields	英	和记洋行
委员	汉森 J.M.Hanson	丹麦	德士古火油公司
委员	潘亭 G.Schultze - Pantin	德	兴明贸易公司
委员	麦寇 Ivor Mackay	英	太古公司
委员	毕戈林 J.V.Pickering	美	美孚煤油公司
委员	史波林 Eduard Sperling	德	上海保险公司
委员	裴志博士 M.S.Bates	美	金陵大学
委员	密尔士牧师 W.P.Mills	美	长老会
委员	里恩 J.Lean	英	亚细亚火油公司
委员	德利谟 C.S.Trimmer	美	鼓楼医院
委员	李格斯 Charles Riggs	美	金陵大学

表格来源：约翰·拉贝，《拉贝日记》，江苏人民出版社，2015。

表 3-3　国际红十字会南京委员会委员名单（1937 年）

职务	姓名
主席	约翰·马吉牧师 John Magee
副主席	李健南（译音）
副主席	罗威 W.Lowe
秘书	福斯多牧师 Ernest H.Forster
会计	克鲁治 Christian Kroeger
委员	德威南夫人 Paul Dewitt Twinem
委员	魏特琳女士 Minnie Vautrin
委员	威尔逊 Robert O. Wilson
委员	福娄
委员	德利谟
委员	麦加伦牧师 James Mcgallun
委员	裴志博士
委员	约翰·拉贝
委员	史密斯博士
委员	密尔士牧师
委员	普特希伏洛夫 Cola Podshivoloff
委员	沈玉书牧师（译音）

表格来源：约翰·拉贝，《拉贝日记》，江苏人民出版社，2015。

　　"南京安全区国际委员会"效仿西方人士在淞沪战场取得成功的上海"难民区"模式，建立起南京的安全区。难民区面积约 2 平方英里，即 5 平方公里左右。其范围是：南以汉中路为界；东以中山路为界；北以山西路以北为界；西以西康路为界，西康路在金陵女子文理学院以西，越五台山至上海路和汉中路的交叉点，形成难民区的西南界线，经过神学院的男子宿舍（图 3-1）。

　　安全区内共有 25 个难民收容所，主要设置在学校、原政府机构旧址和外国人房舍内。

　　其中设在各类学校中的难民收容所是数量最多的，总计有 13 处。它们分别是：五台山小学、山西路小学、汉口路小学、小桃园南京语言学校、金陵大学附中、金陵大学（宿舍）、

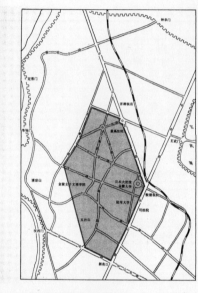

图 3-1　南京安全区范围示意图

图片来源：南京大屠杀遇难同胞纪念馆，《南京大屠杀图录》，五洲传播出版社，2005。

金陵大学图书馆、金陵大学农科作物系、金陵大学蚕厂、金陵女子文理学院、金陵神学院、圣经师资培训学校。这其中金陵大学、金陵女子文理学院和金陵神学院都是美国教会学校，属于美国财产。

设于原南京国民政府机构大楼里的难民收容所有 8 个，大体可以认定是交通部、司法部、最高法院、兵库署、军用化工厂、华侨招待所、高家酒馆、陆军学校[①]。后四处地点虽不是原南京国民政府办公大楼，但其隶属于政府或政府官员。

外国人房舍中的难民收容所有 4 处，它们分别是贵格会传教团、德国俱乐部、西门子洋行、鼓楼西难民收容所。

除了设于城内"安全区"范围内的难民收容所外，城南剪子巷老人堂、城北和记洋行、城外东北郊栖霞山的江南水泥厂、长江北面六合县葛塘集等处也设立了难民收容所，为无家可归的难民们提供了庇护所。

然而"南京国际安全区"并没能够在南京沦陷后成为真正意义上的"安全区"。日本军队入城后，在"安全区"范围内发生的暴行比比皆是。日军数度炮击安全区内目标，经常冲入安全区搜捕警察、士兵，更是在安全区内大规模的抢劫、强奸。侵华日军如此有恃无恐，其原因有三：

其一，作为安全区，其功能在战争爆发后发生了变化。南京安全区国际委员会创立"南京国际安全区"伊始，是借鉴了上海难民区成功的经验，目标是创立一个能够为南京的平民提供躲避轰炸、炮击及日军进攻的场所，并在躲避时间较长的情况下，为前来避难的平民提供住所和食物。由此可见"南京国际安全区"创立之初，其主要功能及目的是为保证战时平民的生命安全，而为难民提供食宿的"救济"功能则是其"安全"功能的衍生。

然而南京城在几天内迅速陷落，战争对平民造成的危险也随之消失，但接踵而来的是入城日军的长期施暴，使得南京难民长期处于非战争带来的极大危险之中。"安全区"实

①朱成山. 考证南京难民收容所[J]. 江苏地方志，2005(4):10-13.

际功能随之发生变化，其"救济"功能成为主导，而"安全"功能则随着时间的推移而逐渐弱化。

其二，虽然"南京国际安全区"创立伊始曾冠以"国际"的头衔，但实质上仅为由几国公民主导的个人行为，并不是由国际组织筹办，既没有得到国际方面的支持，也不具备对参战各国的约束力，就更没有被日本军事当局所承认。"安全区"是否安全，完全取决于日本军事当局合作与否。

其三，在日军攻陷南京城后，其最高指挥者松井石根数次下达大规模搜捕、屠杀中国战俘的命令。1937 年 12 月 15 日，在战争已经停止后的第二天，松井石根通过侵华日军华中方面军参谋长冢田政发出"两军在各自警备区内，应扫荡残兵"[1]。侵华日军上海派遣军司令官、日军进攻南京的前线指挥官，同时也是日本裕仁天皇的叔父朝香宫鸠彦王也在南京沦陷之初向全军下达了"杀掉全部俘虏"的命令[2]。而在保卫战前夕所建立起的"南京国际安全区"，始终没有得到日军及日本当局的承认。所以奉命对南京全城进行扫荡、搜索已经放下武器的中国军警并进行集体屠杀的日本士兵，对南京的"安全区"并无顾忌。

南京国际安全区的设立体现了当时勇敢留在南京的 20 余位外侨崇高的人道主义精神和大无畏的英雄气概。"安全区"为日军暴行下的南京难民们提供了暂时的庇护场所，外侨整日奔走于"安全区"内，保护难民、提供粮食、运给燃料、医治伤病、抗议暴行，为南京沦陷后难民的安全做出了最大的努力与极大的贡献。

①经盛鸿．南京沦陷八年史[M]．北京：社会科学文献出版社，2013:149；转引自：中央档案馆、中国第二历史档案馆、吉林省社科院（合编）．日本帝国主义侵华档案资料精选——南京大屠杀[M]，1995:329．
②戴维·贝尔加米尼，张震久，等．日本天皇的阴谋[M]张震久，周郑，何高济，等译．北京：商务印书馆，1984:70．

第二节　侵华日军南京大屠杀

　　南京城市人口在中国抗战全面爆发之前曾一度突破100万，为一座拥有百万人口的现代化大都市。1937年抗战爆发初期，随着政府的西迁，南京较为富裕的住户基本都随之迁往外地，而家境较为贫苦或无处投靠的市民则滞留在城内。根据南京市政府于1937年11月23日致军事委员会后方勤务部函称，当时仍滞留于城内的常住居民约为50万人，加上9万中国军人和数万名自其他战区逃难而来的难民，南京沦陷前期的总人口应在60万人左右，或甚至多达70万人[①]。

　　侵华日军在其发动的战争中，将他们由战争引发的兽性报复延伸到每个战区的战俘和该地区的平民身上。维也纳报纸《晨报》于1937年11月30日刊登了一名目击者在上海附近战役中看到的日军暴行：他们杀害数千名妇女、儿童及无武装的平民，用刺刀杀害已投降的中国军人，并在杀害前强迫这些战俘挖自己的坟墓。[②]战争推进至南京城下时，日军更是趾高气扬地向南京发出劝降信息，妄图轻易拿下南京。然而日军在攻陷南京的过程中一度陷入苦战，付出了高昂的伤亡代价。遭到中国军民抗日意志羞辱的侵华日军，将其怨气与憎恨再度发泄在城陷后被困于南京城内的平民和已经放下武器不再抵抗的中国军人身上，开始了长达数月的肆意屠杀、抢掠、焚烧、奸淫。日军在南京的暴行在世界战争历史中找不到一个可与之比拟的。"我们欧洲人简直被惊呆了！到处都是处决的场所……"[③]

1. 中国守城将士、宪警遭到屠杀

　　1937年12月13日凌晨，激战之后侵华日军由各个城门分数路攻入南京城内。未及撤退的中国守军仅少数从正面突围，其余大部涌向南京下关码头附近，寄期望于渡江脱困。而此时侵华日军海军战舰已经逆长江西进，控制了南京城北的长江江面，并对涌至江边的中国军人进行残忍的屠杀。日本媒体《大阪朝日新闻》于1937年12月17日刊登的《惨淡！残敌狼狈光景 突破长江，浦口在望》一文中就记录了侵华日军海军部队对中国军人进行屠杀的事实："将败退士兵牢牢堵在下关码头，并给予毁灭性打击的，是配合陆军部队夺取南京并航行在扬子江上，进攻南京背后的我海军某精锐部队。……下关密密麻麻地集中了敌方的残兵败将，无数竹筏和帆船盖满了江面。据说有五万人。我军舰和后续抵达的军舰，

① 孙宅巍. 南京大屠杀与南京人口[J]. 南京社会科学 1990(3):75—80.
② 占领者的暴行, 真理报, 1937年12月2日, 引自: 张生, 杨夏鸣. 南京大屠杀史料集.71, 东京审判日本罪证及苏、意、德文献集[M]. 南京: 江苏人民出版社, 2010.
③ 约翰·拉贝. 拉贝日记[M]. 南京: 江苏人民出版社, 2015.

猛烈炮击这些逃兵并歼灭了他们……"①

　　南京保卫战中众多中国官兵以身殉国，接到撤退令后由于撤退计划实施上的混乱，众多官兵被困于南京城中，撤退无门。日军入城后首先对在中山门、光华门、通济门、雨花门和水西门一线内廓与城垣阵地上作战的中国军队战俘进行了集体屠杀，接着在城内主要街道、各个难民营中搜捕已经缴械的中国战俘，将他们一批批集中起来进行屠杀。

　　由中国第二历史档案馆于 2007 年整理编辑的《南京保卫战殉难将士档案》中，收录了国民政府因南京保卫战而发放抚恤的相关资料。依据这份资料，可以对在南京保卫战及南京大屠杀期间罹难的中国官兵的数量、罹难地点的概况进行初步考察。

　　但同时应注意到的是，所有记录在"档案"中的官兵资料，均是通过国民政府抚恤金发放的相关程序申报成功的。这套程序的设置，也使得很多未能完成申报程序或条件不满足申报的罹难将士未能得到应有的抚恤金，从而未能被记录在案。此外这份收录在《南京保卫战殉难将士档案》中的原始档案，除战乱中散失一部分外，还有三种情况是没有将相关殉难将士的名单收入其中的，包括：①非亲属（父母、配偶、子女）的个人申请；②师旅团等整建制阵亡，或主官牺牲无法证明的；③部分非中央军嫡系部队的川军、粤军。所以，这份档案中所收录的殉难将士人数远远少于实际牺牲的中国守军将士人数。

　　例如宪兵司令部南京卫戍战役牺牲将士，根据《宪兵司令部南京卫戍战役人马伤亡统计表》中记录，整个宪兵司令部共 5417 人参战，牺牲 794 人，有 2185 人生死不明，但仅有 185 人被计入档案。具体如表 3-4 所示：

表 3-4　宪兵司令部南京卫戍战役牺牲将士统计表　　　　　　单位：人

	参加战斗人员	牺牲人员	生死不明	档案记录官兵
司令部	199	21	62	8
宪二团	1 598	281	587	28
宪五团	377	43	139	4
宪十团	1 045	104	520	10
教导团	1 989	296	765	130
特务营	209	49	112	5
合计	5 417	794	2 185	185

表格来源：笔者自制。
数据来源：中国第二历史档案馆，《南京保卫战殉难将士档案》，南京出版社，2007；邱皓，《南京保卫战殉难将士及其档案研究》，南京师范大学，2012

　　由于抚恤金的发放需要进行申报，加之南京保卫战开始前备战的中国部队大部分是经淞沪会战、人员损失严重的，为保卫南京作战匆忙新增大量未经训练的新兵，所以最终被

）秦风 杨国庆 薛
水. 金陵的记忆：铁
帝下的南京[M]. 桂
林：广西师大出版社，
009:47.

记录入档案中的军官人数远远多于普通士兵。以南京保卫战中第五十一师牺牲官兵为例，由表 3-5 可见：

表 3-5 南京保卫战中第五十一师牺牲官兵人数表

	战斗详报中人员牺牲统计 / 人	档案中记录的人员 / 人
军官	140	32
军佐	10	2
军士	419	0
兵卒	3 501	1

表格来源：笔者自制。
数据来源：中国第二历史档案馆 .《南京保卫战殉难将士档案》，南京出版社，2007；邱皓，《南京保卫战殉难将士及其档案研究》，南京师范大学，2012

除第五十一师外，其余各部不无例外，其计入抚恤档案的人数远远少于战争中实际牺牲的人数。根据各类档案及回忆录记载，对比《南京保卫战殉难将士档案》中所记载人数，可得出结论如表 3-6 所示：

表 3-6 南京保卫战国民政府抚恤档案登陆伤亡人数与实际伤亡人数对比表

部队名称	参战人数 / 人	突围兵力 / 人	损失兵力 / 人	抚恤档案中记载人数 / 人	档案中记载人数与实际伤亡的比例
第六十六军（第一六〇师，第一五九师）	9 000	不详	3 000	241	8%
第八十三军（第一五四师，第一五六师）	5 500	不详	1 500	214	14.27%
第七十八军（第三十六师）	11 968	4 937	7 073	26	0.37%
宪兵部队	5 490	2 418	3 034	189	6.23%
第七十二军（第八十八师）	6 000 余	500	6 000	103	1.72%
第二军团（第四十一师、四十八师）	16 929	11 851	3 966	586	14.77%
第七十一军（第八十七师）	约 10 000	不详	3 500	35	1%
第七十四军（第五十一师、第五十八师）	17 000	5 000	7 000	429	6.13%
教导总队	35 000	不详	7 000	547	32.66%
第一〇三师				460	
第五十七军（第一一二师）				1 279	
警察部队	6 000 余	840	5 160	82	1.59%
总 计	约 119 387		约 43 233	4 191	9.69%

表格来源：笔者自制。
数据来源：张连红，《南京大屠杀前夕南京人口的变化》，《民国档案》，2004(3):127-134；南京保卫战 . 曹剑浪 . 国民党军简史 [J]，2003；中国第二历史档案馆，《南京保卫战殉难将士档案》，南京出版社，2007；邱皓，《南京保卫战殉难将士及其档案研究》，南京师范大学，2012。

　　由表中数据可见，收录进国民政府档案中的南京保卫战牺牲将士人数仅不到各军实际统计的牺牲人数的十分之一。而宪兵司令部实际战损人员中，占到近 1/2 数量的"生死不明"人员，与紧接着战争之后日军大批屠杀城内疑似战斗人员的暴行不无关系。

　　除了人员名单外，档案中还明确记录有中国将士殉难地点，其具体地点及人数统计如表 3-7 所示：

表 3-7　国民政府档案中南京保卫战将士殉难地点、人数统计表

殉难地点	南京	江宁	紫金山	下关	光华门	孝陵卫	中华门雨花台	太平门附近	和平门	中山门	南京上曹村	汤山	尧化门	合计
殉难人数 / 人	3 123	652	180	29	6	8	7	8	6	3	35	23	4	4 084

表格来源：笔者自制。
数据来源：中国第二历史档案馆，《南京保卫战殉难将士档案》，南京出版社，2007。

　　虽然表 3-7 中显示的记录在档案中的罹难将士人数仅不到实际牺牲人数的 1/10，但其牺牲地点的分布仍具有一定的代表性。从表中可看出，除第一项概念较为模糊的"南京"地区外，其余地点均为南京保卫战期间发生过激烈战斗的南京外围及复廓阵地的战场位置。而殉难人数占总人数 3/4 以上的"南京"地区，虽不排除其中包括部分在保卫战斗中牺牲、地点不确定的将士，但更有可能的是，这个"南京"区域，实为并未发生过激战的南京城区内，与日军入城后的屠杀暴行关联密切。

　　除保卫战开始前进驻到南京城防区的军队官兵外，南京警察厅的警察警员们也为保卫南京城内外的安全做出了重大牺牲。《南京保卫战军宪警阵亡名录》中，就记载了 80 位在南京保卫战前后牺牲的警员名单。

　　这些警员们的牺牲时间、人数以及地点，统计如表 3-8 所示：

表 3-8　南京保卫战期间警察牺牲时间、人数、地点统计表

牺牲时间	牺牲人数	牺牲地点	
1937 年 12 月 11 日	2 人	2 人	南京光华门阵地
1937 年 12 月 12 日	6 人	2 人	南京下关
		1 人	南京上海路
		1 人	南京燕子矶
		1 人	南京阳山
		1 人	南京水西门

（续表）

牺牲时间	牺牲人数	牺牲地点	
1937 年 12 月 13 日	42 人	9 人	南京燕子矶
		1 人	南京中山门
		10 人	南京挹江门
		5 人	南京汉西门
		7 人	南京下关
		2 人	南京浦口
		2 人	南京光华门阵地
		2 人	南京八卦洲
		2 人	南京三汊河
		1 人	南京司法院
		1 人	南京虎踞关
1937 年 12 月 14 日	12 人	5 人	南京燕子矶
		3 人	南京三汊河
		1 人	南京光华门
		1 人	南京司法院
		1 人	南京下关
		1 人	南京妙耳山
1937 年 12 月 15 日	1 人	1 人	南京幕府山
1937 年 12 月 16 日	11 人	10 人	南京汉西门
		1 人	南京最高法院
1937 年 12 月 17 日	2 人	1 人	南京响水口
		1 人	南京新民门
1937 年 12 月 18 日	2 人	2 人	南京清凉山
1938 年 1 月 21 日	1 人	1 人	南京孝陵卫
1938 年 1 月 30 日	1 人	1 人	南京汉西门

表格来源：笔者自制。数据来源：马振犊，《南京保卫战军宪警阵亡名录》，江苏人民出版社，2010。

　　由表 3-5 可以看出，由于警员的职责不同，除 1937 年 12 月 11 日两名警员在光华门阵地阵亡外，大部分警员都是在未发生激战的南京城区内牺牲的。在牺牲的 80 名警员中，仅

2 人牺牲在南京沦陷前，其余 78 人均牺牲于日军破城之时与之后。其中 15 人牺牲于南京燕子矶，16 人牺牲于汉西门，10 人牺牲于下关，5 人牺牲于三汊河，在这四处牺牲的警察人数超过总牺牲人数的 50%。而这四处地点，正是各种资料、亲历人回忆录中所普遍提及的，日军对南京城内疑似战斗人员进行集中屠杀的地点。

从时间上看，12 月 12 日午夜日军冲入南京城后的一个星期内，南京警员大量牺牲。而在这个时间段内，除了极小部分滞留南京城内的士兵、警员还在奋力抗敌外，日军进城后绝大多数中国军人都经劝说或者自愿放弃了武装，作为战俘被集中安排到原南京国民政府外交部旧址和最高法院旧址等地集中收容。在这一时期南京军、警大量死亡的统计数据，再一次证明了侵华日军对已经放弃抵抗的战俘进行了惨无人道的屠杀暴行。

在政府统计的中国军警牺牲人数与地点的佐证外，南京沦陷期间中外籍人士的日记及战后不久日本记者进行的采访也有力地证明了侵华日军在南京犯下的屠杀战俘的罪行。

例如：南京安全区国际委员会主席，德国人约翰·拉贝在 1937 年 12 月 13 日的日记中记录了出于对"南京国际安全区"非军事化区域考虑，由他出面劝导放弃武装的至少一千名中国军人，被安排至外交部和最高法院集中收容。仅隔天，拉贝就在他的日记中记录这 1 000 人中的约 400～500 人已经被日军捆绑着从收容处强行拖走，应该是被日军集体枪毙了。因为他们听到了各种不同的机关枪扫射声。又一天后，在金陵女子文理学院的魏特琳教授在 12 月 15 日的日记中，就记录了这一千名战俘中余下的所有人都已经被日军强行带走，恐已遭不测。当天拉贝在他的日记中再度记录日军闯入安全区，将 1300 名难民捆绑起来，强行带走。12 月 17 日，拉贝在他的日记中再次记录了原国民政府军政部对面一座挖了防空洞的小山丘脚下，有 30 名被日军从安全区带出屠杀的已解除武装的中国士兵，并附有照片（图 3-2）。英国《孟却斯德导报》驻华记者田伯烈（H.J.Timperley）于 1938

图3-2 1937年12月17日拉贝日记所附照片，原图配文是该屠杀地位于烧毁的交通部前，在一座挖有防空洞的小山丘脚下，30 名已解除武装的中国士兵从安全区被带走后在此遇害
图片来源：《拉贝日记》，江苏人民出版社，2015。

图 3-3 《中国之旅》中收录的老照片
图片来源：[日]本多胜一：《中国之旅》，
朝日文库，1987

图 3-4 民国时期上海街
头警察。
图片来源：个人收藏

年 3 月编著的《外人目睹中之日军暴行》中也记录了来不及逃出城的中国士兵躲避到难民区寻求保护，外籍负责人劝说他们解除武装，并保证缴械后可以保全生命。然而不久后这些战俘就全部被日军带走、屠杀。12 月 14 日，一个日本军官带着随从在田伯烈的办公处，整整花了一个钟头研究"六千名解除了武装的中国兵"

①田伯烈．外人目睹
中之日军暴行[M]．
明，译．上海：上海
科学技术文献出版
社，2015：10．
②本多胜一．南京大
屠杀始末采访录[M]．
刘春明，包容，吴德村
等校译，北岳文艺出
版社，2001．

到底在什么地方[①]。此类事件在外籍人士的日记与外籍记者的报道中不胜枚举，自 1937 年 12 月 13 日日军大批进城后的半年时间内，甚至一直持续到 1938 年底的各种记录中，几乎每篇都曾提及中国战俘及南京无辜平民被日军残忍杀害的事件。

日本朝日新闻社记者本多胜一所编著的《中国之旅》中选刊的一张拍摄于 1937 年 12 月 17 日刊登在 1938 年 1 月 5 日号《朝日画报》的照片（图 3-3），照片上在两名日本士兵带领及数名日本士兵的押解之下，一队百余人已经解除武装的南京警察被带往不知名的地点。本多胜一这样写道：这些人被说成是"潜入难民区的残兵败卒"，也有人说这些人穿的是警察的服装。不管是残兵败卒，还是警察，可以推断他们全部被杀害了[②]。对比民国时期老照片中上海民国警察的制服（图 3-4），可以判断本多胜一书中所选刊的照片上被屠杀的百余中国同胞的确均为当时南京的警察。

南京沦陷后的几天内，所有表明身份成为战俘的中国军人，均被日军集体屠杀，而脱下军装隐入难民之中的中国军人也面临着日军长达数月的大规模搜捕与屠杀。

2. 南京城内滞留平民被屠杀

1937 年 12 月侵华日军逼近南京城之时，外籍人士在南京成立"安全区"。那之后的一段时间里，由于高昂的生活花费，并没有多少平民迁入。而随着战事的紧迫、守城军队对城市的闭锁等因素，被困城内无处可去的平民开始纷纷迁入南京安全区内。日军在 12 日晚进入南京城后，开始疯狂地烧、杀、抢、掠、奸。根据张纯如女士《南京大屠杀》一书记录，当时涌入南京城的日军有五万人之众，入城后立刻分散成一个个小队，对南京城进行地毯式扫荡，见人就杀、见物便劫。

在侵华日军华中方面军最高指挥松井石根"扫荡残兵"的命令下，以侵华日军上海派遣军中第九师团与第十六师团为主力，日军对南京无辜平民及已放下武器的军警展开了全城范围内的分区搜查、抓捕与集中屠杀。日本1977年发行的刊登抗战时期不被日军

图 3-5　日本杂志刊登日军"扫荡"部队抓捕中国军人照片
图片来源：[日]《一億人の昭和史（10）不许可写真史》，每日新闻社，1977。

高层及日当局允许发行的记者摄影集《一亿人的昭和史（10）不许可写真史》中，记录了南京沦陷之后日军在南京城内"扫荡"抓捕已放下武器的中国军人的照片，从照片背景的牌坊可以辨认出该照片拍摄于南京原国民党中央监察委员会大门前的中山路上。这本日本发行的杂志对该照片的描述是"（昭和）12年12月13日，被攻陷后的南京市内，扫荡队逮捕中国残军，南京大屠杀在这之后开始，有人声称并没有虐杀30万人，只有2万~3万人，因此与大屠杀相关的照片被列为绝对保密的文件"（图3-5）。

日军在南京城内有组织的扫荡分区情况具体如表3-9所示：

表 3-9　日军分区扫荡概况表

日军负责扫荡部队	扫荡区域
第十六师团第三十三联队	下关一带
第九师团第六旅团第七联队	安全区之东北，鼓楼至挹江门一带
第九师团第十八旅团第十九联队	光华门内一带
第九师团第六旅团第三十五联队	中山门、光华门内之间，中山东路一带
第十六师团第十九旅团第二十联队、第九联队	玄武湖以南、紫金山以西，太平东路、太平北路、中央路一带
第十六师团第三十旅团第三十三联队及第三十八联队一部	中央路、中山路之间
第十六师团第三十旅团第三十八联队一部	和平门外以东
第六师团第三十六旅团第四十五联队	汉中门以西地区
坂本大队	汉中门内地区
第六师团第十一旅团第十三联队	中华门地区
第六师团第三十六旅团第二十三联队	水西门地区
第六师团第十一旅团第四十七联队	中华门、通济门、光华门外地区

表格来源：笔者自制。资料来源：经盛鸿.《南京沦陷八年史》，社会科学文献出版社，2005:155。

101

日军扫荡范围遍布南京城内及城市近郊，遭受到严重生命与财产威胁的南京市民不得不蜂拥向南京安全区，期望能够得到庇护。

至 12 月 17 日"南京安全区"各难民收容所所接纳难民数如表 3-10 所示：

表 3-10 1937 年 12 月 17 日难民区收容所表

地点	难民人数	概况
交通部旧厦	1 000	合家
五台山小学	1 640	合家
汉口路小学	1 000	合家
陆军大学	3 500	合家
小桃园南京语言学校	200	男
军用化工厂	4 000	合家
金陵大学附中	6 000 至 8 000	合家
圣经师资训练学校	3 000	合家
华侨招待所	2 500	合家
南京神道学院	2 500	合家
司法部	无	
最高法院	无	
金陵大学桑蚕系	4 000	合家
金陵大学图书馆	2 500	合家
德国俱乐部	500	合家
金陵女子文理学院	4 000	妇孺
法学院	500	合家
农村师资训练学校	1 500	合家
山西路小学	1 000	合家
金陵大学宿舍	1 000	妇孺
总计	49 340 至 51 340	

表格来源：笔者自制。
数据来源：约翰·拉贝，《拉贝日记》，江苏人民出版社，2015:165。

表 3-10 的数据记录可再次佐证侵华日军在南京对战俘所实施的"灭绝政策"：用来安置中国战俘的原国民政府司法院及最高法院旧址，至 12 月 17 日已空无一人，所有战俘全被日军押走并遭到屠杀。而不在约翰·拉贝日记记录中的，挂有红十字旗帜标识收容中国战俘的外交部临时难民所，也除了全副武装的日军外空无一人（图 3-6）。此时南京安全区内的难民已有五万余人。然而随着时间的推移，日军暴行非但没有减少，反而愈演愈烈。

因日军暴行而涌入安全区中的难民数量不断增加，根据《外人目睹之日军暴行》中所引用的外籍人士于 1938 年 1 月 31 日书信中所记录，当时仅金陵大学各部共收容难民已从 17 日的万余人激增至三万余人，圣经师资训练学校收容所收容难民增加至四千人，神学院内的难民增至三千一百人以上。日本每日新闻社于 1977 年出版发行的《一亿人的昭和史（10）不许可写真史》中有这么一张照片，该照片拍摄于南京沦陷之初，拍摄的内容是滞留在南京城中的青

图 3-6　挂有红十字旗帜标志的收容中国战俘的外交部临时难民所，但除了全副武装的侵华日军外空无一人。
图片来源：张宪文，《日本侵华图志》，山东画报出版社，2015。

壮年男子被日军聚集起来，敞开衣服、举起手张开五指，接受日军的检查。日军以"有无枪茧"来判断是否是混入难民中的中国军人。该照片原文描述文字为："昭和 12 年 12 月 16 日（1937 年 12 月 16 日）在南京城内中山路，特派员拍下题为'混入难民群中逃亡的 5 000 ～ 6 000 名中国士兵'的照片，日军出动野战宪兵，最后是否将逮捕这批中国士兵，情况不明。"（图 3-7）

　　南京安全区外的难民在寻找一切机会逃到安全区内或是各国大使馆中避难，以期得到生命安全的庇护，然而安全区内实则并不安全。由于"南京安全区"创建伊始便没有得到国际社会及日本政府的承认，南京城内的日军虽然对安全区的几位外籍负责人的身份有所忌惮，却也仍旧每日不断地冲入安全区搜查"疑似战斗人员"、抢劫、强奸，恶行不断。

图 3-7　南京城中青壮年男子被日军聚集起来接受日军的检查
图片来源：［日］《一亿人の昭和史（10）不许可写真史》，每日新闻社，1977。

　　在 12 月 13 日上午日军的全城大搜查中仅山西路小学一处，便分三批拖走约三百人，除一个老人外其余都未能回来。富贵山一带侵华日军挖坑遗弃被其屠杀的中国同胞，每坑二百人，全是遇害平民的尸骸。"南京南门的尸骸，都是被刺刀刺死的。"①

　　南京安全区并没能从日军的屠城中幸免。12 月 13 日上午 11 时许，英国《孟却斯德导报》（今译《曼彻斯特报》）驻华记者田伯烈亲见日军侵入安全区，屠杀了 20 名因为看到他们

①林娜.血泪话金陵.南京图书馆.侵华日军南京大屠杀史料 [M]. 江苏古籍出版社，1997:141-143。
②田伯烈，外人目睹之日军暴行 [M]. 杨明译.上海科学技术文献出版社.2015:173。

而惊骇奔跑的难民。"凡遇见日军而奔跑者，一概枪杀，这似乎已经成为日军的定律。"②

除了直接就地进行屠杀，日军还编造各种理由将南京的平民骗出避难所施以暴行。12月20日，日军在金陵大学校内开展难民登记活动，演讲哄骗难民中隐藏的中国士兵，承诺他们如果主动站出来便可以保证生命安全并得到工作的机会。结果有两三百人站了出来，其中有藏于难民中未及撤离的中国士兵，也有部分想要得到工作糊口的普通百姓。之后这两三百人便被押解出校，分成了许多小队，一队被带到汉中门外，被日军用刺刀屠杀。一队先到五台山，而后再被押解至汉西门外秦淮河畔，日军架起机关枪对他们进行扫射。还有的被缚成几小队，带到五台山一个庙宇对面的上海路上一所巨宅内，被日军施以火刑屠杀。许多难民被以"充夫役"为借口拉出难民区，一去就再无音讯。"……每日必有数千，均押赴下关，使其互为束缚，再以机枪扫射，不死者亦掷以手榴弹，或以刀刺迫入地窖，或积叠成山聚而焚之。……城内之各池塘及各空宅，无一不有反缚被杀之尸体，每处十百计不等。"①

平民之外，身有市政机构公职的南京市民也未能逃脱日军屠杀的魔爪。大使馆的看守人被杀，清扫街道的工人被杀，首都电厂的员工45人，勇敢敬业地工作至南京沦陷前夕才退至英商和记洋行避难。1937年12月17日，日军于和记洋行难民所中搜捕青壮年，押至煤炭港下游江边与从别处搜捕而来的中国青壮年共约3 000人集合，进行了集体屠杀。死难者中包括45名首都电厂工人。

南京街道上、河岸旁、城门口等处布满了被屠杀的中国军民的尸体。"城里到处都躺着被枪打死或被残酷杀害的死尸，（日本人）也不准许我们予以掩埋。……难民区的各个水塘里最多有50具被枪杀的中国人尸体，也不准许我们掩埋。"②想组织掩埋尸体的慈善机构红卍字会，也一度无奈于卡车被日军抢走、棺材被日军劈烂，掩埋工人被驱赶，而无法运作。

根据各屠杀点幸存者证言，日军在全城搜捕青壮年，集中到汉中门外、江东门进行屠杀，两万多战俘在燕子矶江滩被日军屠杀，和记洋行难民区内的青壮年、鼓楼二条巷难民区的青壮年被集中带到草鞋峡、煤炭港、栖霞建筑公司采石场附近的"史家大窝子"屠杀，大方巷十四号后难民区的难民、宁海路难民区的青壮年、大方巷难民区的青壮年被骗至下关中山码头江边屠杀，宝塔桥的难民被逼跳桥，另有200多人被赶进煤炭港的一个仓库里被日军纵火活活烧死，大方巷口华侨招待所大礼堂难民营的难民，被骗至下关三汊河屠杀，

①蒋公穀.陷京三日记.南京图书馆.侵华日军南京大屠杀史料[M].江苏古籍出版社，1997:91.
②拉贝致西门子公司经理迈尔的信，1938年1月2日.陈谦平，张连红，戴袁支.南京大屠杀史料集30，德国使领馆文书[M].江苏人民出版社，2007.

①汉口德国大使馆 1938 年 1 月 6 日报 告（编号：11）附件.陈谦平，张连红，戴袁成.南京大屠杀史料 集 30,德国使领馆文 献[M].江苏人民出版 社,2007。

②林娜.血泪话金 陵.南京图书馆,侵华 日军南京大屠杀史料 [M].江苏古籍出版社, 1997:141-143。

③资料来源:张宪文. 南京大屠杀史料集 .5, 遇难者的尸体掩埋 [M].江苏人民出版社, 2006。

大方巷难民区、华侨招待所的数百难民被日军就地屠杀，另有一部分大方巷难民营的难民被赶至阴阳营一个池塘边屠杀；古林路十八号难民区的难民被日军带到虎踞关的一个凹地上枪杀。12 月 15 日，得到日本人许可的外国记者在下关栈桥等待坐船去上海时目睹，日本人让上千名被捆绑着的中国人站在空地上，他们被一小批一小批地带走，用枪打死①。日军实施集体屠杀中国民众的暴行地点遍布整个南京城市内外。

南京沦陷最初的一段时间内，日军禁止南京各界团体、个人对遭到杀害的中国同胞的尸体进行收殓，南京大街小巷尸骸遍野。直到 1938 年春季，侵华日军及日当局见天气转暖，害怕遍地尸骸腐坏引起瘟疫，才允许南京各慈善团体及个人开始展开大规模的尸骸收殓工作。

至 1938 年 3 月，南京报备在案的 15 个慈善团体中有 7 个团体业务范围内包括"掩埋"一项。其中规模较大两家团体之一的世界红卍字会南京分会救济队掩埋组，于 1938 年 3 月呈报的掩埋统计表中详细记载了其掩埋的遇害同胞尸体的数量及地点。其中提到从 1937 年 12 月至 1938 年 3 月间，该队由和平门外经下关区、上新河至水西门一带，共掩埋了男、女、幼童尸体 31 368 具，而中华门外到通济门、光华门外一带的尸体还未及收殓。其中城内收殓的 1 793 具尸体里只有 20% 是投降的士兵，其余皆为无辜平民；而在城外收殓的 29 856 具尸体中士兵占了 98.5% 之众。至同年 5 月，世界红卍字会南京分会救济队又于城外掩埋了 5 131 具尸体。"从 12 月 13 日，日军入城开始，至（1938 年）5 月底，掩埋尸骸的工作从未停止，一批被埋掉，马上又有一批新的来补充。"②

另一慈善团体"崇善堂"在 1937 年 12 月至 1938 年 4 月间，于南京城内太平门至富贵山、鼓楼至中华门间等城南、城东各处，掩埋尸体 7 548 具；城外中华门外兵工厂雨花台至花神庙、水西门外至上新河、中山门外至马群以及通济门至方山等处掩埋了 104 718 具尸体。③

由于天气渐暖，且被残害平民与中国军人尸体数量庞大，顾虑疾病蔓延、蚊蝇滋生等因素，日本军队与时任伪政府机构也开始参与了部分尸体掩埋的工作。

除大规模的集体屠杀外，侵华日军在南京犯下的零散屠杀罪行更是难以计数。往往是没有理由的，见东西便抢、见男人便杀、见女人便强奸。南京人民在日军的暴行中过着如身处地狱般的日子。

仅由国民政府在南京光复后组织的"南京调查敌人罪行委员会"根据各遇难同胞尸骸收殓掩埋点，尸骸数量所统计的侵华日军制造的南京大屠杀暴行的受害者数量就达 227 600

余人，其尸体分布地点为：上新河地区有 2 873 名遇难者，兵工厂与南门外花神庙有 7 000 余名受害者，草鞋峡有 57 418 名遇难者，汉中门有 2 000 余名遇难者，灵谷寺有 3 000 余名遇难者。另外，慈善组织崇善堂与红卍字会掩埋受害者尸体 155 300 余具。还有大批遇难同胞的尸骸在被谋害后即由侵华日军推入长江洪流之中、集体焚烧、活埋等而未能被收殓，也就不在国民政府所统计的南京各界慈善团体、个人及伪政权下属机构所掩埋的遇难者尸骸的数字之中。

根据南京安全区国际委员会秘书刘易斯·史密斯（Lewis S.C. Smythe），于 1938 年 3 月 9 日至 4 月 23 日，历时三个月所进行的全南京范围内、战后第一时间较为全面的普查《南京战祸写真》中记述，曾拥有近百万人口的南京在沦陷之后人口数量急降到了 20 万～ 25 万之间。其中 2 750 人躲避在难民营中，约占当时南京城内人数的 12%，另 31% 的人（约 6 800 人）涌入南京安全区避难，直至南京沦陷的三个半月后，仍有 43% 的人住在安全区内。可见南京沦陷后的长时间内，日军仍暴行不断，使得躲入安全区的难民们不敢离开。

而另一组数据，也从另一个方面证实了日军在南京屠杀青壮年男子的暴行：1932 年南京人口男女比例据统计为 114.5 ：100，并且曾经一度达到过 150 ：100。而在战后的这次普查中，这个比例急剧下降到了 103.4 ：100；城市中安全区里的男女比例为 80 ：100，城外为 144 ：100。年龄在 15 ～ 49 岁之间的男性市民在全部男性市民总数中的占比，从 1932 年的 57% 下降到了 49%，50 岁以上男性市民的比例从 13% 上升到了 18%。由此可见，造成南京城市范围内青壮年男性数量急剧下降的原因，除了一部分原因是因战乱而离开南京，其更大的可能性便是南京沦陷后日军对"疑似中国士兵"的青壮年男性进行的大规模搜捕与屠杀。

自 1937 年 12 月 13 日侵华日军占领南京起的长达数周的时间内，南京城内的中国人民陷入了日军制造的可怕屠杀地狱。南京沦陷前夕的近 70 万人口，至 1938 年 8 月仅剩 30 万人左右，直到 1945 年才逐渐恢复到 65 万人左右，远远不及战前近 100 万人口的水平[1]。

①许成基 . 南京公安志 [M]. 深圳海天出版社，1994:48.

第三节　满目疮痍的城市与社会

汉口德国大使馆
938年1月6日报
（编号：11）附件.
谦平，张连红，戴袁
南京大屠杀史料
，30，德国使领馆文
[M]. 江苏人民出版
，2007.

汉口德国大使馆
938年1月6日报
（编号：11）附件.
谦平，张连红，戴袁
南京大屠杀史料
，30，德国使领馆文
[M]. 江苏人民出版
，2007.

米尔士致妻子，
938年1月9日.
宪文，张生，舒建
，等. 南京大屠杀史
集：耶鲁文献（下）
M]. 江苏人民出版社，
010.

拉贝致西门子公司
理迈尔的信，1938
1月2日. 陈谦
，张连红，戴袁支
京大屠杀史料集
，德国使领馆文书
M]. 江苏人民出版
007.

蒋公穀. 陷京三月
. 南京图书馆. 侵华
军南京大屠杀史料
M]. 江苏古籍出版社，
997:91.

米尔士致妻子，
938年1月9日.
宪文，张生，舒建
，等. 南京大屠杀史
集：耶鲁文献（下）
M]. 江苏人民出版社，
010.

南京沦陷后得以入城的侵华日军，从12月14日中午开始，"许多地方组成了6至10人的日本小分队，取下了他们所在连队的标记，开始挨家挨户地进行洗劫"①。他们有计划地对城内商店、住宅先抢劫，再纵火，利用一切可以装运的工具，甚至连婴儿车都被日军掠来充当运输工具（图3-8）。"他们洗劫了这个城市，有系统地一点不漏。"②"在日军进来以前城内的建筑几乎没有受损坏。而从那以后就遭到大量破坏。"③国民政府兴建起的办公建筑除交通部大楼在战争时被焚毁外，其余大都在战争中幸存，之后却被入城的日军洗劫、霸占、驻兵。数量众多的平民与商户的房产遭到日军洗劫、破坏。

图3-8　图片描述文字为："（昭和）12年12月25日，用婴儿车往南京城内运物品的日本兵，对面是在运送其抢来物品的日本兵，东京裁判记录是日本兵将不断劫掠、强奸、虐杀的证明，当然是不被允许公开的照片。"图片来源：[日]《一億人の昭和史（10）不許可写真史》，每日新闻社，1977。

1938年2月，与国民政府军军医处处长金诵盘一同隐身于南京安全区的军医处科长蒋公穀，得到走出安全区的机会，而仅一月余未见的南京市区，此时已然面目全非，"南京城内约有三分之一的房子被日本人纵火烧毁"④。"随处长乘搭他（美侨李格斯）的便车开往区外去一看，出新街口，经太平路、夫子庙，转中山路，沿途房舍，百不存一。屋已烧成灰烬，而它的两壁，却依然高耸着，这可见敌人纵火的情形，确是挨户来的。""……那些未烧毁的房屋，都变成了敌人的店铺，……敌人正麕集着。"⑤"……日军进城后没有一天不在某个地方纵火，常常是不止一处。在日军一开始占领的一个晚上……一次就数到11处纵火点。……而另一次数到14起。"⑥金陵大学美籍贝德士教授在1937年12月21日致日本使馆的函中，亦证实了日军在南京城内的纵火是有计划、有组织地进行的："大群士兵在军官指挥下有计划地放火，使数千民众无家可归并失去恢复正常生活与工作的希望。他们（日兵）没有任何收敛的迹象。"

被日军抢劫后再遭延烧的区域遍布南京城内各个原政治、经济中心区。其中，中华路、夫子庙、朱雀路、太平路、中正路、国府路、珠江路及陵园新村，几近焚毁殆尽。太平路和中华路一带几乎化为焦土，讲堂街的教堂和青年会也被焚毁。蕴含千年文化的古都南京，在这一时期遭受了重创。

1. 古建筑的破坏

古代建筑遗存对一个国家及一个民族来说，不仅具有不可再生的历史价值，也具有不同国家、地区及民族各个时期不同意义的艺术和科学价值。中国古代建筑种类丰富，本节所指古建筑为中华民国成立之前所建造、具有实用性、观赏性、纪念性，同时具有历史、艺术、科学价值的建筑场所及其附属建筑。由于古建筑的不可再生性及在研究人类社会历史及标志人类文明史上的重要作用，对古建筑的尊重和保护应得到全人类的重视。早在1899年，世界26个国家包括德国、日本和中国，于7月29日在荷兰海牙签订了海牙第二公约：《陆战法规和惯性公约》。公约的第二十七条规定："在包围和轰击中，应采取一切必要措施，尽可能保全用于宗教、艺术、科学和慈善事业的建筑物……"；第二十八条更是明确规定："禁止抢劫即便是以突击攻下的城镇或地方。"

然而在日本发动的对华侵略战中，日军的作战方法往往是先出动大批次轰炸机对进攻城市进行长时间的无差别轰炸，然后再用大量山炮、坦克、战车沿途轰击，为步兵开路。战争所波及范围内，城市、乡镇古建筑均遭到了严重破坏。在日占沦陷区内的中国古建筑更是遭到了极为严重的破坏，日军往往肆意抢劫古建构件当作文物运走，古建筑的风貌与结构被严重破坏。还有一些古建筑遭到侵华日军的捣毁与纵火焚烧，有些则被改做军用。日军发动的侵华战争，亦为中华古建筑的大浩劫，而南京则是全国古建筑遭到破坏最为严重的城市之一。

（1）南京明城墙

拥有近600年历史的南京明城墙，一直屹立在城市四周。虽历经民国政府因城市建设而进行的改造，但其主要的防御功能并未改变。作为南京保卫战中守卫城市的最后一道防线，现代战争对南京明城墙造成了巨大的不可逆的损伤（图3-9）。

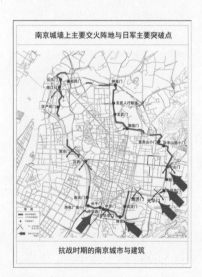

图 3-9　南京城墙上主要交火阵地与日军主要突破点
图片来源：笔者自绘

1937 年 12 月 10 日下午 1 时，兵逼南京城下的日本侵华军队开始了针对南京的全面进攻，南京城最后一道防线的明城墙遭到日军的猛烈轰炸。守城中国军队在清凉门、汉中门、汉西门、中华门、雨花门、通济门、光华门、中山门与和平门等处与日军激烈交火。

光华门

为了能够攻入南京城，日军连日对明城墙进行轰炸、破坏。其主要突破口之一的光华门，正对明故宫南门，有门券一座、瓮城一座。12 月 9 日当天侵华日军趁中国守军换防，抢占通光营房后以炮兵部队从高桥门方向不间断地对光华门进行轰炸，与此同时十几辆坦克也接连两天对光华门进行轰击。日军山炮兵大队从防空学校围墙处直接对准光华门城门进行炮击，城门一部分遭到破坏。由于光华门城

图 3-10　光华门遭到日军炮击
图片来源：《侵华日军南京大屠杀图集》，江苏古籍出版社，1997。

门内已经被守军用水泥、木材填实，日军在轻装甲车及步兵炮火掩护下又对城门进行了三次爆破，仍未能炸开通往城内通道。10 日下午起日军山炮对准城门进行炮击，城门上端逐渐塌落，形成一道陡峭斜坡。12 日，日军野战重炮部队增援，终将光华门城门右侧约 50 米处城墙炸开缺口。

至此，光华门城楼建筑被炸飞、城门被掀翻、城垛被炸平，城墙被炸出一四、五十米开外的豁口（图 3-10）。

中华门

位于光华门东侧的中华门，东西宽 128 米、南北长 129 米，高 20 余米。拥有三道瓮城，四道拱门，27 个藏兵洞。至南京保卫战爆发前，拥有南京 13 座城楼中唯一一座仍保有明代形制的重

图 3-11　日军进攻中华门，摄于 1937 年 12 月 11 日—13 日
图片来源：［日］『一億人の昭和史：日本の戦史（3）. 日中戦争（1)』。

檐庑殿顶镝楼。

12 月 10 日起，日军以左右两翼及炮兵辅助，炮击通济门至中华门沿线城墙段。11 日，日军炮兵配合轰炸城墙东南角。12 日，城墙西南角被炸开两处大豁口，城上镝楼中弹起火（图 3-11）。当日下午，日军八辆坦克于长干桥南街，集中扫射中华门。12 日傍晚，中国守军奉命撤退，中华门及中华东、西两门被日军占领，城墙南侧遇敌面遍布弹痕、弹坑，一直延续到中华门西侧城墙拐角处。

图 3-12　中山门被日军炸毁
图片来源：[日]《亚東印画輯》第十册，（日本）满蒙印画协会，1938.1—1939.6。

中山门

由国民政府教导总队守卫的中山门位于南京城东侧，由于中山东路直通市中心，亦为日军主攻目标。12 日，中山门被日军轰炸出大缺口，但守军顽强守卫，日军屡攻不入。

直至 13 日，中华门、雨花门、武定门、通济门、光华门均被日军占领时，中山门守军仍在坚守。当日下午 3 时 20 分，中山门被日军占领[1]。中山门南北两侧城墙损毁严重，其三个门券的外侧、中间门券以及北侧门券被日军轰炸坍塌，塌落的城砖形成了陡峭的坡道，通向被损毁的城墙顶端（图 3-12）。

其他城墙段

南京保卫战中除光华门、中华门、中山门段被日本侵略部队利用先进武器严重破坏外，光华门南侧的通济门及其两侧城墙遇敌面亦遭到炮火轰击。

汉西门北侧清凉门，环清凉山而建。在南京保卫战中并未遭受日军陆军自城外而来的大规模进攻，仅在日军空袭南京时遭受到多次轰炸。12 月 12 日南京卫戍司令部下达撤退令后，大量未能从下关渡江的中国守军撤回至三汊河附近，遭遇迂回包抄的侵华日军。在南京城失守又被断绝撤离路径的绝境下，中国守军依托清凉门城墙和秦淮河，发起了最后的抗争。清凉门段城墙，城内、城外侧至今仍存有数量相当的当年战斗所留下的弹痕、弹坑。

和平门（即神策门）与中华门向城内伸展的三层瓮城不同，其第一层瓮城是向城外修建的。保卫战中因日军企图截断中国守军渡江退路，从南京城北包抄至和平门，紧跟中国守军撤退路线闯入未及关闭的城门，在和平门外瓮城内发生激战。

①于日良．日军是怎样炸毁明城墙的（旧事重温）[J]．江南晚报，2003 年 12 月 1日．第三十版。

城北的挹江门是民国政府为方便商旅交通于1921年在明城墙上新凿的门洞。1928年为迎接孙中山先生灵柩，将原有单孔城门扩建为三孔多跨连拱的复式门，乃南京市内前往江边码头的必经之地，可以说是中国守军撤退路上的生命之门。

保卫战后期，南京卫成司令长官唐生智发布的撤退命令没有传达到位，驻守挹江门的中国守军没有接到撤退命令，将撤至挹江门前的中国守军当作逃兵而拒绝打开城门，使得撤退而至的军民大量聚集在挹江门前，导致了踩踏伤亡的事故，也一定程度上延误了中国守军撤退的时机。12月13日晨，侵华日军一部迂回至下关江边，与殿后出城的中国军警在挹江门发生激战。挹江门城楼被毁，城墙上布满弹痕、弹坑（图3-13）。

图3-13　挹江门战前战后对比，（上）战前，（下）战后
图片来源：战前：网络。战后：（日）日本发行的《南京战绩》风光明信片。

屹立在南京周围的明城墙，纵然拥有在冷兵器时代"固若金汤"的美誉，也抵抗不住侵华日军现代化武器长时间的疯狂轰炸、破坏，遭受严重损失。数段战时被毁的城墙段，在南京沦陷之后由于侵华日军及日当局的干涉，未能被及时与妥善地修复，造成日后明城墙的大段坍塌。

2. 古建筑及附属建筑

在南京保卫战爆发及前后一段时间内，拥有六朝古都美誉的南京城内外及郊县范围内的古代文化遗存遭到侵华日军炮轰的大量破坏及洗劫，损失惨重。

在侵华日军攻占南京的过程中，位于南京南郊南朝陈武帝万安陵前的公元6世纪的石麒麟就遭到日军炮火攻击被摧毁。

1937年12月12日，《纽约时报》刊登的记者德丁发自南京的电报《侵略者受阻于南京城墙上的众多工事》中提道："（12月12日）午后稍晚时分，日军大炮开始对市西南部

图 3-14　被日军烧毁的夫子庙
图片来源：[日]『中支之展望』，三益社，1938.8.25。

古老的儒教寺院朝天宫—太平路附近进行炮轰"，朝天宫建筑被日军破坏。南京沦陷后，
朝天宫正殿屋脊两端的一对"鸱吻"构件也被日军拆下作为文物送去了日本。

秦淮河畔南京文教中心的夫子庙，曾拥有三组重要的建筑群：孔庙、学宫和贡院。始
建于宋仁宗景佑元年 (1034 年) 的孔庙，拥有重要的历史、文化地位。在庙前有一座高约 6
至 7 米的"天下文枢"柏木牌坊一座，街东、西两头各有木结构的牌坊，上有曾国藩所书"德
配天地""道贯古今"的匾额。侵华日军占领南京后，立刻纵火烧毁了孔庙，其棂星门、
大成殿与所有配殿、楼阁被毁，一片瓦砾中只剩下几片还未倒塌的残墙（图 3-14）。横跨
秦淮河的文德桥也坍塌了半边。对比 1888 年夫子庙的旧照和 1944 年汪伪时期德国人海达·莫
理循所拍摄的夫子庙照片（图 3-15），可再一次清楚地看到秦淮河畔，聚星亭后的孔庙建
筑群在日军入侵后，完全消失了。

图 3-15（左）1888 POWKEE PHOTOGRAPHER NANKING，（右）海达·莫理循（摄）1944。
图片来源：（左）个人收藏。（右）哈佛大学数字图书馆（http://via.lib.harvard.edu）。

图 3-16 牛首山普觉寺
图片来源：［日］常盘大定、关野贞；（摄于1921–
1928年间）《支那文化史迹》，第十辑，1939，法
藏馆出版。

图 3-17 牛首山普觉寺唐代宝塔
图片来源：［德］海达·莫理循（摄），
1944；藏于：哈佛大学数字图书馆。

拥有中国儒教圣地夫子庙的南京，同时也拥有近二千年的佛教文化发展史。公元 222 年精通汉文、梵文等六国语言的西域大月支人支谦从洛阳来到南京，开始了佛教在吴地的正式传播，使得南京成为中国古代最早出现佛教活动的城市之一。南京在中国佛教文化中扮演了非常重要的角色。南京南郊的牛首山，是佛教牛头宗的发源地，成为历史悠久的佛教圣地。

1937 年 12 月 7 日至 9 日期间，侵华日军为攻击中国守军牛首山阵地、防止守军在山间埋伏，竟放火烧山。大火持续了两昼夜，满山历代寺庙、古树皆被焚毁。对比日本古建筑学家常盘大定和关野贞于 1921 至 1928 年间五次前往中国寻访古迹，并于 1939 年出版的《支那文化史迹》丛书中所拍摄的战争爆发前，牛首山普觉寺唐代宝塔旧照（图 3-16），及 1944 年德国摄影师海达·莫理循所拍摄的普觉寺宝塔照片（图 3-17），可见宝塔之外，满山建筑、树木尽毁，往日半隐在一片郁郁葱葱之中的宝塔，孤零零地树立于满山荒芜之间。

图 3-18 牛首山普觉寺法师塔（1921–1928年间）
图片来源：［日］常盘大定、关野贞，《支那文化史迹》，第十辑，1939，法藏馆出版。

此外，牛首山普觉寺雕刻精美的明代法师塔也在这场劫难中荡然无存。在 20 世纪 80 年代第一次全国文物普查时，常盘大定和关野贞于 1921 年至 1928 年间所拍摄到的两座法师塔（图 3-18），均毫无踪迹可循了。

牛首山分支的祖堂山上，始建于六朝的幽栖寺，以及文殊洞、观音洞等名胜亦被侵华日军纵火烧毁，牛首山一线均被烧成荒山秃岭。

城南曾毁于太平天国，后与善恩庙并庙的花神庙，至民国初年拥有二进大殿和九十九间厢房，在日军进攻南京期间，亦遭到了严重破坏。

凤仪门外静海寺，其大殿等建筑被毁，仅存几间残破僧房。城南雨花台西侧普德寺、城西清真寺、城北祖灯庵等珍贵历史文化遗存，均遭到了日军的炮火轰击。

宗教建筑外，南京众多蕴涵历史人文价值的场所也遭到了日军的破坏。位于清凉山麓的"半亩田"是明末清初著名画家龚贤的故居，被日军纵火焚毁。金陵女子文理学院的魏特琳教授在她 1938 年 1 月 26 日的日记中这样描述："我去了龚家——明朝第一代皇帝赐予的府第，这里已成一堆烧焦的木头和焦黑的瓦砾……从此，又一座有趣且具有历史意义的遗迹消失了。"[1]

大量具有历史蕴意的重要桥梁，如文德桥、利涉桥、淮清桥、大中桥、九龙桥、毛公渡桥等均被炸毁或焚毁。白鹭洲公园被炸毁，著名园林愚园的清远堂、春晖堂、水石居、无隐精舍、分荫轩、松颜馆、渡鹤桥、栖云阁等 36 景毁于战后。秦淮一带大片明清民居和古井被日军毁坏，沦为废墟。

南京沦陷后，日军为掩饰其洗劫古建筑内藏文物以及具有文物价值的建筑构件的罪行，在对建筑进行洗劫之后原地纵火，焚毁了大量房屋，对南京古建筑造成了毁灭性的破坏。在日军入城焚杀最为猖獗的时候，有一位黄姓的青年商人就目睹了日军纵火焚烧庙宇的一幕。这位黄姓商人觉得安全区内仍不安全，于是躲到了中华门外高座寺，晚上便睡在寺中停放的棺材里。某日夜间，他便亲见几个日本兵闯入寺来，拆了停柩厅里的桌椅板凳，在屋内的地面上就点起火来，等这处火着起来，再换一处继续点火。[2]

除去战争及日军劫掠造成的损毁外，南京城内外一些较大型的古建筑被日军霸占，随意改建为军用驻地，待其撤走时又往往是纵火将这些建筑焚毁，如位于南京汉中门内蛇山的古灵应观、诸葛武侯祠等，均是毁于日军的霸占与破坏。

日军大规模地破坏中国古建筑和古迹，显然也是为了摧毁中国的历史实物、破坏传统、截断文化传承，达到其殖民文化渗透的罪恶目的。

①明妮·魏特琳. 魏特琳日记 [M]. 江苏人民出版社, 2015:193.
②白芜. 今日之南京（1938 年 11 月 2日）. 棺材里出假的尸来. 张宪文, 马振犊, 林宇梅. 南京大屠杀史料集：民国出版物中记载的日军暴行 [M]. 江苏人民出版社, 2010.

3. 城市财产损失

日军涌入南京城前后，对其所能触及各处进行了大规模地洗劫。在战火中幸免被毁的建筑及城市资产与个人资产却大多逃不过被日军洗劫或被纵火焚毁的命运。

（1）南京市民财产损失

战争来临前，南京绝大部分具有一定资产的市民均锁闭家门后随国民政府西迁，或者前往别处避难。然而紧锁的大门并不能阻挡日军抢劫的行动，就连没有能力逃离南京的贫民家中，也没能逃过日军的洗劫。

根据路易·S.C.史密斯全城普查后编写的《南京战祸写真》中记录的在战争期间滞留城区的市民财产损失情况，根据调查：其中只有2%的损失是因为交战，33%因为日军掠夺抢劫，而52%的损失是因为纵火。其动产的损失中，超过50%是被日军抢劫，31%损失于抢劫后的纵火（图3-19）。1938年3月南京沦陷后的第四个月，南京市民仍遭受了总额约为4 000万美元的损失，其中门东区的纵火损失最为严重，占该地区总损失的70%。

图3-19　1937年12月19日，南京沦陷后的中山路，一片残骸

城西和门西区日军纵火造成的损失最轻，但也分别占到了该地区总损失的34%和38%。

同时，南京市民的房屋等不动产的损失更为巨大。战后没有明显损坏的房屋，仅占全市房屋总数的11%，余下89%的房屋均遭到毁坏。被损坏的房屋中仅2%是因为战争而损坏，63%的房屋因遭到掠夺和抢劫而被损坏，24%的房屋被日军纵火焚毁，而无论损坏与否，基本所有的房屋均遭到日军有组织地、彻底地洗劫过。

南京城内房屋受损最严重的是城北区，99.2%的房屋被破坏。安全区外门西区受破坏情况稍轻，仍有78%的房屋受损。安全区内受损房屋最少，但也约有10%的房屋遭到破坏。其余各区被破坏的房屋比例均大于90%。南京城外近郊，平均90%的房屋遭到破坏。其中通济门地区99.7%的房屋被破坏，下关地区99%的房屋损坏，水西门地区损坏情况较轻，仍有70%的房屋被损坏。

作为当时全国的政治、经济中心，南京战前城区内共有八条主要商业街，拥有二千八百多个门牌。沦陷后这八条主要商业街上89%的房屋受损。其损失主要原因也是由

图 3-20 日军纵火下浓烟滚滚的南京商业街道
图片来源：张宪文，《日本侵华图志》，山东画报出版社，2015。

图 3-21 1938 年被侵华日军逐间纵火抢劫后的中山东路商业街。
图片来源：［日］《东亚印畫》，1930 年代

日军的抢劫行为引起的，占总损失的 54%；余下的 33% 的损失是由日军先行抢劫后再对房屋实施纵火焚烧造成；而因战争所造成的损失仅为 2.7%。白下路、中华路、建康路和太平路上，被损坏的房屋占到了房屋总数的 97% ~ 98%，其他四条街道上损坏的房屋比例平均为 70% 到 80% 之间。其中，中正路和中山路上交战造成的损失最为明显（图 3-20，3-21），分别占损失总数的 6% 和 5%。因日军纵火而受到的损失，太平路上占到 68%，中华路占到 51%，建康路占到 47%。受到日军抢劫最为严重的是中正路和朱雀路，其被抢劫房屋占总数的 76%，太平路上情况稍轻，仍有 27% 的房屋遭到日军洗劫。

沦陷时身在南京的英国《孟却斯德导报》（今译《曼彻斯特卫报》）驻华记者田伯烈于 1938 年 3 月编著的《战争意味着什么——日军在中国的暴行》一书中记录了他的亲身见闻："全城所有私人住宅，不论占领的或未经占领的，大的小的，中国人的或外侨的，都蒙日军光顾劫掠一空。"[1]

（2）城市文化财产遭到掠夺

日本对中国的图书掠夺，是长期的、大规模的、有计划和有组织的行为。1937 年 12 月日本在上海成立了"中支（华中）占领地区图书文献接收委员会"，又称"军特务部占领地区图书文献接受委员会"，专职收集上海、南京、杭州等地的书籍。南京沦陷后，该委员会在日军配合下，有计划地展开文化大劫掠，搜寻、鉴定珍贵善本送回日本。

作为国民政府经济、文化中心的南京，在战争爆发前已经拥有了几座较具规模的图书馆，它们分别是：中央图书馆、国学图书馆、中央大学图书馆、金陵大学图书馆、南京市立图书馆，以及国民政府、中央党部所属部会的图书馆。这些图书馆虽然在南京保卫战开始前跟随政府机关进行了西迁，但由于时间紧迫、运输力量有限等原因，仍有大量书籍滞留在南京无

①田伯烈.战争意味着什么：日军在中国的暴行[M]，国民出版社，1938。

法运走。这部分书籍在南京沦陷后多数都遭到了损毁与洗劫。仅在文物、图书方面，日本当局就先后指使 330 多名日本专家，动用日本士兵 360 余人、中国劳工 830 余人，卡车 310 辆次，展开大规模的劫掠[①]。

筹建于 1933 年的中央图书馆，至 1937 年已有藏书 15 万册，西迁时计划携带的 263 箱重要书籍最后只带走了 120 箱计一万多册，存放在朝天宫库房的四万册书籍，抗战胜利后封存时仅剩三万册[②]。

国学图书馆的前身是清道光两江总督陶澍的惜阴书院，位于清凉山麓虎踞路龙蟠里。后两江总督端方于光绪年间在原址建成两幢古式藏书楼，藏有大量珍贵书卷，同时开放成为中国历史上第一座公共图书馆。至 1937 年已有藏书 24 万余册。日军对南京进行空袭轰炸时，该馆仓促选取宋元精刊及孤本等善本装 110 箱藏于朝天宫故宫博物院分院地库。1940 年 2 月地库被日伪冲破，所藏善本被移至竺桥伪图书馆专门委员会开辟的专库进行储藏。战后封存接收时缺少善本书 184 部 1 643 册[③]。该馆存部分清代公署档案及装订成册的各种日报，被日军弃作旧纸出售或焚毁。另有收藏的丛书及地方志运至苏北兴化的罗汉寺及北门外观音阁暂存，计三万余册，其中运至兴化的藏书大多被日军劫掠、焚毁，小部分散失。战后调查中，国学图书馆于抗战时期共损失图书 167 923 册，其中明确被日军劫走的中国古文献 141 种，其中元刊本 30 种[④]。

夫子庙附近的南京市立图书馆整馆毁于战火，其损失无法估算。金陵大学图书馆以收藏地方志著名，并藏有中国古代农业与动植物书籍珍本。其中有日本、朝鲜刊本，也有元、明刊本、宋代殿本。这部分古籍在南京沦陷后被盗走不少。孙中山陵园内的中山文化教育馆损失日文书籍 58 735 册，西文书籍 7 923 册。金陵女子文理学院图书馆，原藏有中西文图书十余万册，除西迁时带走数千册外，均被日伪掠走，战后收回二万余册，但其中重要书籍 1 700 册全被抢走。金陵大学图书馆，损失中文图书 21 353 册，西文图书 4 373 册，中西文杂志合订本 73 928 册[⑤]。

国民政府文官处以及各部会的图书损失也十分巨大，仅考试院一处就损失了八万册以上，内政部图书馆损失图书 92 146 册。国立编译图书馆由于损失过多，原始目录、清册都已不存，而无法查考具体损失数目[⑥]。

南京损失的图书具体数目如今已无法清算。战后中国政府在《抗战时期南京文物损失数量及估价目录》中，统计在册的公共图书损失为四十余万册，然而其中并不包括原始目录、

①孟国祥. 大劫难[M]. 中国社会科学出版社, 2005:70。
②王长喜. 抗战胜利与金陵文物的封存与清理[J]. 南京档案, 1994.3。
③省（江苏）立国学图书馆呈报该馆善本书损失情况. 中国第二历史档案馆, 全5, 卷 11685。
④严绍璗. 汉籍在日本的流布研究[M]. 江苏古籍出版社, 1992:200。
⑤孟国祥. 大劫难[M]. 中国社会科学出版社, 2005:23。
⑥孟国祥. 大劫难[M]. 中国社会科学出版社, 2005:23; 转引自: 中国第二档案馆档案, 全5, 卷 11685。

清册遭毁而无法清算的，整馆被毁而无法清算的，各高校、民政部门等单位所损失的图书。而民间藏书的损失则更加惨重，日军不仅劫书，还往往将物主的财物一并洗劫一空，再纵火焚烧房屋。可以肯定的是，沦陷后南京所损失的图书数量远大于四十万册，其真实数量必定远不止于此。

4. 侵华日军对第三国财产的掠夺

1937 年 8 月至 12 月间侵华日军以大批轰炸机对南京城区进行了持久地、疯狂地轰炸。在战火逼近的情况下，自 8 月起，各国外交机构、驻华企业，动员本国公民尽快撤离南京。由于撤离人数众多且交通手段有限，撤离的大多数外侨仅能携带极少的随身物品离开南京。"对于离开南京的绝大多数德国人来讲也很不容易，因为几乎所有德国人在这里都有房产，且多数是住宅，他们不得不把绝大部分的财产留在这里，因为德和船只只能随身携带较少物品……"，留在南京的"绝大部分的宝贵财产，主要是住房和家具等，也有多年来收集的艺术珍品。绝大部分人的汽车也不得不留在南京"。沦陷前南京城内仍滞留有大量外侨及涉外机构的财产。

作为非参战国的第三国的外交官和外交机构，按照国际法律规定在战争期间是享有豁免权及应受到保护的，进驻中国的大部分外籍机构都应该受到保护。1937 年 8 月侵华日军开始对南京实施无差别轰炸时，驻南京的德国、英国、法国和意大利大使就曾通过美国驻日大使格鲁向日本副外相提出了交涉，希望空袭南京的日本飞机能避免对城内部分使馆与外籍人士密集区进行轰炸。日本政府对此表示了理解，并承诺尽可能地避免损害各有关国家的大使馆及其他财物。然而在之后几日对南京的袭击中，侵华日军进行的仍是无差别轰炸。就此，格鲁说"外相询问我所提及的 8 月 26 日的轰炸事件是否发生在我于 8 月 23 日向外务省副外相递交抗议中所列地区之内。我回答说，我相信情况正是这样……"1937 年 11 月美国驻华大使撤离南京时，对日本大使馆及日军事当局提出："如果出现需要，充分地承认大使馆工作人员及使馆的外交地位，并给予他们适当的便利和完全的保护"，并在美国人的房产上都贴出了由大使馆和卫戍司令部发布的公告。留下看管美国财产的仆役也由美国大使馆颁发了身份卡片和臂章。然而表面上对各外国使馆的要求表示理解和赞同的侵华日军当局，对其进入南京的日本军队毫无约束，任由他们在城内抢劫、强奸、纵火、破坏，各国财物均遭受了极大的损失。"南京沦陷以前，中国军队的行为良好……外国人的财产得到了很好的尊重。但是自从日本人来了，这里就变成了地狱。"

（1）大使馆及外交人员住宅遭到的抢劫与破坏

1937年11月德国驻华大使陶德曼撤离南京时认为，作为日本的同盟国，德国的有关标志应该对日本士兵具有一定的威慑力，所以并不担心留在南京的德国人的安全。南京城内属于德国资产的房屋都悬挂了德国国旗并张贴有明确的告示。然而南京沦陷后，虽损失较轻，但仍不止一次地遭到了日军的偷窃、抢劫。大使陶德曼住宅内的几幅国画被日本士兵偷走，德国大使馆南京办事处行政主管沙尔芬贝格的住宅遭到严重洗劫（图3-22）。①

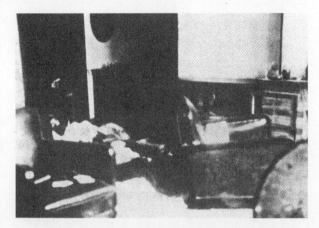

图3-22　德国大使馆行政官员沙尔芬贝格宅邸遭日军抢劫后
图片来源：张宪文，《日本侵华图志》，山东画报出版社，2015。

由于帝国主义日本侵略部队在攻占上海前后遭受到了很大的国际压力，日本军方便对西方国家，特别是英国、美国等国极为反感。虽然日当局在表面一再向中立国承诺尽力保证其在南京的财产和人员的安全，并且美国驻华大使馆人员撤离南京前为保证财产安全，在所有美国人房产上张贴了公告，但南京沦陷后，以美国大使馆为代表的中立国使馆仍然遭到了日军严重的洗劫与破坏。

日军对待同盟国与中间国的态度差别，在约翰·拉贝的日记中就有记述："几队日本兵来到我的私人住宅，在我出现并向他们展示手臂上的国社党卐字袖标后，他们就撤走了。美国国旗非常不受欢迎，我们委员会成员索恩先生汽车上的美国国旗被抢走了，车里的东西也被盗了。"②

日军于1937年12月13日攻入南京城，两天后的12月15日美国大使馆便遭到破门盗窃，若干小物件丢失。③23日晚美国大使馆再次被武装的日本士兵至少进入了4次，闯入的日本士兵擅自开走了3辆大使馆的汽车，还抢走了4辆自行车、2盏煤油灯和数只手电筒。

①〔德〕约翰·拉贝．拉贝日记[M]．江苏人民出版社，2015:212。
②〔德〕约翰·拉贝．拉贝日记[M]．江苏人民出版社，2015:138。
③日本兵在南京安全区的暴行，1937年12月23日．约翰·拉贝．拉贝日记[M]．江苏人民出版社，2015:147-149。

此外，使馆的雇员还遭到了有军官带领的日军小分队的搜身抢劫，损失了大约 250 美元现金以及手表、戒指等个人用品。另有一名日本士兵企图进入美国大使的办公室，由于办公室是上了锁的，这名日本士兵便用刺刀去捅办公室的门。24 日上午 9 时，日本兵再次闯入美国大使馆，抢走了一辆摩托车、一袋面粉、一袋大米、一只手电筒，还从大使馆门房抢走了 11.80 美元[1]。不到一个月内"（美国）大使馆所有的汽车都被抢走，一辆也不剩"[2]。其他中立国使馆，如英国、法国和意大利使馆，都遭到了日本士兵的闯入，均有物品被劫走，苏联大使馆被焚毁。[3]比利时大使馆也遭到洗劫。[4]

使馆建筑范围外的各外交人员的私宅也遭到了日军的抢劫。12 月 15 日美国驻华大使的住处被日军破门而入，一些小的私人物件被顺手牵羊地带走了[5]。美国大使馆职员詹金斯住宅内，留下看守的中国仆人被日本士兵杀害，住宅遭到洗劫，宅内物品遭到破坏。

图 3-23　遭到日军抢劫后的教堂
图片来源：张宪文，《日本侵华图志》，山东画报出版社，2015。

（2）第三国教会设办机构遭到的抢劫与破坏

作为当时中国的首都城市，南京陷入战争之前吸引了大量西方教会组织前来传教、办学。他们在南京兴建了一批教会建筑，并在南京各区拥有不少的房产。这些房屋、财产也未能在沦陷后日军的野蛮洗劫中幸免（图 3-23）。

南京沦陷的第二天，12 月 14 日金陵大学医院和女护士寝室就被 30 名日本兵搜查，医院职员遭到有组织地抢劫[6]。12 月 16 日，日本士兵试图偷走大学医院的救护车，被约翰·马吉牧师及时制止。医院内不断地有日本士兵闯入，并抢劫医院的手表、钢笔等财物。在 12 月 18 日更是有 3 名护士在寝室被闯入的日本士兵强奸。[7]

同时，美国教会开办的学校也被日军破坏、洗劫一空。城南基督教会儿童学校的两栋建筑被烧毁。属于联合基督会（United Christian Mission）男子学校的两座建筑被烧毁。[8]12 月 15 日，日本士兵翻过金陵女子文理学院的后围墙并且打碎了一扇门，进入到科学楼内，自 12 月 13 日以来凡是能够搬动的东西全部被他们（日军）从大楼里拿走。[9]

① 《东京致日本驻华盛顿大使馆电报》，1937 年 12 月 2日. 杨夏鸣, 张宪文张志刚. 南京大屠杀史料集: 美国外交文件 [M]. 江苏人民出版社, 2010。

② 东京致日本驻华盛顿大使馆电报, 1937年 12 月 16 日. 杨夏鸣, 张宪文, 张志刚.南京大屠杀史料集: 美国外交文件 [M]. 江苏人民出版社, 2010。

③ 东京致日本驻华盛顿大使馆电报, 1937年 12 月 16 日. 杨夏鸣, 张宪文, 张志刚南京大屠杀史料集: 美国外交文件 [M]. 江苏人民出版社, 2010。

④ 许尔特尔随笔1938 年 6 月 14 日卫生, 杨夏鸣. 南京大屠杀史料集.71, 东京审判书证及苏、意、德文献 [M]. 江苏人民出版社, 2010。

⑤ （阿利森）致美国大使约翰逊，附件：南京现状, 1938 年 1月 25 日. 杨夏鸣, 张宪文, 张志刚. 南京大屠杀史料集: 美国外交文件 [M]. 江苏人民出版社, 2010。

⑥ 日本兵在南京安全区的暴行, 1937年 12 月 23 日. 约翰·拉贝. 拉贝日记 [M]. 江苏人民出版社, 2015:147-149。

⑦ 约翰·拉贝. 拉贝日记 [M]. 江苏人民出版社, 2015:171。

⑧ （阿利森）致国务卿, 1938 年 1 月 4日. 杨夏鸣, 张宪文, 张志刚. 南京大屠杀史料集: 美国外交文件 [M]. 江苏人民出版社, 2010。

⑨ 134. 刘易斯·S.C. 史迈士: 日本兵在南京安全区内造成无序状态的案例张宪文, 张生, 舒建中. 南京大屠杀史料集: 耶鲁文献（上）[M]. 江苏人民出版社, 2010。

外国教会的宗教建筑亦被日军骚扰、洗劫、破坏。升州路上的美以美会（Methodist Episcopal Mission）主建筑在南京陷落的几天后内部被火烧毁，据说是日本人所为。……属于美国教会团（American Church Mission）的教区房屋被炮弹击中①。12月20日基督教青年会大楼被日军纵火焚烧②。28日圣公会教堂被焚毁。1938年1月18日中午时分，两辆卡车载满日本士兵来到中华路上联合基督会，推倒教会临街院子的院墙，对联合基督会的建筑实施了抢劫后用卡车运走了抢来的东西。③城南基督教圣保罗堂有幸未被破坏，然而这所教堂却被日军侵入占用，并在教堂圣物收藏室的水泥地上点火。室内所有窗帘、布幔和装有祭袍的衣橱都被烧毁。④

（3）外籍企业资产遭到的抢劫与破坏

地处长江水岸边的南京城，无论水运还是陆运均十分便利。战前南京不仅是全国的政治、文化中心，同时也是全国经济中心之一，许多外资企业相继在南京开设常驻机构。其中规模较大的有英商和记洋行、美商德士古公司、美商金陵汽车修理厂、德商西门子公司等。

南京沦陷后，外资驻南京企业无论资方国籍、规模大小、经营性质，均遭到日军的洗劫。

南京沦陷第二天，1937年12月14日拉贝在日记里记述了他亲眼所见："他们（日军）砸开店铺的窗户，想拿什么就拿什么。……我目睹了德国基士林克糕饼店被他们洗劫一空。黑姆佩尔的饭店也被砸开了，……"15日，德商黑姆佩尔抱怨日本人把他的饭店完全摧毁了（图3-24）。基士林克糕饼店看来也损失惨重。12月15日基士林克糕饼店再次

图3-24 德侨黑姆佩尔的北方饭店被侵华日军抢劫并烧毁
图片来源：张宪文，《日本侵华图志》，山东画报出版社，2015。

被日军闯入，金陵大学刘易斯·史密斯正好遇到拉贝在帮助点心店老板把被日军扯下的德国国旗重新挂好，并将洗劫商店的好几个日本兵赶出去。⑤

德商拜耳公司的货栈之一，位于西康路43号的新河公司商业场所，被日军有计划地纵火焚烧，货物全部损失⑥。德商孔士洋行位于392号的房屋，篱笆被日军砸坏、所有房门均

被撬开，大衣柜和箱子也都被强行打开，保险柜锁被日军用枪打坏而打开，没有利用价值的文件散落一地，还有几间房屋被日军占去居住。[1]德商西门子公司位于芦席营 232 号的办公楼被日军洗劫一空，凡是没被抢走的家具均遭到破坏，无法再使用。办公楼车库的大门被撬开，一辆汽车被掠走，许多房间都被日本士兵充作临时营房。[2]

1937 年 12 月 30 日和 1938 年 1 月 4 日，日本士兵两次进入美商德克萨斯石油公司，美国国旗被其扯下烧毁。虽然公司建筑物没有遭到破坏，但几乎所有的库存和雇员的私人物品都被日军抢走。美孚石油公司的情况也类似，虽然厂房和房屋没有损坏，但部分财产遭到了抢劫。[3]位于中山北路 209 号的美商德士古火油公司遭到日军多次抢劫，围墙被捣毁，公司汽车被日本士兵霸占，用来运走公司库存的汽油和油布。[4]大陆银行整楼被日军闯入并遭到洗劫。在其内办公的美国麦美伦公司南京子公司，火油物产公司也未能幸免，公司内所有抽屉均被拉开，文件散落一地。[5]美商金陵汽车修理厂的人员在撤出南京前，将大门用贴有美国大使馆公告的木板堵住，然而日本士兵毫无顾忌地将封门木板撬开，对整个汽车修理厂进行了洗劫。[6]1 月 18 日下午，英商中国木材进出口公司的院墙也被日本士兵开了个"新门"，大量往外盗运公司库存木材。[7]

外资企业、商铺悬挂的国旗被扯掉，房屋遭到多次入侵与洗劫等诸如此类的事件，不胜枚举。虽然滞留南京的外籍人士多次向日本驻南京大使表达抗议，向他们各自国家的驻华大使发信请求转达抗议，日当局除了口头上表达歉意外，根本无意约束他们的士兵在南京的行为。

（4）外籍人士个人财产遭到的抢劫与破坏

虽然早在南京遭受日军空袭轰炸的时候，各国使馆都向日当局表达了日本应保证外籍人士在南京的人身和财产安全的要求，但当日军攻入南京的那一刻起，南京城内对于日军来说便不存在什么是不能抢夺的东西了。

最开始日军组成小队在南京安全区范围之外有组织地进行洗劫，后来很快洗劫便发展到了安全区内。当在安全区内进行抢劫的日军发现，在安全区内抢劫并不会招致什么惩罚后，一切就变得有恃无恐起来。"安全区外已经没有一家店铺未遭洗劫。现在掠夺、强奸、谋杀和屠杀在安全区也开始出现了。安全区里的房子，不管有没有悬挂国旗，都被砸开或洗劫了。"[8]"在南京的日本兵几乎没有放过这座城市里任何一座住房或者说任何类型的建筑。……他们偷窃不分人，穷人和富人均不放过，他们偷窃时也已经不分国别，虽然德国

①克勒格尔先生关[...] 中央路 392 号德商[...] 士洋行房子情况的[...] 述；张生，杨夏鸣.[...] 京大屠杀史料集.7[...] 东京审判书证及苏、[...] 意、德文献[M]. 江[...] 人民出版社，2010。

② 德国大使馆致[...] 本外务省口头照会[...] 1938 年 8 月 11 日[...] 张生，杨夏鸣. 南京[...] 屠杀史料集.71，东[...] 审判书证及苏、[...] 德文献[M]. 江苏人[...] 出版社，2010。

③（阿利森）致国[...] 卿，1938 年 1 月[...] 日.杨夏鸣，张宪文[...] 张志刚. 南京大[...] 史料集：美国外交[...] 件[M]. 江苏人民出[...] 社，2010。

④东京致日本驻华[...] 顿大使馆电报，193[...] 年 12 月 16 日. 杨[...] 鸣，张宪文，张志刚[...] 南京大屠杀史料集[...] 国外交文件[M]. 江[...] 人民出版社，2010。

⑤许尔特尔致安曼[...] 函张生，杨夏鸣. [...] 大屠杀史料集.71，[...] 京审判书证及苏、[...] 德文献[M]. 江苏人[...] 出版社，2010。

⑥东京致日本驻华[...] 顿大使馆电报，193[...] 年 12 月 16 日. 杨[...] 鸣，张宪文，张志刚[...] 南京大屠杀史料集[...] 国外交文件[M]. 江[...] 人民出版社，2010。

⑦（阿利森）致美国[...] 大使约翰逊，附件：[...] 南京现状，1938 年[...] 月 25 日.杨夏鸣，[...] 宪文，张志刚. 南京[...] 屠杀史料集：美国[...] 交文件[M]. 江苏人[...] 出版社，2010。

⑧约翰·拉贝. 拉贝[...] 记[M]. 江苏人民出[...] 社，2015:146。

● 米歇尔致妻子,
1938年1月10日.张
宪文,张生,舒建中.
南京大屠杀史料
集:耶鲁文献(下)
[M].江苏人民出版社,
2010.

❷拉贝致西门子公司
经理迈尔的信,1938
年1月2日.陈谦平,
张生,张连红,戴袁支.
南京大屠杀史料集,
德国使领馆文书
[M].江苏人民出版社,
2007.

和日本皆为反共协定的签字国,但是日本兵
像偷美国人的东西一样偷德国人的东西。日
本兵对英国人也是如此。"❶(图3-25)

南京城内 60 所德国人的房子中约有 40
所或多或少地遭到了洗劫,4 处房子被纵火
烧得精光。❷

约翰·拉贝在 1937 年 12 月 23 日的日
记中记录了他经过实地勘察后,38 座悬挂
了德国国旗的德国人住宅的情况,具体如表
3-11 所示:

图 3-25　遭到日军抢劫与破坏的英侨房产
图片来源:张宪文.日本侵华图志[M].山东画报出版社,2015

表 3-11　1937 年 12 月 23 日南京德国人房产被日军洗劫情况表

编号	地址	房主或租户姓名	目前居住人	房屋及设施目前状况
1	小桃园干河沿	中国房产(欧洲人居住)租户:约翰 H.D. 拉贝西门子洋行中国代表	约翰 H.D. 拉贝西门子洋行(中国)若干职员约 350 名中国难民	建筑物完好价值 300 元车号为 681 的汽车被日本军方没收
2	中山东路 178 号(饭店)	中国房产(欧洲人居住)租户:R. 黑姆佩尔	空	建筑物被彻底洗劫烧毁
3	安仁街9 号	中国房产(欧洲人居住)租户:爱德华·施佩林	空	洗劫
4	中山北路 244 号	中国房产(欧洲人居住)租户:礼和洋行	克里斯蒂安·克勒格尔	被偷物品:一辆汽车,车号 308价值 1100 元;一部蔡司照相机,价值 150 元;汽车外胎 2 只,汽车内胎 6 只
5	中央路 392 号	中国房产(欧洲人居住)租户:孔斯特-阿贝尔斯公司	空(中国门房逃走了)	彻底洗劫
6	中央路沅江新村 5 号	增切克	门房(遭毒打)	彻底洗劫汽车被偷
7	中央路沅江新村 6 号	林德曼	门房	彻底洗劫汽车被偷
8	中央路沅江新村 3 号	优斯特	门房	彻底洗劫
9	大树根 94 号高楼门	冯·博迪恩	门房	彻底洗劫
10	上海路 11 号	施特雷齐乌斯	3 名中国佣人	彻底洗劫

（续表）

编号	地址	房主或租户姓名	目前居住人	房屋及设施目前状况
11	慈悲社 12 号	贝克博士	3 名中国佣人	彻底洗劫汽车被盗
12	高楼门 7 号	罗德夫人（公寓房）	中国佣人	彻底洗劫
13	陵园路 11 号	博尔夏特	2 名中国佣人	彻底洗劫汽车被盗
14	慈悲社 5 号	W. 洛伦茨	中国佣人	部分洗劫
15	中山东路 25 号	基士林克 - 巴达糕饼店	中国佣人	彻底洗劫
16	牯岭路 20 号	罗森博士德国大使馆秘书	中国佣人	部分洗劫汽车被盗
17	萨家湾 9 号	陶德曼博士德国大使	中国佣人	1937 年 12 月 22 日部分洗劫，汽车被盗，又被国际委员会找到并归还
18	珞珈路 3 号	鲍姆巴赫	中国佣人	彻底洗劫
19	珞珈路 6 号	诺尔特	中国佣人	彻底洗劫
20	珞珈路 12 号	T. 米勒（通用电气公司）	中国佣人	彻底洗劫
21	珞珈路 13 号	克莱因	中国佣人	部分洗劫
22	珞珈路 16 号	皮尔纳和 K. 马尔丁	中国佣人	彻底洗劫汽车被盗
23	琅琊路 17 号	W. 施泰内斯	中国佣人	彻底洗劫
24	宁海路 56 号	海因里希	中国佣人	彻底洗劫汽车被盗
25	灵隐路 15 号	施彭勒德国大使馆行政官员	中国佣人	部分洗劫马匹被盗
26	三步两桥 4 号	哈蒙德（施密特公司）	中国佣人	彻底洗劫
27	老菜市 68 号	内维格尔	中国佣人	彻底洗劫
28	中山东路 178 号北方饭店	胡梅尔	中国佣人	汽车被盗价值 900 元
29	宁夏路 22 号	施罗德博士	中国佣人	汽车被盗
30	江苏路 55 号	阿尔纳德	中国佣人	部分洗劫汽车损坏
31	高楼门 21 号	沙尔芬贝格德国大使馆行政主管	中国佣人	彻底洗劫

（续表）

编号	地址	房主或租户姓名	目前居住人	房屋及设施目前状况
32	牯岭路 34 号	劳滕施拉格尔博士德国大使馆参赞	中国佣人	部分洗劫
33	天竺路 23 号	格尔蒂希	中国佣人	部分洗劫
34	上海路 73 号	希尔施贝格博士	中国佣人	彻底洗劫
35	琅琊路 16 号	布瑟	中国佣人	部分洗劫
36	琅琊路 11 号	齐姆森	中国佣人	部分洗劫
37	琅琊路 11 号	艾维特夫人	中国佣人	部分洗劫
38	天竺路 25 号	蒂姆	中国佣人	部分洗劫

资料来源：约翰·拉贝.拉贝日记[M].江苏人民出版社，2015:212–215。

①罗森致 E.M. 陈女士
，1938 年 2 月 8
张生，杨夏鸣. 南京
屠杀史料集.71，东
审判书证及苏、意、
文献[M]. 江苏人民
版社，2010.

②罗森致汉口德国大
馆.1938 年 3 月 18
. 张生，杨夏鸣. 南
大屠杀史料集.71，
京审判书证及苏、
、意、德文献[M]. 江
民人民出版社，2010.

③F. 伯勒尔先生永庆
46 号房子看守人宋
昌的报告. 张生，杨
鸣. 南京大屠杀史料
集.71，东京审判书
及苏、意、德文献
M]. 江苏人民出版社，
010.

④日本士兵在安全区
造成无序状态的案
例，刘易斯·S.C. 史迈
. 张宪文，张生，舒
建中，等. 南京大屠杀
料集:耶鲁文献（上）
M]. 江苏人民出版社，
010.

由表 3–8 所示内容可见，南京城内超过 90% 的德国人住宅在日军进入南京的 10 天内都遭到了不同程度的洗劫。表格中并不是所有德国人在南京的房产，不在表格中的其他德国人住宅，也均遭到了日军的洗劫，如：德国人施维宁位于琅琊路 1 号的房子遭到了严重的洗劫①。傅厚岗 69 号姬先生的房子被一个日本军械所占用。②德国人 F. 伯勒尔位于永庆巷 46 号的住宅被日军闯入两次，在第一次便被彻底洗劫，看守人也被一并抢劫③（图 3–26）。

图 3–26　遭到日军抢劫破坏的德侨房产
图片来源：张宪文，《日本侵华图志》，山东画报出版社，2015。

与德国人相比，美国人在南京的房产损失更大，同样在南京沦陷的 10 天内，就有 158 所美国人的房子遭到日军劫掠。12 月 14 日，日本士兵闯进美国传教士格蕾丝·鲍尔小姐的家里，拿走了一副皮手套，喝光了桌上的牛奶。12 月 15 日，日本士兵走进位于双龙巷 11 号 R.F. 柏睿德博士的车库，打碎了柏睿德博士福特 V8 汽车上的一扇窗户，之后日军带回来一名修理工，试图把汽车开走④。12 月 23 日两名日本兵闯入上海路 2 号南京神学院 R.A. 费尔顿教授的家，企图抢占这栋房屋①。南京基督教会总干事菲奇位于保泰街 7 号的住宅，被日本士兵闯入 7 次，物品被盗②。美国长老会神父普拉默·米尔士（W.Plummer Mills）夫人的衣橱被砸碎，床垫和自行车被抢走。偷窃行为如此的堂而皇之，以至于挂有美国国旗以及贴有美国领事馆公告的外国房子都难以幸免③。飘扬在房屋上空的欧洲人的国旗都被日本人扯了下来，……汽车被劫走之前，车上的国旗都被撕扯掉了④，等等。

众多的外籍人员在南京的房屋被日军洗劫、破坏，而在日本军队 12 月 13 日进入南京时，日本大使馆方面的 15 人也随即到达南京。仍留在南京市内的外侨向日本大使馆表达了希望减轻军方对外国人和他们的利益施加的影响，但这些大使馆的工作人员对此毫无作用，对日军方的暴力行径丝毫起不到影响⑤。

南京沦陷后，对于拥有外交豁免权和应该给予保护的第三国财产，日军尚且如此恣意妄为地进行洗劫和破坏，更不用说中国的企业、个人所受到的损失之巨。城内的抢劫、纵火行为，从繁华的商业区到使馆云集的使馆区；从别墅区到普通居住区，从楼房到难民的草棚，几乎没有一处能幸免。在南京，日军早就失去了他们作为人的底线，但凡饱受战争之苦的南京市民曾有过那么一点点"战争终于结束，日子可以平静下来了"的想法，都被日军入城后的暴行全部扼杀。"日本军队本有极好的机会获取中国人民和外侨的尊重，这机会也给他们抛弃了。"⑥

自日军侵华部队入城之时起，南京城内的所有资产，不论原产权所属、是否位于安全区内，均遭到了日军有计划地洗劫。许多建筑遭到日军洗劫后被逐一纵火焚毁，沦陷前南京最为繁华的街市成为一片焦土。南京沦陷不到半年时间，由于侵华日军的大肆破坏、疯狂屠杀与猖獗的洗劫，城内尸横遍野、一片凄惨，城市遭到了毁灭性的破坏。

①宋煦伯致日本大[使]馆.张宪文，张生，[舒]建中，等.南京大[屠杀]史料集：耶鲁文献（上）[M].江苏人民出版[社]，2010.
②东京致日本驻华[盛]顿大使馆电报，193[8]年 12 月 16 日.杨[夏]鸣，张宪文，张志[良]，南京大屠杀史料集：[中]国外交文件[M].江[苏]人民出版社，2010.
③米歇尔致妻子，1938 年 1 月 10 日.[张]宪文，张生，舒建中[，]等.南京大屠杀史料[集：耶鲁文献（上）]]M].江苏人民出版[社]，2010.
④汉口德国大使[馆]1938 年 1 月 6 日[报]告（编号：11）附件[.]陈谦平，张连红，戴[袁]支.南京大屠杀史料[集]，30，德国使领馆[文]书[M].江苏人民出版[社]，2007.
⑤对 1937 年 12 [月]16 日–27 日金陵[大]学和日本大使馆之[间]往来信件之副本的说明.张宪文，张生，[舒]建中，等.南京大[屠杀]史料集：耶鲁文献（上）[M].江苏人民出版[社]，2010.
⑥附录 1.外国人[目]睹中之日军暴行（[节]选）.张宪文.南京[大]屠杀史料集 4：美国[传]教士的日记与书[信][M].江苏人民出版社，2005.

第四节　小结

南京沦陷之后，侵华日军在南京城内肆无忌惮地抢劫财物、焚烧建筑、屠杀战俘与平民、强奸妇女，制造了震惊世界的南京大屠杀惨案。南京城市各处建筑的旧址及遗址遗迹上至今任留存有当年日军暴行的罪证。在史料记载的日军对中国军民进行大规模屠杀的地点，如今亦发掘出了大量当年遇害同胞的遗骸。南京的这些抗战遗址遗迹，正是驳斥现今日本执政右翼势力否认南京大屠杀事件的有力物质证据，是组成中国抗战历史的重要一环。

第四章
1937 年至 1945 年期间
南京城市与建筑

　　一座城市的空间格局与其所处的社会、文化、政治等环境因素密不可分，因此要理解中国抗日战争时期南京城市空间格局的变化就必须结合当时的政治环境与社会文化氛围等历史条件。

　　1931 年"九一八事变"后，日本当局侵占我国东北地区并扶植起日伪政府，开始了其在中国沦陷区的殖民统治。1937 年 8 月侵华日军占领北平、天津和华北部分地区后，认为其不应该对占领地区实行直接的统治，而应该"严格去掉占领敌国的观念，政治机关要由居民自主产生"，这便是日当局 "以华制华"的殖民政策的雏形。

　　相较于中国北方地区，日当局对中国华东地区的军事方针最初是基于其"三个月内灭亡中国"的妄想，企图拿下华东部分区域以及"首都"南京城，再以这些地区和城市为筹码要挟中国政府，迫使中国政府和人民妥协，签订不平等条约，满足日本的种种要求，然后日军"凯旋"，"退还"部分占领地区。这样一来中国便沦为"战败国"，可任由日本予取予求。

　　由此可见，日当局在制订对华侵略计划时，对中国东北地区和华东地区的控制方针、方法是有本质区别的。

　　但中国军民不屈不挠的顽强抗争打破了日当局的美梦，日本不得不陷入自己制造的长期持久战争的泥沼中。面对已经被其占领的华东部分地区，日当局只能转变控制策略，由短时间的军事统治改变为长期的殖民统治。为更有效、便捷地对沦陷区的中国人民进行统治，日军按照其"以华制华"政策，一次次地勾结一些南京本地汉奸头面人物，寻找、拼凑由中国人组成的傀儡政府，各种政治组织及汉奸组织打着"打倒国民党专制""建设新中国""建设新中日关系与东亚新秩序"的口号，建立起傀儡政权。

　　本书所指"伪政权"，即为这种在日本侵华期间，由日本政府一手组织、扶植起来的各种所谓"政府"。这种"政府"虽然在表面上也拥有一般政府所有的各种部门职能、警察、甚至是军队，并统治一部分人民，占有一部分的土地，但是这种"政府"从产生到存在都是日本侵略与军事占领的附属物。它不具有独立的意志和完整的权利，其组成人员均由日当局挑选而来，所有政令皆为日当局的利益及其对华政策而服务。一旦日当局改变政策或垮台，这种附属的傀儡政府也即刻随之消失。

南京位于华东地区，是全国政治、文化、经济的中心区域，人口稠密、物产丰饶、经济文化发达，是战前国民政府的首都。为了长期、稳固地在南京进行殖民统治，日当局在占领南京的八年间，先后扶植了三届伪政权，它们分别是：伪南京市自治委员会、伪中华民国维新政府以及伪中华民国国民政府。

第一节　第一届伪政权（伪南京市自治委员会）时期

1937 年 12 月 13 日南京沦陷后的一段时间内基本处于无政府状态，各种公共职能全部失效，作为一个政治经济实体的南京这时实际上已经不复存在。这个时期的南京与其说是一座城市，不如说它实际上仅是一座日本兵营而已。南京及四郊的县级以上政权瘫痪，县级以下政权大多自行解散，以至于基层社会在一段时间内秩序混乱不堪，流氓、土匪横行。

面对这样的社会状况，为尽快有效控制基层社会，日军进攻南京最高指挥官、侵华日军华中方面军司令官松井石根主张尽快在南京建立起新的、旨在为日当局利益服务的傀儡政权，以实施"以华制华"的殖民政策。

然而南京沦陷后，立即成立一个像样的伪政权绝非易事。为了达到稳固沦陷区的统治，并控制住在这一区域中的民众的目的，伪政权往往需要能够恢复基本的社会秩序与治安、拥有活动经费与工作机构，并且其组成人员应为一些在中国社会上有一定知名度、有社会威望与社会管理经验的人员。此外，伪政权还需具备得到中国社会各界与国际社会认可的实力。这些条件在 1937 年 12 月 13 日之后的南京是无法具备的，入城的日军疯狂屠杀与洗劫，致使整个社会陷入极度恐慌与混乱之中。城里绝大部分的居民都躲进了安全区，在西方人士的保护下生活。而那些具有一定影响力的可以胜任伪政府机关职务的社会名流，要么在保卫战之前便已经离开南京，要么在日军制造的极端恐怖气氛下不敢贸然出面与日军建立联系。

1937 年 12 月 17 日至 21 日期间，松井石根在南京举行了所谓"入城式"与"忠灵祭"，此外还有项重要的工作，就是在南京寻找组成伪政府的合适人选，尽快使南京局势稳定下来，控制住南京民众。然而在南京"巡视"期间，松井石根并没能寻访到任何仍滞留在南京的中国籍重要人物和知名人士，倒是找到些具有一定资产的乡绅富贾。以这些人为基础，日当局决定在南京先组成一个临时过渡性的伪自治机构来恢复社会秩序。这期间在南京筹组伪政权的主要力量的是日军特务班中的宣抚班与日本驻华大使馆的成员。

经由日方指挥与监督，1937 年 12 月 23 日上午南京过渡时期临时性伪政府机构"南京自治委员会"成立，其临时办事处设在鼓楼新村 1 号，悬挂北洋政府时期的五色旗，会长为 62 岁的红卍字会南京分会会长、南京汤山陶庐浴池经理陶锡三。伪政权配有五名中国籍顾问，七名以上的日本籍顾问。在市一级的伪政权中，建立起二室六课的行政职能部门机构，它们为：总务课、财物课、救济课、工商课、交通课、警务课，秘书室和顾问室。

伪南京市自治委员会发表《宣言》如下：

一、决心确立南京地方亲日政策；

二、与各地成立的新政权共同努力，以维护真正的东洋和平为目的；

三、肃清排日抗日分子，以期防共亲日新中央政权的成立。

这个"过渡时期的临时性市行政机构"成立伊始，其听命于日本当局、勾结各方汉奸个人与团体、全心全意为日方利益服务的意图便昭然若揭。

为壮大声势，伪南京市自治委员会于 1938 年元旦在鼓楼广场举行了成立庆祝大会。

1. 市政规划

初选办公地址于鼓楼新村 1 号的伪南京市自治委员会成立不久后，便以地方狭小、使用不便为由，迁址到原南京国民政府首都警察厅保泰街旧址，并设立了伪警察厅。之后伪市自治委员会又于 1938 年 4 月 1 日迁址至国民政府法官训练所，即今中山北路 105 号南京军人俱乐部内。

为使伪南京自治委员会充分发挥其希望的作用，日当局为这个过渡时期的临时伪政权提供了多方面的扶持，不仅拨予一部分日方掠夺来的资源，还逼迫南京安全区国际委员会将其所持有的救济物资转交伪政府。日方一些头面人物还为伪政权发起了以个人或部队名义的所谓捐助。

1938 年 1 月 11 日至 13 日期间以及 2 月 6 日，松井石根在其第二次与第三次来到南京进行"巡视"期间，发现南京难民仍群聚在安全区内而未按其期望的那样返回原住地，而伪政权的"自治"工作进展非常缓慢，随即指示南京日本驻军加强"亲善"，即"征用"中国物资的时候要"征得伪政府的同意"，同时加强对伪政府的扶植。其最终目的就是为了使南京城内的日本殖民统治社会秩序能尽快地建立起来，为驻南京日军提供各种后勤保障服务。

在日当局与其特务机关的监督和"指导"下，伪南京自治委员会初步建立起了一套伪政权组织体系，即：市－区－保－甲－牌，并迅速筹划成立其下辖的各区级的伪政权。

1938 年 1 月 4 日，伪南京自治委员会召开第一次委员会议。会议讨论决定了南京全市

）伪南京市自治委员
.关于南京回家问
区域划分及致特务
关函，伪南京市自
委员会档案，藏于
京市档案馆，档案
：1002-19-42。

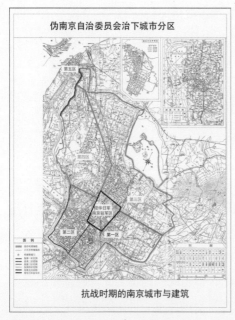

图 4-1　伪南京自治委员会治下城市分区
图片来源：笔者自绘。

行政区的划定[①]：

以驻军（日军）区为中心点，暂以驻军区以外四面为四区（图 3-1）：

第一区：以中华路分界，南至中华门，北至白下路，又沿小铁路往北至中山门，再沿南顺城墙，经光华、通济、武定各门，至中华门止，为第一区；

第二区：以中华路西分界，南至中华门，北从中正路、新街口广场向西，沿汉中路至汉西门，又沿城墙，经水西门至中华门路西，为第二区；

第三区：以国府路之北分界，西沿中山北路至挹江门为止，北从挹江门，沿城墙根，经和平门、玄武门、太平门至中山门路北，为第三区；

第四区：以新街口中山路以西、汉中路以北分界，沿城墙至汉西门、挹江门至和平门以西，为第四区。

此后不久城北下关地区又被伪市自治委员会划为第五区。

各区由伪市自治委员会任命伪区长，设立区伪公所。第二区伪公所首先于 1938 年 1 月 10 日在升州路老坊巷成立，第一区伪公所接着于下江考棚成立，第三区伪公所在珠江路大纱帽巷成立，第五区伪公所在下关中山桥无锡路成立，第四区伪公所在傅佐园芜湖路成立。南京市内五个区伪公所于 1938 年 1 月底之前全部成立完毕。

伪南京自治委员会还将南京市及江宁县所属各乡镇划归管辖范围内，但其中并不包括江北的浦口镇。1938 年 2 月伪市自治委员会又在南京辖区范围内共设立十个乡区，它们分别是：孝陵卫、上新河、燕子矶、东山镇、江宁镇、陶吴镇、禄口镇、湖熟镇、汤山镇、栖霞镇。但随后，江宁县所属各乡镇又被划出伪南京自治委员会的管辖范围[②]，其所辖的乡区仅剩南京城外西郊的上新河区、东北郊的燕子矶区、东郊的孝陵卫区这三个。不久后又增设了南郊的安德门区。

伪公所之下实行的是保甲制度。各区公所下辖若干保，每保设伪保长一名，每保统辖

）南京地方编纂委员
. 南京建置志 [M].
圳：海天出版社，
994:249；转引自：
京档案馆馆藏档
卷 2-19-25、卷
-1-11、卷 2-19-4。

十甲，每甲设有伪甲长一名，每甲之下又有十牌，每牌设有伪牌长一人，每牌统管 10 户人家。为方便日军识别，所有自治委员会及各伪区公所的官员与工作人员都佩戴臂章。至此，日当局通过伪南京市自治委员会，从城区到郊区、从市到户，初步建立起了一套行政组织体系和社会控制系统。

2. 城市生活秩序与公用机构的恢复

国民政府撤出南京前，市长马俊超将以往市政府的所有职责全部委托转交给了安全区国际委员会，而国际委员会也尽可能地承担起了市政府的职责，成了南京政府撤离至日当局扶植起伪政权之间这段空白期中，南京城内唯一在工作、运行的行政当局。

南京沦陷后日当局急于扶持起伪政权的最重要的目的之一，便是企图建立起完全由其控制与操纵的殖民统治与社会秩序。为达到这一目的，日当局就绝不会允许在南京出现不受其控制的、具有一定影响力的个人及组织。于是在日当局授意、日军的配合下，由伪南京市自治委员会出面，开始对南京全城中国居民进行"良民登记"，发放"安居证"，并强迫由西方人组成的南京安全区国际委员会解散、撤销安全区和其他各难民区，不允许南京市民再在西方人士的庇护下生活在安全区内。

1938 年 2 月 16 日开始，伪南京市自治委员会及各伪区公所所有工作人员在日特务机关的指使与支持下进入安全区，强行解散马路摊贩市场，并带领伪警察和打手冲进安全区内各难民所，烧毁难民居住的棚屋、殴打难民，切断生计供应，强迫难民离开难民所返家。

1938 年 2 月 18 日，南京安全区国际委员会在日伪当局的威胁和破坏下被迫结束工作，安全区随之撤销。至 5 月底南京所有的难民收容所全部被迫解散、关闭。

对从外地逃难前来南京的难民，伪市自治委员会与日军配合制订了《遣送外来难民回籍办法》，对这部分难民进行登记，发予"回籍通行证"。至 1938 年 3 月底，伪南京市自治委员会先后遣送了三批外地难民回籍。

为更加便利、全面地控制南京的居民，伪南京市自治会在其保甲制度的基础上，又建立与推行起户籍法与连坐法。即：各伪区公所建立户籍组（保甲组），对其管辖范围内的居民进行户数、人口数及其变化登记，制成五日工作报表，定时向伪南京市自治委员会和日军特务机关报告。每户居民须出一名年纪在 20 ～ 35 岁之间的壮丁协助伪政府警察"维持地方治安"，这些青壮年被编组成"保安队"或"保甲团"。所有南京城内难民，每五户形成一个"联保"单位，如查出一人有问题，那么其所在"联保"单位中五户老小全要遭殃。而想要搭乘火车出入南京的居民，必须要领到由伪南京市自治委员会发放的通行证，才能购票坐车。

　　表面上看伪南京市自治委员会建立起了一套系统较为完善的对市民进行管理的系统，而实质上这套系统是只为统治阶层、日伪当局服务的系统，是一套通过剥夺市民自由、制造民间恐慌来控制市民的法西斯性质的社会控制制度。

　　（1）城市公用机构恢复

　　为维持一个社会的正常运转，城市中各个公共机构都起到了必不可少的作用。伪南京市自治委员会成立后，因战争而停摆的水、电、邮、交通等公用服务机构的恢复便即刻被提上日程。

　　下关电厂于1938年1月2日临时恢复供电（图4-2），次日南京自来水厂恢复供水。至1月7日水电基本恢复供给，但供给量与往日相去甚远。

　　交通方面，沪宁铁路客运于1938年1月底得到了部分恢复。3月，伪自治委员会遵从侵华日军的要求，制定《整理及清洁全市道路计划书》，南京城内道路得以陆续被修复。之后，日本中兴公司即在南京运营起部分路线的公共汽车，先行开通的路线有新街口至中央门、新街口至下关、新街口至中华门三条路线，至1938年底，复又开通新街口经建康路回至新

图4-2　伪自治委员会协助侵华日军修复下关电厂
图片来源：张宪文，《日本侵华图志》，山东画报出版社，2015。

图4-3　由侵华日军运营的公共汽车
图片来源：秦风、杨国庆、薛冰，《金陵的记忆——铁蹄下的南京》，广西师范大学出版社，2009。

街口的环形公共汽车路线。但从历史照片上不难看出，对于管理人是侵华日军士兵的日本中兴公司公共汽车，南京民众是既不愿乘坐、也无钱乘坐的，其乘客基本全为侵华日本士兵及日侨（图4-3）。

邮电方面，3月13日伪南京市自治委员会成立了"舟船邮电检查所"。战时撤至上海的江苏邮政管理局全体员工在英籍局长李齐的率领下于25日回到南京，恢复通邮。但其原位于下关大马路62号房屋的办公地址，被日军野战军邮便所霸占，只能暂借南祖师庵7号房屋办公。4月5日，南京电话局与电报局也基本恢复工作。

在各公共服务部门职能逐渐恢复的同时，南京城内仍遍布数以万计的被日军杀害的遇难者尸体，街道上、水塘里、沟渠中，处处可见。堆积的尸体是日军暴行的实证，更时时刻刻提醒着幸存的市民们，正在统治着他们的是怎样的恶魔。所以，一方面基于气候逐渐转暖，腐坏尸体可能引起瘟疫爆发；另一方面为了顺利进行殖民统治、稳定人心，并销毁罪证，日当局指示伪南京市自治委员会资助民间慈善组织，如红卍会、崇善堂等，开始收敛南京城内外各处的尸体，掩埋至固定地点，同时在伪市自治委员会的救济组下成立了尸体掩埋队，有成员16人，专门负责尸体与露棺的掩埋、火葬及墓地修理、施棺等事项。

此外，伪南京市自治委员会还组织人员清理道路、打扫卫生，并于1938年3月3日制订了《整理及清扫全市道路计划书》。

（2）公私产权变更

伪市自治委员会成立后，其主要任务除了完成日军特高课命令的一切事情外，便是筹集资金以用来支付高额的公务费用。虽然伪市自治委员会并没有多少资产，但委员们的薪水相当高。[①]

为支付包括各级官员的薪资在内的伪市自治委员会的开销，伪市自治委员会每天派出众多官员调查南京哪些地方还留下了贵重的东西，哪些地方还有储存的货物，一旦发现有价值的东西便一律没收。例如剑阁路19号德国人住宅内的家具，一半是被日军抢走的，而另一半则是被伪市自治委员会下辖伪第四区区公所拖走的[②]。

伪南京市自治委员会还制订了《家屋及土地登记章则》，宣布查封没收所有原国民政府及其各级机关遗留的空置房屋以及土地、财产，并代管所有无主的私人房屋财产，由伪南京市自治委员会代为出售或者出租。主人不在南京的房产，即便主人离开前已经托人照看，房屋财产仍被伪政府没收。伪市自治委员会宣称要代为出租，原产和出租收入待房产主人

①南京办事处193□年3月7日报告（□号：23）附件，关于南京自治委员会的重要概况[M]//陈谦平、张连红、戴袁支．南京大屠杀史料集30：德国使领馆文书．郑寿康，译．南京：江苏人民出版社，2007.
②许尔特尔致汉口德国大使馆报告，19□□年7月5日[M]//陈谦平、张连红、戴袁支．南京大屠杀史料集30：德国使领馆文书．郑寿康，译．南京：江苏人民出版社，2007.

①南京办事处 1938
年 3 月 7 日报告（编
号：23）附件，关于
南京自治委员会的简
要概况 [M]// 陈谦平，
陈连红，戴袁支. 南
京大屠杀史料集 30:
德国使领馆文书. 郑
寿康，译. 南京：江
苏人民出版社，2007.

②慎武君. 沦陷后的
南京 [M]// 马振犊，
张宇梅，等. 南京大
屠杀史料集 64: 民国
出版物中记载的日军
暴行 [M]. 南京：江
苏人民出版社，2010.

③经盛鸿. 南京沦陷
八年史 [M]. 北京：社
会科学文献出版社，
2005:555；转引自：
《南京交通银行黄钰
京京调查报告书》，
1938 年 10 月 19 日，
中国第二历史档案馆，
馆案号：三九八
（2）-1439. 姜良芹，
孙必强. 南京大屠杀
史料集 15: 前期人口
伤亡和财产损失调查
[M]. 南京：江苏人民
出版社，2006: 301-
302.

返回一并交还。而事实上，所有收入均被纳入伪市自治委员会的经费之中。

伪市自治委员会的坏名声很快便到处传扬，连其下级官员都调侃地承认他们这是在官方抢劫[1]。

（3）商业恢复

1937 年 8 月 14 日至 12 月 13 日的四个月间，侵华日军对南京城进行了无差别大规模轰炸，其主要袭击目标除了南京的军事设施及军队驻地外，主要集中在南京最为繁华的几个商业区。12 月 13 日南京沦陷后，日军在全城奸、杀、抢、掠、烧，其中遭到抢劫和焚毁最为严重的仍是南京战前最为繁华的几个商业区域。

战前新街口地区、中山路商业区、城南中华路－太平路－夫子庙商业区和下关商埠区，是城中最为繁华的几个区域，商店、商场、饭店等大大小小的公司和商业建筑鳞次栉比。然而在日军进入南京之后，这些商业区全部遭到了洗劫，建筑物大部分被日军抢劫后焚毁，昔日繁华的商业区化为一片焦土。

一名在日军逼近南京时留在城内照看中国伤病员的李姓中国人，在南京寄居四五个月后于 1938 年中逃离南京。他对记者讲述了其在南京四五个月间的见闻，其中对南京城南和南京几个原主要商业中心遭到日军抢劫、破坏、霸占的情形，是这么说的："敌人除强奸外，劫财也是他的目的：无论金银、首饰、法币、角洋，以及一切铜铁器具，他们见到都运了去；书籍文具，他们也要；像外交部的图书，他们就用汽车整运了三天，外交部大门外的两株大树，都被他们移植到旁的地方去了。……京内情形除了一般汉奸在那里活动外，一切商场都显出了极度萧条的惨象。中华门至内桥，全部已成焦土，太平路除中华书局、安乐酒店数家外，亦已付之一炬。大石坝街淮清桥焚去一半，洪武路娃娃桥，片瓦无存，逸仙树（桥）至江苏银行大部焚毁，国府路、珠江路、成贤街到处是破瓦颓垣，完整房屋不到十家。此外军政部、铁道部、中央党部、中央大学、大华戏院，均改日军营，交通部司法院建筑，则均被毁坏。"[2]

1938 年 10 月，南京交通银行会计部主任黄钰回到南京进行秘密调查时所见南京商业区街道被日军严重破坏，尤其以中华门大街到太平路段最为严重。中华门至内桥的中华路段，百分之九十九的房屋都毁于日军纵火，连绵数里，竟无一处完整的房屋；太平路上，从大行宫开始到白下路口，百分之九十五以上的建筑，除杨公井中华书局外，几乎全部毁于纵火[3]。

　　而秦淮河畔，拥有近两千年历史的夫子庙建筑及其附近繁华的商业区也被日军全部焚毁，河边被毁坏的建筑比比皆是。下关江边，原本繁华热闹的商埠区，除了中行、邮局和英商祥泰木行、英商和记洋行和美商美孚行及火车站还完整外，百分之八十的建筑全被日军焚毁。

　　南京的商业受到了惨重的打击，战前作为消费型城市，南京的食料业、粮食面粉业、绸布业、棉纱业、油糖业、杂货业都非常发达，进口洋货等奢侈品也很有市场。曾经的商贸中心由于战争损毁和日军的劫掠、摧毁，大多都已经衰败，商店寥寥无几。战前全国闻名的南京大型百货商场——中央商场被日军抢劫后，楼层上部全被焚毁，而一楼则被日军霸占作为马厩，直至 1940 年 10 月。六朝居、奇芳阁、得月楼、马祥兴等一批老字号店铺被日军焚毁。在中山路一带日军更是强占一些未被烧毁的房屋，将之分配给日本商人用以开设商铺。而南京市民为了维持生计，只能走上街头摆设临时小摊，做些小本生意。太平街、国府路、莫愁路、山西路等区域渐渐形成由这些中国小商贩所组成的临时旧货和小吃市场。规模较大、资本较雄厚的中国人的商业活动在沦陷初期的南京完全绝迹了。

　　这一时期伪南京市自治委员会将恢复、发展商业的重点放在全面掌握生存资源，进而控制南京市民的生活之上。在日军及日当局的配合下，伪南京市自治委员会成立之后立刻出面接管和控制市民生活必需品的来源和销售。他们强迫南京安全区国际委员会关闭救济米店，致使 1938 年 1 月 10 日后由国际委员会开办的救济难民的米店全部停业。此后全市米麦专由伪政府统一控制销售，安全区国际委员会至此不但无法自主接济难民，并且其拥有的救济物资也被伪市自治委员会强征而去，除粮食外，还包括食盐、燃料、衣物等。

　　南京安全区被强制解散前，共容纳有 5 万名难民。解决所有难民的吃饭问题，每天需要大米约 1 600 袋、烧饭用的煤至少 40 吨。强迫安全区国际委员会停止救济后，日军于 1938 年 1 月 10 日放出供出售的大米 1 200 袋，1 月 17 日又放出大米 1 000 袋、面粉 1 000 袋，相较于难民每日的消耗量，这些可供出售的粮食明显是远远不够的。再对比南京政府撤离南京前拨给国际委员会的物资：军事部门出资 10 万元，委员会实际收到 8 万元，南京市政府提供 3 万担大米及 2 万担面粉。可见日当局拨粮给伪市自治委员会的行为，只是为了解散安全区而做出的表面工作而已，对南京城内的难民生活上的救济起不到任何实质上的有益作用，而实际接管这些事务的伪南京市自治委员会，他们既没有权威，也没有行动自由，更没有钱[①]。

①汉口德国大使
1938 年 2 月 7 日
告附件，沙尔芬贝格
1938 年 1 月 20 日
南京现状 [M]//. 陈
平，张连红、戴袁
南京大屠杀史料集
德国使领馆文书.郑
康，译.南京：江
人民出版社，2007.

　　同时，为实现南京日需物资供需的全面统一控制，伪市自治委员会成立了"日需品销售统制处"，但仅靠从安全区强征来的物资还远远不够，他们继而从日军手上购回一部分被日军抢去的米麦，并于 1938 年 1 月下旬向南京邻近地区派出工商课职员 16 人，分四组调查采办牲畜、禽类、渔获、蔬菜、米面、燃料等物资。伪市自治委员会所收集的物资再由其"日需品销售统制处"运送至各伪区公所，设立专卖商店销售，从中牟利。"日需品销售统制处"很快被更名为"日需品运销统制处"，同年 2 月 15 日伪市自治委员会又开设"中央批发市场"，主营粮食及杂货。

　　然而因"统制处"没有能力足够的长期供货商，其销售的物资种类与数量都很少，再加上刚经战乱，大多数难民的财产又已经被日军洗劫一空，既没财产也没有收入，只能靠战前储存的、未被日本士兵抢走的粮食度日。即便是还有些钱财的人，他们也在心理上不愿意光顾日伪政府开办的商店。所以伪市自治委员会"统制处"的经营事实上难以为继。

　　另外，为集中菜贩、恢复经营，1938 年 2 月伪南京市自治委员会订立《南京市菜场管理规则》，利用中华路、彩霞街、同仁街、山西路等处原有的菜场作为第一、二、三、四区的菜场开始进行营业，并在每处菜场设管理员两名。3 月伪政府又成立了"公盐栈"，开始对全市的食盐销售进行统一管理。

　　在企图将南京市的生活必需品销售一手掌握的同时，日伪政权也企图推动其他工商业尽快恢复。1938 年 1 月 26 日至 31 日间伪市自治委员会召集南京工商各业代表开会，劝导商店、工厂复业，并在之后的会议上决定对复业的商民减免一切捐税，对有经营意愿但无资本的商民提供小本借贷。为达到迅速恢复市场同时有效控制所有工商业者的目的，伪南京市自治委员会于 3 月 7 日成立了"南京市总商会"，这也是日军占领南京后最早策动成立的伪行业组织。在成立大会上，会长提出了伪南京市总商会的四项重要任务：

　　① 以前由商人抵押给银行的所有货物在军方特高课的批准下予以没收和拍卖，拍卖取得的收入除留下一定比例由商会代货物的主人保管外，其余钱款都借给贫穷的商人，以促进商业市场尽快地繁荣起来。

　　② 经军方特高课批准，设立商品平衡运输处，将这里仓库贮存过多的货物如皮革、骨头等运到上海去，并在那里运回（南京）需要的货物。

　　③ 在商会内设立一个国际货物推荐处。从日本或从其他友好国家运进南京的货物应该首先向商会报告，然后由商会分配给相关的公司，商会负责收取这些货款。

④ 在商会登记注册的公司即被承认为商会的会员，商会的注册证书和（日本）宪兵签发的证明起保护作用，以此避免军方和商人的误会。

在这个伪行业组织制订的章程中，明确规定了会长和副会长应该根据章程的规定和军方的指示行使其职权，以及商会的经常性开支和特殊开支都必须先经由日军特高课批准。① 由此可见，这个由日军策动成立的伪南京市总商会，是完全听命于日军特高课，并以为日军及日当局服务为宗旨的。

日当局在敦促南京各工商业复业的同时，却对大部分正在经营的商铺销售对象进行限制。德国大使馆行政主管沙尔芬贝格在 1938 年 2 月 17 日的南京现状中就记述了作为外籍人士，他们仍需要通过日本宪兵帮忙才能买得到东西，因为有些商人说："我们只准许卖给日本兵！"② 在日当局这种近乎"分裂"的态度中，南京工商业的恢复并没取得实质性的进展。

（4）工业停滞

南京沦陷之前，有些工厂企业虽然在日军空袭中遭到了破坏，但总的来说空袭造成的损失并不影响其生产。在战前的西迁中，部分重要工厂企业和少数民营工厂进行了搬迁。而在南京保卫战打响前未及搬迁或无力搬迁的南京中小企业，则在战时及城市沦陷后遭受了严重的损失。南京沦陷之后约第八天起，日军对各类工厂，不论国营还是私营的，也不论是位于南京城内还是城郊的，开始进行有计划地洗劫、纵火焚烧和彻底摧毁③。据统计，日机轰炸与日军的破坏使得南京重要的大中型企业损失 91 家，占原有工厂数的 80% 以上④。

南京大同面粉厂，成立于 1921 年，厂址位于三汊河，是南京第一家机械化加工面粉的企业。战时遭到日机多次轰炸，整厂被焚毁，只剩下一座面粉楼。旧扬子面粉厂，位于大同面粉厂南端、三汊河新河村 193 号，亦被日军焚毁多间房屋，南京沦陷后，因日军占领其厂房被迫停产。南京机器造纸业的两大工厂：新中华造纸厂与中国造纸厂，被日军破坏后被迫关门。南京规模最大的机器制砖厂：位于江宁镇的金城机制砖瓦厂，被日军炸毁、焚光。城南通济门外多家毗邻而立的轧米厂被日军焚烧成一片废墟。

南京传统支柱产业：丝织业和绸缎业，更是遭到了毁灭性的破坏。由于日本与中国一样，其制丝业在国家经济中都占有重要地位，而随着人造丝和其他代用纤维的出现，国际上对生丝的需求日益减少，这也就导致中国与日本的制丝业成为竞争对手。日本当局在侵华初期便制订了相关计划，即以日本为中心、中国为辅助，抑制中国制丝业发展，避免成为日

①罗森致汉口德国□使馆的公函，193□年 3 月 8 日 [M]//. □谦平，张连红，戴□支. 南京大屠杀史□集，30: 德国使领□文书. 郑寿康，译. □京：江苏人民出版社□2007.
②沙尔芬贝格：193□年 2 月 17 日南京现状[M]//. 陈谦平，张□红，戴袁支. 南京大□杀史料集 30: 德国□领馆文书. 南京：江苏□人民出版社，2007.
③冯·温特费尔德致□林德国外交部报告□1938 年 7 月 15 日□陈谦平，张连红，戴□支. 南京大屠杀史□集 30: 德国使领馆□书 [M]. 南京：江苏□民出版社，2007.
④经盛鸿. 南京沦□八年史 [M]. 社会科□文献出版社，2005□298; 转引自李善□，《我国战时工业政□之检讨》，《建设研究□（重庆版）第 3 卷第□4 期，1944。

①经盛鸿.南京沦陷八年史[M].北京:社会科学文献出版社,2005:518.

②南京市地方志编纂委员会.南京教育志[M].北京:方志出版社,1998:372;转引自秦利明,《战后南京中小学教育复员研究》,南京师范大学,2011.

本日后的竞争对手。依照日当局的计划，侵华日军在中国进行了对制丝业原料的掠夺和对中国制丝业的疯狂破坏。在战前南京拥有丝织机一万多台，经日军轰炸、破坏，只剩下了不到2%、约200台可用丝织机[①]。另外，由于战乱、日军屠杀等原因，南京制丝业机工大量流失，加之日军严密封锁造成的运输不畅、原料供应不足、市场萎缩，南京的丝织业和绸缎业急速衰败下去。

战前在南京亦极为发达的木工业也遭受到沉重打击。南京上新河一带曾为顺江而下的木材集中地，各种木商、木工等云集，靠木业为生的人数以万计。战时大量木商、木工失业，上新河一带更是成了日军屠杀南京军民的场所，据1946年中国审判日本战犯军事法庭调查认定，仅1937年12月间，日军在上新河地区屠杀了中国军民28 730人。

一些国营企业，如下关水厂、首都电厂等关系民生的工厂均被日军占领、经营，直接为驻南京日军提供服务。

外商在南京开办的工厂、公司，如亚细亚火油公司、祥泰木行有限公司等，也在物资遭到日军洗劫后，迟迟不能复业。

侵华日军占领南京后，所有工厂、企业无一例外地遭到了日军的破坏、洗劫。一些工厂、企业被破坏、劫掠后再也无力复业；有些工厂、企业被日军驻军占据被迫关门，且在此后的日伪八年间再没开业；有些工厂、企业被日军霸占经营或是被日军"转让"给日本商人进行经营。南京的工业生产在伪南京自治委员会治理期间，全面停滞。

（5）文教恢复

南京沦陷后全市陷入日军密集大屠杀的炼狱长达数周，所有教育机构，除一些中立国教会开办的临时补习班外，全部停摆。大量的中、小学校舍或是被毁，或是被日军强占。据统计，中、小学校舍被毁者40余所，为日伪军警占据者15所，破坏之巨，史所罕见。[②]

南京沦陷之初，由国际委员会组织起来的安全区不仅为难民提供庇护，委员会中的学校留守人员如金陵女子文理学院的魏特琳教授，还利用安全区内原有的教育机构开办了大量的临时补习班。可以说，在这段特殊的时期中，南京安全区国际委员会在一定程度上履行了政府的教育职能。而日当局为消除南京市民对西方中立国人士的依赖，强制解散安全区和其国际委员会后，政府的教育职能便被当作一项附加的职责丢给了伪南京自治委员会代为管理。但从伪南京自治委员会的组织机构中并没有设立专门管理教育的部门便可以看出，对南京适龄儿童及青少年的教育问题在这一时期并不受日伪当局的重视。

　　1938 年 2 月，农历春节过后，例行春季学期开学之时，伪南京市自治委员会才开始着手恢复中、小学教学。3 月，山西路小学和五台山小学被恢复；4 月，马道街小学、莲花桥小学、仓巷小学和汉口路小学被恢复。所有学校均在原址复课，共招收学生一百多名。而关于学校的章程制度却并没有详加制订，校舍也因历经战火十分简陋。由于伪南京市自治委员会工作重心全在别处且存在时间很短，南京的教育机构在这个时期并没有得到充分恢复。

　　此外，伪南京自治委员会在成立之初，曾派专员接管南京的各文化图书机构，企图收集、整理战乱中无人管理或流散的书籍、文物。然而这些书籍、文物正是日当局窥视并加以掠夺的重点之一，所以伪市自治委员会的工作从一开始便遭到了日特务机关的阻挠和破坏。日军自进入南京城伊始便接管了几乎全部的重要文化、图书机关，实质上是日方傀儡的伪市自治委员会派往这些地点的接管员起不到任何作用，只能任由日特务机关将大量珍贵图书文物集中到位于珠江路 942 号（现 700 号）的原民国中央地质调查所内，由日方进行"保存"与"整理"。

　　（6）南京大屠杀遇难者遗体掩埋

　　日军进入南京城后，除了大规模地集体屠杀战俘、平民外，城市各处都发生了无数针对无辜市民的小规模残杀，造成城市内外尸横遍野。日军为对南京市民进行恐怖震慑，禁止任何团体、个人对死难军民的尸体进行收殓。然而随着季节变换，气温升高，尸体腐化，时疫风险升高，再加上要营造"中日亲善""一派祥和"的社会氛围，随处可见的遇难者尸体便必须要进行处理。

　　伪南京自治委员会在日当局的指示下，组织起各种形式的掩埋队，并资助红卍字会、崇善堂等慈善机构，开始收殓、掩埋南京城内外各处数量庞大的遇难者尸体。

　　其中，世界红卍字会自 1937 年 12 月至 1938 年 3 月，仅两个多月时间内就在和平门外下关区、上新河至水西门外一带，共计掩埋男、女及幼童尸体 31 368 具，同时中华门及通济门、光华门外一带的尸骸还暂未收埋，估计其数量应在万具以上[①]。崇善堂从 1937 年 12 月至 1938 年 2 月间，共掩埋尸体 112 267 具；南京红卍字会在 1937 年 12 月至 1938 年 3 月间，共掩埋尸体 6 203 具。[②]

　　1938 年 4 月 16 日出版的日本《大阪朝日新闻》"华北版"所刊登的《南京通讯 第五章卫生之卷》，对南京沦陷后至次年的三个月间的尸体掩埋情况是这样描述的："南京首先必须整理的是遗弃的敌人尸体。不知有几万具尸体在壕沟里和小河中。尸体堆积如山……

①孙宅巍.南京大屠杀
史料集 5：遇难者的尸
体掩埋[M]. 南京：江
苏人民出版社，2006.
红卍字会机构及其救
组人员的文件资料：
转引自：中国第二历
史档案馆，二五一
/400.
②孙宅巍.南京大屠杀
史料集 5：遇难者的尸
体掩埋[M]. 南京：江
苏人民出版社，2006.

到最近为止，已在城内处理了一千七百九十三具，在城外处理了三万零三百十一具。……但在城外，山后还留着很多尸体。"

3. 第一届傀儡政权被日方利用与抛弃

早在伪南京市自治委员会成立之前，日军便屡次要求南京安全区国际委员会在安全区的难民中挑选、提供各类劳动力为其服务。而国际委员会成员们因目睹了日军的各种暴行，看到被日军强征的苦力往往不能保命，所以并不配合日方。在日军强迫解散安全区、扶植起了伪市自治委员会后，便得到了一个"听话、好用"的传声筒，日本当局在南京的"以华制华"政策正式开始实施。

为满足日军对苦力的需求，伪南京市自治委员会在 1938 年 2 月 9 日正式成立了"夫役管理所"。在这前后，各伪区公所也成立了各自的"夫役管理所"，为日军招募和提供苦力，提供各种劳务服务。然而日军只要求劳工提供劳动服务，却并不支付相应酬劳。穷困的夫役们集体向夫役管理所索要工钱时，伪市自治委员会和各伪区公所却也只能是无计可施[①]。

为满足日方对物资的无度索取，伪市自治委员会成立了"废铁收聚所"，并通告命令南京市民严禁私藏钢铁类物资。实质上这个"废铁收聚所"就是替日方收集南京城内一切钢铁器材与废料，作为战略物资运往日本的机构。

为满足日军的兽欲，作为南京市政府机构的伪市自治委员会，其成立的第一"职责"，竟是为日军设立各种形式的"慰安所"，并批准支持一些流氓、汉奸为日军开设"慰安所"。同时以"政府机构"的身份胁迫、诱骗中国妇女为日军提供性服务，成为慰安妇。在伪市自治委员会存在的仅仅不到四个月时间内，南京市内就成立了近十家为日军服务的"慰安所"。

在其他关乎南京市民民生，可与日军既得利益似乎关系不大的城市政务的实施、运行及维护上，伪市自治委员会则毫无建树。在市民眼中，伪南京市自治委员会成立后至 1 月 18 日的近一个月时间内，见不到其开始活动的丝毫迹象。城市的卫生、水电供应设施全在日本军队的控制下运作。消防部门和公共医疗机构不复存在。除了那些在城市被占领时就已经住在医院的中国伤兵外，日军医院只为日军提供服务。对平民百姓而言，只有外国传教士开设的医疗机构对他们敞开大门。城市内部公私交通也陷入瘫痪。以前的市内公共汽

①《伪南京市自治委员会档案》，藏于南京市档案馆，档案号：002-19-17。

车不是被毁坏停在马路边，就是被日军征用[①]。

伪市自治委员会实质上就是一个日本人说是，他们就马上去办[②]的“传声筒”。伪市自治委员会无权对任何事务做出决定，连最小的事情都不行。它只能做日本军方特高课命令的事情[③]。日当局一方面对这个傀儡政权表现出热情和亲近，试图充分发挥其“以华制华”的作用，另一方面又对伪市自治委员会严格管控，其一切行为均不能违背日当局侵华的最高利益。

日当局通过日军司令部特务机关、日军宪兵队和日本驻南京“总领事馆”对伪南京市自治委员会实行严密监控，并给伪市自治委员会及其下辖各课与各伪区公所派遣了拥有至高权力的日籍顾问，“指导”和控制伪政权各级官员的工作与言行。日本当局不仅要求伪市自治委员会向日军司令部特务机关、日军宪兵队和日本驻南京“总领事馆”每五日提交一份工作报告表，而且由日本宪兵队直接派遣一支分队常驻伪市自治委员会唯一拥有少数枪支的警察厅，“指导”与监督警察厅成员。

虽是由日方一手扶植起来的伪政权，但伪南京市自治委员会的成员除几位高职位官员外，其余基本都是些不入流的汉奸、流氓充数，在各界都毫无威信可言。所以日当局仅把伪市自治委员会当作一个过渡性的、维持会性质的行政服务机构，它的职责只是为初入南京的日军提供各种后勤服务、人力供给，在满足日军需求的同时，初步建立起日本对南京的殖民统制秩序，根本算不上是一个正式的“政权”。正因如此，日当局实质上对伪南京市自治委员会是非常轻蔑的，驻南京日军对伪市自治委员会和其各级官员、成员，经常吆五喝六、公然侮辱。

如1938年1月，伪市自治委员会新开办的浴室被日军闯入，职员的钱财被抢劫，另有一名职员被日军开枪打死。2月5日伪第二区公所的职员马宗山在去上班的路上遭到三个日本兵的抢劫，扯掉了他代表身份的袖标，并把他毒打一顿。伪第二区区公所家屋组副组长仇九粥在金沙井的住宅被日军强占，全家人有家不能回，只能临时暂住在各亲戚家[④]。

身为伪南京市自治委员会会长的陶锡三也避免不了被日军蔑视并遭抢劫的境遇。早在伪市自治委员会成立的1938年1月，陶锡三就因为日军对伪市自治委员会的工作持续制造困难而递交了辞职申请书：对于安全区的解散，伪市自治委员会企图循序渐进地解决难民从安全区返回其他城区的问题，而日本人决定使用暴力直接将难民从安全区赶出去，并且把难民在安全区内搭建的茅草房和小商铺摧毁[⑤]。同年2月，陶锡三位于市府路37号的住

①阿利森．(阿利森)致美国大使约翰逊，附件：南京现状，1938年1月25日[M]//．杨夏鸣．南京大屠杀史料集63：美国外交文件．杨夏鸣，张志刚，译．南京：江苏人民出版社，2010.

②[美]史迈士．致朋友函，1938年3月8日[M]//章开沅．天理难容——美国传教士眼中的南京大屠杀（1937–1938）．南京：南京大学出版社，2005: 342.

③罗森随笔，1938年2月1日[M]//陈谦平，张连红，戴袁支．南京大屠杀史料集30：德国使领馆文书．郑寿康，译．南京：江苏人民出版社，2007.

④伪南京市自治委员会档案，藏南京市档案馆，档案号：1002–19–18.

⑤罗森．罗森致柏林德国外交部报告，1938年2月1日[M]//陈谦平，张连红，戴袁支．南京大屠杀史料集30：德国使领馆文书．郑寿康，译．南京：江苏人民出版社，2007.

（）罗森.罗森随笔,
938 年 3 月 8 日
[M]// 陈谦平,张连
红,戴袁支.南京大屠
杀史料集 30: 德国使
领馆文书.郑寿康,
译.南京: 江苏人民
出版社,2007.

②同①。

宅被日军占用后洗劫一空、所有贵重物品、家具均荡然无存，连同其祖先牌位和收藏的一批佛像画、古籍全部丢失。陶锡三在 3 月 1 日出版的《南京公报》上发表了关于这处住宅被日军抢劫的公开信，并请求日方帮其寻找丢失物件的下落。当然并没得到日当局任何的帮助，最后不了了之。3 月 7 日，伪市自治委员会又接到日方命令，令其查封颐和路 34 号的房子，而这处房屋正是会长陶锡三当时的住处。"委员会要封自己的房子，这真是十分可笑。"[①]3 月 10 日，陶锡三再次称病，并以自己从事慈善事业多年不宜参政为由，致函伪南京市自治委员会，提出辞呈。

日当局见此情况，遂让伪市自治委员会副会长孙叔荣接替陶锡三，成为伪市自治委员会代会长。而先后担任伪市自治委员会副会长和代会长的孙叔荣，对伪市自治委员会的地位也看得很清楚，他曾多次向德国驻南京临时办事处主任罗森表示，伪市自治委员会无法按照自己的意志办事，日军方有时候根本不告知伪市自治委员会，而直接办理一切事务。1938 年 3 月 8 日孙叔荣和伪第四区区公所长拜访罗森的时候，更是向他吐露了自己的"痛苦"，在日本留过学、会说日语的履历，并不能改变他家庭的命运：年近 70 的大哥被大火吓死，侄子被日本兵用刺刀刺死，而日本人还一直在监视他的行动，不准他与日本圈子以外的人来往[②]。

伪南京市自治委员会从成立开始，就逃脱不了被日当局抛弃的命运。日当局一面指使伪市自治委员会为日军服务，为其初步恢复南京的正常社会秩序，一面在寻找甘愿成为"卖国贼"，为其服务的、在中国社会中更有名声和地位的汉奸，筹划扶持一届与伪市自治委员会相比更"像样子"的伪政权。

1938 年 3 月 28 日，日当局扶植的新一届伪政权——伪中华民国维新政府在南京成立，而伪南京市自治委员会则于 4 月 20 日被正式裁撤。日方扶植的南京第一届伪政权存在不满四个月，就被其抛弃了，结束了政治生命。

第二节　第二届伪政权（伪维新政府）期间

面对地大物博的中国，侵华日军在侵略之初就怀有分裂中国的妄想，企图把中国分割成小块之后再由日本军方指挥官分区直接进行管辖。所以当南京沦陷后，日当局企图扶持的就并不是一个全国性质的伪政权，而是以南京为中心、直接隶属于侵华日军华中方面军的华中政府。此外，日当局还操控着其扶持组建的华北政府，以及妄图继续向中国南方进攻，拿下华南地区后成立华南政府。

作为侵华日军华中方面军总司令官的松井石根，在 1937 年 12 月 21 日第一次到南京巡视之后便开始为华中政权寻找合适的人选。他首先想到的是国民政府内部的反蒋、亲日势力，希望通过联系这些人，从内部施压，促使蒋介石因丢失首都而被迫下野，之后依靠这些亲日势力组建一个新的亲日政权，实现中国政府对日的政治转向、向日本乞降。与此同时，松井石根在侵华日军华中方面军特务机关内成立了专门从事扶植华中伪政权工作、以臼田宽三为首的臼田机关。

1938 年 1 月 8 日，日本内阁拟定了《华中政务指导方案》，具体规定了在华中地区扶植的新政权必须是高度亲日、排共灭党的，其初步行政区域为苏、浙、皖的日占区，然后逐步扩大。1 月 17 日，日本与国民政府正式断交。日本政府对中国的强硬态度进一步推动了侵华日军华中方面军在南京扶植华中地区伪政权的工作，却也使得松井石根最初妄图推动国民政府重组、向日乞降的计划无法实现了。

在松井石根着手物色组成华中伪政权人选，却迟迟找不到合适人物之时，日本内阁于 1938 年 1 月 27 日拟定了《华中新政权建立方案》，将华中地区伪政府名称定为"华中临时政府"，办公地点在上海，将来移往南京，并明确了这个政权是一个地方性质的政权。正因这一方案的确立，华中伪政权的建立更加困难，愿意出面担任职务的"有些头脸"的人更难以找到。

1938 年 2 月 10 日，松井石根接到了他将被撤职的消息。2 月 14 日，日当局正式公布关于重组华中日军的命令，撤销"华中方面军"及"上海派遣军"、第十军，另组"中国派遣军"，畑俊六大将任司令，18 日到上海就任。相比早在 1937 年 12 月 14 日就在北平扶植了"中华民国临时政府"的侵华日军华北方面军，侵华日军华中方面军在扶植伪政权的工作方面迟迟没有建树，这更坚定了即将归国卸任的松井石根在正式解职前，抓紧筹建华

〇 罗森.罗森的报告,
1938 年 3 月 19 日
［M］// 陈谦平,张连
红,戴袁支.南京大屠
杀史料集 30: 德国使
领馆文书.郑寿康,
译.南京: 江苏人民
出版社,2007。

中伪政权的决心。当月,松井石根终于在离任前,物色并确立了组建华中伪政权的核心人物,他们是: 曾任段祺瑞首任秘书长和北京政府总长的梁鸿志,曾任孙中山大元帅府秘书、国民政府上海军法处处长的陈群,曾任南京临时政府驻沪通商交涉使兼议和参赞、西南军政府外交部部长和现任上海旅沪广东同乡会会长的温宗尧。以这三个人为核心,日军招募了一些即将成为伪政权"二号人物"的人员。而这些人中,则几乎没有一个过去政界的名人①。这也为第二届伪政权的短命埋下了伏笔。

1. 第二届傀儡政权被成立

松井石根被解职后,以畑俊六为司令的中国派遣军继承了松井石根组建南京伪维新政府的计划。在原田熊吉、臼田宽三等人的直接指挥与操纵下,以梁鸿志、温宗尧、陈群三人为首的伪维新政府预备成员于 2 月 17 日至 27 日在上海举行了为期 10 天的秘密会议,确定了伪政府的名称为中华民国维新政府,国旗为五色旗,政体是民主立宪制,政府所在地仍为南京。

在新的伪政权即将成立的消息传播开来之时,日方内定的掌管伪维新政府军政的绥靖部部长周凤岐于 3 月 7 日在公寓前被军统暗杀。这一事件成功打击了伪维新政府的筹建,部分跃跃欲试的汉奸和已经在筹建名单上的汉奸害怕了起来,不愿再出面。例如,同样是日方内定的伪司法院院长人选章士钊便声明不再参与。为使伪维新政府的筹建不至因为这次暗杀事件而前功尽弃,在畑俊六的授意下,梁鸿志等人转移到上海日占虹口日特务机关所在地的新亚酒店继续召开秘密会议,商讨、筹备伪政府建立的一切事宜。

1938 年 3 月 26 日,在侵华日军中国派遣军的护送下,以梁鸿志为首的将在伪维新政府中任职的一众大小汉奸们离开上海前往南京。1938 年 3 月 28 日早上 10 时,华中伪政权——伪中华民国维新政府的成立典礼按计划在南京原国民政府大礼堂成立,原国民政府大院大门楼上升起代表伪维新政府的五色旗,日伪当局组织、强迫南京民众手举标语聚集在政府大院门前,佯装拥护、粉饰太平,而从历史照片中可以看到包围在"庆祝"民众周围的是加以监视与胁迫的全副武装的侵华日军 (图 4-4)。

当日,由梁鸿志书写的"中华民国维新政府"八个大字的匾额被悬挂在原国民政府大院大门门楼上方 (图 4-5)。原刻在该处的由谭延闿胞弟谭泽闿所书"国民政府"四个字

图 4-4　侵华日军胁迫中国百姓庆祝伪政权的成立
图片来源：秦风、杨国庆、薛冰，《金陵的记忆——
铁蹄下的南京》，广西师范大学出版社，2009。

图 4-5　伪维新政府时期的原国民政府大院大门门楼（梁
鸿志所书"中华民国维新政府"几个字清晰可见）
图片来源：［日］《亜東印画輯》第十册，（日本）滿蒙印
書協會，1938.1–1939.6。

被铲去。

　　为庆祝伪中华民国维新政府成立典礼的举行，伪政府在原国民政府大礼堂附近和伪政府官员入住的日占中央饭店附近主干道以及新街口广场等少数位置上，悬挂起了伪维新政府的五色旗以及日本国旗，而城市内外的其他地区毫无"庆祝"气氛可言。日当局对到达南京的伪维新政府成员们实施严格管控。除出席典礼外，这些"官员"并不被准许离开入住的饭店，少数例外的情况也只有在日本人的监护下才能离开宾馆。而此时还未正式被裁撤的伪南京市自治委员会的成员们也同样毫无自由，他们与其他对伪维新政府官员进行拜访的人士一样，只能在日军的监视下在宾馆内进行拜访，私下的交流是绝对禁止的[①]。

　　南京的第二届傀儡政权与第一届傀儡政权一样，从组建伊始便是完全由侵华日军及日当局一手炮制的。而对于这个伪政权的权威性，日军内部也发生了分歧。为宣传伪政府的成立，日军当局在南京城内散发了传单，传单上印有伪政府成立的日期：1938 年 3 月 16 日。而真正的成立典礼却一拖再拖，延期到了 3 月 28 日。其中除了军统暗杀活动对伪政府组成人员造成的压力外，还因为日军当局内部的矛盾：关于侵华日军华北方面军所扶植的华北伪政权、伪中华民国临时政府，与侵华日军中国派遣军所扶植的华中伪政权、伪中华民国维新政府，谁更具有权威性的问题的争论。这个争论最后并没有答案，以"日本人骗这里的分裂分子说北京的政府很快会归他们领导，同时对北京的分裂分子作了相反的保证"[②]而结束。

①罗森.罗森致柏林德国外交部报告，1938年 3 月 31 日 [M]//陈谦平，张连红，戴袁支.南京大屠杀史料集.30：德国使领馆文书.郑寿康，译.南京：江苏人民出版社，2007.
②罗森.罗森致柏林德国外交部报告，1938年 3 月 31 日 [M]//陈谦平，张连红，戴袁支.南京大屠杀史料集.30：德国使领馆文书.郑寿康，译.南京：江苏人民出版社，2007.

伪中华民国维新政府的组织既不像旧北京政府，也不像原南京国民政府，而是根据北平伪中华民国临时政府的组织大纲依样画葫芦，实行"三权分立"的民主立宪制。设有行政、立法、司法三个院与若干部门。梁鸿志任行政院院长，温宗尧任立法院院长，而司法院院长则因为日当局仍未物色到合适人选而空缺。

1938 年 3 月已经对外宣布正式成立的伪维新政府，此时却在南京找不到办公场所。南京城内满目疮痍，治安混乱，原国民政府的各处机关建筑除被炸毁、破坏的，均被日陆军、海军部队占据。原国民政府大院虽然挂上了伪维新政府行政院的牌子，却仍被日军占用。于是在成立大典后的 1938 年 3 月 30 日，梁鸿志、温宗尧等伪维新政府的头面人物便在日军的监护下回到了上海，将办公地点设在日占区上海虹口新亚酒店内，并在酒店二楼、三楼设立了伪政府的各院、部、会的事务所，另在日占区上海江湾图书馆设立了办公地点。伪维新政府在日当局的操纵、监控下，在日军特务机关控制下的饭店里办公，被世人讥笑为"饭店政府"[①]。

①经盛鸿. 南京沦陷八年史 [M]. 北京:社会科学文献出版社,2005: 264.

伪中华民国维新政府的行政范围实质上仅包含华中沦陷区的三省二市，即江苏省、浙江省、安徽省和伪行政院直辖的特别市（南京市与上海市）。

作为伪中华民国维新政府的首都，亦是侵华日军中国派遣军司令部所在地的南京，得到了日伪当局足够的重视。1938 年 4 月 1 日，伪维新政府中唯一掌握军权的绥靖部部长任援道被任命，兼任督办南京市政。任援道遂于 4 月 9 日离开上海到达南京。4 月 20 日，原伪南京市自治委员会正式被裁撤，29 日伪督办南京市政公署正式成立，任援道任督办。伪督办南京市政公署下设处室为：秘书室、社会处、财政处、教育处、工务处、卫生处、实业处和警察厅，后来又增设了赈务委员会。新成立的伪督办南京市政公署沿用了伪市自治委员会位于中山北路 261 号的办公地点，同时还吸收了一批原伪南京市自治委员会中仍有利用价值的成员，如原会长陶锡三，原副会长、后来的代理会长孙叔荣等等。这帮汉奸得以继续为日当局效力。

伪南京市政公署督办任援道曾在北洋军阀军队中任职，在跟随唐生智"反蒋"失败后逃往天津日租界，在此期间与日方关系渐密。1937 年 7 月 7 日卢沟桥事变后任援道即公开投日，是个老牌的亲日分子与汉奸。担任伪维新政府绥靖部部长掌管军权后，任援道在日当局的扶持下利用战乱局面收编了江、浙、皖地区国民政府军的溃兵，并纠集、整合了太湖土匪与帮会武装，组成一支数万人的绥靖军，分别驻扎在吴县、嘉兴、长兴、蚌埠等地，成为伪维新政府唯一的军事力量，也是日军在华东地区组成最早的一支汉奸武装[1]。

任援道兼职伪南京市政公署督办至 1938 年 9 月 13 日，其后由伪维新政府绥靖部次长高冠吾继任该职，至 1940 年 6 月 20 日汪伪政府改组南京市政府，市长换人为止。

高冠吾继任伪南京市政公署督办后，扩大了原有的伪市政机构，改原市政府各处为局，原下属机构变为二室六局一厅一委，即：参谋室、秘书室、社会局、财政局、教育局、工务局、卫生局、实业局、警察厅和赈务委员会。

1939 年 3 月 3 日，伪维新政府为强化伪南京市政，将伪督办南京市政公署改组为南京特别市政府，仍由高冠吾任市长。

伪维新政府与伪督办南京市政公署及之后的伪南京特别市政府，在执政期间，一直贯彻日当局对华的殖民政策，并努力加以实施。它营造"中日亲善"的殖民社会氛围，积极进行相关宣传，稳定南京社会秩序，镇压抗日组织与抗日分子，恢复工商业、强制恢复农业生产，为日当局搜刮各种战备物资，加强奴化教育，控制南京市民，提供各种日军后勤需要等，极尽所能地为日当局及驻南京日军服务。

2. 市政规划

1938 年 5 月伪维新政府土地局颁布《督办南京市政公署所属各区公所组织规程草案》，设城内五区、乡区三个。同年 6 月 27 日，中华门外地区因人口逐渐增加，当时拥有居民 7 000 余户，由于交通便捷、商户逐渐云集，遂由居民代表呈请伪维新政府特务机关及督办公署于中华门外增设新区。伪督办南京市政公署遂决定增设新区，定名为安德门区。

1938 年 6 月至 7 月间南京社会秩序渐趋稳定，日当局便决定将其占据的原国民政府机关大院移交伪维新政府，以使伪政权的权力中心自上海日占区饭店内迁移回南京。6 月 21 日开始，伪维新政府的各部、院等机构分批从上海迁回南京。10 月 1 日起伪维新政府正式在南京原国民政府大院办公。其伪行政院、伪交通部与日军顾问部设于原国民政府大院内，梁鸿志的办公室位于子超楼二楼东，原国民政府主席林森的办公室内。伪立法院设在夫子庙前半部，后半部为伪内政部。伪外交部设于成贤街香铺营。原民国首都法院建筑在日军入城时被焚毁，所以伪江宁地方法院改设于瞻园路 126 号的原中央宪兵司令部内。

南京市的行政辖区在伪维新政府时期扩大至九个区，除五个城区外，还有上新河区、

① 南京地方志编纂委员会. 南京建置志 [M]. 深圳: 海天出版社, 1994: 251—252.

经盛鸿.南京沦陷年史[M].北京:会科学文献出版,2005:266.

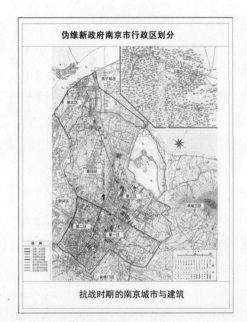

图4-6　伪维新政府南京市行政区划分
图片来源：笔者自制。

孝陵卫区、燕子矶区等三个乡区以及新划定的乡区安德门区。这一时期南京市区面积达到了474.6平方公里。

各区的边界划定如下（图4-6）[①]：

第一区：东南沿中山门、光华门、通济门及中华门城墙为界；西与第二区及第四区毗连，以中华路、复兴路（中正路）及中山路为界；北与第三区毗连，以中山东路为界。伪第一警察局城内管辖部分同此范围。

第二区：东与第一区毗连，以复兴路（中正路）中华路为界；西南沿汉中门、水西门及中华门城墙为界；北与第四区毗连，以汉中路为界。伪第二警察局城内管辖部分同上，兼及水西门外附郭一带，南至赛虹桥，北至红土山。

第三区：东沿太平门及中山门城墙为界；南与第一区毗连，以中山东路为界；西与第四区毗连，以中山路、中山北路为界；北沿挹江门、金川门、和平门城墙为界，玄武湖全区包括在内。伪第三警察局城内管辖部分同此范围。

第四区：东北与第三区毗连，以中山路及中山北路为界；南与第二区毗连，以汉中路为界；西沿汉中门、汉西门、草场门及挹江门城墙为界。伪第四警察局城内管辖部分同此范围。

第五区：东沿金川门、新民门、兴中门、挹江门、定淮门城墙为界；南沿护城河、三汊河为界；西沿汉大江（长江）为界；北与京沪铁路至煤炭港为界。东北毗连燕子矶区，西南与上新河区毗连。伪第五警察局城内管辖部分同此范围。

孝陵卫区：东至麒麟门，南至解脱河，西至太平门，北至仙鹤门。西与西南分别与燕子矶、安德门区毗连。伪第六警察局管辖上列全区，兼及安德门区的双桥门至河定桥以北地方。

上新河区：东沿城墙至赛虹桥，南至大胜关，西沿大江（长江），北至三汊河南岸。伪第七警察局管辖除水西门附郭一带地方以外的区辖地域。

燕子矶区：东至尧化门，南至和平门外、钟阜门外城根，西沿大江（长江），北至八卦洲外沙滩。东北、西南分别与孝陵卫区、第五区毗连。伪第八警察局城内管辖部分同此范围。

153

安德门区：东至小水关、高桥门，南至铁心桥，西至西善桥，北至光华门。东北与孝陵卫区毗连，以光华门外沿解脱河河岸为界；西南与上新河区毗连，以赛虹桥至西善桥沿南河岸为界。以上区域由伪第一警察局与伪第六警察局共管。

至伪维新政府时期，1912 年国民政府成立时划归南京辖区的浦口镇，仍不在伪维新政府督办南京市政公署的辖区之内。

另外，为加强殖民统治的宣传、否定南京国民政府，伪维新政府对许多具有南京国民政府政治特色的城市街道与桥梁名称进行了更名，将其改为具有日伪殖民统制的名称。比如"中正路"更名为"复兴路"，原国民政府大院前的"国府路"被改为"维新路"，"军政路"改为"大通路"等①。为纪念国父孙中山先生而命名的中山路也被改名，伪政府首先拟改中山路为"昭和路"，呈报日军军部的时候却被日军以"天皇为神胤，如何能命为路名，任人践踏？"为由被驳回。之后，伪政府为"纪念"松井石根骑马经由中山路进城，决定将中山路改名为"松井路"②。

然而不论是在 1938 年 6 月 10 日发行的、由日本人小山吉三绘制出品的南京地图，还是 1943 年汪伪政府南京特别市地政局出品的南京地图上，"国府路"仍被标注为"国府路"，"中山路"也未改变路名标注，仅"中正路"因其得名于蒋介石，在汪伪时期的地图上被改成了"复兴路"。由此可见，这些重要道路的名称其实早已深入人心，伪维新政府修改路、桥名称的行为，只是为向日当局献媚的多此一举，且不说南京市民，连日伪当局都没有真正地接受。

3. 全市大清扫

为营造亲日的殖民社会氛围，伪维新政府及伪督办南京市政公署在日方的支持下开始整顿市容。1938 年 12 月，伪南京特别市政府组织与发动南京市民进行了一次全市性的大清扫，这也是南京沦陷后的第一次全市清扫。

（1）清除战争痕迹

沦陷后的南京被日军大面积洗劫、纵火，到处残垣断壁，城内战争垃圾堆积如山。伪维新政府组织人力对这部分垃圾进行清理，并除去城内于战前张贴的所有抗日救亡内容的标语，企图以此消灭日军暴行痕迹、粉饰太平。

对一些受到破坏的道路，伪维新政府也进行了整修。在战争中受到日军炮火严重破坏的，

①沦陷一年来之都：汉奸献媚借烟以繁荣游记宣威杀兵于不觉[N]. 申报，1938-12-27（6）
②白芜：今日之南（1938 年 11 月 25 日[M]// 马振犊、林宇等. 南京大屠杀史料64：民国出版物中日军暴行. 南京：江苏人民出版社.

还有一处重要历史建筑：南京明城墙。根据 1938 年 10 月对城墙状况的调查显示，自汉西门向南转至中山门北侧的城墙墙体受损最为严重。主要受损地段有中山门北侧段、武定门段、光华门东南角、中华门东侧、中华门向西城隅、汉西门段等处城垣。受损情况包括：坍塌、裂缝、城垛毁坏、城墙体表面被炮弹穿孔、弹坑等。

为恢复南京城墙的防御功能，伪维新政府行政院长梁鸿志于 1939 年 1 月 19 日下令伪南京特别市市长高冠吾督办城墙修缮事宜。然而从一份当时的维修验收报告上可以看出，修缮工程质量低劣，完全是敷衍了事：首先，承包商协记营造厂使用的石灰砂浆，石灰与黄沙的比例为 1：4，对比原国民政府在南京时修缮城墙所使用的 1：2 比例的石灰砂浆，其偷工减料的程度可见一斑。其次，修补的墙体垂直而砌，完全没有内收的坡度，承包商也拿不出任何可参考的设计图纸。再次，城墙上因战争而出现的裂缝、弹洞都没有进行修补，以至于中华门段城墙在之后不久的一场大雨中，刚刚修补完成的部分再次全部坍塌。而伪南京特别市派来的相关负责工程技师华竹筠只受到"记小过一次"的处罚[①]。

朱明，杨国庆 . 南城墙史 [M]. 南京：京出版社，2008：－92.

对于在战争中被侵华日军炸毁的光华门东南侧城垣，由于在进攻南京期间日军于光华门处死伤重大，于是战后这里变成了日军的所谓纪念地，在城下立起了纪念战死日军的墓标，并在光华门一侧墙体上书写"和平救国"四个大字，欲盖弥彰（图 4-7）。许多日本高级军官曾先后前来参观，如侵华日军上海派遣军司令官，朝香宫鸠彦王、裕仁委派皇族成员（皇弟）秩父宫雍仁等。对于光华门的修理，伪维新政府完全遵从日军意志，在城墙修缮的设计图上特意标注："战绩保存，不必修理。"由于放任光华门段城墙保持被炸毁的状态，长期不予修缮，致使这段城墙饱受雨雪侵蚀，造成城墙内部防水结构破坏的进一步扩大。

（2）继续掩埋南京大屠杀遇难者遗体

1938 年 4 月至 1939 年底，伪维新政府继续伪南京市自治委员会未完成的收殓南京遇害同胞尸骸的工作，指派其下属尸体掩埋队，并

图 4-7 侵华日军在光华门外侧粉刷的"和平救国"四个大字
图片来源：日本京都大学馆藏。

资助一些较大的慈善团体继续对南京城内外遇难者的尸体进行收殓、掩埋。

时至 1938 年春季，南京玄武湖、中山陵等地区插着写有"大日本军事用地"的木柱旁，仍躺着前一年 12 月死于日军暴行之下的尸体。中山陵地区，在战争中牺牲的大量中国军人的尸体仍暴露在外[1]。至 1939 年春，中山门外灵谷寺、马群、陵园、茅山一带，仍有尸骨 3 000 余具，伪维新政府派掩埋队前去掩埋，将尸骸收殓至灵谷寺东面空地集体掩埋，并用青砖砌成扁圆形大墓一座，外表用水泥抹平，墓顶有一个直径约为 60 厘米的水泥圆球。墓前立起一方无主孤魂碑，由伪南京特别市市长高冠吾撰写《无主孤魂碑记》，以纪念。

另外，由于日军屠杀的死难同胞人数巨大，且南京红卍字会初期的收殓、掩埋匆忙潦草，1939 年 5 月，宝塔桥至草鞋峡沿江一带无数堆坟经江水冲刷，尸骸全数暴露，总数计 3 000 余具，伪维新政府亦派人前往调查，进行收殓、掩埋。

伪维新政府执政约一年期间，组织收殓、掩埋南京城内外遗留的尸骸，总数达数万具[2]。

4. 初见雏形的日伪奴化教育

伪维新政府较伪南京自治委员会更像一个政府机构的一个表现，便是其下属机构中设有专管教育事业的教育部。在伪督办南京市公署下辖机构中也设有教育处，并于 1938 年 10 月改为教育局。

1938 年初，伪南京自治委员会在日方授意下所恢复的几所中小学完全不能满足南京全市失学儿童的教育需求。伪维新政府教育处成立后，对南京市内 7 ~ 14 周岁的学龄儿童和失学儿童情况进行了调查，所得结果如表 4-1 所示：

表 4-1　南京 7 ~ 14 周岁学龄儿童及失学儿童人数统计表（1938 年初）

伪区公所	男童 / 人	女童 / 人
伪第一区公所	5 498	5 108
伪第二区公所	6 883	6 241
伪第三区公所	2 125	1 987
伪第四区公所	3 992	3 838
伪第五区公所	未统计	未统计

数据来源：曹必宏、夏军、沈岚，《汪伪统治区奴化教育研究》，中国社会科学院中日历史研究中心文库，社会科学文献出版社，Kindle 版本，位置 1688。

①罗森致柏林德国外交部报告，1938 年 4 月 29 日 [M]// 谢平，张连红，戴袁支．南京大屠杀史料集 30：德国使领馆文书．郑寿康，译．南京：江苏人民出版社，2007.
②经盛鸿．南京沦陷八年史 [M]．北京：社会科学文献出版社，2016:271.

①经盛鸿. 南京沦陷
　年史 [M]. 北京: 社
　科学文献出版社,
　016:806.

面对如此众多的学龄儿童和失学儿童，南京此时的小学却寥寥无几。比如在伪第一区公所下辖区内，仅有马道街小学、八府塘小学和私立育才小学3所小学，仅能容纳学生431人。又如伪第五区公所下辖区内，仅有一所简易小学，而伪第四区公所下辖区内根本没有正在进行授课的小学。南京城内尚且如此，周边郊县内的适龄儿童入学就更是一大难题。例如南京市郊伪燕子矶区公所下辖区内，战前有公、私立小学30余所，但经战争破坏，至伪维新政府上台，区内已经没有任何开办的小学，全区儿童均失学。

为了稳定社会，伪督办南京市政公署开始在南京逐步增设中、小学。除山西路小学更名为琅琊路小学，后又更名为市立第一小学外，其余各校均沿用原校名。南京市内1938年小学概况如表4-2所示：

表4-2　1938年南京小学概况

校名	校址	原校名	学级数	学生数	教师数
南京市立第一小学	琅琊路	山西路小学	3	132	3
南京市立第二小学	五台山	五台山小学	3	124	3
南京市立第三小学	莲花桥	莲花桥小学	4	220	4
南京市立第四小学	汉口路	汉口路小学	4	191	4
南京市立第五小学	马道街	马道街小学	5	221	5
南京市立第六小学	仓巷	仓巷小学	4	213	4
南京市立第七小学	荷花塘	荷花塘小学	4	192	4
南京市立第八小学	西八府塘	原广西小学校址	3	116	3
南京市立第九小学	夫子庙	夫子庙小学	4	224	4
南京市立第十小学	颜料坊	原餐粮厅小学二院	3	127	3
南京市立第一初级小学	小王府巷	私立务本小学	3	100	3
南京市立第二初级小学	慧园街	南京警察子弟学校	3	121	3
共计				1981	43

数据来源: 南京地方志编纂委员会, 《南京教育志》（上）, 方志出版社, 1998:182。

至1938年底，南京城内有全日制小学13所，初级小学12所，男、女小学生共5 846人。除此之外还有一些短期小学，加上南京近郊的几所小学，当时南京城内小学就学儿童为12 297人。根据伪维新政府教育局统计得知，当年南京小学适龄儿童共有53 554人。由此可见，就学儿童仅为学龄儿童总数的22.96%[①]。

1938 年 5 月伪督办南京市政公署恢复"南京市立初级中学",学校设于大香炉,仅有教员 9 人,学生 149 名。后该校改名为"市立第一中学",仅进行初中教育,拥有学生 255 人。同年 10 月,伪督办南京市政公署再开办"市立第二中学",学校位于渊声巷,有学生 45 名。至此,南京市内两所办学中学总共拥有学生 324 人,而战前南京城内中学生数量达 24 000 人,伪维新政府所治下的南京中学生数量仅为战前总数的 1.35%[1]。"市立第一中学"后增办高中部,并于 1939 年 7 月迁校址于白下路 101 号,原贫儿教养院院址。

1940 年初,伪维新政府教育局又增办 1 所女子中学,后再次增设 1 所国立模范中学和 1 所国立模范女子中学。

以上 25 所小学和 5 所中学,就是伪维新政府所开办的所有公立中、小学。而这些学校远远不能满足日益增多的南京适龄儿童的就学需求,无力再增办公立学校的伪维新政府,不得不允许、倡导民间旧式私塾和私立中、小学的开办。

1938 年由于 5 月《南京市管理私塾暂行办法》的颁布,南京的私塾逐渐增多起来。鉴于对日伪当局官办教育的反感与贫穷,相对于伪政府的公办学校,旧式的私塾受到更多适龄儿童家长的欢迎。至 1938 年 11 月,南京在伪维新政府教育局登记开办的私塾达 100 多所。至此私塾成为南京日伪统治八年间的一种不可或缺的教育形式,一定程度上得到了发展。由于日伪官方控制的触角很少触及私塾教育,使得后期私塾成为宣传抗日爱国思想与反奴化教育的重要领域之一。

1938 年 6 月,伪督办南京市政公署颁布了《南京市私立中、小学暂行办法》,私立中、小学的创办得到了允许。至 1939 年 10 月,南京共有私立小学 4 所,私立中学 2 所,具体名称及校址见表 4-3:

表 4-3 南京私立中、小学校址信息表(1939 年 10 月)

	校名	校址
私立小学	私立龙江小学	静海寺
	私立定淮小学	定淮门
	私立崇实小学	船板巷
	私立安徽小学	升州路
私立中学	私立钟英中学	南捕厅
	私立安徽中学	白下路

资料来源:经盛鸿,《南京沦陷八年史》,社会科学文献出版社,2016 年,第 807 页。

①经盛鸿. 南京沦陷八年史 [M]. 北京:社会科学文献出版社,2016:806;转辖自伪督办南京市政公署秘书处编《南京市概况——民国二十八年度》,1939 年 3 月,第 73—92 页.

①明妮·魏特琳.魏特
琳日记[M].南京:
江苏人民出版社,
2015:474.

②明妮·魏特琳.魏特
琳日记[M].南京:
江苏人民出版社,
2015:475.

③施佩林的收件确认
件,1938年5月10
日[M]// 陈谦平,张
连红,戴袁支.南京大
屠杀史料集30:德国
使领馆文书.郑寿康,
译.南京:江苏人民
出版社,2007.

　　此外,南京教会学校金陵大学、金陵女子文理学院还开办了一些补习班、实验班等。金陵大学鼓楼医院开办的金陵高级护士职业学校也在1938年恢复了招生。

　　1939年5月27日下午,伪督办南京市政公署教育局局长约谈南京的基督徒和传教士中从事教育的人员约30人,期间透露:"南京市现有小学36所,录取人数12 500人;南京市现有中学2所,录取人数500人;共计13 000人。市内儿童大约有60 000人,入学儿童有13 500人,未入学儿童有46 500人(不包括在基督教学校的儿童)。大约有200所老式的中国学校已经被检查通过,每月的教育费用是2万美元,今年秋季将开设更多的小学、一所女子中学和一所工业中学。"①就在这次会议的几天后,金陵女子文理学院的教授魏特琳收到了伪维新政府出版的小学教科书,所有教科书中都有伪维新政府的五色旗②,日伪政府对南京低、幼龄儿童的奴化教育已初见端倪。

　　伪维新政府自1938年下半年起在基础教育领域开始实行模范小学制度。能够在模范小学里任教的人员,必须"思想纯正"、业务精湛,而能在这样的小学里上学的学生,也必须是具有一定家庭背景且智力较高的。于是,南京市内建立了1所市立模范小学和1所国立模范中学及1所国立模范女子中学。由其聘用条件和入学条件可见,这种模范学校教育出来的青少年,其思想必定是亲日的。

　　在南京的中、小学初步得到恢复之后,日当局指示伪督办南京市政公署下辖的教育处,令其通令南京市各学校从1939年初开始,必须开设日语课。南京各中、小学不得不开始寻找日本人或懂些日语的中国人来开设日语课程。日伪政权下的中、小学沦为日伪当局推行奴化教育的场所(图4-8)。

　　公办学校外,南京还出现了不少所伪政府大、小官员为谋利而开办的私立中、小学。"日本当局与中国的官方机构……前者是这里的占领者,后者是没有自主权的,他们都不知道会在这里统治多久,总是把个人利益放在事业的前面。"③

图4-8　1939年3月正在上日语课的南京小学生
图片来源:秦风、杨国庆、薛冰,《金陵的记忆——铁蹄下的南京》,广西师范大学出版社,2009。

1939年秋，伪维新政府内政部部长陈群将其原在上海开办的私立正始中学迁至南京，学校利用原升平桥小学（现南京市第三中学）的校址办学。陈群亲任该中学校长兼董事长，并利用其在伪维新政府内的特权为该中学购买了大量书籍及教学仪器、设备。之后，陈群又在评事街开办了一所私立小学，与私立正始中学一样，陈群亦为该小学配备了极为完善的设备。而能进这两所学校上学的多是伪政府官员及有钱人家的孩子。陈群意图借这两所私立学校来扩大他个人的影响力。

更有一些伪政府官员，借伪政府恢复中、小学需要大量师资的机会，将自家亲属、朋友等安插到各个中、小学去，只领工资并不做事，更有甚者完全不在学校出现。这对于南京中小学原本就严重不足的教师资源无疑是一个打击。伪维新政府为了补充师资，一方面开设了大量简易师范学校、临时教员养成所，在社会上招募具有中学学历的人进行短暂培训，一面在社会上随意招徕一些人塞进学校充数。这就造成了伪维新政府期间中、小学的教学质量严重下滑。

除恢复与增开中、小学外，日伪当局也企图在南京恢复与建立大学教育。1938年11月日本建立兴亚院，该院中华联络部的文化局局长植川会同侵华日军驻南京特务机关，与伪维新政府的教育部商讨在华东日占区进一步进行文化宣传工作，其中一项工作内容就是决定在南京设立一所大学。由此可见，即将在南京建立的大学不过是又一个日伪当局宣传殖民统治、奴化中国人的工具而已。

由于伪政府能力有限，决定首先开办大学预科和师范学院。伪维新政府教育部初步将这所大学定名为国立中华大学，并于1938年12月设立了国立中华大学筹备部，暂定由伪维新政府教育部代部长顾澄为校长，宣布来年春天开始招生。但国立中华大学的校名招致了日方的不满。日方认为这个校名过于突出中华民族特色，不利于"中日亲善"。伪维新政府遂将大学名称改为国立南京大学。由于战争未及西迁的南京原有各所大学的校舍、设备、图书均被日军劫掠、焚毁，而伪维新政府教育部打算利用的中央大学及遗族学校两处学校原址也被日军霸占为日军陆军医院和日军军犬训练场，并拒不交还，伪维新政府想要创办大学，既无可用校舍，也无资金，更无师资。国立南京大学的筹备期一再延长，直至汪伪政府上台，国立南京大学的创办便不了了之。

伪维新政府控制南京期间，进一步恢复了南京一些战前原有的教育机构，建立了一些公立、私立学校，但是这些教育机构都是与日伪殖民统治配套而行的。南京的中、小学及

①罗森致巴尔策函（1938 年 6 月 10 日）[M]// 陈谦平，张连红，戴袁支. 南京大屠杀史料集 30: 德国使领馆文书. 郑寿康，译. 南京: 江苏人民出版社, 2007.

大学教育远没有恢复到战前的教学质量与规模，仅仅是解决了南京小部分失学儿童的就学问题。再加之显而易见的奴化教育政策，广大南京学龄儿童家长纷纷抵制，导致伪政府所办学校就学率较低，但也为汪伪政权上台后教育机构的开办打下了一定的基础。

在南京社会秩序逐渐稳定下来后，伪维新政府还以"全民扫盲"的名义，逐步展开殖民社会全民奴化教育。1939 年 3 月，伪政府在建康路和夫子庙分别筹建了市立民众教育馆和市立图书馆，并于当年 10 月建成交付使用。而早在南京沦陷初期，侵华日军就已经将南京城内其所能找到的所有文学典籍全部掠走，那些他们觉得没有重要意义的书籍则被其当街烧毁或者随意丢弃。比如中山陵园内的一个图书馆里所有的书籍都散落在院子里，至 1938 年 6 月仍无人管理，变得破烂不堪。①由此可见，日伪当局在 1938 年 10 月成立的市立图书馆里供借阅的书是何模样了，而全民的扫盲教育又是何种教育了。

5. 被掠夺的工矿业

随着在中国的侵略战争进入相持阶段，日本国内的经济资源渐渐无法支撑战争的需要，而在中国日占区内"杀光、抢光、烧光"的"三光"劫掠模式已经不再符合日本的侵略利益，"以战养战"的新殖民政策代替了侵华日军原本的短期掠夺策略。为更加有效地对南京工矿业进行掠夺式经营，日军将南京的重要工厂企业分为"统制事业"和"自由事业"两类。针对不同类型的企业，日军采取不同的方式进行霸占、掠夺与利用，南京的工矿业在沦陷期间遭受了重大的打击。

其中，"统制事业"是指具有战略意义或与城市治安、军民生活息息相关的工矿企业。这类企业由日本的国策公司——华中振兴公司及其子公司霸占、经营。如南京首都电厂，日军占领南京后以其为国营企业、是"敌产"为由，加以没收并进驻军队，对厂区实施军事管理。1937 年 12 月 17 日，因战争躲入下关和记蛋厂难民营的 45 名电厂职工于煤炭港遭日军屠杀。在对原工厂技工进行集体屠杀的同时，日方又要求南京安全区委员会会长约翰·拉贝在安全区内为其寻找可以充当电厂员工的人员。后日军调来一批日本技术人员到首都电厂担任各级主管，监督中国工人修复发电设备，这些技术人员均来自日军海军舰艇及日本国策公司之一的南满铁道株式会社。首都电厂于 1938 年 1 月恢复发电。

在日本国策公司与伪维新政府合作下，日本华中振兴公司于 1938 年 6 月与伪政府合作成立了华中水电公司，将首都电厂更名为华中水电公司下关发电所，拥有 32 名日籍员工，并由这 32 名日本员工掌握全厂的行政与技术大权，所有中国技术人员和工人都在日本人的指挥与监督下工作。全所只开 5 000 kW 的发电机一台，主要供日军方和伪政府办使用。日伪当局通过严格的用电量管控来达到控制与限制中国厂商生产的目的。在日军和日本企业的掠夺式使用下，首都电厂损失严重。至抗战胜利后首都电厂原 30 000 kW 发电设备仅能供电不足 10 000 kW，化验设备全毁，机器上的仪表除被日军拆除的也全部失效，主厂房及员工宿舍被日军拆除，输电线路、配电设备也被摧毁。

作为中国历史上最悠久的军事工厂金陵兵工厂也被日军划归统制事业，成为直属日本侵华中国派遣军总司令部管辖的军事单位。侵华日军利用金陵兵工厂西迁后留下的厂房和残留设备建成陆军修械所，后改名为中国派遣军南京造兵厂，用于修理战场上损坏的枪械及制造小部分的枪械与弹药。

始建于 1908 年的浦镇机车厂亦被日军占领后实行军事管理，成为日军的统制事业之一，被并入日本华中振兴公司与伪行政院于 1939 年 4 月联合成立的华中铁道公司，更名为华中铁道浦镇工厂，整厂由日本人全权管理。

而"自由事业"就是日方认为不那么重要的，统制事业以外的普通工矿企业。这部分企业在名义上被允许由中国业主自由经营，如纺织、面粉、烟草、硫酸、水泥等。但实际上其中一些大型或较为大型的工矿企业，特别是与军工生产相关、拥有较大利益与较为先进设备的工厂企业，均被日军编造理由后将之"租赁""委托"给日本的工业财团进行经营。

属于这一类的工矿企业主要有：

一、位于六合卸甲甸地区的永利化学工业公司硫酸铔厂。该厂被日当局于 1938 年初"委托"给日本三井物产公司和东洋高压工业社经营，事实上是日本企业将该厂强行吞并。1939 年 5 月，日伪当局又将该厂改名为永利化学工业株式会社浦口工业所硫酸铵工厂，并冠以中日合资的名义。日当局在工厂的四个厂门附近均修建起近 20 米高的日式碉堡，并派日军驻扎警卫，日夜瞭望，对全厂实行 24 小时的值班巡逻。在日当局和日军的全方位监视、控制下，该厂每年生产硫酸铵数十万吨为日本所用。

二、地处南京东郊龙潭的中国水泥厂。在南京沦陷初期，该厂就被日军驻军占领。后日占领军将该厂"租赁"给日本三菱财团经营，并改名为磐城水泥株式会社，由日本商人全权生产经营。

图4-9　江南水泥厂厂区鸟瞰
图片来源：张宪文，《日本侵华图志》，山东画报出版社，2015。

三、栖霞山麓江南水泥厂（图4-9）。江南水泥厂筹建于1935年，该厂机电设备分别购自德国禅臣洋行和丹麦史密斯公司。1937年10月全套设备安装完毕，11月4日进行了试机。由于战火逼近，至南京沦陷江南水泥厂并未正式开工、投产。1937年底南京沦陷后进入南京的日军立即宣布对江南水泥厂进行军事管理，并强行将该厂"委托"给日本三井物产株式会社和小野田水泥厂经营，企图霸占该厂的成套先进设备及所有生产利润。但江南水泥厂厂方以购买的设备并未向德方和丹麦方面公司付清钱款、设备产权仍属于德、丹为由，与日方周旋。鉴于当时日方不敢公开得罪德国、丹麦两国，只能先行对江南水泥厂采取军事管理措施，未能立刻控制该厂。南京沦陷期间江南水泥厂一直未投入生产。

大型或较大型的工矿企业，在日军占领南京后立刻被日军驻军统制与军事管理，一般中、小型工厂企业经历战火和日军的劫掠后，大多数处境艰难，面临着厂房毁坏、设备被毁被劫、人员损失、原料匮乏、市场急速萎缩等重重困难。虽然伪南京市自治委员会和伪维新政府督办南京市政公署都曾召开会议，呼吁和鼓励工商企业复业，甚至决定由伪政府为商户提供小额启动资金贷款，但南京市内复业的工商企业仍寥寥无几。

1938年3月至4月间，伪南京市政公署令所属机关调查全市工厂情况，但由于当时全城复业的工厂屈指可数，调查最终不了了之。

1939年初，伪南京市政公署及其改名后的伪南京特别市政府再次组织进行全市工厂情况调研。这次调研中，也只有零零星星的几家工厂复业，如：1938年4月复业的位于珠江路156号的南京中文仿宋印书馆，于1938年7月复业的位于公共路12号的金盛永翻砂铸造厂，1939年1月4日开业的位于碑亭巷119号的上海机器厂。另外，伪督办南京市政公署拨款，在汉口路第四小学原址建成市立棉纱织工厂，日本商人渊本次二在糖坊桥60号开办了南京铁工厂并于1939年1月1日开业。同年8月，伪南京特别市政府再次对全市工厂情况进行调查。调查结果显示，南京全市复工和新开办的中、小型工厂，共有19家，人力手工作坊 22 家①。与战前南京所拥有的工厂、企业情况相比，异常凋零破败。

6. 南京第二届傀儡政权瓦解

对新一届的傀儡政府——伪维新政府，日当局的态度其实与对待伪南京市自治委员会并无二样，从其成立伊始便严加管控。但由于伪维新政府具有正式政府的一些表象特征，其头面人物又多为一些具有背景、较为知名的人士，所以日当局给予伪维新政府相对较多的礼遇，做足了表面功夫。

1938 年 10 月 1 日，伪维新政府正式从上海搬到南京。当月 15 日，日当局即邀请伪维新政府行政院院长梁鸿志前往日本东京、大阪、神户等地访问，被日本高层各级官员接见，为伪政权造势。1939 年 2 月下旬，为庆祝伪维新政府成立一周年，日当局更是指挥伪政府在南京开展了一场历时两个月的庆祝活动（图 4-10）。3 月 3 日，伪维新政府成立了庆祝初周纪念大会筹备委员会，提出为伪维新政府建立永久纪念塔。3 月 28 日，伪维新政府在原国民政府的大礼堂举行维新政府成立初周纪念庆祝大会，侵华日军中国派遣军司令官山田乙三率日在南京军政要人与北平伪中华民国临时政府行政委员长王克敏等高层官员等到场表示庆祝。

据 1939 年 3 月 12 日及 28 日《南京新报》报道：伪维新政府为庆祝其初周，在日控华东地区构筑了 16 个维新政府成立初周纪念塔，其中有 4 处建在南京。伪维新政府新街口广场中央立起一座临时纪念塔，高十余丈，塔身上挂有"维新政府初周纪念"红色方体字，四周悬有伪维新政府国旗和日本国旗数十面（图 4-11）。选址于鼓楼广场旁保泰街口的维新政府初周纪念塔于 1939 年 12 月 28 日开始动工，由周顺兴志号营造厂承建，于 1940 年春建成，塔身上有"维新政府初周纪念"字样（图 4-12）。其余两座纪念塔位于山西路和夫子庙（图 4-13），形制与新街口纪念塔相仿，均为临时纪念塔。

通过一系列类似的活动与宣传，日当局企图麻痹南京市民的抗日热情，营造出一副河清海晏、中日亲善的假象，同时也是对伪维新政府的大小汉奸们的鼓励，达到进一步加强对其思想感情上控制的目的。

1939 年 12 月 3 日，伪维新政府绥靖部在日当局的准许下正式开办绥靖军官学校，开始为伪政府培养伪军的中、下级军官。伪绥靖军官学校由伪维新政府绥靖部部长任援道任校

① 经盛鸿. 南京沦陷八年史 [M]. 北京: 社会科学文献出版社, 2016:527; 转引自伪南京特别市政府秘书处:《南京市政概况（民国二十八年度）》,1940 年第 4 页。

图 4-10　伪维新政府在原国民政府总
统府大门外搭建的初周纪念牌坊
图片来源：王晓华，《汉奸大审判》，
南京出版社，2005。

图 4-11　南京新街口广场的维新政府初周
临时纪念塔
图片来源：百度图片。

图 4-12　建造中的维新政府初周纪念塔及塔身上的"维新政府初周纪念"字样
图片来源：百度图片。

长，校址设在中山东路原励志社内。但策划这所学
校的其实是侵华日军中国派遣军派来的古川大佐、
池本少佐等人，并由这些日本军人掌握学校实权。
日方准许伪政府开办绥靖军官学校的主要目的是
要通过它培养一批亲日的伪军军官，进而控制伪军
各部队。

　　同时，日当局还对伪维新政府的财政进行了
支持，不仅将其霸占掌控的中国海关收入的一部
分——上海海关收入转交伪维新政府，还支持伪维
新政府创办华兴银行发行伪币。此外，日当局还允
许并支持伪维新政府以提高税收及贩卖各种毒品来
增加政府收入。

图 4-13　左后方为南京夫子庙的维新政府初周
临时纪念塔
图片来源：［日］華北交通アーカイブ（http://
codh.rois.ac.jp/north-china-railway/）

　　虽然表面上看来，日当局及日军给足了伪维新
政府面子，但实际上日当局及驻南京侵华日军对伪维新政府并不信任，毫不放松对其的监
视和控制。日当局仅在南京就拥有三个对伪维新政府实施主要监控的机构，它们分别是日
本中国派遣军司令部、日本驻南京总领事馆及 1938 年 10 月成立的日本兴亚院所辖华中联
络部。此外，日当局还向伪维新政府的各级部门派出大量日籍人员充当所谓顾问、专家，
担任职员等。这些日本人实际掌握、控制与监督着伪维新政府的各种权力。对于伪政府中
的各级重要官员，日当局和驻南京侵华日军均对其实施严密的所谓"保护"，其实就是监视。
如伪维新政府行政院院长梁鸿志，日当局首先在他身边安排了一名叫作田中贞子的日本女
性作其随员，在工作上对其进行监视，后又由日本宪兵队特派一个名叫园部的，作为梁鸿
志的侍卫。梁鸿志每次出行，这个园部必定跟在其后。又如伪维新政府内政部部长陈群，
亦受到日当局的严格控制，日军派一名日本宪兵每日陪同陈群出入，另派一名日本便衣一
起对他进行监视。

　　在政务方面，侵华日军中国派遣军安插了大量日本顾问在伪维新政府的各级部门里。
在一些重要的部门中，日本顾问就多达五名，如财政部、教育部、内政部等。1938 年 8 月 1 日，
侵华日军中国派遣军特务机关本部部长在伪维新政府准备从上海迁到南京时，签发了一份
正式确认有关伪维新政府顾问各项事项的公文给梁鸿志，严格规定了伪维新政府未经与顾

（）施佩林的收件确认
书（1938 年 5 月 10
日）[M]// 陈谦平，张
连红，戴袁支 . 南京大
屠杀史料集 30：德
国使领馆文书 . 郑寿
康，译 . 南京：江苏
人民出版社，2007.

问协商，不得施行政务。此外，伪维新政府每周例会的前一天，日原田联络部长都会到行政院与梁鸿志进行密谈，而所有在例会上将要做出的议决案，其实在前一天都已经被内定，伪政府的例会只不过是走走形式罢了。伪维新政府"过着一种影子般的生活，情况不允许他们自由发挥作用，开始着手干的少许工作中途就停下了。一切决定权都控制在日本军方的手里"[①]。

由此可见，伪维新政府其实也不过是另一个装饰一新的、日当局及驻南京日军的"传声筒"而已，同样没有任何自由，也没有实权。当这个新的"传声筒"不再能够满足日当局需求时，便是它被抛弃的时候。

伪中华民国维新政府在成立初期，就因其与北平伪政权权力地位的相持不下而决定了它地方政权的性质。侵华日军中国派遣军由于部队的合并改编，不再是"华中派遣军"而变成了"中国派遣军"，为扩张其在中国战场上的势力和影响，一改之前将南京地区伪政权作为地方政权的策略，转而支持其一手扶植起来的南京伪维新政府成为统一中国的政权。所以在名称、国旗与政府中的组织构成上，伪维新政府较北平伪中华民国临时政府看上去更像一个伪中央政府，且拥有北平伪政府所没有的伪外交部。日当局方面则从日本侵华的最高利益出发，力图贬低中华民国南京政府、抬高其支持的北洋政府的地位，于是更加重视其扶植的北平伪中华民国临时政府。但是，要作为被日当局利用来统治全中国范围内所有日占区的中央政府，不论是北平伪中华民国临时政府，还是南京伪维新政府的领导人，在日当局眼中都不具备其想要的实力，无论在资历、声望、影响力和能力上，都不足以来号召全国并对重庆国民政府造成威胁。

为了与重庆国民政府抗衡，尽快控制与稳定其刚刚占领的地区，日当局一边在寻找"心仪"的伪中央政权核心人物，一边着手促使北平伪临时政府和南京伪维新政府合并，组建成一个联合委员会，这个委员会成员包括了所有日占区已经扶植起来的伪政权，各个伪政权实行分治合作。这实质上就是日当局分裂中国、实施其殖民统治的表现。

1938 年，在日当局企图扶植曾任民国第一任国务总理的唐绍仪和曾任北洋直系军阀军事统帅吴佩孚为核心形成新的伪政权失败的同时，重庆中国国民党与国民政权当权派汪精卫集团被日当局成功拉拢与策反。1938 年 12 月 18 日，汪精卫集团从重庆叛逃，并于 29 日发表"艳电"，公开要求重庆国民政府当局与日本议和。日当局找到了更有利用价值、更符合其期望的工具，虽然梁鸿志等人心中极其不甘，但伪中华民国维新政府的政治生命此时也已经走到了尽头。

1940年3月28日，伪维新政府举行了维新政府两周年典礼，典礼前梁鸿志下令伪南京特别市政府社会局局长王承典在新街口建立一座维新政府纪念塔（图4-14），在夫子庙建一座儿童公园，企图为存在两年的伪维新政府留下些什么。伪维新政府在庆祝其两周年第二天的3月29日，即宣布正式解散，办理与汪伪政府的交接。

图4-14　伪维新政府在新街口拉起的庆祝两周年的宣传横幅及搭建的临时纪念塔
图片来源：东京日日新闻社与大阪每日新闻社联合出版，《支那事变画报》，1940年1月5日发行。

第三节　第三届伪政权（汪伪"国民政府"暨伪"南京特别行政市"）期间

随着战局的发展，日当局和侵华日军在中国日占区扶持的一个又一个伪地方傀儡政权已经不再能满足其侵华的最高利用需求，所以寻找、扶持一个能够对全中国日占区产生一定影响的、听命于日当局和日军且反蒋、反共、反战的伪中央政府成了日军及日当局的新目标。

1938 年 11 月 3 日，日内阁首相近卫文麿发表第二次对华政策声明，提出以日本为首，"日、满（伪满洲国）、华"合作，建立东亚新秩序，并一改同年 1 月 16 日发表第一次对华政策声明时，对国民政府不予承认的态度，表示只要国民政府抛弃以前的政策，并更换组织人员、自愿参与建立东亚新秩序，日本便予以接受。与此同时，日当局积极策动亲日派汪精卫集团于重庆国民政府内部推动改组，逼迫蒋介石下台，从而获得一个亲日、反共的全新重庆国民政府，从内部瓦解中国的抗日阵营。然而因蒋介石在国民党内根基深厚，此计划未能成功，日当局只能退而求其次，直接策动汪精卫集团叛离重庆。

1938 年 12 月 22 日，近卫文麿第三次发表对华政策声明，提出著名的"近卫三原则"，即：

一、亲善友好，要求中国政府放弃抗日的愚蠢举动，承认伪满洲国，与日本修复国交；

二、共同防共，与日本签订"防共协定"，协定期间，允许日本在"特殊地点"驻兵；

三、经济合作，允许日本人在中国内地有自由居住、经营的权利，并在华北及内蒙古的资源开发利用上，给予日本积极的便利。

29 日，已由重庆叛逃的汪精卫，在香港发表了要求重庆国民政府向日本祈和的"艳电"。日当局及汪精卫认为在这两次公开声明的发表之后，中国的反蒋势力会迅速聚集到汪精卫麾下、拥护汪精卫为领袖，在中国西南的非沦陷区如川、黔、滇、桂等地成立与日当局积极配合的新国民政府，中国的抗日阵营会自然而然地迅速瓦解，这样一来日本帝国主义便可以依靠汪精卫伪政府直接占领全中国。然而事情并没有按照日当局和汪精卫规划的那样发展，他们一唱一和前后发表的两次声明，激起了全国军民与海外华侨的声讨，中国西南各反蒋地方将领也一同发声谴责汪精卫集团的通敌卖国行为。重庆国民政府仍坚持抗战路线，并迅速开除了汪精卫的国民党党籍，罢免了他的一切职务，下达了通缉令。日当局企图利用汪精卫集团，扶持、成立中国西南新国民政府的计划彻底破灭。

1939 年 3 月 20 日，汪精卫在越南河内遭到军统特工暗杀，差点命丧他乡。4 月 5 日，在日本东京陆军参谋部任命的联络专员影佐祯昭的接应下，汪精卫离开河内逃往上海，开始依附在侵华日军的庇护之下。

1. 汪伪中央政府成立

南京沦陷的同时，侵华日军"迅速夺取全中国"的计划已然成为日本帝国主义当局的痴人说梦。面对日军的侵略，中国军民抗日决心坚定，抗日热情高涨。日当局分裂中国、对其所占领区域采取的分而治之的策略，已经不能与全中国统一抗日的局势抗衡。所以日当局及侵华日军急切地想要扶植起一个能够"名正言顺"地掌控中国大部分地区的伪政府，通过它来有效地实施侵华日当局"以华制华、以战养战"的殖民政策，并寄希望于这样的伪政权能够有实力与中国的抗日力量抗衡。而此时日本当局扶植的北平伪中华民国临时政府与南京中华民国伪维新政府都不足以胜任，被寄予厚望的唐绍仪遭到军统暗杀而亡，策动重庆国民政府改组的计划又告失败，成功策反的汪精卫也遭到了全中国人民乃至国际社会的谴责。面对这种情况，日当局再三商讨后，也只能继续利用汪精卫，同意他以"还都"的形式在日军控制下的南京组建一个所谓正式的伪中央政府，吸纳北平伪中华民国临时政府和南京伪维新政府于旗下。

为更好地扶植与监控汪精卫集团，日当局于 1938 年 8 月 22 日在上海北四川路永乐坊成立了一个由影佐祯昭担任机关长的新特务谋略机关——梅机关，专门联络与监护汪精卫集团。1939 年 5 月起，汪精卫集团便开始在公众视线下频繁活动，开展所谓"和平运动"，访问日本，进行与北平伪中华民国临时政府的代表商谈、与南京伪维新政府的代表商谈等活动。当三方伪政权由于利益分配与权利争夺问题争执不下的时候，日当局就立刻进行干预，使其达成一致。

1939 年 12 月 30 日，汪精卫与日本当局在上海秘密签订了《关于调整中日关系协议书》，其中将日本在中国的侵略要求以"法定"的形式写了出来。包括：新的伪政府会承认满洲国；日军及日当局在伪政府的外交、教育、文化、军事等方面保有权利；日军及日当局对中国的资源的开发、利用享有权利；在日方选定地点享有驻军的权利，并且拥有与驻军有关的所有交通、通讯、补给上的权利；新的伪政府与其各级机构中，仍要聘用大量日本顾问等。

从这些内容上来看，日方策立的以汪精卫为首脑的新一届伪政府与南京前两届伪政府

①经盛鸿. 南京沦陷
年史 [M]. 北京: 社
科学文献出版社,
016:298; 转引自日
防卫厅防卫研究所
史室:《中国事变
军作战史》第 3 卷
1 分册, 第 35 页。

别无二致, 除了拥有一个看起来更加正式的来历外, 仍是以保证日本在中国的绝对利益为前提的、完全的傀儡政权。然而对于这份满纸赤裸裸的侵略与掠夺条款的协议书, 日当局却仍不满足也并不打算遵守, 只当它是为尽快扶植起伪中央政府、谋求日本侵华利益的最大化而给予汪精卫集团的一纸空文而已。日侵华中国派遣军第一任参谋长板垣征四郎在给日本当局的密电中就明确表露, 就算日方答应了汪精卫集团的所有要求, 以日本占尽优势的强大军事力量, 想反悔即反悔, 没有任何不妥[①]。

1940 年 1 月, 高宗武、陶希胜自汪精卫阵营中秘密叛逃, 于香港公开了汪精卫与日当局秘密签订的《关于调整中日关系协议书》, 国内外一片哗然, 而汪精卫集团则置若罔闻, 继续全力以赴积极地筹备组建伪中央政府、"复党"等无耻卖国事项。

1940 年 1 月 27 日, 汪精卫宣布成立"还都筹备委员会", 3 月 12 日发表《和平宣言》, 宣布即将"还都"南京。17 日, 在日当局的军事保护和梅机关的指挥、监视下, 汪精卫、陈璧君、陈公博及伪国民党、伪国家社会党、伪中国青年党等伪组织的代表到达南京。18 日, 周佛海、梅思平、丁默邨、岑德广及伪北平中华民国临时政府代表王克敏等、伪蒙疆联合自治政府代表李守信等亦分别到达南京。一众大小汉奸在日当局的指使和侵华日军的保护下, 相继在南京粉墨登场。

为表示对即将组建的伪中央政府的欢迎与支持, 驻南京的日本侵华中国派遣军总司令西尾寿造大将于 1 月 18 日发表声明, 表示拟将日占区中一直由日军占领、管理的中国工厂与矿山"交还"于新的伪中央政权。1940 年 3 月 19 日, 汪精卫率领在南京的主要军政头目前往中山陵谒陵。在祭堂里汪精卫和其亲信们上演了一出哭戏, 惺惺作态地隐喻他们才是孙中山事业的继承者, 真正将要实现孙中山中日合作、实行大亚洲主义的实践者。

3 月 20 日至 22 日, 在中山北路原国际联欢社, 由汪精卫主持召开了伪中央政治会议。由于会议的一切议案早在会议召开之前就由日本特务机关梅机关与汪精卫、周佛海议定, 这次会议更像是一次宣读会, 所有议案均一一迅速通过。其中制订的《国民政府成立大纲》规定: 伪中央政府名称仍为中华民国国民政府; 首都仍在南京; 国旗仍为青天白日满地红旗, 以增加一片写有"和平、反共、建国"的黄色三角形布片来与重庆国民政府作区别; 伪政府于 1940 年 3 月 30 日正式成立。3 月 29 日与 30 日两日内, 伪中华民国维新政府、北平伪中华民国临时政府、伪中华民国政府联合委员会相继宣布解散和撤销。在汪伪政府于南京正式成立的同一天, 北平方面即宣布成立华北政务委员会。

汪伪国民政府的所有组织机构全部按照原南京国民政府设置，仅增加了伪宣传部和伪社会部。伪国民政府主席虚设为原南京国民政府主席林森，由汪精卫代理，以显示伪中华民国国民政府是继承自原南京国民政府，显示汪伪政府的"正规、正统"。

汪精卫伪政府各组织机构办公地点大多沿用原南京国民政府时期所建政府建筑，只是将功能、名称进行置换而已。伪中央政府及伪行政院的办公地，选在鸡笼山麓的原国民政府考试院址。伪国民政府、伪行政院、伪中央政治委员会合署、伪外交部、汪精卫办公室及1940年12月19日成立的伪全国经济委员会，都安置在考试院东轴线上的宁远楼内；原南京政府考试院主考场、西轴线上的明志楼，被改为伪国府礼堂；伪办公厅设在西轴线上的公明堂内；而伪中央政治委员会日常会议则多在邻近的北极阁上，原宋子文住宅内举行。3月29日，

图4-15　汪精卫就职典礼后汉奸合影
图片来源：张宪文，《日本侵华图志》，山东画报出版社，2015。

汪精卫等人来到伪中华民国国民政府与伪行政院大门前的原国民政府考试院东花园内，参加还都纪念碑的建成与还都纪念塔揭幕的典礼。还都纪念碑虽是汪伪政府所建，但还都纪念塔其实是将原国民政府考试院于1937年3月建成的励士钟塔装修一番后重新命名而已。

国府路上原南京国民政府大院内设有汪伪国民政府的伪立法院、伪监察院、伪考试院、伪军事参议院、伪军事委员会政治训练部及伪航空署。梁鸿志新任伪监察院院长，仍继续使用他任伪维新政府行政院院长时在原南京国民政府大院内的办公室。

其余各伪院、部、会，及伪党、政、军特等主要机构所在地址，参照表4-4。

表4-4　汪伪国民政府各机构地址信息表

汪伪政府机构	原南京政府时期机构	伪维新政府时期机构	地址
伪国民政府 伪行政院 伪中央政治委员会合署 伪外交部 伪全国经济委员会 汪精卫办公室	考试院	—	鸡笼山麓、和平路

（续表）

汪伪政府机构	原南京政府时期机构	伪维新政府时期机构	地址
伪立法院 伪监察院 伪考试院 伪军事参议院 伪军事委员会政治训练部 伪航空署	国民政府大院	伪行政院 伪交通部 日军顾问部	国府路
伪交通部	东院行政院后座		
伪铁道部	东院行政院前座		
伪军事委员会 伪参谋部	国立美术陈列馆	—	长江路266号
伪内政部	—	伪内政部	夫子庙后半部
伪中央宣传部	国货银行 一、二、三楼	—	中山路265号
伪财政部	财政部	—	中山东路164号
伪教育部	中央庚款委员会	—	山西路78、80号
伪军政部 伪军事委员会军事训练部 伪社会部 伪侨务委员会 伪边疆委员会 伪赈务委员会	国民党中央党部	—	丁家桥16号
伪海军部	海军部	—	中山北路346号
伪军政部	中央研究院	—	鸡鸣寺旁，和平路
伪工商部	教育部	—	成贤街51号
伪农矿部	中南银行	—	白下路173号
伪水利委员会	内政部	—	瞻园路132号
伪司法行政部	—	—	新建房屋
伪宪政实施委员会	国民大会堂	—	长江路264号
伪国民党中央党部	中央党部	—	颐和路32号 丁家桥16号
伪国民党 南京市党部	—	—	慈悲社 八条巷9号
伪首都地方法院	宪兵司令部	江宁地方法院	瞻园路126号
伪首都警察厅	首都警察厅	—	保泰街
伪政治警察署			牯岭路8号

(续表)

汪伪政府机构	原南京政府时期机构	伪维新政府时期机构	地址
伪特工总部 南京区本部	—		颐和路 21 号
伪中央警官学校	工兵学校	—	光华门外海福巷
伪南京市政府 及其各局	法官训练所	—	中山北路 261 号
伪首都高等法院	—	—	宁海路 26 号

表格来源：笔者自制。

汪伪国民政府体系基本成形，但由其主要机关、机构分布图（图 4-16）可见，除两处新建房屋外，其余各部门均利用原南京国民政府所遗留下来的房产进行办公，而各个部分分布缺少规划，出现了一些机构其中一部分部门与其他机构挤在一处办公，而同属一个机构的另一部分部门办公地点却在相隔颇远的另一地点的现象。由此可见，汪伪政府正式成立之前虽然其政府体系基本构架已经完成，但位置部署上十分仓促，缺乏合理的规划。与

此同时，原国民政府行政院等最主要的中央机构所在地原总统府，却仍被伪维新政府的中央机构占据着，汪伪政府并未使用此处房屋建筑。

1940 年 4 月 26 日，汪伪国民政府在南京国民大会堂举行了盛大的还都典礼。日伪当局组织了南京各界民众代表近万人集会，以示庆祝。伪政府各级机要人员、日最高军事顾问影佐祯昭等人全部到会。日本特派大使阿部信行及日本国民庆祝国民政府成立使节团的全体成员也参加了典礼。

然而此时的汪伪政府还并没有得到日本当局的完全认可。还都典礼后的很长一段时间内，日当局派代表与汪伪政府以实现日方所有侵略目的和最高利益为前提，进行了多次谈判。1940 年 8 月 30 日，阿部信行与汪精卫各率代表团在汪伪国民政府宁远楼草签了《中日国交

图 4-16　汪伪国民政府各主要机关、机构区位图（1940）
图片来源：笔者自绘。

调整条约》，又称《日华基本关系条约》。汪伪政府在条约中正式同意了汪精卫于1939年12月30日在上海与日本当局秘密签订的《关于调整中日关系协议书》中，日当局提出的所有侵略与殖民条款。但由于此时日当局仍不放弃诱降重庆国民政府，企图将其与伪南京国民政府合二为一，一致对日求和，所以直到日当局见劝降重庆国民政府完全无望之时，才于1940年11月27日通知汪精卫于正式签署条约前就任伪南京国民政府主席。11月29日汪精卫宣誓就任伪国民政府主席，第二日便与阿部信行分别代表伪政府、日当局，正式签署了《日华基本关系条约》。与此同时，由于汪伪政府承认"伪满洲国"的地位，汪精卫于当日与阿部信行和"伪满洲国"的国务卿臧式毅三人即共同签署了《中日满共同宣言》。

在外交上正式承认汪伪政府的日本当局，随后在原南京政府时期鼓楼日本大使馆原址复设大使馆，挂牌大日本帝国大使馆。而南京沦陷后从白下路搬迁至大使馆旧址的日本驻南京总领事馆，则被迁至新街口附近的原《中央日报》报社社址所在地，挂牌大日本帝国总领事馆。日本政府于1940年12月7日任命本多熊太郎为第一任日本驻汪伪政府大使，同时汪伪政府任命原伪行政院副院长兼伪外交部部长褚民谊为伪政府驻日大使。

7个月后，作为轴心国的纳粹德国与法西斯意大利于1941年7月1日同日宣布承认汪伪政府。7月2日，西班牙及纳粹统治下的匈牙利、保加利亚等国相继宣布承认汪伪政府。至此，汪伪国民政府在第二次世界大战法西斯阵营中算是占据了一席之地。而承认汪伪政府的正式性，也标志着日当局多年策划的侵略、分割、掠夺、霸占中国的殖民计划终于得到了表面上的实现。

2. 市政规划

汪伪国民政府成立后即将伪江苏省政府和伪南京市政府进行了改组，并改省长制为主席制。原伪维新政府南京特别市市长高冠吾被重新任命为伪江苏省主席，办公机构设在苏州。改原伪南京特别市为伪南京市，其政府与伪江苏省政府平级，直接隶属于伪政府行政院，伪市长为原汪伪政府工商部政务次长蔡培。

伪南京市政府仍设在原伪维新政府南京特别市政府的所在地——中山北路261号，原南京政府法官训练所内，其下属部门也大多在此办公。伪首都地方法院另设于瞻园路126号的原南京国民政府中央宪兵司令部内。1943年1月1日成立的伪首都高等法院设于宁海路 26 号。伪国民党南京市党部设于八条巷 9 号的一座二层楼内。

自 1940 年 6 月起至 1941 年 12 月底被调离，蔡培担任汪伪政府南京市市长约一年半时间。此期间蔡培贯彻日当局殖民、奴化政策，积极为其在南京建立稳固的基地而进行多方工作。蔡培大力宣传汪精卫的"和平"理论，组织南京大中学生集训，宣扬中日亲善，极力反战，组织和参与多次对日交流，为日当局的侵略扩张政策大唱赞歌。而当 1941 年 4 月有人向伪南京市政府报告灵谷寺东首空地上于 1939 年春由原伪维新政府南京特别市修建、收殓了约 3 000 具被日军屠杀的受害者尸骸的扁圆大墓已经破损不堪时，汪伪南京市政府却不愿出资对其进行修缮，以至于这座无主孤坟愈加破损，一两年后便完全损毁不复存在了。同样在 1941 年的 4 月间，汪伪南京特别市社会指导委员前后两次共为日军征集了 700 多名苦力送往日军工地。至年底仅有少数人被遣返，绝大多数则一去不复返。由此可见，蔡培与汪伪南京市政府为日当局服务之谄媚、对同胞之残酷。

1941 年 3 月 13 日，在汪伪中央政治委员会第三十九次会议上决定将南京、上海、汉口三市改为伪行政院特别直辖市。于是伪南京市再度更名为"南京特别市"。

1941 年 12 月 31 日，汪伪中央政治委员会第三十九次会议决定调蔡培任伪粮食管理委员会委员长，并任命伪国民党南京市党部主任委员周学昌为第二届汪伪南京特别市市长。1942 年 1 月 6 日，周学昌正式就任伪南京特别市市长，至 1945 年 8 月日本投降，周学昌在任约三年又七个月时间。

在担任汪伪南京特别市市长期间，周学昌的施政方针与蔡培高度一致：以日当局的殖民、奴化策略为主导思想，宣扬汪精卫的所谓和平主义。1942 年 9 月 2 日，周学昌以汪伪南京特别市市长的身份到日本考察市政建设。随后直接从日本前往"伪满洲国"的新京（长春），参加日当局组织与操纵的第二次东亚大都市大会。会上周学昌发表讲话，以自己在日本考察所得并结合南京情况，向大会提出了三项城市建设方案，即精神训练、物质建设、技术交换。此后周学昌在南京贯彻了他所提出的这些建设方案，特别是前两项。

首先，所谓的精神训练其实就是利用各种手段宣传日当局的殖民政策、蛊惑、奴化南京市民。

周学昌利用自己是文人出身、擅长舞文弄墨、宣讲鼓动的特长，积极宣传侵华日军中国派遣军总参谋长板垣征四郎在南京倡导的东亚联盟运动和汪精卫的新国民运动，并兼任新国民运动促进委员会南京分会主任委员。此外，在日本于 1941 年 12 月 8 日发动太平洋

〔〕罗森.罗森致汉口德国大使馆（1938年 4 月 19 日）[M]//东谦平，张连红，戴支.南京大屠杀史料集 30：郑寿康，译.德国使领馆文书.南京：江苏人民出版社，2007.

战争后，周学昌还在南京宣传和支持日本发动的大东亚战争，要求市民在精神和物质上全面支持日本的战争。汪伪政府将每月 8 日定为保卫大东亚纪念日后，每月 8 日周学昌都要到南京广播电台发表纪念讲话。1942 年 3 月 8 日，周学昌以汪伪南京特别市政府名义与汪伪中央宣传部一起，将鼓楼保泰街口的原伪维新政府初周纪念塔改建成了保卫东亚纪念塔，并举行了揭幕仪式，以此宣传所谓"东亚圣战"，扩大其影响。1943 年 1 月 9 日，汪伪政府在日当局的指示下宣布对美、英宣战后，周学昌立即于当日下午举行国民精神总动员首都民众大会，并于当月 12 日组织拥护参战示威大游行。

周学昌多次以汪伪南京特别市市长的身份到日本访问与考察，每次回到南京即发表广播讲话谈其访日感言，大力宣扬"友邦日本"对中国的"亲善""提携"的"不变国策"和"一贯精神"。1943 年 10 月 30 日，日当局为挽回其在太平洋战场的败局而进一步笼络汪伪政府，放宽其对伪政府的监控后，周学昌更是利用广播向重庆国民政府喊话，要求重庆国民政府"认清大势所向，迅速停战，恢复全面和平"。

除此之外，周学昌任汪伪南京特别市市长期间，还在南京的大学、中学中公开和秘密地建立伪学生组织，在伪政府组织的大学生、中学生集训班上，由其代表伪政府亲自对这些组织成员发表讲话。周学昌力图通过这些方法，在南京的青年学生中诱导、发展伪政府的社会基础。

其次，所谓物质建设，实质上就是控制、压迫南京市民为日本发动的侵略战争生产与供应物质资源。

为向日军提供大米等战略物资，南京市民的口粮遭到伪政府的克扣。1941 年初起，汪伪南京特别市政府就开始对南京市民实行食米配给制。到 1943 年 8 月 12 日，市民的食米被进一步克扣，实行按日配给制度，不仅配给量低，而且不能保证供应。扣下来的食米被用来优先供给侵华日军或是被运往日本。

食米之外，侵华日军在占领南京初期便开始回收废钢铁，为给武器制造提供原材料。日方不仅收集铁制品，还从建筑上拆卸铁构件。所有被遗弃房子里的管子和暖气片等物品都被卸下送到牯岭路的废钢铁收购站去[①]。周学昌任伪市长期间，更是以伪政府的名义积极为日本搜集钢铁、金属，支持日本的武器生产。1943 年 6 月 9 日，汪伪南京特别市政府成立献铁运动委员会，周学昌亲自主持此委员会的事务，还专门为此发表广播讲话，要求南京市民服从日伪当局的命令，号召市民踊跃献铁。这其实与伪维新政府时期日当局回收所谓废旧钢铁的性质一样，除强迫搜缴外，还将居民建筑物与公共建筑上的铁器强行拆下，集中起来运往日本。

为满足日军对苦力的需求，伪南京特别市市长周学昌还积极主持为日方招工。但有前两届伪政府招工后付不出工钱及招工后工人生死不明的前车之鉴，市民纷纷避之不及。汪伪南京特别市政府名为招工，实质上就是强拉民夫，为日军的军工厂、军事运输部门等提供苦力。

在为日方提供各种物资及服务的同时，伪南京市政府成立伊始便积极着手恢复、完善城市区公所制度及组织建设。1941年5月伪南京市政府公布了《南京特别市各区公所组织规程》，其内容规定南京市辖境内暂设伪市区公所五个，伪乡区公所四个，各区名称与所辖范围暂沿袭伪维新政府所划定的范围。各区下设置坊乡镇长及保甲长等各级分管人员。至1942年2月，汪伪南京特别市九个区公所地址及辖境范围如下（图4-17）①：

图4-17　汪伪国民政府南京行政区划分示意图（1942年7月之前）
图片来源：笔者自绘。

①资料来源：伪南京特别市秘书处：首都义勇警察队组织规则、各区公所组织规程及编制情况等，南京市档案馆，卷号10021-888。

第一区：区公所位于瞻园路，辖境范围为中华路复兴路（即今中山南路）以东、中山东路以南，共辖20坊；

第二区：区公所位于升州路，辖境范围为中华路复兴路以西、汉中路以南，共辖24坊；

第三区：区公所位于珠江路，辖境范围为中山东路以北、中山北路以东及五洲公园（即今玄武湖公园），共辖11坊；

第四区：区公所位于山西路，辖境范围为中山北路以西、汉中路以北，共辖10坊；

第五区：区公所位于下关宝善街，辖境范围为挹江门外下关地区，共辖7坊；

上新河区：区公所位于上新河镇，辖境范围为汉中门外乡区，共辖江胜、南圩、北圩、南滨、北滨、上新河等六个乡镇；

燕子矶区：区公所位于燕子矶镇，辖境范围为中央门外乡区，共辖燕子矶、乌龙、栅栏、金固、万山、太平、七里、八卦、和平、笆斗等十个乡镇；

孝陵卫区：区公所位于孝陵卫镇，辖境范围为中山门外乡区，共辖马群、孝陵卫、牌楼、仙鹤等四镇；

安德门区：区公所位于中华门外雨花路，辖境范围为中华门外乡区，共辖 3 坊及善德、谷秀、凤台、海新等四个乡镇。

为激励各区保甲制度的建立，伪政府于 3 月间决定树立一个"政务楷模区"，即设立一个自治实验区。4 月 1 日，原城内第四区成为城区自治试验区。5 月 1 日，原燕子矶区成为乡区实验区。

同年由于各区区界与伪首都警察总监署下辖警察局界限不一，造成行政上的不便，伪南京特别市政府遂对城内各区划分作了重新调整：于 7 月底决定于市内新增一区，管界在太平路、复兴路一带，定该区名为"第四区"，其区界与伪中区警察局辖境相同。包括城区自治实验区在内的其余各现有城区均依照警察局辖境边界调整区界，使各区管界与警察局辖境统一，便于伪政府行使公务。调整后的城区实验区面积扩大，第一、二、三区均有移改或面积缩小，第五区管界不变。11 月，伪南京特别市政府修正并颁布了《修正南京特别市各区公所组织规程》。根据新的规程，出于加强地方保甲组织、强化对市民的控制的目的，确定城内区公所增加至六个，乡区仍为四个。因不同区内辖境面积不同，需处理的日常事务繁简各异，南京的十个区除"试验区"外被划分为一、二、三等。城区一等区为第二区，二等区为第一区及第三区，三等区为第四区、第五区。乡区一等区为上新河区，二等区为安德门区，三等区为孝陵卫区。

重新画界、编排保甲后的南京各区，城区在区以下设坊，乡区下设乡、镇，坊、乡、镇下又设保、甲。城内各区按伪南京特别市政府所制定的《各区办理划界中心工作大纲》要求：城区自治实验区不得超过 14 坊，城区一等区不得超过 16 坊，城区二、三等区不得超过 12 坊，进行坊的划定。各坊冠以地名，保、甲以数字为名，进一步加强了户籍管理、联保制度和巡防制度。

至此，南京各区下辖各坊、保、甲概况如下[①]：

第一区：伪区公所设于瞻园路。分为 16 坊：中华坊、瞻园坊、乌衣坊、西湖坊、白鹭坊、玉壶坊、贡院坊、全福坊、饮虹坊、仁厚坊、膺福坊、积善坊、甘露坊、百花坊、望鹤坊、彩霞坊。全区共 173 保、1 775 甲。

第二区：伪区公所设在升州路。分为 16 坊：孝顺坊、杏花坊、胭脂坊、仓顶坊、双乐坊、金栗坊、升州坊、止马坊、仓巷坊、七家坊、草桥坊、曹都坊、王府坊、三茅坊、石城坊、石鼓坊。共 174 保、1 831 甲。

第三区：伪区公所设在珠江路。分为 12 坊：丹凤坊、吉兆坊、碑亭坊、汇文坊、光华坊、大光坊、御史坊、复成坊、英威坊、太平坊、如意坊、珠江坊。共 125 保、1 386 甲。

第四区：伪区公所设在曾公祠。分为 12 坊：慧园坊、文昌坊、白衣坊、太平坊、廊庙坊、洪武坊、文正坊、户部坊、明瓦坊、中山坊、复兴坊、评事坊。共 134 保、1 470 甲。

第五区：伪区公所在宝善街。分为 7 坊：商埠坊、宝善坊、复兴坊、永宁坊、鲜鱼坊、栅栏坊、惠民坊。共 68 保、788 甲。

城区自治实验区：伪区公所设在山西路。分为 14 坊：华侨坊、永庆坊、随园坊、鼓楼坊、聚槐坊、阴阳坊、清凉坊、颐和坊、人和坊、定淮坊、马台坊、金川坊、北极坊、玄武坊。共 131 保、1 216 甲。

郊区四区仍为：安德门区、上新河区、孝陵卫区和乡区自治实验区（原燕子矶区）。其概况如下：

安德门区：伪区公所设在雨花路。城厢有雨花、西街、同济 3 个坊；另有 1 个镇和 4 个乡，即善德镇、谷秀乡、凤台乡、赛浜乡、海新乡。共 73 保、711 甲。

上新河区：伪区公所设在上新河镇。有 1 个镇和 5 个乡，即上新河镇、江东乡、南圩乡、北圩乡、南滨乡、北滨乡。共 96 保、996 甲。

孝陵卫区：伪区公所设在孝陵卫镇。有 4 个镇和 1 个乡，即孝陵卫镇、牌楼镇、马群镇、仙鹤镇、太平乡。共 53 保、468 甲。

乡区自治实验区：伪区公所设在燕子矶镇。有 1 个镇和 8 个乡，即燕子矶镇、笆斗乡、乌龙乡、万山乡、和平乡、栅栏乡、金固乡、七里乡、八卦乡。共 89 保、795 甲。

同时，自日方在南京扶植起伪政权以来便被划出南京管辖范围内的江北浦口镇，因其在交通及治安方面的重要性，汪伪政府上台之初的 1941 年 4 月，伪南京特别市政府便呈请伪行政院，要求伪江苏省江浦县将浦口镇的管辖权交还伪南京特别市政府，恢复南京市对浦口的管辖。但因对交还浦口镇的辖界确定与勘测一直无法确定，直至 1942 年 1 月伪内政部才通令伪省、市等有关机关，决定按 1937 年底南京沦陷前浦口镇的边界范围，移交伪南京特别市政府管辖[①]。

南京各区自上而下所设的区、坊、乡、镇、坊、保、甲制，就如同织成一张无形的巨网，将全市人民牢牢控制在日伪的殖民统治之下。在伪政府的努力与控制下，南京成为中国日

①伪南京特别市社会局：呈院请将浦口地方交还市府管辖会议记录，南京市档案馆，卷号：1002-2-1352。

①张同乐，马俊亚，主编大臣，等. 中华民国专题史（第12卷）：抗战时期的沦陷区与伪政权 [M]. 南京：南京大学出版社，2015：205；转引自：南京市人民政府研究室. 南京经济史（上）[M]. 北京：中国农业科技出版社，1996：393.

②张同乐，马俊亚，主编大臣，等. 中华民国专题史（第12卷）. 抗战时期的沦陷区与伪政权 [M]. 南京：南京大学出版社，2015：211；转引自：《实业部派员调查京沪沪杭两铁路沿线实业情况》，中国第二历史档案馆藏，《伪维新政府档案》2103-08.

③南京1937年12月8日至1938年1月13日大事报告 [1938年2月9日] [M]// 陈谦平，张连红，戴袁支. 南京大屠杀史料集30：德国使领馆文书. 郑寿康，译. 南京：江苏人民出版社，2007.

④沙尔芬贝格. 1938年1月28日南京的现状 / 陈谦平，张连红，戴袁支. 南京大屠杀史料集30：德国使领馆文书 [M]. 南京：江苏人民出版社，2007.

⑤张同乐，马俊亚，主编大臣，等. 中华民国专题史（第12卷）. 抗战时期的沦陷区与伪政权 [M]. 南京：南京大学出版社，2015：213.

占区内日当局成功实施以华制华政策的殖民地之一。与此同时，伪政府意图开始继续对南京实施伪化建设，并于1943年组织、设立起伪首都建设委员会，准备着手编制新的都市规划方案。但其工作进展颇慢，最后随着日本战败投降而不了了之。

3. 汪伪统治下南京的农业与农副业

农业是社会经济的基础，又是战时为国家、军队提供战略物资的重要支撑行业。战时陷入战区的城市和乡村，其人口均因战争而锐减。根据南京国际赈济委员会的调查，侵华日军在南京沦陷的最初几个月中屠杀南京城郊江宁、句容、溧水、江浦、六合（部分）等县平民4万余人，其中多数是农民①。而实际上，遭到日军直接杀害的只是因战争而死亡人口的一小部分。战争期间非自然死亡人口中，其致死原因有直接因轰炸、被流弹击中致死，有由于日军当众虐杀平民而受极度惊吓致残、致死，还有因日军屠杀、无人收殓遇害者尸体而造成的疫情蔓延致死等等。就算逃过种种灾难，在日占区幸存下来的人却还是躲不过日军在乡间强征壮丁为其做苦力，这部分人口要么在完成日军工程时为保密而被日军屠杀，要么在劳动期间被日军虐待致死，要么被日军强迫长期工作而无法归家。沦陷区的青壮年农民不堪蹂躏，纷纷逃亡他地，根据1938年5月的调查，江宁县农村的乡民被迫逃亡的人口达11.1万人，江浦等县流亡人口近6万，句容县有15000余人②。

除随意屠杀平民外，日军还有计划地劫掠、纵火焚烧房屋，抢劫宰杀家畜。一位沦陷期间滞留南京的外国人于1937年12月28日驾车去栖霞山购买食物，发现日本人正在南京郊县农村有计划地继续纵火焚烧房屋，蹂躏、强奸和抢劫的事件每天都在发生，许多被打死的水牛、马匹和骡子躺在公路两边的农田里，绝大部分老百姓都逃到山里去躲了起来。这位先生在1小时的行车过程中没有看见一个活人和动物，即便在人口密集的大村庄里也是如此③。日本人故意杀死所有的牲畜，包括耕种必需的家畜水牛在内。所有的猪都被砍去了脑袋，随意乱丢在那里。矮种马和驴子都被征用了。在这里（南京），可以看到日本人骑着驴子出行，或者坐在黄包车里用驴子拉着走④。据统计，句容县被日军毁坏房屋233500间，溧水县11200间，江宁县155000间⑤。

1937年8月13日淞沪会战爆发至同年12月13日南京沦陷，正是秋收在即的时段，日军大举从上海开拔至南京城下，沿途公路、铁路附近的农田秋谷大多颗粒未收，离公路铁路较远的农田，虽勉强收获，但所收米谷大多或被抢劫，或被焚毁，而来年春季作物更是无人播种。德国驻华大使馆南京办事处行政主管沙尔芬贝格在 1938 年 3 月 4 日所写的南京现状中描述了在南京及周边广大范围的农田里，见不到一个农民在田间耕作，所有农作物都烂在了田里。[①]

南京及周边农村的农民经历了日军带来的战火和屠杀、劫掠后，在该播种的季节里既没有农具，也没有耕牛，更没有安全。龙潭—汤山—南京这块三角区域中原本有 3 000 头水牛，到 1938 年开春仅剩了 300 头。原有稻田的 2/3 都没人耕种[②]。劳动力严重缺失的同时，农户家庭中的女性帮忙务农，却持续遭到日军的骚扰与残害。有的农妇带着孩子进城卖米，却被日军刺得浑身是血；有的农妇在田里除草，被路过日军羞辱、砍伤[③]，如此惨剧不胜枚举。

日军的战争破坏与暴行严重影响了南京郊县的农业发展及粮食产量。1938 年秋收时南京周边地区粮食产量不及往年一半，大面积农田荒芜，农民弃耕。而此时对南京地区原政府、组织与个人存粮的劫掠已经不能满足侵华日军长期作战的需求，为实现其以战养战的殖民统治，日当局鼓动伪政府进行粮食增产运动的同时，规定由日本陆、海军机关对华中占领区实行粮食统治：由日当局指定的三井物产、三菱商事及大丸兴业三家日本财团为日本军用米采办商，组成日商华中米谷收买组合，再由这个收买组合指定若干日本小粮商或日本浪人为各地的采办米粮承包商，以半价向农民强征米粮。在销售上，由获得日本特务机关颁发的物资搬运许可证的日本商人进行米粮运销，中国的米商只有向日本商人缴纳费用后、获得日商名义的搬运许可，才能在日军及日当局指定的地区进行经营[④]。

1938 年至 1939 年间，日本国内连逢自然灾害粮食减产，所以侵华日军在中国大量采购的军粮不仅要供给其军队，还要运回日本国内。1939 至 1940 年的两年间，侵华日军从华中地区运往日本国内的粮食每年都在 900 万担以上[⑤]。根据 1940 年汪伪政府的调查，南京周边主要产米区，比如昆山、松江县、金山县等，都遭到了日军掠夺式的采购，其产出粮食不仅被日军禁止运往外地出售，而且被日方采购后的余粮连本地的粮食供应都无法满足。此外日伪当局还加重了田赋，1942 年 1 月至 5 月间，京沪杭地区的各种捐税比前一年增加了 10 倍以上[⑥]。加之日本商人的垄断经营，南京城内米价飙升。金陵女子文理学院美籍教授魏特琳在日记中多次记录了南京米价的飙涨：1939 年春，米价由前一年秋季的 7 美金一担涨到了 14 美金一担。为平抑米价，伪维新南京特别市政府筹备了一些所谓平价、专供穷人购买的米，这种米的价格也已经上涨了 1 美金，为每担 8 美金。到 1939 年 12 月左右，

①沙尔芬贝格.193□年 3 月 4 日的南京□状 // 陈谦平,张连红,戴袁支.南京大屠□史料集 30：德国使馆文书[M].郑寿康□译.南京：江苏人□出版社，2007.
②经盛鸿.南京沦陷八年史[M].北京：□会科学文献出版社，2016:626；转引自□中国第二档案馆,□京市档案馆.《侵华□军南京大屠杀档案》第 639 页.
③白芜.今日之南京（1938 年 11 月 25 日□// 马振犊,林宇梅等.南京大屠杀史料集64：民国出版物中记载的日军暴行[M].南京：江苏人民出版社□2010.
④经盛鸿.南京沦陷八年史[M].北京：社会科学文献出版社□2016:613.
⑤经盛鸿.南京沦陷八 年 史[M].北京：社会科学文献出版社,2016:613.转引自□中国农村经济研究室□《战争与农村》,□学书店，1942.
⑥张同乐,马俊亚□大臣.抗战时期的□陷区与伪政权[M].南京：南京大学出版社□2015:225；转引自□江苏省武进县志编纂委员会:《武进县志》,上海人民出版社，1988 年，第 669—67□页.

①魏特琳.魏特琳日
记[M].南京:江苏人
民出版社,2015.

米价飙升至 20 美金一担。1940 年 5 至 6 月间，由于产米区垄断的日本商人压价强行收购，农民拒售，南京断了大米来源，日、中米商投机囤粮，使得南京市面的米价飙至空前绝后的 30 美金一担。为平定市面与庆祝汪伪政府成立，1940 年 3 月下旬南京米价一度在日伪当局的操纵下，下调至 24 美金一担，但仅数天后，米价又反弹至近 30 美金一担[①]。绝望、饥饿的南京市民不得不铤而走险，成群结队地冲向米店、粮船抢米。1940 年 5 月至 6 月间，南京城内爆发了震动全国的米荒风潮。

米荒引起的伪政权首都社会动荡给刚刚上台不久的汪伪政府一记沉重打击，也使得驻南京侵华日军当局十分不安。在查清米荒起因是日本商人在芜湖产米区压价强购所造成的之后，驻南京侵华日军中国派遣军总司令部派人会同驻汪伪政府最高军事顾问影佐祯昭，与汪伪政府工商部主管两证的商业司长袁愈佺等人协商，制订了一系列应急措施。如严禁奸商私自囤粮、组织地方民食救济委员会、协助米商向产米区采办等。与此同时，经日方同意，汪伪政府财政部拨款 100 万元，向日商三井洋行购买所谓洋米 3 000 吨运至南京，由伪南京市政府以平价卖给市民，才初步解决了南京的这次米荒。

然而仅仅时隔半年，1941 年初南京再度爆发了米荒。

经两次米荒造成社会动荡，日当局才认识到米粮问题对稳定其殖民统治、降低南京市民反抗情绪的重要性，遂由侵华日军中国派遣军总司令部会同其驻汪伪政府最高经济顾问与汪伪政府协商，决定停止由日商垄断米食采办，改由日商与汪伪政府指定的中国米商在产粮区进行分区收购。日当局与汪伪政府签订了一份《关于苏浙皖三省食米采办运输谅解事项》，划定各自采办米粮地区。日商华中米谷收购组合进行粮食采办的区域称为"甲米区"，多在盛产粮食的地区，如松江、无锡、安徽江北等地区；汪伪政府进行粮食采办的地区被称为"乙米区"，被日方指定为南京附近郊县及安徽芜湖等地区。同时，在日军需要时汪伪政府所收购的米粮要随时供其调拨，剩下的首先供给汪伪政权的伪军政人员，最后才是供应给平民的"户口粮"。南京的米粮供应实质上只是由日方垄断变为日伪合作垄断而已。

除了对粮食收购进行垄断外，日当局还根据日本的战略需要与所得利益，通过伪政权强行改变南京郊县的农业经济结构，片面扩大棉花、蓖麻、黄麻等作物的种植生产，打击和压制南京的桑蚕养殖。

日军占领南京后，首先将南京郊县的大面积桑树砍伐用作燃料，随后强迫农民废除桑园，改种棉、麻，使得南京郊县农户中从事养蚕业的，从战前的 80% 急速下降至 5%。从事缫丝业的，从战前 80% 降至 5%^①。1944 年秋，汪伪南京特别市政府下令郊县各区将新开垦的荒地全部用来种植棉、麻、杂粮、油脂作物，其中以蓖麻种植为重点。由于南京郊县气候本就不适应棉麻种植，加上农民因生存问题不愿意减少粮食种植，历经数年日伪倡导种植的棉花、蓖麻的扩大生产终告失败，而粮食的产量受其影响却逐年下降。

战前原本处于现代化初始阶段的南京周边农业，在日伪八年统治时期遭受了毁灭性的打击，现代化进程也被打断，农村经济凋敝，其副业经济包括桑蚕业、林业、渔业、棉业等，也惨遭破坏。南京在沦陷前经原南京国民政府的经济建设，已经成为典型的消费型城市，基本依靠周边县乡供给消费资源。沦陷期间周边郊县农业经济的衰退，加速了南京城区经济的衰败，加之日伪政权的垄断性收购、经销，导致居民生活状况异常凄惨。

4. 汪伪统治下南京的工、矿业

南京各重要工厂企业在沦陷前后均遭到了侵华日军的严重破坏。占领南京后，日军便立刻霸占并驻军于所有其认为重要的工厂企业中。伪维新政府时期，虽然日军及日当局对南京工矿企业进行了分类管理，其中一部分日方认为对其侵华最高利益并不重要的工厂企业，在名义上是由中、日合资经营的，但这些工厂企业的主要管理层仍全部为日方人员。沦陷之后至伪汪伪政府成立之前，南京仅存的主要工业生产是完全掌握在驻南京侵华日军及日当局手中的。

（1）南京的工厂企业

汪伪政府"还都"南京之初，驻南京日侵华中国派遣军总司令西尾寿造大将为祝贺汪伪国民政府在南京正式成立，于 1940 年 1 月 18 日发表关于发还日军强占的工厂的声明，这其实是日当局实施以战养战殖民政策的另一手段。日方发还的工厂分为两个部分进行办理：一是正式发还，一是其他解除，但其中并不包括被日军霸占的与军事生产相关的工厂。

被日方正式发还的工厂多是小型杂品工厂，或是经侵华日军劫掠、破坏后破损不堪的工厂。侵华日本军方认为这些工厂不再有利用价值，于是予以发还。其中原公有工厂企业由政府回收；原民营工厂企业由原业主提供产权证，经政府核实后发还。经汪伪政府下属机关调查，上海及苏浙皖各埠被日军占领的各类工厂有 130 多家，其中 80% 以上是民营企业。

①经盛鸿. 南京沦陷八年史 [M]. 北京: 社会科学文献出版社, 2016:628; 转引自: 王绪仁. 南京农林志. 农业出版社, 1994 年, 第 80 页。

南京市档案馆.审
汪伪汉奸笔录：上
[册]南京:凤凰出版社,
2004:405.
同①426.
同①415.

日当局刚宣布发还工厂企业时，原业主大多畏惧而不敢提交发还申请，直至1940年秋冬申请者才渐多起来。然而"日军则多方失信，枝节横生：有要求原业主与日商合办者，有要求由日商收买者，亦有要求修理费、估价甚不合理者……而日军占管期内所得之利益又全数提回，不肯给中国业主以应得之数，任意刁难，不一而足"①。至1945年5月全部发还工作结束，完全发还给原业主的工厂企业不及总数的一半。

其他解除类的工厂则均为日军强占并在生产中的精华工厂。这类工厂，日军通过极低廉的代价强制租借、收购，或以强迫合办的方式强制原业主将企业委托给日本商人经营，以非常微薄的利益剥夺工厂原所有人的管理权。其中较具代表性的有：

华中地区第三批于1941年3月11日发还的江南水泥厂②。日军解除对江南水泥厂的军事管理的条件是强迫江南水泥厂与日商三井物产株式会社签订所谓"合作"契约，企图以"合作生产"和"委托管理"的名义剥夺中方的权益，最终由日商掌控该厂。江南水泥厂此时仍以厂内机器设备债券问题未解决为由拒绝日方的"合作"要求，厂内长期悬挂德国、丹麦两国国旗。日当局多次通过汪伪政府工商部部长梅思平向该厂发函，要求撤下第三国国旗，均未能得逞。至1943年7月，日本战局不利、经济衰退，对中国的掠夺更加疯狂与无所顾忌。侵华日军中国派遣军司令部直接通知江南水泥厂，以山东张店制铝厂生产需要为由，强令江南水泥厂与日本轻金属公司合作或签订契约，将厂中主要机器设备拆卸运往山东。虽江南水泥厂拒绝了日方的无理要求并进行了多方申诉，日方仍于1943年12月26日派兵进驻江南水泥厂，由日本轻金属公司派出的大批日本技工拆卸其所需设备，再以日军黑田部队的名义将设备运往张店。至1944年4月中旬，江南水泥厂六大主要生产设备全被日军劫掠而去。这之后至8月17日，日方又分两批将江南水泥厂余下的附属机械设备全数强行拆走。至此，江南水泥厂被日方洗劫一空。至抗战胜利后经侵华日军掠夺式生产，运至张店的设备已残缺不全，江南水泥厂只得重筹巨资，再度委托丹麦史密斯公司从欧洲订购机器设备。

1943年1月14日华中地区第十一批发还的工厂中，包括中国水泥厂和扬子面粉厂③。其中中国水泥厂虽名义上被"发还"，但实际上仍由日本商人霸占经营。抗战后期侵华日当局为支持其军工生产，将该厂部分机械设备拆卸运至汉口等地的军工厂，直至抗战胜利后才陆续运回南京厂内整装。厂内厂房与生产设备此时已残破不堪。

扬子面粉厂被日军以军事管理的名义，委托给日本商人佐藤贯一经营，并将厂名改为"有恒面粉厂"。1943 年初日当局宣布将该厂"发还"给中国原厂主中国实业银行的同时，又强令该厂必须与日商继续"合作生产"，事实上日商仍以"合资"的形式控制着该厂。

由此可见，日当局所谓的"发还"工厂企业，只是换了一种方式的继续压榨、掠夺而已。而在发还部分工厂企业的同时，日当局还在以军用为名继续强占、掠夺有利用价值的中国工厂企业。其中较为典型的例子就是位于汉中门外二道埂子的普丰面粉厂。南京市面上面粉需求于 1940 年后开始加剧，日军和市民方面都需要大量的面粉供给，日伪当局遂允许部分中国商人陆续开设一些小型面粉厂。但由于日伪当局对粮食实行统制，生产面粉的原料和成品销售又多受日伪控制，这些面粉厂实际上成了服务于日伪当局的面粉加工厂。普丰面粉厂于 1940 年秋开始动工建厂，1941 年 2 月正式投产，日产面粉 600 包。该厂拒绝了日商有恒面粉厂厂长佐藤贯一"合作"的要求，惨淡经营数年，销售刚有起色时，侵华日军中国派遣军总司令部于 1945 年初以生产军用酒精为由，决定强制征用该厂的厂房设备。尽管普丰面粉厂的董事兼经理苗海南四处奔走，向汪伪南京市政府、汪伪行政院申诉，然而听命于日当局及驻南京侵华日军的伪政府对这件事起不了任何作用。不久，侵华日军中国派遣军军部就发布了命令，由日商有恒面粉厂厂长佐藤贯一带着全副武装的日军进厂强行接管了普丰面粉厂，而厂内原有的全部中国员工包括董事与经理都被赶出了工厂。

汪伪政府成立后至抗战胜利的五年多时间内，南京的工厂企业并没能得到足够的发展与生存空间。日当局与侵华日军控制、掠夺南京工厂企业的方针一直没变，只是在汪伪政府上台后换了个方式而已。在日本的殖民统制下，八年间南京的工厂企业逐渐萎缩，有的厂房、生产设备严重损坏再无力恢复，有的工厂企业破产、倒闭。南京的近代工厂企业遭受到了毁灭性的打击。

（2）南京的矿业

日本对中国矿藏资源的窥视更是由来已久。日本自明治政府成立以后，就因其国内铁矿储量不足而把目光投向了地大物博的中国。日俄战争后，日本在入侵中国的同时，于1906 年成立了名为南满洲铁道株式会社的以侵略、资源掠夺为最终目的的公司，简称"满铁"，之后发展成为掠夺中国物资的巨型侵略机构。1907 年，"满铁"成立了调查部，对中国乃至东南亚各国展开调查，其调查内容涵盖政治、军事、文化等等。其中对中国大陆的资源调查尤其详尽。在"满铁"1935 年调查资料中记载，中国大陆地区铁矿埋藏量共计120 643.757 万吨，其中，东南沿海地区铁矿储存量，见表 4-5：

表 4-5　日本南满洲铁道株式会社对中国东南沿海地区铁矿储存量的调查结果表（1935 年）

省份	矿区	埋藏量／吨
安徽	铜官山	4 921 000
	鸡冠山	4 000 000
	当涂	6 298 000
	长龙山	4 645 000
湖北	大冶象鼻山	8 800 000
	灵乡	6 340 000
	鄂城	10 000 000
	宜都	4 000 000
	汉冶萍公司	10 500 000
江苏	凤凰山	4 437 000
江西	城门山	6 300 000
	瑞昌铜岭山	580 000
	莲花	6 299 000
	萍乡	2 000 000
浙江	长兴	5 130 000
湖南	沅陵	1 050 000
	安化	2 160 000
	锡矿山	3 600 000
	茶陵	3 900 000
	宁乡	11 840 000
	攸县	4 000 000
四川	綦江	1 000 000

表格来源：李雨桐、高乐才，《20 世纪初日本对中国大陆铁矿资源的调查与掠夺》，载《北方论丛》，2015 年第 1 期，第 108–113 页。

从表 4-5 中可以看出，"满铁"调查发现的江苏境内的铁矿藏主要储于南京的凤凰山。可见早在日军攻入南京之前，掠夺南京矿产资源便已经在日当局侵略中国的计划之中了。

日伪侵占南京八年间，严格禁止中国民间采矿，企图将南京所有矿藏据为己有。日本华中振兴公司下属华中矿业股份有限公司在南京郊区与周边地区进行矿藏勘测，先后调查了江宁县凤凰山铁矿、牛首山铁矿、云台山铁矿、铜井金银铜矿、下蜀铁矿、龙旗善铁矿及下玉山、龙口山、栖霞山的锰矿，句容县的岗家棚铁矿、王山及公会山铁锰矿、羊山铜矿及溧水县的三元铜矿等多个矿产地，并迅速投入掠夺性的采掘[①]。

①经盛鸿. 南京沦
八年史 [M]. 北京：
会科学文献出版社
2016:524.

日当局于南京沦陷之初的 1938 年至 1939 年间便派专人前去其觊觎已久的南京江宁县凤凰山铁矿及定林镇铜山和丹徒县高资镇铁矿进行调查，编写了调查报告并绘制矿区地质图，再次推算了各矿藏地的矿石地质储量。1939 年侵华日当局成立凤凰大陆公司，公司设于小张山，并于 1940 年 12 月 19 日举行了凤凰山铁矿开矿仪式（图 4-18）。该公司从山东及本地强征来大批劳工，人数最多时达 1 000 多人为其采矿。1941 年凤凰大陆公司改名为华中矿业股份有限公司凤凰山开采事务所。日商公司在矿区驻防 30 多名日军，还组织了一支武装伪矿警队伍，监视、强迫中国矿工每天劳动 12 个小时以上。而这些矿工仅能得到每人每天一升米的微薄报酬。敢于逃跑的工人，一旦被伪矿警及日军抓回，便直接遭到屠杀。日本开矿公司只挑富矿开采，在凤凰山、小张山上设立了数个采矿场。为运出所采矿石，日公司于 1939 年修建了一条铁路专用线，将铁矿石直接运至长江边的凤翔码头，再由海轮运到日本八幡去进行冶炼。八年间日方公司累计从凤凰山矿区掠夺走铁矿石多达 95 万吨，凤凰山上长 600 米的露天采矿场，最后被日方公司挖出一个长约 300 米、宽约 60 米

图 4-18（1） 1940 年 12 月 19 日凤凰山铁矿开矿仪式
图片来源：个人收藏。
图 4-18（2） 日伪时期凤凰山铁矿开矿场一瞥
图片来源：个人收藏。

的大坑。

　　除凤凰山铁矿外，南京另有牛首山铁矿。牛首山铁矿矿体暴露在其山顶，日方于1941年5月派人到牛首山进行调查，推算该铁矿储量约为22万吨。由于牛首山矿区靠近凤凰山铁矿运输专用铁路，矿前山形平缓方便运输，日方决定尽快对其进行开采，并在牛首山建成运矿平巷，同时还做了其他一些开矿准备。所幸日本于1945年8月宣布投降，日方牛首山矿场并未投入生产。

　　除对大型铁矿藏大规模劫掠外，日方还对南京一些小型富铁矿进行了肆意挖掘。1941年2月至3月间，日商凤凰山矿业所长筱田恭三以华中铁矿公司名义在栖霞山挖掘铁矿。其挖掘地点在栖霞寺右首的虎山上，与千年古刹栖霞寺距离不足半里，对栖霞寺的古迹、建筑和风貌造成了极大威胁。栖霞寺住持多次前往交涉，筱田恭三均称已经得到日伪当局的许可而不予理睬。住持遂致书汪伪全国经济委员会，要求伪政府对日商行径加以制止。至1941年4月，汪伪农矿部致书全国经济委员会派人前去栖霞山查看，日公司已经在虎山筑路一条，并挖掘铁矿约二三十吨。因栖霞寺历史悠久、中外知名，这件事在当时南京影响较大，汪伪行政院不得不与日本大使馆进行交涉，请日本大使馆出面制止筱田恭三在栖霞山挖掘铁矿。1941年5月27日，汪伪行政院农矿部终于得到日本大使馆的答复，日商已经终止在栖霞山开掘铁矿的行为。虽然栖霞山的铁矿至此躲过了日军的攫取，但其丰富的锰矿资源依然遭到日方的掠夺。

　　作为生产锰钢武器不可缺少的原材料，日方陆续发现了南京江宁县下玉山、龙口山和栖霞山的锰矿矿藏资源，并迅速对这几处矿藏开始进行掠夺式开采。其中栖霞山的锰矿资源是1940年被一个到栖霞山游玩的具有地质知识的日本商人发现的，这个日本商人写了一份报告呈送日当局有关部门。日华中矿业股份有限公司迅速抽调地质人员前往栖霞山调查，并于1941年完成了栖霞山锰矿资源的调查。当时栖霞山的矿产资源均属栖霞寺所有，日当局随即假惺惺地向栖霞寺住持"租借开采"，而区区一介寺庙的住持又如何能抵挡侵略者的贪婪？日当局进驻栖霞山矿区，按照前期调查所圈定的四个开采区，进行大规模的露天开采。与此同时日当局在矿区四周设立了军事岗亭，由日军驻守。从1941年开始开采，至1945年8月日当局共在栖霞山矿区开采了铁锰矿石约10万吨，其中有约3.5万吨高品质铁锰矿石被堆放在长江边，准备运往日本。后来由于码头塌方，所有囤积的铁锰矿石全数塌入长江[①]。

　　日伪侵占南京八年间对南京的矿藏资源进行了疯狂的掠夺式开采，其开采出的矿石大

①经盛鸿. 南京沦陷
八年史[M]. 北京: 社
会科学文献出版社,
2016:525; 转引自:
关于栖霞山锰矿的地
质调查史料, 现存江
苏省地址调查研究院;
参阅《日军掠夺栖霞
山矿产秘密披露》,
《南京晨报》, 2006
年12月15日, D6版.

部分被运往日本，使南京的矿藏资源遭到了严重破坏，矿产业蒙受了巨大损失。

（3）日伪主持的工、矿业行业规模

在南京沦陷八年期间，日军除霸占了沦陷前未及内迁的中国工矿企业外，还以殖民侵略为目的在南京扶植起了一批新的工矿企业。自抗战胜利之后，南京国民政府对日伪遗留下来的工矿企业进行了接收。据统计，沦陷期间日伪经营的工矿企业主要有：

东和制革厂、晃明铁工厂、伪实业部酒精厂、三共兴业第一酒精厂、太平产业汽水酒精厂、嘉来肥皂厂、青柳洋行、富士铁工所、伪陆军部首都酒精厂、中华理化学工业酒精厂、建兴洋行、首都电厂、永利化学工业公司硫酸铔厂、京华印书馆、京华砖瓦厂、天津砖瓦厂、建隆酒精厂、太平产业酒精厂、三河谷产酒精厂、福东煤矿公司、汤山酒精厂、三共兴业第二酒精厂、凤凰山矿业所、栖霞山矿业所、下关三汊河仓库、日本制铁公司、东肥工厂、恒和酿造株式会社、太平产业酱油厂、三亥铁工厂、农产化学工业酒精厂、浦镇铁路机修厂、华中水产出张所、帝国水产株式会社、长江产业公司、有恒面粉厂、三河谷产第十二碾米厂、中国制油厂、友华公司、鲤城洋行、国际木行、宝酿造工厂、清凉山砖窑、大二锯木厂、扬子锯木厂、中华烟草公司等共 46 个单位。其中机械工业 16 个单位；化学工业 18 个单位；粮食工业 5 个单位；烟草工业 1 个单位；印刷工业 1 个单位；其他工业 5 个单位。[1]

综上，侵华日军及日当局在南京沦陷期间的殖民掠夺重点是放在矿业、重工业及化学工业方面的，与此同时还掌控着关乎民生的粮油副食品加工业，以控制南京社会。

5. 汪伪统治下的南京交通业

南京地处中国东部的长江下游地区，濒江近海，又是沪宁、津浦、江南铁路与长江航线的交汇点。至 1937 年，南京已经拥有了十分发达的水上、铁路交通及贸易市场。南京城北面的长江两岸，建立起了多座设备优良的港口码头，形成著名的南京港。江南岸的下关和江北岸的浦口镇位列当时南京最为繁华的商贸区之中。战前，水运和铁路运输是南京与华中地区最主要的交通运输方式。

南京沦陷后，市内交通、对外水陆空交通均遭到极大破坏。沦陷后，侵华日军为满足其战略物资的运输等军事需求，对南京受损的对外交通设施进行了修复，并于 1938 年至 1939 年间成立数家日本国策公司，同时亦引进日本商会对南京的对外交通和市内交通进行

①孙宅巍．江苏近代民族工业史 [M]．南京：南京师范大学出版社，1999:360；引自：台湾中国国民党中央委员会党史委员会，《中华民国重要史料初编——对日抗战时期》第 7 编"战时中国"(4), 1981:285-286。

管控与经营。其中，属于日本国策公司的有"上海内河汽船株式会社""华中电器通信株式会社""华中都市乘合自动车株式会社""华中铁道株式会社"；此外，还有"中华航空株式会社""东亚海运株式会社"。

（1）长江航运

战前，长江航运上海至重庆段共有 6 家航运公司在南京设点经营，其中中国公司有 3 家拥有船只 12 艘，英国公司 2 家拥有船只 23 艘，日本公司 1 家拥有船只 7 艘。而南京内河航运也十分发达，沿长江支流运河拥有通济门、中华门、汉西门、水西门、三汊河及下关沿江一带多处码头，并连接扬州、镇江口岸、芜湖、六合等外埠码头，内河的航运全部由中国公司进行经营。

1937 年底南京沦陷后不久，日本船舶输送司令部下属设于上海代号"片村部队"的华中碇泊场监部，立即在南京港建立起日军军事专用航运指挥部，侵华日军第二碇泊场司令部。日军第二碇泊场司令部担任南京港的货物装卸、港口地区警备、港口设施与业务的管理工作，以及专用仓库物资的保管，仓库、码头的修缮工作，同时监管进出或通过南京港的船只，是日军设立的专为日本当局和日军服务的港务局。除南京的第二碇泊场司令部外，华中碇泊场监部还沿长江分别在吴淞、杭州、安庆、九江、汉口设立了另外 5 个码头司令部，垄断长江自汉口以下流域的航运。

长江南岸全部港口地区和长江北岸的浦口镇所有码头均在日军管辖之下。同时日军在长江南岸、中山码头上游，按水流方向又新建了大兴、大和、日出三座趸船浮码头，在日清码头和太古码头之间新建了 4 座小型军用码头，按水流方向分别编为二号、三号、四号、五号码头，日清码头被编为一号码头。加上新建的码头，长江南岸一共有 14 座码头，长江北岸的浦口地区大大小小一共有 11 座码头（图 4-19）。

侵华日军第二碇泊场司令部设立在长江南岸、南京城北

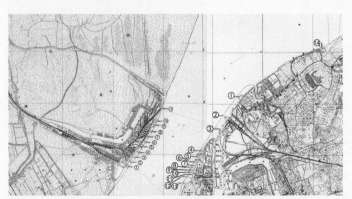

图 4-19　南京下关及浦口地区码头位置示意图（1937）
图片来源：笔者自绘。底图来源：南京市地图（1937）。

的下关江边,于1938年下半年新建了一排西式平房作为司令部办公楼。以司令部为中心,四周建有仓库区、工厂区、生活区和兵营区。日军对港口地区严格警备,区域内原住居民全部迁出,民房与商铺全部遭到拆毁,江岸边茂盛的芦苇全被割光,直通码头的河桥上设有步哨,港区每隔百米设一瞭望台。入夜后,陆上有带着狼狗的日军巡逻,河道上有武装汽艇沿惠民河至外江巡逻。仓库区用带电双层军用铁丝网围住,任何人未经日军盘查、监视,不得入内。

　　另外为满足其大量装卸货的需要,日军直接或间接地通过伪政府,以极低的报酬从南京市内及周边强拉苦力来为其工作,同时还强迫南京上游、芜湖裕溪口战俘营和浦口战俘营中关押的战俘及平民为其无偿工作。为扩大南京港装卸煤炭、铁矿石的能力,日军第二碇泊场司令部与日本财团三井矿山公司、华北煤矿公司等几家大企业联手,在长江北岸的浦口镇西面、津浦铁路终点站上游1 500米处的九洴洲江滩上修筑两座大型煤炭转运场:三井煤场与华中煤场。两座煤场一边施工一边运营,至1941年全部建成。其中三井煤场规模较大,面积达9万平方米,拥有两座码头,储存能力13万吨,年吞吐能力150万吨;华中煤场面积为4.5万平方米,拥有一座码头,储存能力为6万吨,年吞吐量37万吨。后两处煤场合并,共称"新贮炭场",三座码头统称"三井码头"。

　　1942年日本制铁公司在三井码头附近又修建了一座专门装运铁矿石的码头,称为"日铁码头",用来转运马鞍山等地开采的矿石。其中少量经津浦铁路运往我国东北沦陷区进行冶炼,其余绝大部分被装上海轮运往日本国内。

　　连接长江南北岸的轮渡名义上由中日合办华中铁道株式会社经营,实则由日方管理人员全权控制。江南岸渡口为中山码头,江北码头设在浦口站下方,渡江时间10分钟,并于1939年开通中山码头与南京西站之间的火车摆渡交通。至1940年4月23日日本特派大使阿部信行等人抵达南京时,下关中山码头仍挂着"大日本海军安宅栈"等字样的牌匾(图4-20)。

图4-20　1940年4月23日日本特派大使阿部信行等走出下关码头
图片来源:秦风、杨国庆、薛冰,《金陵的记忆——铁蹄下的南京》,广西师范大学出版社,2009。

可见此时的中山码头仍为侵华日军全权把控。

1937 年 12 月南京沦陷至 1945 年 8 月南京光复的 8 年间，日军对南京附近的江面实施了严密封锁，除日军的舰船和得到日方许可的船只外，禁止包括第三国船只在内的一切船舶在长江上航行。连接南京的航路被分为三种：

1. 内河航路，由日本华中振兴公司于 1938 年 7 月成立的子公司"上海内河轮船股份有限公司"经营；

2. 沿岸航路，由日本华中振兴公司于 1940 年 2 月成立的子公司"中华轮船股份有限公司"经营；

3. 海洋航路，由 1939 年 8 月组成的"东亚海运株式会社"经营。

这三家日方公司全权控制了南京的对外航运事业。日方筹划扶持汪伪政府上台之后，汪精卫集团曾于 1939 年 9 月、10 月间提出希望其开放长江航运，以获得第三国对伪政府的承认。但日兴亚院联络委员会在给汪精卫集团的回复中，明确拒绝了这项要求。南京的全部码头及下辖仓库，均被日军以军事管理的名义严密控制，用于为日军和日当局储存和运输其掠夺来的物资。

（2）陆上交通

南京的陆上运输主要为铁路运输和公路运输，其中又以铁路运输为重。至 1937 年有 3 条贯通中国南、北与东、西的铁路于南京交汇，它们分别是：连通中国北方的津浦铁路，通往上海的京沪铁路，通向芜湖的江南铁路。

1937 年淞沪战役爆发，日军从上海向南京进攻途中，京沪铁路及附属设施受到日军飞机轰炸及日军的沿途破坏，受到严重损失，全线停运。国民政府相关部门西迁离开南京之时，又将长江火车轮渡拆卸疏散前往宜昌，并破坏了轮渡长江北岸的栈桥。南京沦陷时交汇于南京的 3 条铁路全部陷入瘫痪。

为满足军事运输与经济掠夺的需求，日军在占领南京之后便派重兵驻防铁路沿线，并积极组织人力修复损坏的铁路线。1937 年 12 月底日当局即调派日军铁道队前来南京，首先修复了被日军称为"海南线"的京沪铁路与龙潭隧道（图 4-21）。1938 年 1 月 12 日，京沪线上的客、货运输就基本被恢复了。接着日军又修复了津浦铁路南段，并于 1938 年年中修复了长江火车轮渡附属设施。为加强火车轮渡的正常运营，日军于 1942 年 3 月建造了一艘火车渡船，取名"第一金陵丸"，该渡船长 126.6 米，宽 17.2 米，自重 2 053 吨，载重量 1 800 吨。

两年后的 1944 年 3 月，日军又建造了"第二金陵丸"火车渡船，该渡船长 104.7 米，宽 17.2 米，自重 1 754 吨，载重量 1 900 吨。此后这两艘火车轮渡成为主要摆渡船只，两轮采取单船渡运，一艘作业一艘备用，轮流运转，每天可以渡运 8 ~ 10 渡。

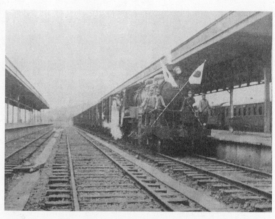

图 4-21　日军占领南京后，京沪线上第一趟开抵南京的火车
图片来源：[日]大久保弘一，《支那事变经过》，1938。

①［美］明妮·魏特琳.魏特琳日记[M].南京：江苏人民出版社，2015：279.

1939 年 4 月江南铁路和京市铁路被日军修复、合并，共称为"南宁线"。至此，日军在占领南京不到两年的时间内将战争中受损严重的铁路线全部修复、逐步恢复运营，并规定这几条铁路按照东北沦陷区铁路运营模式进行运营，所有火车时刻表上标示的均为日本首都东京的时间，列车按照日本时间运行。重新开始运营的各铁路主要为日军的军事运输与经济掠夺服务，很少用于普通客运。

往日客运量最大的京沪铁路，恢复运输最初是由日军直接进行军事管理的。中国人包括西方侨民，想要买到一张京沪线上的客票，必须事先向日本当局进行申报后去指定机关领取"通行证"，中国居民更是必须先有日伪当局所发的"安居证"，才能领到日当局所发的"迁移证"。京沪线上客运列车每日对开一次，运行时长由战前的 8 小时延长到 12 小时①，每趟车只对外出售 60 ~ 80 张不等的客票。即便买到了车票，在火车站、列车上，所有非日籍人员都还必须接受日军的盘查，忍受日军的打骂、侮辱与刁难。

至 1939 年 4 月，日方华中振兴公司与伪维新政府联合成立了一家由伪维新政府担任特殊法人、专管华中地区铁路的子公司：华中铁道股份有限公司，又称华中铁道株式会社，简称"华中道路公司"，本金 5 000 万日元，并在南京成立南京支社。同年 5 月 1 日，日军当局将其军管下江南铁路路线中的："海南线"（原京沪线上海至南京段）、"吴淞线"（原京沪线上海至炮台湾段）、"海杭线"（原沪杭线上海至杭州段）、苏嘉线（苏州至嘉兴线）、南宁线（原京芜线南京至芜湖段）交由华中道路公司南京支社运营管理。整个公司由日军进行委托管理并掌握南京支社各铁路、车站的管理大权与技术权利。各个大小部门主管均为华中铁道公司派来的日籍人员，与驻防日军配合对中国员工进行监督与管理。各铁路线

①经盛鸿．南京沦陷八年史 [M]．北京：社会科学文献出版社，2016:547.

②向岛熊吉．南京 [出版地不详]：华中印书局股份有限公司,1941:6.

③丹麦报纸上关于辛德贝格在中国的报道，（5）奥胡斯郊区时报报道（1938 年 3 月 6 日）[M]// 陈谦平，张连红，戴袁支．南京大屠杀史料集 30：德国使领馆文书．郑寿康，译．南京：江苏人民出版社, 2007.

上的其他路段与南京江北两条铁路：原津浦线浦口至蚌埠段，淮南线（裕溪口至田家庵段）仍由日军进行军管。

日当局极力发挥铁路的货运功能而缩减客运能力。在客运中又以军运、日侨运输优先，造成南京铁路普通客运的常年紧张。如京沪线货车与客车比例，在战前为 3.4 : 1，战后在日军控制下其比例飙升至 11 : 1，而津浦线则更高达 23 : 1[①]。南京沦陷前每日京沪线上有客运列车 7 趟、货运列车 5 趟往返运行，南京到无锡间每天客货混运列车 1 趟往返运行，津浦线每天 3 趟列车从浦口站发车。南京沦陷后直至 1939 年，京沪线上南京到上海间客运列车才恢复至每天 6 趟往返，津浦线上浦口至北京每天发出 1 趟列车[②]。

1939 年 9 月汪精卫集团与日当局谈判成立伪政府之际，汪精卫集团向日方提出应由中国政府从事京沪铁路通行证发放和南京火车站与城门的检查工作。日当局几经纠结才于 10 月底由日兴亚院给出答复，表示通行证发放和火车站与城门的检查工作应由中日双方协商，不愿放出权利。直到 1940 年 5 月 15 日，汪伪政府在南京还都近 2 个月后，日方才将京沪铁路警备事宜交由汪伪苏浙皖绥靖军第八团接管。又 5 个月后的 1940 年 10 月 10 日，日军才将南京火车站与城门、码头的检查权移交给汪伪首都警察厅。但所有铁路与客、货运的营运管理权，南京沦陷 8 年间始终由日本人全权掌控。

除了铁路运输，南京对外长途汽车运输也占了一定比例。但日军进攻南京时，对外公路多数遭到了严重破坏。"所有的道路都被坦克压毁了，手榴弹、炸弹和地雷将路面炸得千疮百孔，不少路段上甚至还横贯着一条条的战壕。"[③]日军占领南京后企图联合其扶植的伪政权修复南京与外界联通的各条公路，恢复长途汽车运输。但由于南京城郊县抗日活动一直对其企图进行阻拦与破坏，加之南京历届伪政权既无实权也无经费，8 年间只有京芜公路、浦乌公路、六扬公路部分路段及其他少数路段间断地勉强可以通车，大部分路线往往无法通行，而能够通车的路段，均被日商华中都市公交公司与华中铁道公司控制与经营。

南京对外陆运交通被侵华日军及日当局完全掌控的同时，南京市内交通也在日本当局的监控之下。

始建于 1909 年、贯穿南京城南北的市内火车——南京京市铁路（简称"市铁"），在当时城市交通中占有举足轻重的地位。市铁每日南北通行数趟，改变了城南、城北交通不便的状况，票价便宜还可以随身携带小型的行李、货物，给南京市民和往来客商带来了极大的便利。这条铁路在南京沦陷后也被日军及日伪华中铁道公司南京支社所控制。战争期间，市铁站台等附属建筑、设备大多损毁。日军为方便其军、物运输，将市铁路稍加修复后，即恢复运营。原南京市铁拥有江口、下关、三牌楼、无量庵、督署、万寿宫6个车站，1935年江南铁路通车后，市铁又往城南延伸3.8千米，穿明城墙上新开的雨花门（图4-22），与江南铁路接轨。

战争中京市铁路江口站被毁，日军将江口站至下关站之间京市铁路路线改为日军码头军用仓库专用铁路，京市铁路客运城北起始站变更为下关站。为方便运输伤员，日军在其改作日军陆军医院的国立中央大学附近的成贤街加建一处站台。为方便南京"日人街"上的日本侨民乘车出行，又在中山东路上加建一处站台。原来为连接京芜线和京沪线而铺设的，途经紫金山路的中华门站至尧化门站之间的小铁路完全废弃。此外，日军在下关站至三牌楼站之间另行加建小铁路支线，又于江口至三汊河间加建铁路支线及仓库三间、月台两座，均为侵华日军专用。每当日军有军需、武器、伤员等需要运输的时候，京市铁路线上的普通客运就要被取消或者延迟。南京沦陷后市民出行多不再选择京市铁路，避免与日军接触而被其纠缠、侮辱。日军使用京市铁路期间从不加以维护、修缮。抗战胜利后日军留下一条路基、道木等设备严重残损满目疮痍的京市铁路。

市内铁路之外，因1927年至1937年间南京国民政府的建设，南京城市交通公路网初具雏形，乘坐公共汽车出行的方式渐渐流行起来，京铁的运营一度惨淡。江南汽车公司是当时规模最大的一家公共汽车经营公司。与此同时，南京还留有马车、黄包车等传统出行方式。战争期间江南汽车公司的汽车大多被南京国民政府征为军用，还有部分在日军飞机轰炸南京期间遭到毁坏。之后的西迁中，市内公交的剩余车辆随江南汽车公司迁往大后方（图4-23）。

图4-22　南京市铁路穿雨花门出城
图片来源：维基百科（https://zh.wikipedia.org）。

图4-23　江南汽车公司大门．
（注：推测为抗战爆发后公司西迁前拍摄。公司上方挂有"准备牺牲！共赴国难"的标语）
图片来源：西祠论坛南京公交板块（https://3g.xici.net/b125439）。

① 经盛鸿. 南京沦陷
八年史 [M]. 北京: 社
会科学文献出版社,
2016:550; 转引自:
南京市政府统计处
《南京交通统计》,
1948 年 12 月; 南京
市公路管理处史志编
纂委员会. 南京近代
公路史 [M]. 南京: 江
苏科学技术出版社,
1990:164.

日军占领南京后, 数月间不仅对南京市民施以暴行, 还破坏、抢劫了南京所有滞留车辆, 其中包括各国大使馆及第三国人员留在南京的车辆。南京市内马路路面 50% 以上被损坏[①]。很长的一段时间内南京市内公共交通处于瘫痪状态。这之后最先恢复的公共交通是人力车即黄包车。1938 年 1 月底至 2 月间, 渐渐有些黄包车主为了谋生糊口, 将战争期间拆卸下来分散掩藏的车子重新组装起来, 向伪南京市自治委员会申请执照、缴纳税金后上街营业。

1938 年 3 月开始, 伪南京自治委员会着手清理和修复一些南京的路面。7 月, 日商兴中公司在南京开办公交公司, 在市内部分线路上进行运营。1938 年 11 月, 伪维新政府从上海迁至南京后, 在日当局的策划下日本华中振兴公司将上海、南京、杭州、苏州等地的公共汽车集中起来, 合并成一个新的子公司——华中都市公共交通股份有限公司, 并在南京设立了一家中日"合资"的公交公司, 名为华中都市公交公司南京营业所。该公司拥有资本 300 万日元, 公交车 39 辆, 总部设在张府园, 在南京市内 3 条路线上运营。它们分别是: 新街口到中央门; 新街口到下关; 新街口到中华门。之后又新增一条路线: 新街口经太平路、奇望街 (今建康路)、再到新街口的环线。四条路线全由市中心, 也是南京"日人街"的中心地区新街口出发, 可见该公司的运营主旨其实也是为了方便在南京的日侨出行。而南京的普通市民, 没钱也不愿乘坐日商经营的公交汽车。

战前南京城内还保有传统的运输方式: 马车运输。在南京沦陷初期因为日军大肆抢劫马匹使用, 使南京的客运马车从原来的 300 多辆剧减到了 10 多辆, 运营范围也由原来的涵盖城内外萎缩至局限于三山街至新街口一带的市中心区域, 且大部分为侵华日军及日人服务 (图 4-24)。

随着社会秩序逐步稳定, 由于公共汽车既少又被日商完

图 4-24　挂着旗帜驾驶着抢来马车的侵华日军
图片来源: [日]《不許可写真集》。

全控制，南京城内的马车逐渐增多。至
1940 年后由于英美禁止对中国战区运送
汽油，导致汽油供应紧张。日军为确保
其军用汽车供应，遂鼓励南京市内交通
以人力车和马车代替公共汽车。南京的
马车业进入畸形发展阶段，至 1945 年城
内客运马车多达 900 辆左右，达到了南
京史上客运马车数量的巅峰。

图 4-25　汪伪时期的升州路上马车与黄包车比比皆是
图片来源：［德］海达·莫理循（摄）于 1944 年；哈佛大学
数字图书馆藏。

在日方的鼓励下，除了客运马车，
客运人力车也得到了发展（图 4-25）。
1942 年春一些汪伪军政人员与中国商人
集资开办了一家客运三轮车公司，公司
位于莲花桥一家印刷厂的后院里，有车
80 辆，招收工人 100 多名。不久又有中
国商人成立了一家名为"京都公司"的
三轮车公司，有车 40 余辆。因相较于黄包车，三轮车形式新颖，又被公司装饰得漂亮舒适，
开始时这两家三轮车公司一度生意兴隆。后来因为发生劳资纠纷，工人罢工、怠工、以不
上缴收入等来维护自身权益，两家公司开业一年多后便因再无利益可图而相继关门。之后，
南京又出现了多家分散的小型三轮车公司，三轮车的数量也有所增加，其逐渐成了南京沦
陷后的主要交通工具。

侵华日军占领南京后，南京的公共交通由战前的现代化机械交通急速后退至数十年前
的人力、马拉的公共交通模式。南京的公共交通业的现代化发展被生生扼断。

（3）航空业

抗战爆发之前南京始发及经停的航线有沪汉线（上海—南京—汉口）、沪平线（上海—
南京—北平）、京平线（南京—洛阳—北平）、京兰线（南京—洛阳—兰州）4 条。其中沪
汉线每日 1 趟往返航班，沪平线一周 2 趟往返航班，京平线与京兰线均为每周 1 趟往返航班。

南京沦陷后民用航空随即完全中断。至 1938 年底，日伪当局开始着手恢复南京对外民
用航空。1938 年 12 月 18 日，日方创立了中华航空株式会社，资本 600 万日元，同时设立"南

京分社"来经营、管理南京的民用航空。该公司先后开辟了南京至汉口航线及南京至福冈航线，同时恢复了上海—南京—徐州—济南—天津—北平的沪平线、上海—南京—安庆—九江—汉口的沪汉线和南京至汉口的航线。与此同时，另一家日本公司"大日本航空株式会社"，也在南京开通了南京至上海的短途航线，每日共有 8 趟飞机起降。但这几条航线上航班少且票价贵，除了日伪军政人员和日侨外，几乎没有中国普通乘客。

6. 汪伪统治下的南京奴化教育

1940 年 3 月，在日方的扶植下汪伪政权在南京粉墨登场后，为强化日当局殖民统治下的奴化教育、加强对南京青少年"中日亲善""反蒋、反共、反战"等等思想的灌输，南京的学校建设和各类教育便成为日伪当局工作的重点之一。汪伪时期南京的中小学数量明显增多，入学的学龄儿童比例上升，技术专门学校、教会学校也得到一定的发展。南京再次出现了大学院校：伪中央大学。1941 年 12 月太平洋战争爆发后，南京的英美教会学校被日本当局接收，并开始在教会学校中推行其奴化教育。

（1）汪伪时期南京教育体系发展

汪伪政府上台之后，由于日伪当局对殖民与奴化教育的重视，也因为南京人口终于开始进入逐步增加的阶段，汪伪南京市政府教育局于 1940 年夏季开始致力于扩大南京市中小学教育的规模。由于南京四郊小学稀少，汪伪南京市政府教育局决定在宝塔桥、尧化门、凤凰街、仙鹤门、马群、双闸等地增设初级小学各 1 所。除此之外还拟在南京市内与城郊的各小学内增加全日制及二部制，并且增加中小学教育经费。

为达到多渠道兴学的目的，私人办学在这一时期也被伪政府进一步倡导。美国教会在南京开办的各类教会中小学，于 1940 年后陆续开办及恢复。例如私立汇文女中，于 1940 年从上海迁回南京，校址位于中山路今人民中学所在地。南京沦陷后金陵大学的留守教师开办的金陵补习班，于 1940 年下半年改名为私立鼓楼中学，其校址位于现在中山路金陵中学所在地。金陵女子文理学院的实验女子中学班继续开办，战前私立育群初中更名为私立育德中学、战前复旦初中更名为利济中学继续开办。其他还有位于莫愁路（今女子中等专业学校所在地）的明德女中、冶城中学、培育中学、金陵耕读学校、进德圣德女子学校、进修中学补习班、私立金陵高级护士职业学校等相继开办或恢复。至 1941 年，南京的中小学情况大致如表 4-6 所示：

表 4-6　南京市中小学概况表（1941 年）

学校分类	办学性质	学校数	学级数	教员人数	职员人数	学生人数
中学	市立中学	4	37	87	52	1 035
	私立中学	3	23	78	29	1 127
总计		7	60	165	81	2 162
小学	市立完全小学	30	368	5 789	81	23 942
	市立初级小学	25	112	1 409	34	6 318
	简易小学（长期小学）	7	34	445	10	2 390
	私立小学	5	22	30	6	1 441
总计		67	536	76 740	131	34 091
私塾		142				4 625

表格来源：笔者自绘。

数据来源：经盛鸿，《南京沦陷八年史》，社会科学文献出版社，2016 年，第 814 页；转引自：伪南京市政府教育局：《南京市中等教育概况统计》（1941 年 11 月），《南京市初等教育概况统计》（1941 年 11 月），《南京市私塾概况统计》（1941 年 11 月），藏于南京市档案馆，档案号：1002-7-34。

　　在增设南京中、小学校的同时，汪伪政府还在南京开办与发展中等职业技术学校。1940 年汪伪政府在珠江路开办伪国立第一职业学校，设工、商两科。同年又在三牌楼设立伪国立第二职业学校，设农科。同年 9 月，为满足中小学教育对师资力量的需求，在原教员养成所的基础上汪伪政府成立了伪国立师范学校，校址选在竺桥，后迁至建邺路红纸廊的原中央政治大学所在地，再迁至龙蟠里今南京市第二十九中学（初中部）所在地。学校设有高中师范班、文专办、体专班。1941 年汪伪政府又在洪武路设伪市立第一职业中学，设商业会计科，后增设了农科；在朝天宫开办了伪中央大学附属实验学校。

　　1942 年日本发动太平洋战争后，日伪当局接管了西方教会在南京创办的中小学，将其改建成伪市立的普通学校。其中原私立鼓楼中学与私立汇文女中被合并成为同伦中学，该校分男、女部进行教学，由汪伪行政院副院长兼外交部部长褚民谊亲自担任校长。驻南京侵华日军将原私立明德女中改为日本女子高等学校，专门为日本军政官员的女儿提供教学服务，原私立金陵高级护士职业学校被日本宪兵队和日本南京同仁会接管，更名为同仁会看护学校。1942 年以后还有些新的私立学校相继开办，如私立道胜初中、私立昌明初中、私立南方大学附中、私立新华中学等。

此外，汪伪政府与日当局对在伪维新政府时期恢复未果的南京高等教育也表现出了极大的热情。相较于从小抓起的中小学教育，在高等学府收买人心、吸引并同化青年、强化对青年一代的奴化教育，对于稳定社会秩序、培养汉奸队伍的接班人显然更直接，也能更能快捷地获得成果。

紧邻南京国民政府的中央大学，是南京地区历史最悠久、规模最大的国立综合性大学，同时也具有重要的"中央正统"的政治意义。为强调其伪政权的所谓正统性及实施其恢复南京高等教育的计划，汪伪政府行政院在1940年4月9日举行的第二次会议上做出了首先"恢复中央大学"的决定，并成立了筹备委员会。

1940年7月9日汪伪政府正式任命樊仲云为伪中央大学校长，钱慰宗为副校长，遂展开招生与建校工作。原中央大学四牌楼校址被日军占为日本陆军医院且拒不退出，于是伪中央大学校址被临时定在建邺路红纸廊的原中央政治大学地址。1940年7、8月间，伪中央大学开始在日占区内的南京、北平、上海、苏州、杭州、武汉、广州这7个城市招生。第一届共有3 000人报考，伪中央大学最后录取了647人，于1940年8月开学授课。1941年后伪中央大学各院系每届招生人数均有增加，最后达到了1 000多人。

1942年8月日当局没收美国教会在天津路的金陵大学后，伪中央大学将学校迁往金陵大学校址，原建邺路红纸廊校址由伪中央大学附属实验学校迁往使用。

除这所由汪伪政府公办的伪中央大学，南京同时期还出现了几所私立高等院校。1941年上半年汪伪政府考试院副院长江亢虎租用白下路的安徽会馆，恢复于1927年在上海停办的南方大学，开办文学院及国学专科，由江亢虎担任校长。1942年秋江亢虎获得位于石鼓路109号的一处较为宽敞的房屋后，遂将南方大学迁入。办学条件得到改善后，南方大学增设了法学院和会计专修科，整个学校拥有学生150多名，成为规模仅次于伪中央大学的第二大高等院校。

1942年8月中国公学在南京恢复招生，该校最初是由一批留日学生于1906年在日本创办的。中华民国建立后该校由日本迁至上海，孙中山曾担任过该校的校董，该校在当时中国教育界颇有声望，胡适、马君武、邵力子、蔡元培等名流都担任过该校校长。1932年"一·二八事变"时该校上海校舍被日军炮火摧毁，历经几年辗转、租屋授课后，于1937年停办。1940年汪伪政府在南京还都后，一批追随汪精卫的原中国公学校友聚集起来，决定集资在南京恢复母校。恢复后的南京中国公学校长由捐款最多者——华兴银行副总经理兼南京分行总经理许逊公出任，校址租用伪立法院街上原南京政府立法院旧址。南京中国公学分为大学部与高中部。大学部有文、法、商三个系，全校首次招生100多人，之后有所扩招。

此外南京还有一所私立高校——建村农学院，校址在绣花巷，拥有学生200余人。

私立大学在南京的复校与创办，扩大了南京高等教育的规模。然而在日伪专制之下的南京，私立大学很难做到独立办学，往往为了学校的发展需要在各个方面巴结日伪当局，而且这几所私立大学的规模都不大，师生很少也很难在教育界与社会上形成影响。

1943年以后由于日本在中国战场上的失败初现端倪，日伪当局对南京教育的发展失去了热情。从这时开始，南京的基础教育处于了停滞状态。随着人口的增长，学龄儿童的数量不断增加，而中小学的数量却不增反减，有限的学校容纳不下过多的学龄儿童，南京儿童失学的情况日益严重。面对越来越大的社会压力，汪伪政府教育局想出了"国民小学"的办法来应付了事。所谓国民小学，就是选一处居民密集的地点，把该区域的失学儿童集中起来，派出教师进行定期授课。至1945年2月南京已经设立了254班国民小学，容纳失学儿童2.5万人[1]。为了应对大量小学生毕业后没中学可上的情况，汪伪教育局又开设了一个挂靠市立职业中学的初级中学补习班。像这样的国民小学和中学补习班，既没有系统性的教学，又缺少应有的教学管理，教学质量较低，学生大部分松散、无序。到后来不仅国民小学无法再办下去，原来为救济失学儿童而开办的简易小学也因学生流失严重而难以为继了。

到1945年8月抗战胜利，南京市失学儿童多达数万人，由表4-7中可见各时期南京教育规模的对比：

①经盛鸿. 南京沦陷八年史[M]. 北京: 社会科学文献出版社，2016:820；转引自伪南京市政府教育局《教育局工作报告》（1944年2月14至19日），藏于南京市档案馆，档案号1002-7-34。

表4-7　各时期南京教育规模对比表

学校分类	战前（1936年）		沦陷初期（1938年）		沦陷中期（1942年）		沦陷后期（1945年）	
	学校数目/所	学生人数/人	学校数目/所	学生人数/人	学校数目/所	学生人数/人	学校数目/所	学生人数/人
幼儿园	24	1 667	1	59	—	—	1	—
小学	231	79 372	12	1 981	80	38 665	78	32 149
中学	32	13 000	1	149	15	5 996	19	5 000余
中等职业学校	9	—	0	0	—	—	7	—
高等学校	8	—	0	0	3	1 150	4	1 200余

表格来源：笔者自制。

数据来源：徐承德，《南京教育志》，方志出版社，1998年，第183页，373页；经盛鸿，《南京沦陷八年史》，社会科学文献出版社，2016年，第819-823页。

由表 4-7 中可见，虽然南京的中小学及高等教育在汪伪政府上台初期得到了一定的发展，但不论是学校数目还是入学儿童数量，都不及战前南京基础教育规模的一半。高等教育在汪伪政府时期发展还算平稳，但也远远不及战前南京高等院校的规模。

（2）日伪奴化教育

汪伪时期日本当局支持伪政府加强教育是在其"日满华共存共荣，共同防共和建立东亚协同新秩序"的原则下所实施的怀柔政策，实则是在对日占区人民进行皇民化教育、同化教育和奴化教育，其目的就是为了排除日占区人民的抗日思想、泯灭中国人民的民族意识、遏制中国的近现代化，为其殖民统治而服务。

受到日当局扶持而上台的汪伪政权，在上海召开的伪国民党六全大会上对国民党政纲中的教育部分作了修订，其主要内容是：

① 发扬民族固有之民族文化之道德，吸收适于国情之外国文化；

② 铲除狭隘之排外思想，贯彻睦邻政策之精神；

③ 厉行纪律训练及科学研究，以养成健全公民及建国人才；

④ 改定教育制度，重编教材，以适应新中国之建设。[①]

并且在之后于 1940 年颁布的伪《国民政府政纲》中的第十条中明确规定伪国民政府教育方针为"和平反共"。这一系列教育方针的目的其实质上就是日当局企图假借伪政府当局之手，在日占区推行反共、媚日的奴化教育。与此同时，与重庆国民政府争夺正统的汪伪南京政府，公然堂皇地曲解孙中山三民主义的含义，标榜自己为三民主义的真正继承人与实施者，并妄图通过伪化教育来对其治下的日占区人民进行洗脑、灌输伪化思想，来加强民众对汪伪政府的认同感。

由于战争期间与城市沦陷后日军的大肆破坏，南京原有的教育系统被彻底毁坏，日伪当局得以在战争的废墟上重建符合其殖民统治需求、受其控制的教育系统。南京所有复建、开办的中小学及高等教育学府，不论公立还是私立，均是在日伪当局的监督下进行的。教师的任用、课本的选择等，都受到了日伪当局的严格管控，有些学校的管理者直接就是伪政府的当政官员。战前南京教育系统所使用的教材、课程安排都不再适用，在日方的监督、指使下，伪政府教育部门对学校教材内容进行了删改。其原则是："凡各级学校的教科书上，含有民族国家的仇恨，或足以引起将来的民族国家间接仇恨的思想，亦当加以适当修正。"[②]在"中国日本化"的奴化教育思想指导下，日伪教育机关删改教材内容，增加宣传"中日

谢洁菱，周蒋浒.抗期间日伪在沦陷区奴化和伪化教育：南京地区作个案析[J].巢湖学院学，2005, 7(5):96-；转引自：黄美，张云.汪精卫国政府的成立.上：上海人民出版.1984:334,823。

杨鸿烈.国民政府都后的"文化"政策，中日文化月，1940,1(2).

亲善、东亚共荣、日汪提携"等亲日奴化思想的内容,并要求每所小学增加日语课,将日语与中国语文一起列为小学必修课。此外,日伪当局还建立师范学校及师范性质的培训所,为中小学输送经过日伪当局奴化教育后的师资。可见战后日占区内所建学校几乎都逃不过日伪当局的控制和影响。

日伪当局控制所有对民宣传途径,强化新闻、文艺、杂志等宣传工具的奴化宣传作用,组织青少年儿童咏唱伪政府宣传组织人员谱写的奴化歌曲,其中包括"和运国策""复兴东亚""东亚联盟""反共清乡"等56首歌曲,同时编辑出版了《和平建国歌曲集》[1]。

1942年元旦汪精卫以伪国民党主席的身份,发起了新国民运动,提出"从今以后,把爱中国爱东亚的心,打成一片,东亚诸国,互相亲爱,团结起来,包围东亚"等8条内容[2]。而对青少年学生的训育则是新国民运动的重要工作之一。当年6月新国民运动促进委员会成立,次月召开第一次会议后即决定在全市各大、中、小学校成立青少年团,对青少年实施训练,增设青年干部学校隶属于新国民运动促进委员会。汪精卫亲自担任这个青年干部学校的校长,多次亲自前往学校进行演讲。这所学校专门对由青少年团宣传讲习所毕业的学员和部分大、中学校学生进行新国民教育、灌输新国民运动思想等洗脑教育。待毕业后,这批青少年就作为"模范青年团"团员,组成一个连队被派往各大、中学校,推动各学校的青年团的活动。所幸在1944年随着汪精卫的病逝,新国民运动结束于无形,其险恶的目的并没达到。

此外,日当局为了对中国进行思想文化的渗透,培养高级知识分子间的亲日力量,早在战前就大力吸引中国学子赴日留学,以致日本成为当时世界上拥有中国留学生数量最多的国家之一。南京沦陷后伪维新政府刚刚成立时的1938年3月底,日当局就开始指使伪维新政府选拔青年学生赴日留学。1939年9月伪维新政府便选出37名学生赴日学习,这37人之中多是伪政府各军政头目的子女。1940年伪政权更替后,选拔青年前往日本留学的工作仍然继续进行,被选中的青年仍是汪伪政府各级军、政、党高官的子女。至1945年8月日本投降,据不完全统计,由汪伪政府派往日本进行留学的学生尚有40人在日本未完成学业[3]。

日伪当局通过各种手段积极对中国人民推行其奴化、伪化教育,在这样的高压统治下,一部分中国人失去了反抗精神、一部分人被毒化,造就了一批弃国家、民族利益而不顾,只谋私利的汉奸、走狗。但是,更多的爱国人民并未屈服于日伪的统治、压迫,他们利用

①谢洁菱,周蒋浒. 战期间日伪在沦陷的奴化和伪化教育以南京地区作个案析[J].巢湖学院学报2005,7(5):96-99.
②中华日报[N] 1944。
③伪国民政府教育档案,藏中国第二史档案馆,档案号5-15363。

各种方式与日伪进行斗争，南京城郊更是成为中国游击队频繁活动的场所。所以，尽管日当局通过伪政权在南京推行多年的奴化、伪化教育，可以说收效甚微，并没达到其最终目的。

7. 汪伪统治下的南京宗教事业

图4-26　香火旺盛的南京寺庙
图片来源：1938年2月号，《美国国家地理杂志》分刊《华夏地理杂志》。

南京自古便是宗教名城，唐代杜牧所写"南朝四百八十寺"诗句所描写的南京佛教胜景绝非虚传（图4-26）。佛教寺庙外，南京也拥有一定数量的道观、基督教堂、清真寺等宗教建筑，并且拥有历史悠久、闻名遐迩的儒教寺庙——夫子庙。各类宗教在南京城内百花齐放，在1937年底南京沦陷前后却同时遭受了毁灭性的打击。

（1）佛教僧舍寺院

日本发动侵华战争之时，其当局奉佛教为国教，将对华战争说成是"弘扬东亚佛教的圣战"，可就是这群美其名曰为"弘扬东亚佛教"而战斗的日本士兵，在中国一路烧毁包括佛教寺庙在内的庙宇、劫掠庙中经像法器、羞辱残杀中国僧人和其他宗教的人员及信徒，数量众多的金陵古刹在日军侵略者铁蹄下化为废墟。

国民政府定都南京后至1935年，南京城内外僧舍寺院仍有350余所，相关宗教古迹遗存比比皆是。位于南京南郊的牛首山1000多年来佛教昌盛，为佛教"牛头宗"的创始地（图4-27）。山中梵宫琳宇、佛寺相连，宗教胜景蔚为大观。唐代日本佛教大师最澄，在天台山禅林寺得到"牛头宗"的禅法和相关文献并最终将这个宗派带回了日本。牛首山中最为著名的古刹便是始建于六朝时宋大明三年的幽栖寺（图4-27），该寺拥有气势宏伟的寺庙建筑，包括两层高的天王殿、大雄宝殿等，寺内供奉三世佛（图4-28）、观音、十八罗汉等。

除拥有千年古刹外，牛首山还自古盛产松、竹、梅、茶、兰、菊。每逢春季，桃李盛开、杜鹃争艳、松竹掩映，满山青翠，景色绝佳。其"牛首烟岚"更被誉为金陵四十八景之一。可这一片绝佳的景色同样终结在了1937年底。侵华日军挺进到牛首山时，为企图剿灭驻守在牛首山防御阵地的中国守军，竟放火焚山，将牛首山上历代大小寺庙及满山古树烧得精光。

图 4-27　幽栖寺全景
图片来源：[日]常盘大定、关野贞，摄于 1921–1928 年；
《支那文化史跡》，第十辑，1939 年，法藏馆出版。

图 4-28　幽栖寺大雄宝殿内景——三世佛
图片来源：[日]常盘大定、关野贞，摄于 1921–1928 年；《支那文化史跡》，第十辑，1939 年，法藏馆出版。

牛首山成了一座光秃秃的荒山，千年古刹在侵华日军的铁蹄下化为乌有。

　　南京城南郊外雨花台西北处原有普德寺一座，该寺始建于南朝梁。明代皇帝曾下令对其进行修缮，于是便拥有了"敕赐古刹"之名。寺内金刚殿、天王殿、左右钟鼓楼、左右碑亭、大佛殿、左观音殿、右轮藏殿、西方殿、左伽蓝殿等建筑层叠错落，松柏掩翠。天王殿中曾供有 500 座形态各异的铁铸罗汉像（图 4-29），后被日军盗走 3 尊运往日本。而普德寺的主要建筑在 1937 年 12 月 13 日也被日军纵火焚毁。从德国女摄影师海达·莫理循于 1944 年拍摄的普德寺照片中可以看到（图 4-30），普德禅寺的山门匾仍在，寺墙内只剩下些低矮建筑，寺庙山门前聚集休憩的是全副武装的军人，还设有几个军事路障设施，却不见任何僧人或香客。依此可以推断，汪伪时期的普德寺已经沦为日伪军营，其宗教活动基本中断了。

图 4-29　普德寺五百铁罗汉局部
图片来源：海达·莫理循摄于 1944 年。美国哈佛大学数字图书馆藏。

　　此外，狮子山西南麓建于明永乐九年（1411 年）的静海寺也于 1937 年底被侵入南京的日军破坏、焚毁，仅剩僧舍两进共八间。位于南京城北建于明代的祖灯庵，庵内大殿与众佛、菩萨、神像、佛经经

图 4-30　普德寺全景照片及局部放大图
图片来源：（德）海达·莫理循摄于 1944。美国哈佛大学数字图书馆藏。

典等均被侵华日军冈村部队焚毁。居士杨仁山创办的金陵刻经处及学院内未及西迁的所藏经书 30 万卷和南京院舍均毁于战火。中华门外雨花西路能仁里 20 号，始建于元代的天界寺，其住持被日军残忍杀害。位于武定门 444 号的正觉寺，在 1937 年 12 月 13 日遭日军闯入，见寺内有逃入避难的百姓，便将 7 名僧人集体枪杀于寺内。该寺原有一尊缅甸白玉菩萨像，体态自然，衣着简疏，肌理细腻，面目慈祥，衬以缠枝宝相花和莲瓣佛座，更显法相庄严，是极难得的珍品[①]，也同时遭到日军洗劫而不知去向。

①孟国祥．南京宗教
的劫难 [J]．南京史
志，1997(6)．

　　日本原本就是佛教盛行的国家，对华侵略部队中即有日本僧人随军同行。南京沦陷后侵华日军入城举行的"南京战殁者慰灵祭"便有随军而来的日本西本愿寺的法师参与（图 4-31）。所以侵华日当局深知通过宗教可以对广大普通民众产生巨大影响以达到控制人民思想的目的。南京沦陷之后，侵华日军在对南京四郊和城市边缘地带的寺庙进行劫掠、纵火、破坏的同时，日当局开始策划利用各种宗教对南京市民进行感化与殖民控制。

图 4-31　参加"南京战殁者慰灵祭"的日本西本愿寺法师
图片来源：秦风、杨国庆、薛冰，《金陵的记忆——铁蹄下的南京》，广西师范大学出版社，2009。

　　日伪当局利用南京原有的佛教基础，迅速恢复了南京各大佛教寺庙的宗教活动。日伪统治之下，南京市民惶惶不可终日，为求平安和远离灾祸，茫然中大部分市民将希望寄托于神明，南京一些著名庙宇，除鸡鸣寺外，毗卢寺、古林寺、灵谷寺、栖霞寺等都渐渐开始香火旺盛。这正是日当局乐于见到的，将中国民众的思想全部引向佛教教义中的来生世界，从而放弃现世的抗日情绪，是日伪当局为稳固其殖民统治而策划并积极推行的另一卑鄙策略。

坐落于原南京国民政府考试院西、鸡笼山东麓山阜上，始建于西晋的古鸡鸣寺，自古拥有"南朝第一寺""南朝四百八十寺之首寺"的美誉，是南朝时期中国的佛教中心[1]。自1387年明太祖下令扩大寺院规模开始，鸡鸣寺经历代扩建后院落规模宏大，占地达百余亩。只可惜古鸡鸣寺于清咸丰年间因战火而毁，虽于同治年间重建，规模已经大不如前，但香火一直旺盛不衰。1937年的南京保卫战中，因地处南京市中心高点，又因鸡笼山西北部为南京国民政府防空司令部，内设有电台，鸡鸣寺被守城部队征用作为全城的通信中心。南京沦陷时，有卸下武器的中国官兵和避难的普通百姓逃至鸡鸣寺中，被寺内僧人收留。后有日军闯入寺中，见难民便杀，鸡鸣寺、北极阁一带成为日军屠杀中国军民的刑场，一时间鸡鸣寺内空无一人。直至1938年3月僧人回寺，鸡鸣寺才恢复了庙内的宗教活动。南京沦陷后躲避至鸡鸣寺的人群中，有一位是中国军队教导总队的团长——钮先铭。他和他的部队负责守卫光华门，激战一周后全团只剩下200余人，部队长官大多都阵亡，整团残余官兵中只有他一个人没有被日军俘虏，之后逃到鸡鸣寺内剃度为僧，以躲避日军的严查搜捕。在鸡鸣寺躲避一年零四个月后之后钮先铭终于得到机会，在寺内僧人的帮助下离开南京前往上海，重新投入抗日事业[2]。

1940年农历一月，汪伪政府文物保管委员会主任褚民谊看到鸡鸣寺楼宇破败、即将倒塌，遂雇人修缮恢复旧观。鸡鸣寺原住持慧法为此事立碑。由此可见，日当局计划在南京推行宗教活动的同时，却对宗教活动的场所、寺庙的维护与修缮毫不关心。可想而知，如果鸡鸣寺不是位于汪伪政府行政院附近的山麓，即便它真的倒塌了，恐怕也并不能引起日伪当局的关注。日伪当局对佛教的重视只是为了麻痹南京民众的精神，利用宗教控制人民的精神，最终达到稳固其在南京的殖民统治地位的目的。

在日当局的极力推动下，汪伪政府的许多要员都将自己伪装成虔诚的佛教徒，如派人修缮鸡鸣寺的褚民谊与蔡培等。为纪念六朝梁代高僧志宝和尚，1937年初开始，原南京国民政府在东郊灵谷寺旁动工开始修建宝公塔和志公殿，至1937年底因战事而停工。1941年初汪伪南京市政府开始在社会上募资，对尚未完工的宝公塔和志公殿进行重修，并于当年

①叶皓.南朝四百八十寺：南京与中国佛教文化.文化中国[2012-06-09].http://culture.china.com.cn.
②司徒古.鸡鸣寺内抗战将军[J].新闻天地,1946(10):11-26.

①白芜.今日之南京
（1938年11月25
日）：敌国和尚的捣
乱 // 马振犊，林宇梅，
等.南京大屠杀史料
集64:民国出版物中
记载的日军暴行[M].
南京:江苏人民出版
社,2010.

10月建成。在吴廷燮撰写的《重修灵谷寺志公塔碑记》中，日伪当局修塔礼佛的目的昭然若揭：人们只要"信佛，就可去恶为善，天下太平"，"无争斗，无兵革，无死亡"。

在推行佛教的过程中，日伪当局还大张旗鼓地组织日本各宗的僧人到南京访问交流和讲经说法，并给日本士兵奉请符箓、佛像。1938年白芜笔下曾记述道：日本的和尚在南京城内有相当的权威，日本士兵见到他们是要下跪的①。为了扩大影响、营造"中日亲善"的假象，日伪当局还在南京策划了几次规模盛大的佛事和中日佛教交流活动。

其中一次重大佛事便与南京总统府附近的毗卢寺有关。

毗卢寺始建于明嘉靖年间，原是一座小庵，清末曾国荃任两江总督期间，将其扩建为一座规模宏大的寺庙，称毗卢寺。1927年国民政府定都南京后，由于该寺邻近国民政府中央政权所在地，于是备受重视，中国佛教协会便是在毗卢寺内诞生的。

1938年10月，原《名古屋新闻》随军记者足力松阳向日军上海特务机关顾问小池提出，建议把"文化建设"作为"中日亲善"的基本方针，得到了日军特务机关的赞同，并决定利用正在南京的侵华日军中国派遣军司令松井石根的家乡——名古屋的十一面观音像来进行所谓的文化交流。

名古屋十一面观音像，是由当时的一位日本佛教信徒伊藤和四郎所筹建，由日本著名雕刻家门井耕云利用一整根台湾阿里山产的桧木按照中国唐代密宗观音像谱雕刻而成。像高约11米，是当时日本最大的观音雕像，一直供奉在名古屋东山公园。日当局将这尊观音像送给汪伪政府，称之为"东来观音"，于1941年2月28日在日本名古屋东山公园举行隆重的赠送仪式后，正式从日本启运。3月20日，十一面观音像到达南京港，随即被安放在毗卢寺内（图4-32）。

汪伪政府对日当局赠送观音像举动的意图心知肚明，褚民谊对于此事就曾说："无非想借佛教的关系，来沟通中日双方感情，获得真

图4-32 毗卢寺观万佛殿十一面观音像
图片来源：[德]海达·莫理循，拍摄于1944年。美国哈佛大学数字图书馆藏。

图 4-33 被安置在名古屋和平公园和平堂二楼的南京毗卢寺唐代木刻贴金千手观音像
图片来源：谷歌图片。

正的亲善效果。"①几日后的 1941 年 3 月 30 日，正值汪伪政府"还都"一周年的庆典，日伪大小官员齐聚毗卢寺，同时组织南京各界代表 500 余人，在毗卢寺举行"东来观音安奉仪式"。仪式上由汪伪南京市市长蔡培对日本政府"亲善""和平"的诚意予以致辞。最后由日本尼姑和中国僧民共百余人绕十一面观音像念经，"东来观音安奉仪式"方告结束。此后，十一面观音像被安放在毗卢寺万佛殿内，并将万佛殿二楼楼板打穿，用于安放高大的佛像。

为答谢日本当局赠送十一面观音像的所谓"情谊"，汪伪政府随后策划将毗卢寺的镇寺之宝——一尊唐代千手观音像（图 4-33），作为"西来观音"回赠给日本。毗卢寺的这尊唐代观音像，高约 4 米，有 48 只手臂，额上雕有天目。整座观音像以樟木雕刻、贴金而成，雕刻精美、法相庄严，是 1884 年由时任两江总督的曾国荃从湖南南岳寺请来南京的。这样的唐代观音木刻贴金像，在南京寺庙中实属难觅的精品。1941 年 4 月 14 日汪伪政府在毗卢寺举行赠送典礼，佛像随后由驻日大使褚民谊送往日本名古屋。5 月 19 日，毗卢寺千手观音像到达名古屋，被暂时安放在东别院内，之后于 6 月 7 日被送至名古屋市郊外觉王山的日泰寺暂时安放，并在那举行了欢迎仪式。然而，作为所谓亲善友好象征而被送到日本的毗卢寺千手观音像，在日本当局的眼中就跟当时的汪伪政府一样，并不受到重视，也没有地位。尽管毗卢寺千手观音像拥有很高的历史与文化价值，也还是受到了日当局的歧视。直到 1964 年 10 月，名古屋市政府相关部门才在城市郊外墓地附近的小山上建了一座和平堂塔楼，毗卢寺千手观音像才被安置到塔中二楼，总算是有了一处专属的安放建筑（图 4-34）。但该塔楼终年关闭，每年只有一天对外开放。原本在毗卢寺中终日接受信众香火供奉的唐代观音像，被孤零零地关进了异国阁楼，不见天日，处境凄凉。

图 4-34 名古屋和平公园之和平堂
图片来源：谷歌图片。

①经盛鸿. 南京沦陷八年史 [M]. 北京：社会科学文献出版社，2016:768.

①南京市地方志编纂
委员会. 南京民族宗
教志[M].南京: 南京
出版社, 2009: 245.

　　与毗卢寺唐代观音的遭遇相反，汪伪政府对于在南京落脚的日本十一面观音像给予了足够的重视，每年都要在南京举办纪念"东来观音"来华的周年纪念活动。同时汪伪政府在毗卢寺几次举办水陆法会，以"纪念中日阵亡将士"。毗卢寺虽然保住了庙宇建筑与进行宗教活动的权利，却沦为日伪当局利用宗教来宣扬"中日亲善"殖民思想的道场。

　　另一件震动佛教界的大事，便是1942年底唐高僧玄奘"佛骨"在南京被发现。高僧玄奘西行取经，回到长安后潜心译经，为佛教在中国的传播做出了巨大贡献。唐高宗麟德元年（664年），玄奘在长安玉华宫圆寂，最初葬于白鹿原，后迁往钟南山紫阁寺。唐末紫阁寺毁于兵火，宋仁宗天圣五年（1027年），一个名为可政的和尚背着玄奘的顶骨来到南京，将其安葬在武定门外土城头的高地上建堂供奉，时称三藏堂。明朝时期在此处又建成规模宏大的大报恩寺，范围西至今雨花路，南达雨花台，东至今路子铺，北至外秦淮河，周围九里十三步，有"骑马关山门"之说。①后整座寺庙毁于天灾人祸。辛亥革命后，军阀孙传芳在此处建立了金陵兵工厂。1935年寺庙住持本明在饮马桥附近建造三藏殿，现存正学路小学内。南京沦陷后，金陵兵工厂被日军霸占，改成专为日军服务的修械所，更名中国派遣军南京造兵厂。三藏堂和高僧玄奘的顶骨舍利，似乎就这么淹没在历史中了。

　　至1942年，因为日本的风俗习惯，除了信佛外，参拜日本本土神社在日本人的生活中必不可少，驻守在侵华日军中国派遣军南京造兵厂的日军高森部队于该年11月初督率中国民工在武定门外土城头的高地上破土动工，打算修建一座供奉日本主管农业与商业的、以日本神道宇迦之御魂大神为首并有诸位稻荷神的稻荷神社。民工在施工过程中，从大报恩寺遗址中挖出一只三尺许见方、带盖的石函。石函两面刻有文字，记载唐玄奘顶骨迁葬经过，石函里还装有一个铜盒，盛着玄奘法师的头顶骨和一小包带土的骨灰，统称"佛骨"。铜盒上镌有"唐三藏"三字，依稀可以辨认。此外，还挖出金佛像、琉璃香炉、黄铜佛像、银锡制器、珠宝、古钱等随葬物品多件。

　　这一重大文物发现轰动一时。驻南京日伪当局即感此事如能善加利用，将对其伪装中日亲善、粉饰太平起到极有利的推动作用。于是，1942年12月3日，由汪伪机关报《民国日报》首次对日军发现玄奘佛骨事件加以报道。其后，由日本驻南京大使重光葵在12月13日举行隆重仪式，将玄奘佛骨及随葬品正式移交给汪伪外交部部长兼文物保管委员会主任褚民谊，并鼓动报刊、广播进行大肆宣传，以向国内、国外显示日当局对伪中国政权的"尊重"和对中国文物保护的"重视"。

　　为进一步扩大影响，由汪伪政府宣布存放玄奘佛骨的石函及随葬品交给位于鸡鸣寺山下的汪伪文物保管委员会长期保存，同时向外展出。而玄奘佛骨，则于 1943 年 12 月 28 日被褚民谊敲碎后分为五份：一份送往洛阳白马寺，以示玄奘魂归大唐；一份送往北平伪华北政务委员会，存放于北平广济寺；一份送往广东，合葬在七十二烈士墓内；一份由日本驻南京"大使馆"送去日本琦玉县佛寺慈恩院；一份留在南京。

　　日伪政府在明故宫机场为送往北平的佛骨举行了隆重的欢送仪式。北平伪中华民国临时政府行政委员会委员长兼行政部总长王克敏专从五台山调了一位爽痴大师来南京迎佛骨，南京方面则从宝华寺调了一位妙原和尚代表南京佛教会，另外派了一位白坚居士代表南京居民与汪伪政府代表参赞武官张恒一起护送佛骨乘专机前往北平。举行欢送仪式时，有南京城内外以及上海、杭州、苏州、扬州各地来参加的僧侣和居士们以及日本佛教徒达多 3 000 余人参加，齐念佛号，声震云霄。

　　留在南京的那份玄奘佛骨，日伪当局决定择地重葬。最初将地点定在雨花台旁普德寺，后改在邻近汪伪政府中央政权所在地的玄武湖畔九华山顶。仿照西安兴教寺玄奘塔形式，新建成一座五层砖塔，在塔地基中央 3 米以下存放玄奘佛骨，塔名"三藏塔"。重光葵和褚民谊还为建塔事宜向社会发起募捐，意图进一步扩大声势。而最后建塔所用青砖都是汪伪政府文武职员捐助集成的，砖上刻着每个捐赠者的名字。约一年后三藏塔建成，褚民谊撰文立碑，树在塔的左、右两侧，碑文详细描述了高僧玄奘取经经过、路线和功绩。随后，日伪当局选在 1944 年 10 月 10 日"双十节"这天，大张声势地举行了玄奘佛骨的奉安典礼。

　　前后近两年时间内，日伪当局大张旗鼓地围绕玄奘佛骨宣扬辗转，妄图利用宗教信仰来巩固其侵略成果。这番动作不过是对佛教在民众之间的影响力的物尽其用，毫无虔诚可言，仅是为了达到日伪当局令人不齿的目的罢了。

　　早在清朝便有日本僧人来到南京建立寺庙。清光绪初年（1875 年）日本僧人在南京建立西本愿寺，寺庙位于洪武路上乘庵。该寺是日本僧人在南京建立的五座寺庙之一，其他四座为：游府西街德安里的东本愿寺、中山路 357 号的知恩院、太平路上的南京寺和珠江路 593 号的本门山南京佛立寺。在南京沦陷后，原本由日本僧人所建的寺庙便立刻得到了日当局的重用，1939 年 4 月 8 日，日本僧人在南京西本愿寺设立了南华佛教联盟南京总会和东亚佛教大同盟，成为日伪时期日占区的佛教活动中心。1945 年 8 月日本战败投降后，西本愿寺更名为上乘庵。

①白芜.今日之南京
(1938 年 11 月 25
日)：帝国和尚的捣
乱 // 马振犊，林宇梅，
等.南京大屠杀史料
集 64: 民国出版物中
记载的日军暴行 [M].
南京：江苏人民出版
社，2010.
②南京市地方志编纂
委员会.南京民族宗
教志 [M].南京：南京
出版社，2009:242.
③同①.

由于日伪当局对佛教的大力倡导，日伪时期更有很大数量的一批日本僧人来到中国进行活动，在日本军营和中国寺庙间随意住宿。几乎每一处沦陷区，日军战亡和日军屠杀无辜百姓的地点，都有日本和尚对着日军尸体或者是被屠杀的百姓的遗体，持鼓念经、超度。这样的行为且不论其初衷如何，在被日军残害的中国百姓的眼里，"都只是手持人皮鼓，猫哭耗子、惺惺作态的邪教仪式罢了"①。

始建于南宋淳熙年间（1174—1189），位于南京城西古平岗的古林寺，曾是南京城内三大寺之一。光绪二十六年（1900 年），古林寺后山坳处火药库起火爆炸，寺庙房屋被炸毁，僧众死 1 人。对于古林寺遭遇的这次天灾，日本佛教界颇为震惊，并寄来佛教家书以示慰问。可见南京古林寺在日本佛教界久负盛名。沦陷期间来到南京的日本僧人在古林寺开办起了南京佛学院。②

来到中国的日本和尚中，也混入了一些淫邪之辈。根据当年一个中国作家白芜的记录，有个日本和尚，听闻一处中国农户家"闹鬼"，上门为之"驱鬼"后，竟然霸占了那家的女子，住下便不走了③。虽然由于特定的文化因素，日本的和尚都是可以结婚生子的，但也不能构成其在中国乡间强霸民女的借口。

罪恶之人打着宗教的幌子施暴，伪善的嘴脸掩盖不了其犯下的罪行。可叹以大慈大悲为教义的佛教，在南京沦陷八年间变成了日伪当局控制人民思想、淡化抗日热情的工具与实施殖民统治的遮羞布。

（2）道教玄观

道教是中国本土的宗教，南京的道教文化最早可追溯至三国时期。据传东吴大帝孙权建都南京后，为道教开教祖师"二葛三张"中的葛玄于方山建道观，供其修炼。至六朝时道教迎来了第一个大发展时期。作为六朝都城的南京，当时道教文化极为繁盛。

至东晋时期，虽然佛教在南京盛极一时，但道教仍广为流传。至明代，道教再度因为皇家的推崇而大发展起来。南京历史上历代都有著名道观，如东汉时的三茅宫、仙鹤观，三国时的洞玄观（图 4-35），南北朝时的

图 4-35　方山洞玄观
图片来源：朱偰，摄于 1930 年代。

213

崇虚观，南北朝至清代的朝天宫，民国的斗姥宫和二郎庙等。其中斗姥宫后来成为 1949 年后南京道教的活动中心。此外，南京还拥有被誉为道教"第三十一小洞天"的金陵钟山洞天，以及号称"第六十九福地"的方山洞玄观。

根据明代《金陵玄观志》记载，明代南京拥有道观 18 座，其中大观 2 座，下辖中观 16 座，中观下又统小庙 51 座，具体名称与区位如表 4-7 所示：

表 4-7　明代南京道观概况表

名称	规模	观址	始建年代	下统小庙数量
冶城山朝天宫	大观	城内冶城山	杨吴	
石城山灵应观	中观	城内灵应山，石城门附近	宋	4
狮子山卢龙观	中观	城北庐龙山，与仪凤门相接	洪武初年	7
洞神宫	中观	城中淮清桥	宋景定四年	13
清源观	中观	明都城外，南城雨花台侧	宋以前	1
仙鹤观	中观	明郭城仙鹤门外，东城地	汉	4
长寿山朝真观	中观	明郭城门外淳化镇，东城地	明正统年间	2
方山洞玄观	中观	明郭城外，东面方山	东吴赤乌二年	
玉虚观	中观	明郭城外，东面方山	东吴	1
吉山祠山庙	中观	明郭城外，南面吉山，距聚宝门 35 里	宋	3
移忠观	中观	安德门外，南城木龙亭	宋以前	4
佑圣观	中观	江东门外，上新河北岸，西城	明成化二年	7
神乐观	大观	明都城外，天坛西，东城地	明初	
龙江天妃宫	中观	明都城外，狮子山脚下，西城地，与仪凤门相望	明永乐年间	
北极真武庙	中观	明都城内钦天山北城地	宋太平兴国二年	
都城隍庙	中观	明都城内钦天山北城地	明初以前	
祠山广惠庙	中观	明都城内钦天山北城地	洪武二十年	
五显灵顺庙	中观	明都城内钦天山北城地	明	5

表格来源：笔者自制。

数据来源：葛寅亮，《金陵玄观志》，南京出版社，2011。

　　至抗战爆发前，南京的道教玄观有消失的也有新建的，其中规模较大、较有影响的道观庙宇概况如表 4-8 所示：

表 4-8　抗战爆发前夕南京道观概况表

名称	地址	始建年代	废观时间
朝天宫	水西门内莫愁路东侧冶山	杨吴	民国初期
斗姥宫	白下路 广艺街 31 号	唐	1994 年
二郎庙	延龄巷 72 号 （民国二郎庙 205 号）	明	1958 年
洞神宫	建康路 151 号	宋	1957 年后观内再无道士，1998 年道观建筑完全拆除
龙江天妃宫	狮子山下建宁路 290 号	宋	1970 年
东岳庙	中央门外东岳庙 13 号	清同治年间 （1862-1874）	1950 年归古林寺代管，1966 年消失
方山洞玄观	方山山麓	东吴	民国初期释道并陈，渐为衰败
天坛神乐观	光华门外天坛村西	明	清代失去皇家作用，民国进一步衰败
北极真武观	鸡鸣山北	唐	民国年间仅两三位道士看守，1949 年后废观
卢龙观	狮子山麓，与仪凤门相接	明洪武年间	1949 年后废观
清源观	雨花台北侧	宋	民国年间仅 1 位道士看守，1949 年后废观
长寿山朝真观	江宁淳化县	明正德年间	民国时便无人看守，1949 年后废观
仙鹤观	东郊仙鹤门	汉	1949 年后因无人看管废观
石城山灵应观	乌龙潭公园东侧，灵应山	宋	1949 年后因无人看管废观
龙都大庙	江宁县龙都镇	明正统年间 （1436—1449）	1949 年后废观
中保村天后宫	三汊河中保村	清	民国时期仅一僧一道看守，1951 年变为佛教寺庙
汤山朱砂洞	江宁县汤山镇	未知	1999 年，因后继无人废观
燕子矶三台洞	燕子矶风景区	未知	1949 年后
苜蓿园关帝庙	中山门外 苜蓿园	未知	1949 年后
土桥吴读庵	江宁县土桥镇	未知	1949 年后

　　表格来源：笔者自制。
　　数据来源：南京市地方志编纂委员会，《南京民族宗教志》，南京出版社，2009 年，第 301-307 页。

　　由上面两表对比可见，南京道教至民国之前仍十分兴旺，虽然有些道观在清末太平天国时期曾遭受破坏，但并不危及发展。而至民国时期，南京国民政府将中国传统道教视为封建迷信，道教遭到了官方的限制和消灭。国民政府首都南京的道观，受到了最为严厉的

215

管控限制和摧毁。1928 年 1 月，南京国民政府颁布《废除卜筮星相巫觋堪舆办法》，并调查全市宫观庙宇，共查有 380 处（包括一些佛教寺庙）[①]。在这 380 处宫观庙宇中，有些道观被国民政府直接予以废除。废除的宫观庙宇中如果有雕刻精美、具有保存价值的雕像，则另造房屋予以保存，其余建筑、塑像全部遭拆毁。同时，南京范围内不许建立任何道教组织。南京市内的另一些道观则被国民政府直接占用。例如朝天宫，其一切道教活动遭停止，被改为中央教育馆，其中部分建筑在抗战前被国民政府教育部改建为国立北平故宫博物院南京分院。南京城郊的道观，被废除后仅留下寥寥数人进行看管。如江宁县龙都镇龙都大庙，曾是江宁县大庙之一，有房屋 99 间，但全观仅由当家师蔡成戒一人看守。其余一些道观，则完全无人看守了。

　　南京道教在民国初年便遭毁灭性的打击和限制。1937 年底南京沦陷后，本就风光不再的南京道教，再度遭到日军暴行。12 月 13 日东波和尚目睹日军将三茅宫道士文海、恒周 2 人及躲避在该道观中的市民 8 人以机枪扫射屠杀，东波和尚本人也被击中腿部[②]。

　　望江矶附近花神庙拥有数百年历史，主殿供奉牡丹花王雕像，数十间配殿里供有百花仙子像。1937 年 12 月 10 日，日军第六师团将花神庙夷为平地[③]。

　　汪伪政府上台后，因其号称自己是正统的国民政府，所以对待道教的政策并没有改变，南京道教日益凋零。

　　1938 年夏，日伪当局在南京恢复对孔子诞辰日的祭拜，将祭拜典礼的场所选在朝天宫。1940 年汪伪政府又在朝天宫设立了伪中央大学附属实验学校。1942 年汪伪政府成立孔庙管理委员会，专门负责朝天宫孔庙的管理。至此，具有数百年道观历史的南京朝天宫，其道教活动已经完全绝迹。

　　侵华日军的破坏、日伪当局的漠视，无疑使南京道教的存在状态雪上加霜。直至解放战争胜利后，南京大部分观宇建筑尚存的道教玄观因看守道士人数太少或无人看管而再无道教活动以至于废观，少数几个道观改为佛教寺庙，南京道教活动一蹶不振。

　　至 1950 年，南京尚有道士活动的道观仅存 10 余座，道士、道姑不足 100 人[④]。作为中国本土宗教的道教在南京地位缺失，如今南京的道教活动场所仅限于 2008 年 5 月对外开放的天后宫一处，其道场空间狭小且设施简陋，道教活动在南京近乎绝迹。

　　（3）儒教孔夫子庙

　　在中国宗教界，儒教与佛教、道教并称为三教，儒教尊孔子为先师，以儒家思想为最

① 南京人民政府□
站（http://www□
nanjing.gov.cn）。
② 孟国祥. 南京宗□
的劫难 [J]. 南京史志,
1997(6).
③ 孟国祥. 南京宗□
的劫难 [J]. 南京史志,
1997(6).
④ 同①。

高信仰。在中国传统文化中，儒教是最为重要、最为核心的部分。日当局在中国建立殖民统治、培养汉奸文化的时候，十分注重利用一切中日之间的文化共性以诱导中国人对日本产生认同感，确立对日本的亲近与崇拜思想，掀动民族主义，企图煽动中国人民把对日本侵略的仇恨转嫁到日本一直敌视的英美等西方国家上去。这之中日本当局首先注重并利用的就是中国的儒教，企图将尊孔读经作为不费一兵一卒就能创建其所谓"东亚新秩序"的基础。

1938年7月19日至22日，日本五相会议制定的《从内部指导中国政策的大纲》中，就提出了"振兴儒教"的口号。日当局扭曲儒教思想，将儒家的"仁"强行与日本帝国主义"王道乐土"思想联系起来，宣称日当局的主张与孔子思想高度吻合。儒教思想中的核心内容"三纲五常"，也被日本当局用来当作维系和稳定日伪在日占区的独裁和高压统治的工具，成为其宣扬排斥近代民主思潮的"中华理论依据"。又因儒教在中国的知识分子和普通民众中影响巨大，日当局认为推崇被其妖化了的孔子崇拜，可以增强日占区的所谓凝聚力。

日伪当局在南京扶持起伪政权后，便开始制造和培养崇拜孔子的文化氛围。1938年夏季，伪维新政府下令取消南京国民政府沿袭下来每周举行的"总理纪念周"活动，改为"孔子纪念周"，每周一次纪念孔子并诵读孔子著作，并以孔子圣像取代孙中山画像。伪维新政府还下令更改南京国民政府颁定的孔子生日，由公历8月27日，变更为公历10月2日，遂于当年10月2日举办盛大的祭祀孔子典礼。但自明清以来，一直都是祭祀孔子重要场所的夫子庙，却早在1937年12月底南京沦陷后就被侵华日军尽数焚毁。

南京夫子庙是我国四大文庙之一，拥有一千多年历史。东晋名相王导提出"治国以培育人才为重"的思想后，于成帝司马衍咸康三年（337年）在秦淮河畔成立太学。宋仁宗景祐元年（1034年），在东晋学宫的基础上扩建而成孔庙，因供奉的是孔夫子，又被称为夫子庙。曾经的夫子庙规模宏大，殿宇建筑气势磅礴（图4-36）。

图4-36　夫子庙全景
图片来源：［日］常盘大定、关野贞，摄于1921-1928年；《支那文化史迹》，第十辑，1939年，法藏馆出版。

①小俣行男．日本
军记者见闻录：南京
大屠杀[M]．北京
世界知识出版社
1985:26.

图 4-37　日本摄影师所摄被焚毁的夫子庙
图片来源：[日]《東亚印畫》，1938。

　　被日军焚毁前的夫子庙，整体建筑沿中轴线排布，南面庙前的秦淮河作为泮池，河南岸的石砖墙为照壁，总长 110 米，高 20 米，是我国最长的照壁之一。庙宇中轴线上的建筑依次有明德堂、大成门、尊经阁、棂星门和大成殿等。庙前秦淮河北岸上有思乐亭、聚星亭，庙东还有魁星阁。

　　夫子庙地区、秦淮河畔同时为南京文化与经济的发祥地，因十里内秦淮河流经区域全境且自古以来便是人文荟萃、商贾云集之地，史称"十里秦淮、六朝金粉"。

　　1937 年底南京沦陷后，夫子庙被日军纵火焚烧，中轴线上所有建筑皆在火海中化为一片瓦砾。秦淮河沿岸，拥有近两千年历史的繁华商业区也被日军焚毁，昔日繁华全然不见。"河边焚毁的民房残壁比比皆是"①。日本出版的《东亚印画》中对日伪时期的南京夫子庙如此描述道："南京是一座拥有两千年历史的古都，在这期间几经兵祸，保持往昔模样的东西很少了。夫子庙附近的秦淮河畔是自隋唐以来就出名的花街柳巷，聚集着浅酌听曲儿的风流骚客，如今残败至此，恐怕只留空名了。"（图 4-37）

　　南京传统的儒教孔圣人祭奠场所乃被日军所毁，可在南京沦陷后不久，日当局又要利用孔子来"驯化"民众，其祭孔的场所只能另选他处。最终日伪当局选择了朝天宫，将被日军破坏得千疮百孔只是尚未倒塌的老建筑"布置一新"。祭祀当天，为显示隆重，侵华

① 郑自海. 六张民国照片还原南京一座中西合璧礼拜堂 [J]. 中国穆斯林, 2015(5):55-56.

② 洪伟. 南京大屠杀中在南京回族的劫难[N]. 日本侵华史研究, 2016, 3(3):13-20; 转引自: 石觉民. 南京市回民生活及清真寺团体调查[J]. 天风,1934,1(3):83.

日军军政大头目和伪维新政府的主要官员全部露面，伪维新政府伪市、区全部官员，及南京刚恢复的几家中小学师生被勒令全体参加。祭祀典礼上日伪当局的几个头目一如在其他组织的大型公众活动上一样，先后发表演讲，宣扬日本侵略思想和奴化思想。1939 年初，伪维新政府对被日军焚毁的夫子庙遗址进行了施工整修。而不论从 1940 年日本出版的南京旅游介绍册《南京の全眺》中所拍摄的夫子庙照片（图 4-38），还是从 1944 年德国女摄影师海达·莫理循在秦淮河畔拍摄的夫子庙街景照片（图 4-39）中都可以看出，伪政府所谓的"整修"，也只是对日军焚毁孔庙后遗留下的废墟进行了清理罢了，秦淮河畔仍只有聚星亭形单影只。

汪伪政府上台后，接棒"宣传儒教、重视孔子崇拜"。汪精卫自谓"尊孔"，战前便参与了南京国民政府不少关于祭孔的活动。汪伪政府成立当年的南京纪念孔子诞辰集会上，汪精卫即发表演讲，一方面大肆吹捧孔子，一方面将儒家文化、孔子思想按照日当局所谋划的进行歪曲，宣传民族主义、攻击西方民主主义和社会主义思想。汪伪政府在南京执政五年多的时间里，"尊孔"的汪精卫，不仅没有主持修复秦淮河畔孔庙，还在孔庙废墟的附近竖起高大的民族主义日伪标语、口号宣传柱（图 4-38）。

（4）清真寺

历史上南京城内曾分布过多个较大规模的回族人聚居区，根据宋《金陵运渎桥道志》记载："桥（草桥）东为打钉巷，巷北有礼拜寺巷，回族之所奉也；自草桥以至七家湾为回族所居。"可见至少在宋代，回族聚居区已经在南京形成。至民国时期，回族已经成为南京市人口中数量最多的少数民族，而当时南京也成为当时中国东部沿海城市中回族人口最多的城市。回族及回教文化在南京生根开花，与回族信仰息息相关的清真寺也如雨后春笋般地建立起来。南京最早的清真寺并没有历史文献的记载，民间传说是始建于宋的大丰富巷寺，不过已经被毁。自明清以来，南京先后存在过清真寺 58 座，女学 8 处，义学 2 处，息心亭 3 处，合计南京伊斯兰教宗教场所遗址点供有 71 处。[①]

清末太平天国兵乱中，南京伊斯兰教建筑曾遭到重创，20 余座清真寺毁于兵火。其后，南京清真寺的建设再度发展起来。根据 1934 年南京回族人石觉民在《南京市回民生活及清真寺团体之调查》中记载："南京计有清真寺 26 坊，女寺 3 处……各清真寺均冠以某坊地名称。惟京市西城一带回民聚居甚众，所建之礼拜寺占全数三分之二。城之东南北中寥若晨星。附廓计有中华门外两寺，水西门外一寺，兴中门外一寺，和平门外一寺。"[②]

图 4-38　夫子庙聚星亭旁，日伪政府标语宣传柱清晰可见
图片来源：［日］泷藤治三郎，《南京の全眺》，华中洋行出版株式会社，民国二十九年（1940 年）。

图 4-39　夫子庙街景照片（1944 年）
图片来源：美国哈佛大学数字图书馆藏。

①孟国祥.南京宗教
劫难[J].南京史志,
1997(6).

②费仲兴,张连红.南
京大屠杀史料集27:
幸存者调查口述(下)
[M].南京:凤凰出版
社,2006:1418.

③南京市地方志编纂
委员会.南京民族宗
教志[M].南京:南京
出版社,2009:317.

1937年南京沦陷前后，南京的清真寺也未能逃离日军的摧毁，多处清真寺成为日军的屠杀场，并遭到日军的劫掠和纵火焚毁。

其中，完全被日军烧毁的清真寺有：璇子巷清真寺、西街清真寺、二板桥清真寺、浦镇东葛西葛乡清真寺和小西门街清真寺等[①]。1937年日军在位于溧水县的小西门街清真寺内驻军，并拆下寺内砖瓦用于修碉堡筑工事，小西门街清真寺遂遭到严重破坏。

日军攻入南京城后，清真寺也成了日军屠杀中国无辜百姓的地点。12月13日当天，草桥清真寺、太平路清真寺、汉西门清真寺、长乐路清真寺等处，都有被日军残杀的回民的尸体，其中草桥清真寺内最多，有十余具之众[②]。

1937年12月底，躲入中华门外西街清真寺的难民被日军屠杀，寺内阿訇一家七口被日军残忍杀害了六人，寺庙遭到日军纵火焚毁，仅存前进七间。璇子巷10号，璇子巷清真寺被日军焚毁。下关二板桥清真寺也遭日军纵火焚毁，寺中藏经、图书、器具等全被焚毁，之后八年间寺庙基址被日军霸占，成为日军驻军场地。属于太平南路太平路清真寺的、坐落在延龄巷与杨公井转角处的三层楼房和四间平房，南京沦陷后被日军占据。

1938年，日军对六合竹镇进行多次轰炸，竹镇清真寺遭到炮火破坏，寺内阿訇一家四口被炸身亡。日军占领六合后，六合澄清坊清真寺被霸占，日军抢劫当地百姓家的家具，拉到寺里当木柴使用，并在寺中屠杀其俘虏的抗日中共新四军战士。

沦陷八年间，南京伊斯兰教受到了严重的摧残，至抗战胜利后才渐渐恢复。新中国成立初期，据调查南京市区有清真寺、清真义学和清真女学共32座，郊县21座[③]，已经基本恢复到了抗战前的规模。

（5）西方教派教堂

南京的天主教始于明代，基督教始于唐代，是由西方传教士带入中国的外来宗教。鸦片战争后天主教和基督教沦为西方帝国主义进行文化侵略、殖民宣传的工具，各国依赖不平等条约，派遣大批传教士来到中国。天主教和基督教在南京经历了一个缓慢、曲折的发展过程，这个过程也是一个侵略与反侵略的过程，亦是一个由中国传统文化抵御外来文化入侵，最终融合外来文化的过程。至民国期间，中国的天主教和基督教系统仍保留着西方帝国主义殖民的影子，其教务大权全由外籍人员掌握。

1937年日本发动侵华战争，南京的基督教部分西方神职人员、教徒参与组成的南京安全区国际委员会和国际红卍字会南京分会，在对日军占领南京城内外滞留难民的保护和救助工作中起到了至关重要的作用。与此同时，南京的天主教和基督教教堂设置的相关教会学校组织等，在战火中也遭受了严重损失。

①南京市地方志编纂委员会. 南京民族宗教志[M]. 南京: 南京出版社, 2009: 352.
②同① 349.

① 天主教教堂

天主教由意大利耶稣会传教士利玛窦于明朝万历年间带入南京，最初受中国传统文化抵御，无功而返。利玛窦第三次来到南京后，在中国助手的帮助下，才开始发展教徒，并在崇礼街神甫住院内设置一座小圣堂，成为南京历史上第一座天主教堂。之后，南京的天主教堂数度建起后又因各种原因被拆毁。至清同治九年（1870 年），南京圣母无染原罪始胎堂即现在的石鼓路天主教堂建成，成为南京天主教区的主教教堂。至清末，信徒不足 400 人[①]。

1912 年国民政府成立，其《临时约法》中有"宗教信仰自由"一条。天主教各修会组织遂借机会，纷纷派遣外国传教士前来中国。外国传教士在南京购地、建堂、办中小学、开设慈幼院。民国初期，天主教在南京得到了较大的发展，信徒最多时达 7 000 多人[②]。在南京活动的天主教组织有：耶稣会、方济各会、圣保禄会。

1928 年，上海法国耶稣会来到南京，在碑亭巷重建学校，校内建有教堂，开始传教，现为长江路圣心堂。1937 年，意大利籍传教士受意大利圣保禄会总会派遣，来到南京建立南京圣保禄会分会。1938 年，意大利籍传教士白天禄被任命为圣保禄会南京分会会长，在下关天保里 34 号设立会院。1938 年，一批外国修女将方济各会女修从山东烟台带到南京，她们在莫愁路创办医院，在石鼓路天主堂对面开设诊所，后又在广州路圣心儿童院设立女修。

1937 年抗日战争爆发后，南京区天主教主教于斌随南京国民政府西迁，南京的天主教活动遂陷入停滞。同年，在日军对南京的无差别轰炸中，石鼓路天主堂遭到日机轰炸，主教神甫楼和楼前 4 间平房被炸毁。次年，主教神甫楼才得到修复。

② 基督教教堂

本书中所阐述的"基督教"，是指 16 世纪后基督教分化出的"老教"和"新教"中的"基督新教"，在我国习惯称"基督教"。而"老教"则为上文所阐述的"天主教"。南京近代基督教传入是在第二次鸦片战争之后，主要由英、美等国传教士传入南京的。

民国初期，由于国民政府政策上的放宽，南京的基督教从清末仅有的 4 个教派，迅速发展壮大起来，教众与日俱增，成为南京具有较大影响力的宗教之一。此时，南京除原有的美国基督教各教派：长老会、卫理会、基督会、贵格会等继续在南京传教外，美国的神召会、圣洁教会、浸信会、信义会和英国的基督教救世军等相继来到南京传教。这些基督教派均持有一定的资金，在南京购地、盖教堂、办教会医院、开办大中小学，进一步扩大基督教在南京各方面的影响。

基督教在南京的快速发展，除了将西方基督教的"福音"传到南京外，在通过教会所开办的现代中小学、大学和医院将现代教育理念、现代体育运动和西医医学知识等传播到南京的同时，也通过传教士的活动将西方资本主义、殖民主义和帝国主义侵略势力深入到中国内地。

基于这种情况，1922 年北平、上海、南京等一些大城市的革命青年发起了以反对帝国主义文化侵略为主旨的非基督教运动。至 1927 年，南京的外籍传教士人数锐减。在反对宗教侵略的同时，国民政府对基督教有益于中国社会的部分还是予以肯定的。由于蒋介石本人便是基督教徒，其上台后便对基督教采取保护和优待措施，南京基督教再度兴盛起来。

民国年间，外国差会在南京共有 18 个教派。这些教派除"中华基督教会"是由多个外国差会联合组建的外，其余基督教会只有一个外国差会支持。抗战前，南京主要基督教派概况及机构区位如表 4-9 所示：

表 4-9　抗战前南京主要基督教派概况表

编号	名称	地址	创办时间	下属机构
1	中华基督教会南京区会（以美国北长老会为核心）	莫愁路 390 号	清同治十二年（1873 年）	门东半边营 17 号，半边营分堂
				莫愁路 392 号，汉中堂
				户部街 49 号，沛恩堂
				句容县四牌楼大街，天句堂
				江宁县淳化镇东关，淳化镇教堂
				双乐园 5 号，双乐园堂
				江宁县铜井镇，铜井福音堂
				（合办）金陵神学院
				（合办）金陵女子神学院
				（合办）私立金陵大学
				（合办）私立金陵女子文理学院
				（合办）私立金陵女子文理学院附属中学
				私立明德女子中学
				私立明德小学

（续表）

编号	名称	地址	创办时间	下属机构
1	中华基督教会南京区会（以美国北长老会为核心）	莫愁路390号	清同治十二年（1873年）	私立益智小学
				私立益世小学
				私立汉中堂义务小学
				长老会孤儿院
2	卫理公会南京教区（1939年，由美以美会、监理会、美普会三会合并）	估衣廊81号	清光绪七年（1881年）	估衣廊81号，城中会堂
				升州路111号，卫斯理堂
				江宁县江宁镇71号，江宁镇福音堂
				江宁县陆郎镇陆郎大街71号，陆郎桥福音堂
				上新河北大街42号，上新河福音堂
				江宁县秣陵镇南关里32号，秣陵镇福音堂
				升州路111号，卫斯理医务诊所
				（合办）鼓楼医院
				（合办）金陵高级护士学校
				（合办）私立金陵大学
				（合办）私立金陵女子文理学院
				（合办）私立金陵女子文理学院附属中学
				（合办）金陵神学院
				（合办）金陵女子神学院
				私立汇文女子中学
				私立金陵大学附属中学
				私立汇文小学
				私立卫斯理小学
3	美国基督会中华基督教会	汉口路2号	清光绪十二年（1886年）	中华路344号，中华路教堂
				鼓楼公园1号，鼓楼教堂
				（创办）鼓楼医院
				中华路教堂内，爱群诊所
				（合办）金陵女子神学院
				（合办）私立金陵大学
				（合办）金陵神学院
				（合办）私立金陵女子文理学院

（续表）

编号	名称	地址	创办时间	下属机构
3	美国基督会中华基督教会	汉口路2 号	清光绪十二年（1886 年）	（合办）私立金陵女子文理学院附属中学
				（合办）金陵高级护士学校
				私立女子中华中学
				私立育群中学
				私立中华女中附小
				私立育群小学
4	基督教南京贵格会	慈悲社8 号	清光绪十三年（1887 年）	慈悲社 8 号，灵恩堂
				大中桥琥珀巷 30 号，大中桥福音堂
				迈皋桥长营村 1-2 号，迈皋桥福音堂
				六合县前街 96 号，六合教堂
				六合县瓜埠镇，瓜埠福音堂
				六合县太平集镇，太平集福音堂
				六合县随家湾，随家湾福音堂
				六合县陈桥，陈桥福音堂
				五台山附近，培真中小学
				五台山附近，贵格妇稚医院
				六合县和平医院
5	中国基督教来复会	大石桥18 号	清光绪二十五年（1899 年）	大石桥 18 号，来复会堂
				保泰街来复中学
				保泰街来复小学
				三牌楼来复孤儿院
6	中华圣公会	太平南路396号	清宣统二年（1910 年）	太平南路 396 号，圣保罗堂
				中山北路 408 号，道胜堂
				四平路 64 号，天恩堂
				浦镇浦新街 27 号，神工堂
				浦口码头东街 101 号，复活堂
				八卦洲大海西村 49 号，博爱堂
				（合办）鼓楼医院
				（合办）金陵高级护士学校

（续表）

编号	名称	地址	创办时间	下属机构
6	中华圣公会	太平南路 396 号	清宣统二年（1910 年）	私立道胜中学
				私立道胜小学
				私立铸英小学
				浦口私立道胜小学
7	基督复临安息日会皖宁区会	高楼门 28 号	民国二年（1913 年）	白下路 140 号，白下路教堂
				高楼门 28 号，高楼门支堂
8	基督教南京神召会	丰富路 140 号	民国三年（1914 年）	丰富路 140 号，丰富路神召会堂
				丰富路 189 号，私立信德孤儿养育院
9	南京真耶稣教会	鸡鹅巷 114 号	民国八年（1919 年）	鸡鹅巷 114 号，鸡鹅巷区会
				剪子巷 9 号，剪子巷区会
10	南京祠堂巷基督教徒聚会处（小群教会）	中山东路西祠堂巷 8 号	民国十五年（1926 年）	大铜银巷 10 号聚会处
11	基督教南京中华圣洁教会	大香炉 34 号	民国十六年（1927 年）	大香炉 34 号，大香炉堂
				浦口东门镇左所大街 164 号，浦口教堂
12	南京基督教浸信会 南京基督教浸礼会	游府西街 71 号	民国二十四年（1935 年）	游府西街 71 号，游府西街浸信会堂
				（合办）私立金陵大学
				马台街 135 号，马台街浸信会福音堂
				（合办）金陵女子神学院
				（合办）私立金陵女子文理学院
				（合办）私立金陵女子文理学院附属中学
				（合办）金陵高级护士学校
				（小学 1 所）
				（合办）鼓楼医院
13	中华救世军南京部队	中华路 140 号	民国二十四年（1935 年）	中华路 140 号，南京部队
14	中国基督教南京灵光堂	山西路 139 号	民国三十一年（1942 年）	山西路 139 号，中国基督教灵光堂
15	中华灵粮世界布道会南京灵粮堂	云南路 26 号	民国三十三年（1944 年）	云南路 26 号，灵粮堂

（续表）

编号	名称	地址	创办时间	下属机构
16	南京景风山基督教丛林	神策门外	民国十一年（1922年）	神策门外，景风山上院
				丰润门下院
				高级小学1座

图表来源：笔者自制。
资料来源：南京地方志编纂委员会，《南京民族宗教志》，南京出版社，2009年第384–395页。

　　此外，位于中山路229号的基督教青年会，在1931年创办了一所基督教青年会中学，校址位于莫愁路401号。

　　1937年抗日战争爆发，南京国民政府大举西迁，南京基督教一部分外籍传教士随政府西迁，绝大部分由基督教团创办、管理、经营的公益设施、大中小学、孤幼院要么跟随西迁，要么陷入停滞。另有一部分外籍传教士毅然留下，坚守南京。由圣公会圣保罗堂、中华基督教会汉中堂、卫理公会城中会堂等教派的教牧人员和教徒所组织的南京安全区，在日军的暴行下救助和收容了大批滞留城内的难民，而基督教各教派在南京建立的教堂、学校和医院等，也成了庇护难民的重要场所。

　　位于太平南路396号的圣保罗堂属于美国中华圣公会江苏教区，始建于1912年，后于1921—1922年为扩建而拆除旧堂。1922年6月扩建后的新教堂建成。1937年底南京沦陷前后，在西方人士成立的组建安全区的团体中，美国中华圣公会江苏教区教会会长约翰·马吉（John Magee）牧师担任了南京安全区国际委员会的委员和国际红十字会南京委员会的主席一职，带领一部分坚守南京的中国医生和护士建立临时医院，救治受伤中国守军和受伤平民，于圣保罗堂内设立起难民营，收容逃避战争和日军暴行的平民，参与救援了20多万面临被日军屠杀的中国人。在此期间，约翰·马吉牧师还将自己亲眼所见的日军暴行，用日记、摄影和录像的方式记录下来，成为揭露日军大屠杀暴行的有力证据。1941年太平洋战争爆发后，日伪当局将属于美国财产的圣保罗堂没收，改作日语学校，来对南京民众进行殖民文化教育。圣保罗堂的宗教活动在这一时期被迫迁至丰富路前神召会旧址进行。

　　属于美国基督教长老会的莫愁路堂，位于莫愁路390号，原称中华基督教会汉中堂。南京沦陷后，莫愁路堂内也设有难民收容所，保护了不少南京平民免受日军屠杀。太平洋战争爆发后，南京所有英、美产权的教堂均被日伪当局没收，只有莫愁路堂因为是中国牧师主持建造的而免于被强占，在太平洋战争爆发后曾被各基督教派共同使用。

在南京沦陷初期，根据安全区国际委员会主席约翰·拉贝在日记中所记录的 25 个难民收容所中，属于基督教各教派的如表 4-10 所示：

表 4-10　1937 年 12 月 31 日—1938 年 1 月 5 日南京基督教区资产难民营概况

编号	名称	地址	负责人 / 所长	难民人数 / 人
1	贵格会传教团难民收容所	五台山附近	张公生（音译）	约 800（男性居多）
2	金陵大学蚕厂难民收容所	四条巷西金银街北	原所长被日军怀疑为军人而被带走，代理所长：金哲桥	3 304
3	金陵大学附中难民收容所	中山路西侧	姜正云	11 000
4	金陵大学图书馆难民收容所	中山路 169 号	梁开纯（音译）	3 000
5	圣经师资培训学校难民收容所	铜银巷	郭俊德	3 400
6	金陵神学院难民收容所	汉中路 198 号	陶忠亮	3 116
7	五台山小学难民收容所	五台山东侧	张乃里	1 640
8	金陵女子文理学院难民收容所	宁海路 122 号	明妮·魏特琳	5 000 ~ 6 000（只有妇女和儿童）
9	教堂和长老会传教团学校双塘难民收容所	双塘	陈罗门	1 000
10	金陵大学（宿舍）难民收容所	中山路 169 号	齐兆昌	7 000（妇女、儿童居多）
11	小桃园南京语言学校难民收容所	小桃园（今广州路北侧）	—	600

表格来源：笔者自制。
资料来源：约翰·拉贝，《拉贝日记》，江苏人民出版社，2015。

日军占领南京后，属于基督教西方第三国财产的教堂建筑也遭到了日军疯狂的破坏。例如：卫理公会传教区的双塘街教堂被日军完全烧毁；基督教青年会在中华路的建筑也被日军焚毁；基督教传教区位于城南的男校两栋建筑亦遭焚毁；美国基督会位于太平路的教区建筑遭到严重破坏；1937 年 12 月 13 日下午，在日军对南京城内持续 1 小时的炮击中，美国基督会的鼓楼教堂被炮弹击中[①]；中国籍牧师贾玉铭创办的中国基督教灵修学院，位于厚载巷，校舍被日军飞机完全炸毁。

① 张生. 南京大屠杀史料集 69：耶鲁文献（上）[M]. 舒建中，萧洪烈，钱彩琴，等译. 南京：江苏人民出版社，2010. Kindle 版. 位置 5869-5871.

)张生.南京大屠杀
史料集 69:耶鲁文献
(上)[M].舒建中,龚
孝烈,钱彩琴,等.南
京:江苏人民出版社,
2010. Kindle 版.位
置 6565—6568.

)张生.南京大屠杀
史料集 69:耶鲁文献
(上)[M].舒建中,龚
孝烈,钱彩琴,等.南
京:江苏人民出版社,
2010. Kindle 版.位
置 4532—4543.

除了建筑物被侵华日军毁坏外,教堂、教会学校、教会医院等还遭到日军不同程度的抢劫。1938 年 1 月 31 日,西方人麦克伦到日本宪兵队寻找自己被抢走的钢琴时,日本宪兵给他看了 19 架钢琴,其中有 3 架是从美国基督会中华女子中学抢来的,有 2 架是从城南中华路基督会里偷来的,最终麦克伦找到了属于自己的那架钢琴,并将它带回[①]。此类事件不胜枚举,日军在南京的抢劫和偷窃,大到房屋、汽车、家具,小到钢笔、手表,无所不抢,更有甚者,还有用教堂的窗帘和神职人员的衣服,在教堂内的水泥地上点火取暖。

南京整个教区和基督教各个机构的财产损失达数万美元,此外中国人的房屋和教会里外国工作人员的住处也几乎全部都受到了日军的劫掠。原本就是依靠国外教差会拨款和信众募捐来进行传教活动的南京各基督教团,其经济能力被大大削弱。再加上基督教建筑大量地被用于难民的救助,在安全区国际委员会组建的 25 个难民营中,有 11 处是基督教区的财产,在这些教区财产的建筑中,容纳了南京近 2/3 的难民,这无疑对建筑物也造成了间接的使用损伤[②],这使得战争之后南京基督教各教团传教活动的恢复,受到了一定程度上的经济阻力。

由于西方基督神职人员和教徒对于救助南京平民做出的巨大贡献,使基督教得到越来越多南京平民在心理上的认同。至汪伪时期,南京社会秩序得到了一定的恢复,基督教开始重新发展起来,有些教差会为便于传教还开办了新的教堂。例如南京真耶稣教会的陈永祥,于 1940 年在剪子巷 9 号创办了剪子巷区会;中华圣公会的陶礼英于 1941 年在八卦洲大海洗村 49 号创建了一间博爱堂等。1944 年中华灵粮世界布道会的赵世光来到南京,创办了中华灵粮世界布道会南京灵粮堂。这一时期,中国本土化的基督教也出现了萌芽。1942 年,赵淑英在山西路自己家里创办了中国基督教灵光会,举行崇拜聚会。之后她将山西路的房子捐给教会,设立正式聚会,每星期都有宗教活动,并请来其他教派的牧师布道。

与此同时,日当局也注意到基督教在南京平民中日益增强的影响力,于是基督教也被日当局列入了其用于瓦解南京人民抗日意志的宗教工具之中。日当局从日本派来许多日本基督教徒,利用其"同为黄种人"、拥有"同样的信仰"的优势参与到对南京市民的殖民宣抚工作之中。其最终目的就是为了利用这些日本基督教徒来感化和说服南京市民接受日本的殖民统治,放弃与日本侵略势力的抗争,疏远西方侨民,变成真正的"顺民"。

1941 年 12 月太平洋战争爆发后,南京各英美教差会教堂、各类学校、医院均被日伪当局没收、占领,所有美籍传教士全部被送往上海集中营。南京英美基督教各差会传教活动全部陷入困境。

8. 伪政权时期的纪念性建筑

为掩盖日军罪行、诱骗南京平民、蒙蔽国际社会，日本当局在南京沦陷初期便开始进行一系列的殖民宣传，摆拍了大量表现"皇军亲善"的照片，四处散发印有"日本皇军保护中国人安全"之类相关内容的传单并张贴海报。然而在南京安全区国际委员会中西方委员的日记中，南京平民听信日军谎言从安全区内回到自己家中后遂遭到日军虐杀、奸杀、抢劫的案例比比皆是。南京平民因此很快再不相信日军的"亲善"宣传。

见直接宣传达不到预期的效果，日当局和驻南京日军在扶植起南京傀儡伪政权后，即通过伪政权来进行殖民宣传。南京的三届伪政权的领导集团，一方面必须听令于日方，一方面都为了自己在南京能长久地保住汉奸头子的地位而努力扩大自身的影响力，所以对日方十分重视的同化、伪化、殖民化宣传可以说是不遗余力地予以执行。在众多宣传手段中，建造一处半永久的或者是永久的纪念性建筑物，无疑是一种长期、有效的宣传方式。

汪精卫集团上台后，在南京改建、新建了几处这种性质的纪念性建筑。

（1）汪伪政府还都纪念塔

1940 年 3 月 30 日汪伪国民政府正式在南京上台，将政府主要机构全部设于鸡笼山下原南京国民政府考试院内，原国民政府考试院遂成为汪伪政权的权力中心。为扩大影响，汪伪政权政要于 3 月 29 日在原国民政府考试院东轴线起始点的东花园内举办了盛大的还都纪念塔及还都纪念碑揭幕典礼。几天内，南京市由日伪全面控制的新闻报刊《中报》《南京新报》等都借机对汪伪政权政要在考试院东首举行的这次典礼大肆宣传。而根据历史资料显示，汪伪政府的这次揭幕典礼上，真正由汪伪政府新建的只有为伪政府歌功颂德的还都纪念碑而已，而"还都纪念塔"则是伪政府利用现有的原国民政府考试院励士钟塔，稍加修缮、装饰改建而成的。

早在 1934 年全国考铨会议在南京成功举行之后，南京国民政府考试院院长戴季陶便倡议所有与会人员捐建一座"励士钟"，以代替原本当作考试院上下班铃的武庙旧钟，并称新铸的励士钟可被当作"全国士大夫阶级之晨钟暮鼓"。这一倡议得到了全体与会代表的响应。在励士钟铸造完成后，各界再度集资建造钟塔来安放励士钟。1936 年 9 月至 1937 年 3 月，励士钟塔建造完成。①

①陈娟，王静.南京颐和平公园"汪伪还都纪念塔"身份遭疑 [EB/OL].中国江苏网 (http://www.gog.com.cn).2012-04-16.

）于峰.民国杂志里
现"还都纪念塔"[J].
凰网，2013；转引
《金陵晚报》。

同①.

1937 年 6 月 6 日，南京发行的《中央日报》就对考试院励士钟塔进行了报道（图 4-40），并刊登了一张由当时的国际记者拍摄的励士钟塔照片。这篇报道全文如下：

"考试院为纪念全国考铨会议，昔与中央各机关及全国各大学集款捐建励士塔一座于该院东花园内，该塔高六十余尺，塔顶镌刻总理建国大纲全文，形式异常美观，现已全部落成。图示励士钟塔全景。"[①]

这篇报道中的"总理"指的是孙中山。励士钟塔，则是由南京国民政府考试院院长戴季陶为警醒、激励考试院学子，纪念全国考铨会议而发起并集资建造的。

励士钟塔具有典型民国中西合璧的建筑风格，高四层，为钢筋混凝土结构，平面呈正方形，位于原南

图 4-40　1937 年 6 月 6 日《中央日报》关于励士钟塔的报道
图片来源：http://www.jschina.com.cn。

京国民政府考试院东、武庙中轴线的南端，考试院东花园内，邻近考试院路。励士钟塔自下而上，塔身逐渐收拢，塔上第三层有一圈开放式观景走廊，三层屋顶铺有绿色琉璃瓦，四层塔顶铺有蓝色琉璃瓦，为中国传统十字重檐歇山顶。塔身四面均开有一座从一层地面延伸至二层的细长圆拱门，塔的第三层四面开窗，从《北洋画报》所刊登的照片可以看到，塔第四层四面均为一面报时钟。励士塔飞檐翘角、雕梁画栋，塔顶层有现代报时钟，塔内悬挂励士钟，造型集实用与美观为一体。

在汪伪集团利用励士钟塔作为其"还都纪念塔"后第二年，南京日伪所控报刊《中报》一周年所发行的纪念特刊《新南京》中，再度把"还都纪念塔"当作汪伪政权统治下南京的一道风景进行宣传。但其后，励士钟塔又作为"和平钟塔"出现在 1942 年 8 月汪伪南京特别市政府编印的《南京》一书中。此后励士钟塔便以"和平纪念塔"的身份多次出现在汪伪史料中[②]。可见同一座钟塔，在汪伪政权刚刚上台时被用作宣传汪伪国民政府的所谓"还都"，待伪政府在南京坐稳之后，又被用来宣传汪精卫的"和平主义"了，真可谓物尽其用。

在"还都纪念塔"旁，确有汪伪政府竖立的还都纪念碑，其高约 2 米余宽约 0.8 米，在 1940 年 3 月 29 日，由褚民谊亲自为其揭幕。

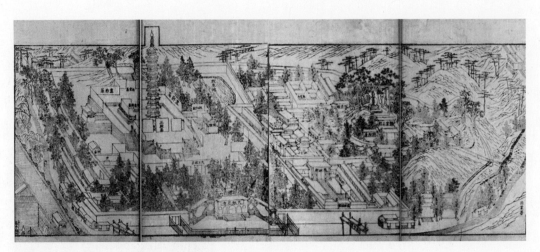

图 4-41 [清]凌大德所绘的《大报恩寺全图》
图片来源：葛寅亮，《金陵梵刹志》，江苏广陵古籍刻印社，1996年。

（2）三藏塔

作为宗教名城的南京，三藏塔的建造历史可以追溯至唐代。据《金陵梵刹志》记载："古迹三藏塔，唐时建在寺内左，宋天禧寺僧可政往陕西紫阁寺得唐玄奘顶骨，归塔于此。"三藏塔建于北宋端拱元年（988年），明洪武十九年（1386年），玄奘顶骨舍利被迁葬于天禧寺的南冈，并建三藏塔以葬"佛骨"，形制为喇嘛塔形。明成祖朱棣于永乐十年（1412年）在天禧寺遗址上始建大报恩寺，并在三藏塔前建三藏殿。在清代凌大德所绘制的《大报恩寺全图》上喇嘛塔形制的三藏塔清晰可见（图 4-41）。

太平天国年间，大报恩寺及三藏塔均毁于兵火，仅存三藏殿。南京沦陷后的1942年冬，日军部队在三藏塔遗址上开挖日本稻荷神社地基时，挖出了玄奘顶骨舍利石函。日伪当局遂借机上演了一出"中日友好""重视中国佛教发展"的闹剧，将玄奘顶骨舍利敲碎，分为五份，分别送往日占区各处和日本国内。汪伪政府为重新安葬继续留在南京的那部分玄奘顶骨舍利，决定新建一处三藏塔。伪政府经过考察，将塔址选在九华山顶。

南京九华山，旧称小九华山，古称覆舟山，又称真武山。因形状如覆舟得名覆舟山，宋元嘉中，改名真武山。后因山南麓建有小九华寺，又称小九华山。九华山西临鸡笼山，北毗邻玄武湖，山水清幽，风光绮丽。山顶三藏塔建成后，因供奉有玄奘真身舍利，小九华山于是位列中国佛教圣地之一。

汪伪政府于 1943 年开始筹建三藏塔，
向南京各界号召募集，最后由伪政府内人
员捐砖，仿唐代长安南郊兴教寺玄奘墓塔
形式建造，1944 年正式建成。建成后的九
华山三藏塔，为五级方形仿木建筑结构楼
阁式砖塔，高 20 余米，每层腰檐下装饰
石质斗拱和镂空气窗，采用近代工艺建成。
腰檐为菱角牙子砖叠涩挑出。整座砖塔建
在一座圆形石台上，石台南面镶嵌三块石
碑，其内容依次是：记录三藏塔历史渊源、
玄奘像和西行路线、玄奘生平事迹。三藏
塔每层四面，各开一座半圆壶门。塔底层

图 4-42 三藏塔现状
图片来源：笔者自摄。

南门之上青砖刻有"三藏塔"三个字。各门券内镶石条门框，石条雕刻花纹；底层装饰一圈
石制墙裙（图 4-42）。

三藏塔一层正中间设有一座莲花石座，石座上有一方石函，标示出玄奘顶骨舍利正安
葬在这方石函下方。石函上雕刻有文字，其正上方，塔二层楼板之上设有一座圆形天井，
天井周围有石制围栏。在塔的西北角设有登塔的通道。

1944 年的 10 月 10 日双十节，即中华民国国庆日当天，日伪当局在九华山顶三藏塔大
张旗鼓地举行了玄奘佛骨的奉安典礼。整个"佛骨事件"和建成的三藏塔，在这一时期其
政治意义远大于宗教含义，都成了日伪当局作秀的道具，用来扩大伪政府影响、利用宗教
加强对南京人民的思想控制。

（3）"保卫东亚"纪念碑

南京沦陷期间，在伪政权首都建造彰显其所谓功勋的纪念碑塔的不止汪伪政权，在其
之前的伪维新政府也在宣传自己方面不遗余力。

1939 年 3 月 3 日伪维新政府为了庆祝其成立满一年，成立了"庆祝维新政府成立初
周纪念大会筹备委员会"，在会议中提出建造永久纪念塔的议案。之后，在鼓楼广场东
侧的保泰街口建立起了一座"维新政府初周纪念塔"，建塔工程由"周顺兴志号"营造
厂负责。签订合同后，自开工之日起三十个晴天完工。1940 年开春，"维新政府初周纪

图 4-43 左图正在建造的"维新政府初周纪念塔"，1939 底—1941 年初；右图"保卫东亚纪念塔"，
图片来源：右图为海达·莫里循摄于 1944 年。美国哈佛大学数字图书馆藏。

念塔"正式完工。

这座纪念塔坐北朝南，由砖叠砌而成，平面呈长方形，面阔约 3 米、宽约 2 米，高约 12 米。
塔身从下往上收拢，塔顶为一中式小庙型建筑，歇山顶。小庙四周修有一圈钢筋水泥浇筑
的观景走廊，由钢筋水泥浇筑的护栏围合。塔底层四面均开设有一座半圆拱券门，正南面
的拱券门上方修有一个水平钢筋水泥雨棚；塔身约 3 米处装饰有一圈叠涩腰檐，并用水泥
砂浆涂抹装饰；塔顶小庙南面与北面设有三扇等高、等宽的半圆拱券门，东面与西面的墙
上各开有一扇形制相同的小门。在塔的前方设有一个小广场，用钢筋水泥约 1 米高的矮墙
进行围合。塔后种植小面积植物。塔身南面，腰檐到塔顶小庙形建筑的位置，雕饰有"维
新政府初周纪念"几个大字 [图 4-43（左）]。

但是伪维新政府并没有像伪政府首脑们所希望的那样，如纪念塔一样地长久下去。这
座纪念塔建成不久后，1940 年 3 月 29 日伪维新政府就从历史舞台上消失了，取而代之的
汪伪国民政府为这座"维新政府初周纪念塔"找到了新的身份。

1941 年太平洋战争爆发，汪伪政府为配合宣传日本进行太平洋战争，于 1941 年 12 月
27 日举行"大东亚解放大会"，发表宣言称伪政府将在所及区域内开展"新国民运动"，
为日本提供"建设新东亚应有之协力"。1942 年元旦，汪伪政府颁布《新国民运动纲要》，
2 月底汪伪中央政治委员会第二十八次会议上决定，将每个月的 8 日定为"保卫东亚纪念日"，

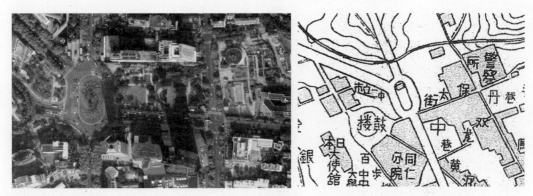

图 4-44　"保卫东亚纪念塔"所在位置推断（左）南京地图 2019，（右）南京地图 1949
图片来源：笔者自绘（底图来源：Google Earth）。

在这一天组织各种集会，并在全市报纸上重点宣传"保卫东亚"。

为给"保卫东亚纪念日"造势宣传，汪伪政府看上了伪维新政府的"初周纪念塔"，计划将其改建为"保卫东亚纪念塔"。1942 年 3 月 8 日上午 10 时，汪伪政府举行了"保卫东亚纪念塔"动工典礼，多名伪政府高级官员参加了仪式。

对比伪"维新政府初周纪念塔"和 1944 年德国摄影师海达·莫理循所拍摄的汪伪"保卫东亚纪念塔"[图 4-43（右）]，可见塔整体形制基本没变，汪伪政府只是将塔身重新装修一番，把原来"维新政府初周纪念"几个大字铲除，替以"保卫东亚纪念"几个字，并且可以看到塔身东面也被写上了"励行新国民运动"几个大字，在附近的路边围墙上还刷有"实现大东亚解放"的标语。

从海达·莫里循拍摄的照片中，可以看到"保卫东亚纪念塔"与鼓楼的相对位置，对比 1941 年汪伪政府出版的地图，可以初步推断出该塔位于今丹凤街与北京东路交界处（图 4-44）。

9. 汪伪特务机关及城内监狱

1937 年 12 月底日军占领南京之后，立刻就成立了特务组织，与侵华日军宪兵队一起对南京的社会治安进行控制，抓捕抗日分子、打击抗日活动。由于日军的特务组织与宪兵队对南京情况不熟且均为日本人，虽尽力活动，但收效甚微。在南京沦陷后不久，重庆国民政府即派出中统、军统人员潜回南京，建立地下组织，设立无线电台，发展组织成员，开展抗日活动。中国共产党与其领导下的新四军也通过不同渠道，在南京组建起地下组织。

对于国共两党在南京的地下活动，日本特务机关往往是无从知晓，也无力侦破。1938年至1939年间，南京发生多起日伪军政人员被暗杀的事件，并且日本特务机关对这些事件的侦破毫无头绪。其中最为轰动的一个案件便是1939年6月10日晚的"南京毒酒案"。在戒备森严的南京市中心日本领事馆内，日本总领事招待日伪高级官员的盛大晚宴上，中国厨师长詹长麟、詹长炳兄弟成功投毒，伤、亡日伪高级官员多人。这次事件震动了日本东京最高当局，日本驻南京特务机关和宪兵队受到多方指责，使其再一次认识到只靠日本人在南京进行特务活动的困难。

1938年底，国民党中统两个重量级人物丁默邨、李士群先后叛逃至上海投奔日驻上海总领事馆，开始从事情报工作。

1939年8月间，丁默邨、李士群奉日本梅机关和汪精卫的指示，派一批特务到南京筹建特务工作基地。这批特务到达南京后，一方面在城北中央路大树根76号建立机关，一面派人分别到新街口等闹市区以开设饮食店等作为掩护，开始情报收集工作。1939年9月上旬，上海76号特工总部副主任唐惠民率领一批人马，在日本梅机关负责人和日军宪兵队头目亲自陪同护送下从上海出发到达南京，并在南京颐和路21号正式建立日伪特工总部南京区。此后，"21号"便成了76号特工总部南京区的代号，之后南京区被撤销后重组为南京汪伪特务组织后，仍沿用"21号"这个代号。

日伪特工总部南京区成立后，其下设总务、情报、组训、侦刑四个处，秘书、译电、会计三个室和一个看守所。原大树根76号机关改为临时看守所，宁海路25号新建一处看守所，同时以南京区破获的中统、军统两部地下电台的叛变人员余玠等人为骨干，在南京慈悲社14号组建秘密电台，成为特务电讯侦察机构。

由于日伪特务机关"76号"与"21号"的存在，重庆国民政府中统在南京地区的抗日活动几乎无法开展，其地下组织大多都被日伪破获或陷入瘫痪。1939年8月，日伪76号特工总部在上海捕获中统东南督导区副区长苏成德，诱其叛变得到成功，遂根据苏成德提供的信息捕获和诱降了中统东南督导区几乎全部的特工人员，只有区长徐兆麟只身逃脱。同年9月29日，日伪特工总部南京区的特务人员伙同日便衣宪兵，根据苏成德的情报逮捕了中统南京分区主任及若干特工人员，中统南京分区组织再次遭到毁灭性打击。

苏成德领导下的南京"21号"在汪伪政府中取得了合法的政治身份，以伪警政部政治警察署作为掩护，在经费、武器、装备上都得到伪政府的支持，苏成德还兼任了伪警政部特种警察署的署长一职。"21号"大力发展特务组织与情报网，收编流散的溃兵和土匪以壮大其特务武装力量。其下设有司法科，独立拘押和审讯"21号"抓来的犯人。除宁海路25号外，另在剪子巷12号设立了一处看守所。此外，"21号"还在南京城区及近郊组织情报分支机构，构建情报网。其先后建造了东、南、西、北、下关、浦口六个伪分区特工站，其中伪东分区特工站设于严家桥2号；伪南分区特工站设在剪子巷12号；伪西分区特工站位于朝天宫西街112-2号；伪北分区特工站设在下关永宁街海防里14号。之后又在大板巷57号增设伪中区特工站[①]。从"21号"南京区本部到南京各街巷，形成了三级情报网，其特工渗透至南京城内外的大街小巷，南京人民从此完全处于日伪特工的全面监视之中。

南京的汪伪特务组织，除臭名昭著的"21号"即76号特工总部南京区外，还有：
① 伪行政院政治工作委员会政治工作局（负责人：苏成德）；
② 伪首都警察厅特高处（负责人：苏晓云、于福、潘元凯、徐国弼等）；
③ 伪中央宪兵司令部特高课（负责人：吴麓）；
④ 伪军事委员会报道室（负责人：杨振）；
⑤ 伪参谋本部调查室（负责人：黄自强）；
⑥ 伪南京特别市政府调查室（负责人：蒯伯涛）；
⑦ 伪清乡委员会调查处（负责人：唐惠民）等。

众多由日当局与日特务机关严密管控的伪政府特务组织，在南京沦陷期间营造了人人自危的恐怖统治氛围。因为一些大汉奸的出现，南京地下抗日组织屡屡受到毁灭性的打击。然而，不论是国民党的中统、军统中的爱国有志之士，还是中共与新四军的爱国抗日组织，均不畏艰险，在一次次受到沉重打击后，均迅速组织恢复抗日活动，并最终取得了胜利。

国民政府奠都南京之后，在南京先后组建了四所监狱，分别是首都监狱、中央军人监狱、晓庄首都反省院与宁海路国民党国防部保密局看守所。

（1）晓庄首都反省院

成立于1936年4月的首都反省院专门用于关押政治犯，内设男、女两排监房，每排有20间牢房，关押犯人100余人（图4-46）。曾被关押在这所监狱中的有夏之栩、王根英和熊天荆等中国共产党员。1937年抗战全面爆发后，国共开始第二次合作，首都反省院遂于当年9月将所关押的全部政治犯释放。1938年11月19日，国民政府明令废止《反省院条例》，

① 经盛鸿. 南京沦陷八年史[M]. 北京：社会科学文献出版社，2016:493.

自此"反省院"名义的监狱全部消失。

（2）中央军人监狱

位于江东门外的中央军人监狱，开办于1931年初，属国民政府军政部管辖。监狱分东、西、中、南四大监。东监分：天、地、人字监；西监分：日、月、星字监；中监分：智、仁、勇字监；南监分：改、过、自、新字监。每个分监各有十余至三十余间牢房，全监可关押 1 000 余人，为国民政府关押政治犯的最大监狱。1937 年 12 月南京沦陷后，侵华日军在此临时囚禁解除武装的中国士兵和平民数万人，并与当月 16 日将这数万人全部押解至江东门进行了集体屠杀。之后，中央军人监狱被日军烧毁，并在南京沦陷期间一直处于废墟状态。直至 1945 年南京光复，国民政府在原址按照原样重建了中央军人监狱，仍然用来关押政治犯。

（3）汪伪特务机关"21 号"

汪伪特务机关在宁海路 21 号设立特务机关，

图 4-45　（上）晓庄首都反省院大门；（下）小庄首都反省院内部大楼
图片来源：https://www.google.com

并在宁海路 25 号设置该机关附属看守所。该看守所是一处由高墙围合的浅色三层小楼，在地下室设有水牢一座。在这里关押、迫害的均为日伪政府抓获的抗日重要人员，包括国民党及中共派往沦陷时期南京的特工。1945 年抗战胜利后，此处被国民政府接收并继续使用，改为宁海路国民党国防部保密局看守所。

（4）首都监狱

国民政府首都监狱是汪伪时期作为正式监狱使用的唯一一处监狱。由于位于南京城内老虎桥 45 号，该监狱被南京百姓称为"老虎桥监狱"。该监狱前身为清末的"江苏模范监狱"，又称"江南地方监狱"，民国初期改名为"江苏江宁监狱""江苏第一监狱"。

老虎桥监狱占地面积 47 184 平方米，内有办公楼、接见室、教诲堂、中央岗亭、杂居监、独居监、工厂及瞭望台等设施。监内设置东、西、南监以及女监、病监五处监房。东监与西监为双扇形，各有四翼，以"忠、孝、仁、爱、信、义、和、平"八字进行分区；南监五翼以"温、良、恭、俭、让"五字进行分区。每监设有一间无光黑房间,用来禁闭滋事犯人。"俭"字监内设水牢一座,用于惩罚犯人。病监设在东面,分杂居病监和独居病监;女监设在东南角,有劳动场所,由女看守进行管理。

监狱内合计拥有监房 172 间,可关押罪犯 3 000 余人。此外还配有浴室、运动场、手术室、工厂、成品室等配套设施,是一座设施较为完善的现代化监狱。

抗战爆发前,老虎桥监狱内曾关押过刘少奇夫人何宝珍、陈独秀等中共革命人士。

1937 年 12 月南京沦陷以后,老虎桥监狱被日伪当局接管,成为"中国战区日本官兵总联络部看守所""拘禁所""刑务所",用于关押中国战俘与日军在南京及周边各地抓来的抗日分子、市井流氓等。不久,其便成为实质意义上的战俘劳工集中营,监狱中所关押的犯人被日军送往南京各个地方强迫劳动,还有大量在押犯人被日军秘密送往中山东路上的日军荣字第一六四四部队进行人体病毒、细菌等惨无人道的活体实验。

1945 年南京光复后,老虎桥监狱正式更名为"首都监狱",164 名汪伪政府汉奸被收押于此,其中有汪伪行政院副院长周佛海,伪考试院院长江亢虎,伪外交部部长李圣五,伪华北政务委员会主任殷汝耕,伪国民党中央委员、浙江省省长梅思平,特务头目丁默邨,伪南京特别市市长周学昌,伪宣传部部长林柏生,以及周作人、胡逸民、刘乙清等人。

第四节　日占南京城市与中国其他日占城市发展类比

在沦陷八年期间，南京为华中沦陷区首府城市，是侵华日军中国派遣军总司令部所在地，又是日本领事馆和大使馆所在地，日本当局与侵华日军在南京先后扶植起三届伪政权，推行其殖民统治。但与此同时，日本当局对待沦陷时期南京的城市建设的态度却与其对待长春和大连等华北日占区内城市的态度截然不同。

1. 日占大连城市建设

1905 年日本在与沙皇俄国进行的日俄战争中取得了胜利，霸占了沙皇俄国在中国的各项利益。日当局于当年 5 月将中国地名"青泥洼"、沙皇俄国名称"达里尼"改名为"大连"。1906 年 5 月，日"关东州民政署"迁到旅顺，并于 9 月 1 日改名为"关东都督府"。

在"接管"大连后，日当局在既成的俄式大连市区规划基础上，在城中划分出军事区、中国人居住区、日本人居住区三个严格分隔的区间，并将已经住在新划出的日本人居住区内的中国人强制迁往中国人居住区。

日本用于控制中国东北及南部铁路的垄断性大型公司"南满洲铁道株式会社"，简称"满铁"，于 1907 年 4 月在大连正式开业运营。在日本当局和"满铁"首任总裁的操控下，大连的城市规划进行了进一步的修订和完善。针对大连日侨数量激增造成的原先划定的"日人区"土地紧张的问题，将大连地区划分为大连中心区和旅顺行政区两大部分予以解决。旅顺区的规划建设主要是围绕着日军关东都督府的行政办公区和以龙河为界划分出来的两大区域加以规划；大连中心区以未来城市特点和人群、人种划分出不同区域，其中包括教育区、居民区、港口区、旅游区等。

日军关东厅于 1919 年成立后，由于日本建筑与城市规划界这一时期对欧美新兴理论的推崇，在大连的城市规划上吸收了 1916 年后在纽约兴起的具有强烈功能主义城市色彩的"区域规划"理论，依据城市地域的不同，从城市功能作用出发，制定建筑的限制条例，设立方格网及对角线型的道路系统，使城市布局更加适应近代都市汽车交通、运输的发展需要，同时也能满足街道行人对城市景观的需求。据此，日本当局在大连进行了长达十年的城市建设。新建成的城市区域与沙皇俄国统治时期的城市格局形成了截然不同的风格，特别是

图 4-47　大连城市地图（2019 年）
图片来源：百度地图。

在城市西部、新拓展的区域，有规划整齐的棋盘式新建主干道，支线街区道路亦被分割成若干排列整齐的小方格；而在城市东部，道路则是以广场为核心，呈发散状延伸，形成蛛网般的道路网络，形成一种古典的美感（图 4-47）。

所有沙俄时期道路名称，均被日当局进行了修改，"街""路"，皆根据日本道路命名方式进行更改：将朝向铁路线的街及倾斜的街称作"通"，与铁路平行的街称为"町"。此外，为了扩大大连城市功能，日当局还拨款于 1921 年至 1924 年间修通了沿海岸线相向而行的大连至旅顺间的道路，成为辽宁省内第一条柏油马路。

大连市内北河口至今星海公园间的有轨电车于 1909 年至 1911 年间开通，形成大连早期以有轨电车为主的公共交通系统。

一批在欧美接受过建筑理论及艺术思想教育的日本建筑师、规划师在日本占领大连后随即到来，将日本国内崇尚欧美建筑风格的思潮带到大连，使大连成为日本本土建筑在海外发展的试验区。其中最为典型的一组建筑便是大连中山广场周边从 1909 年至 1919 年间相继建设完成的八栋风格各异的建筑。此外还有中山广场以东人民路、世纪街、鲁迅路两侧，建立起了数栋以前文艺复兴风格融合了日本传统建筑风格的折中主义风格的标志性建筑物。20 世纪 20 年代以后，在建筑新思潮的影响下现代主义风格建筑在大连风靡一时。1920 年至 1937 年间，大连市内相继建成数栋具有典型现代主义风格的建筑，使得这一时期的大连城市建筑景观上古典主义风格与现在主义风格的建筑交相辉映。

此外,日当局对大连的公共绿地和体育馆等文化场所进行了建设,并开发了数个滨海观光点,开辟了不下于 10 个公园和超过 60 个大型公共体育设施。此举一方面是为了满足旅居大连的日侨生活上的需要,另一方面日军在公园内树立在侵华战争中阵亡及在华推行殖民政策期间亡故日人的纪念碑,借旅游宣扬其民族主义及殖民主义政策。

侵华日当局投入大量的精力和物力建设大连,一来无疑是视大连为自己的囊中之物,为日人服务,二来是为了把大连建设成能够对中国其他区域及世界上进行炫耀的日本"侵略成就"的标杆和样本。其根本目的无外乎是为了更好、更深入地掠夺中国东北地区的资源、倾销日本商品,推行其殖民统治政策,造成了侵略背景下大连城市的畸形发展和繁荣。

2. 日占长春城市建设

1931 年"九一八事变"后侵华日军迅速占领了中国东北地区,并于 1932 年 3 月 1 日扶植起了伪满洲国,首都设在"新京"(即长春)。侵华日军为了建设伪满洲国,使之在日方的殖民统治下体现出一种全新的殖民面貌,对伪满洲国的典范代表城市——"首都"长春进行了一系列的规划与建设。

按照日本当局的要求,由日本关东军出面组织建立了伪满洲国国府建设委员会,成立了"国都"建设局,之后还聘请日本建筑师冈大路出任局长。为了对长春进行建设,日本当局集中了大量优秀的城市规划、建筑方面的专家,如土地问题专家镰田弥助,京都大学教授城市规划专家武井高四郎,东京大学教授、城市规划及建筑统制专家佐野利器,京都大学教授、上水道专家大井清一,东京大学教授、下水道专家草间伟,公园专家折下吉延,京都大学教授、道路专家近藤泰夫等[①]。最终选定以法国巴黎市区的改造计划为样本,仿照巴黎的风格,以广场为中心,道路向不同方向呈星形放射,与道路网结合进行城市规划。与此同时,引入霍华德田园城市中"道路布局优美""建筑风格统一"与"空地分布"的理论,以及当时美国的城市规划设计理论及中国传统城市规划理论,以长春原有的四部分城区:长春旧城、中东铁路宽城子附属地、商埠地、满铁附属地为基础,进行伪满洲国"国都建设"(图 4-48)。

日方制定了详细的长春城市规划——《大新京都市计划》,并制定了相关的法律、法规。

① 刘威. 伪满时期日本对长春城市规划的三重考量[J]. 社会科学战线, 2012(4):240-242:240; 转引自:"满洲国"史编纂刊行会编东北沦陷十四年史吉林编写组译. "满洲国史分论"(下), 东北师范大学校办印刷厂印的内部资料, 1990年第 590 页。

根据计划，长春核心区域被划给日本关东军驻军，形成城内特殊的军事区域，在这个区域中修建有侵华日军关东军司令部、关东军宪兵司令部和关东军司令部官邸。为彰显日本文化特色，这些建筑以日本名古屋城堡为蓝本，钢筋水泥浇筑而成。而伪满洲国的政府机构被规划到了长春南郊，从地理位置上便可以看出谁才是伪满洲国真正的统治者，且伪满洲

图 4-48　长春城市地图（2019 年）
图片来源：百度地图。

国政府的建筑也以体现日本文化为主，脱离了传统中式建筑式样，融合以西方古典建筑的风格，并被广泛运用到长春及伪满洲国的建设之中，形成了长春地区特殊的殖民建筑风格。

城区中，侵华日军还规划了"日本区"和"中国区"，并规划了固定的文化娱乐区，以宣扬以日本文化为核心的"新满洲文化"。

在规划长春最初，侵华日军就以"永久占领"为根本目的，采用近现代城市规划理念，预留城市发展区域，采用经久耐用的材料，使用先进的电气化设备，铺设先进的上下水道等。

经过日本当局的建设，长春在五年内成为伪满洲国重要的文化与政治中心。然而，日本当局对长春投入大量人力和财力进行规划建设，是以永久占领中国东北地区的考虑为前提的，其根本目的离不开长期、深入地对中国东北地区进行资源掠夺，并以建设长春来掩盖其侵略中国并实施殖民统治的事实。

3. 日占南京城市与日占大连、长春城市建设类比

1937 年抗日战争爆发前，作为国民政府首都的南京已经基本完成了中国传统农耕城市向现代化城市的转变。自 1912 年国民政府成立并定南京为首都，至 1937 年全国抗战爆发前，南京已经经历了规模大小、程度深浅不一的七次城市总体规划。沦陷前南京已经建成了可

供汽车通行的南北、东西通达的林荫大道，并且在城中固定区域形成了中央政治区、商贸经济区、住宅区、文化区，且拥有驰名中外的教育学府。

南京在战争中及沦陷后受日军的暴行而遭到了严重的破坏，昔日商业密集区的建筑被大面积焚毁，街道马路被破坏。占领南京的日军即刻便在南京城市中心划出一块区域作为日军"军管区"，不久后便大量引入日侨，在这块"军管区"中霸占中国业主的房屋，开始生活与经商。南京下关江边码头、江北浦口码头等对外运输节点也均被日军占领、使用、经营。

与日占大连、长春相同的是，侵华日军也在南京城内划出一块"日人区"，形成城中城。日本人在这个区域中享受完全的权益与治外法权。原权力中心的南京国民政府总统府大院被日军霸占使用，而其扶持的伪政权想要使用这处房屋，必须得到日方的许可。

与日占大连、长春不同的是，侵华日军占领南京后，对南京城市的修复与再规划发展并没有予以太大的热情。侵华日军当局曾经草拟过一份西起五台山、东至太平南路的南京"日人街"规划，但最终并未加以具体实施。

结合史料，可以总结出侵华日军对南京城市规划发展的漠然态度，应该出于以下几点原因：

（1）日军占领南京之时，南京城已经具备一座近代化城市的所有要素。1931年至1945年间是日本本土崇尚欧美城市建筑文化的最高峰时期，甚至提出"脱亚入欧"的城市建设思潮。在这样的狂热情绪下，南京城当时已经具备近代欧美城市规划的要素，并且原南京国民政府在南京所建设的政府机关、公共设施等建筑物，也是以西方现代主义建筑风格融合中国传统建筑风格而成，可以说是大体符合当时侵华日军对城市规划及建筑形制的审美的。所以侵华日军占领南京后，并没有拆除原国民政府所建的政府机关大楼，而是将它们占为己用。

（2）战前南京已经具备发达的对外交通，侵华日军只需将其修复便可划归己用。战前南京作为长江中下游地区南北与东西交通、运输的转运节点，拥有四条对外铁路，并为津浦铁路通向长江南岸的连接点。在南京沦陷之前，原南京国民政府将一部分的铁路设施转运至大后方，战争中铁路、公路也遭到了一定程度的破坏，但其基础设施与线路方向仍存。日军在占领南京后，立即对南京的对外交通设施进行修复，并实施了严格的军管，充分发挥了其运输功能，所以并不需要再重新修筑铁路、公路。

①南京市地方志编纂
委员会. 南京人民防
空志 [M]. 深圳: 海天
出版社, 1994:34.

（3） 日军扶持起所谓"正统"的汪伪南京国民政府后，本着"以华制华"的殖民侵略方针，不便公开对南京总体规划进行干涉。汪伪国民政府打着"正统"的旗号，号称自己才是继承孙中山遗志的真正的国民党政权，指责重庆国民政府是假的政权。这样一来，汪伪国民政府就应该是拥有独立自主权的政权，日本当局在城市规划与建设这种公开的、大规模的市政建设上便不能公然加以干涉。但实质上汪伪国民政府是日本当局的傀儡政府，不具备自己的话语权，也没有足够的政府经费。于是对于南京的建设，汪伪政府只能建筑一些小的伪政府纪念设施、重新命名一些路名而已，虽然汪伪政府于 1943 年曾成立伪首都建设委员会企图对南京进行城市建设，但最终还是以其"主子"——侵华日军的战败投降而草草收场了。

（4） 侵华日军对南京抱持着感情上的仇恨，对南京市民生活更加漠视。南京保卫战期间，中国官兵与市民在南京与日军顽强斗争，使得原本以为能轻松拿下中国首都的侵华日军付出惨痛代价后才得以攻入南京城。无论是从其最高指挥官下达的对中国战俘"全部杀掉"的命令，还是从日军进入南京后进行的持续数月的大屠杀中，都可以看出侵华日军对于南京及南京市民的仇恨。这已经不仅仅是出于其号称的"武力震慑"的目的了。所以在局势渐渐稳定下来之后，日军及日当局需要用到哪处建筑，便只是简单粗暴地将中国业主赶出去，而不是考虑自己另建。

（5） 南京为原国民政府首都，即便沦陷后也仍是中国抗日力量的活动中心。南京于 1937 年 12 月 13 日沦陷后，1938 年 1 月 2 日便有中国空军与苏联志愿队战机联合空袭了南京大校场日军机场，炸毁日机 2 架[①]。此后中国空军与苏联志愿队战机便时常突袭南京，对日军驻南京军事设施进行空中打击。与此同时，在南京沦陷之初中共中央遂派出新四军队伍前往南京附近郊县的广大敌后地区，发动群众，开展抗日活动。与日占区大后方的大连及长春相比，对于侵华日军来说南京始终都不是被他们完全掌控的城市，对这样的城市投入人力、物力进行建设，不符合侵华日军及日本当局的最高利益。

（6） 最后，在中国及国际社会眼中，南京不论沦陷与否，都是不属于日本的，它是属于中国的首都城市。战前历经十年建设所形成的南京现代化大都市的繁荣景象给予全中国及国际社会极深刻的印象。现代化的南京城，是中国人民投入良多人力、物力所得到的成就，是近代中国社会发展的标志和样本。占领南京后的侵华日军，即便对南京加以建设，其成就不可能突破原国民政府把南京从传统中国城市带入国际现代化城市的成就。所以侵华日军在南京的主要活动，只是利用南京"首都"的身份，来要挟、压制重庆国民政府，

①美国《国家地理》
1948 年 3 月号。

并不需要给南京带来长足的发展。

　　基于以上原因，南京沦陷期间城市格局基本没有变化，仅在行政区域的划分上曾有较大变动。美国《国家地理》杂志的记者于光复后到达南京，其对经历了八年日伪政权统治的南京印象为"再次成为中国首都的南京，在经历了八年日军占领时期之后似乎仍大致保留着旧时容貌。有些建筑被炸毁了，但城市并未受到广泛的破坏"①。这从另一个侧面证明了，沦陷期间的南京，伪政权虽增建了一些纪念性建筑，侵华日军在南京也建造了一些纪念建筑包括数量不多的日本神社以及一些军政临时用房等建筑，但城市整体格局并未产生较大变化，原国民政府及私人资本力量所建的质量较高的建筑及建筑群大部分为日伪力量所占用而未进行重大改建，而在战争中及沦陷初期受损的一些古建筑及近代新建建筑则直至 1945 年侵华日军战败投降，都未能得到很好的修缮。

图 4-49　南京新街口广场
图片来源：美国《国家地理》，1948 年 3 月号。

第五节　小结

本章就抗日战争时期侵华日军及日当局在南京扶植的三届伪政权的殖民统治对南京城市造成的影响做出较为完整的论述。

侵华日军及日当局扶持的伪政权利用原国民政府建筑在南京展开殖民统治，三届伪政权不具有独立的意志和完整的权力，其由侵华日军及日当局挑选人员并一手组建，并随着侵华日军的战败而瓦解。其存在期间，所有政令皆为侵华日当局的利益及其对华政策而服务，导致南京城市、社会与经济等发展严重倒退，城市文化遭到侵华日军殖民毒害。

本章所论述的抗战时期伪政权更替与殖民统治对南京城市空间、经济、社会与文化所造成的影响，是笔者总结、罗列日伪统治时期可划归为南京抗战建筑遗产内的历史建筑、遗址遗迹与附属建筑的重要历史依据与文化基础。

第五章
侵华日军在南京进行的殖民印记建设

　　1937 年 12 月 13 日侵华日军攻入南京城。在仅仅四天后的 12 月 17 日，便急不可耐地组织了一场盛大的日军占领南京的"入城仪式"，这也标志着侵华日军对南京正式军事占领的开始。当天，日本侵华华中方面军司令官松井石根骑着战马于下午 1 点 30 分耀武扬威地率领着一众日本侵华军队官兵穿过中华门城门，进入南京城。下午 2 点，队伍到达原南京国民政府大院门前广场。2 点 30 分，在原南京国民政府大院前，日军举行了"入城典礼"。日本国歌声中，侵华日军进行了"日本国旗升旗仪式"，一面大于普通旗帜尺寸数倍的日本国旗（图 5-1），被松井石根大将亲手升至原南京国民政府大门中央旗杆顶部，以此举象征南京被日军完全占领。

　　在这之后，日当局与驻南京侵华日军开始了对南京长达八年的殖民统治。在这种日本侵略主义的殖民社会中，一切政策与活动均是为日当局、驻南京侵华日军及在南京的日侨的最高利益而服务的。这种畸形的社会中，产生了一系列具有特定侵略目的、殖民社会特有的产物。

图 5-1　1938 年国民政府大门中央旗杆上飘荡的巨大日本国旗，及在广场上拍照留念的日本官兵
图片来源：秦风、杨国庆、薛冰，《金陵的记忆——铁蹄下的南京》，广西师范大学出版社，2006。

第一节　侵华日军战斗与战死兵将纪念设施

侵华日军华中方面军在进攻南京的过程中，遭到了中国守城军队的顽强抵抗，在雨花台、光华门、紫金山等中国军队守城阵地前，日军不仅久攻不下，而且伤亡惨重。

图 5-2　侵华日军陆海合同慰灵祭
图片来源：[日] 陆军画报社，『支那事變 戰跡の栞』(中卷). 陆军恤兵部发行，1938 年，第 176-177 页。

占领南京之后，这些战死在攻城战中的日本官兵，便成了日当局和侵华日军大力表彰、宣扬的"战斗英雄"。举行"入城典礼"的第二天，12 月 18 日下午 2 时，日军在南京明故宫机场举行了"陆海合同慰灵祭"（图 5-2），即为在攻占南京的侵略战争中死亡的侵华日陆军、海军将士举办所谓的"成佛"仪式[1]。此外，在南京各个经历了激烈战斗的地点，日军都设立了形式各样的追悼"皇军战死、病死战场将士英灵"纪念物，以供日侨、日军等前往祭拜。与此同时，日军与日当局还借此类纪念设施，宣扬其帝国主义，威慑南京平民。

侵华日军与日当局在南京设立、建造的纪念攻占南京过程中死亡兵将的设施主要有：

1. 光华门外战死日军纪念墓标

1937 年 12 月南京保卫战中，负责守卫光华门的是中国守军第一五六师九三二团，宪兵二团三营加强排，教导总队工兵一营、二营、辎重营、军士营，第五十一师部分官兵，战车第三连第三排战车一辆及部分民兵。侵华日军方面主攻中国守军光华门阵地的是侵华日军第九师团第三十六联队。

12 月 9 日凌晨 5 点 15 分，侵华日军第九师团第三十六联队第一大队便突破了中和桥，

①[日] 陆軍画报社. 那事變 戰跡の栞: 卷)[M]. 陆军恤兵部行，1938:176-17

图5-3　日军第三十六连第一大队士兵摄于1937年，"在光华门敌前200米的战壕中待命"
图片来源：[日]《支那事變画报》，1939年。

图5-4　日军炮击中华门
图片来源：[日]陆軍画报社，『支那事變戰跡の栞』（中卷），陆軍恤兵部发行，1938年，第176-177页。

　　占领了防空学校，据为攻城基地。当天上午，第三十六联队的第二大队也赶到了防空学校。首先到达光华门前的日军第三十六连第一大队负责侦查中国阵地情况与测量攻击距离。

　　由图5-3可见，开战前的光华门城门与两侧城墙均是完整无损的。中国守军在光华门建造的防守工事十分坚固。日军在12月9日的侦查日记中这样写道：城墙上、中、下各有28处射击孔，包括底部、中部、顶层捷克式轻机枪射孔；护城河宽135米，深4米，城墙高13米；城门前方护堤挖了2道反坦克战壕，5道带电铁丝网一直延伸到护城河；护城河岸边到城墙又有路障和地雷。另外，光华门城门已经被中国守军用沙袋、圆木堵死，城墙底部修有2个战防炮位，中段被掏空，修建了机枪工事。

　　1937年12月10日上午9时左右，日军派遣山炮大队开始对光华门城门进行猛烈轰击（图5-4），并未炸开中国守军修筑的城门封堵。日军工兵冲至光华门城门下用炸药直接爆破，也因炸药量不足未果。日军几次对城门造成的损失，全被中国守军教导总队工兵一营叶青部重新封堵上。11时许，中国守军雨花台炮台发炮轰击攻打光华门的日军，这让日军始料未及，死伤惨重。上午8时许，日军第九师团第十八旅团司令部从七桥瓮护送800枚山炮炮弹和大量子弹补给前往光华门日军阵地。中国守军第八十七师二六一、二五九旅从海福巷与中和桥两面夹击日军，同时雨花台和富贵山炮台以炮火支援中国守军部队，日军再添伤亡。但也是在这一天的激战中，中国守军第八十七师二五九旅少将旅长易安华和补充团上校团长谢家珣为国捐躯了。

下午3时日军再度炮轰光华门城门。5时许，光华门城门被突破，日军第三十六联队第一大队大队长伊藤善光少佐、第一中队中队长山际喜一少尉、第四中队中队长葛野旷中尉率队冲至城门下，从坍塌口进入城门，并利用碎石、沙袋修筑临时工事据守不退。中国守军与城门内日军展开手榴弹、机枪战，造成两方大量伤亡。晚9时许，日军第三十六联队第一大队大队长伊藤善光面颊被手榴弹击中，死在光华门内。

至11日凌晨，中国守军向城门内日军倾倒汽油，然后用手榴弹将躲入城门内的日军大部分歼灭。

12日，日军空军轰炸机加入战斗，其山炮大队持续近距离轰击城墙，城门内残存的小股日军得到步兵支援，企图继续突破，但由于死伤大半毫无进展。下午4时，日军请求高桥门日军野战150毫米榴弹炮远程对光华门进行轰击，光华门城墙右侧约50米处开始坍塌，形成一道陡坡。中国守城官兵不断对受损城墙进行应急修补，重机枪不间断对日军射击。此时日军仍无法突破中国守军的防线。

12月13日凌晨4时，光华门右侧600米处城墙被炸塌，上午10时许日军攻城部队才正式突入城墙进入南京市，而此时的中国守军则是因为接到了撤退的命令而主动放弃了光华门阵地。

光华门经历五天日夜激烈的战斗，以中国守军悲壮退出而结束，这场战斗中，因武器装备上的差距，中国守军阵亡近千人。日军第九师团在城门附近战死275人，伤546人，丧失战斗力共821人。当时日军一个大队约1 200人的战斗火力与战斗素质几乎相当于中国军队的一个野战团，中国守军在光华门附近以近千人的代价消灭了日军近乎一个大队，其中还包括一个日军的少佐军官，这是日军进攻南京过程中战斗最为激烈、伤亡最为惨重的一战。由此可见中国守军守卫光华门战绩的辉煌。

也正因如此，侵华日军方面对光华门一战十分重视，战后不仅侵华日军上海派遣军司令、天皇叔父朝香宫鸠彦、侵华日军华中方面军司令松井石根大将先后前往光华门阵地参观战斗遗迹，还禁止之后的南京伪政权对光华门进行维修，将被日军炸毁过半的光华门当作日军"光辉战绩"予以保存，并在光华门城墙上写上了"和平""救国"四个大字，以警告中国人民"如果反抗，便面临着日军的军事打击"。此外，日军当局还在光华门外城门左侧竖立起了"光华门外战死日军墓标"，成为进出光华门的日侨、日军凭吊战死日军的场所。

在1941年由日本华中洋行株式会社出版、泷藤治三郎编著的南京旅游导览《南京の全眺》

中，此处"光华门外战死日军墓标"还成为一处来南京的日本人推荐游览、参拜的名胜（图5-5）。

2. 菊花台日军表忠碑

南京保卫战中，发生在雨花台的战斗最为惨烈，装备严重落后于日军的中国守军拼死抵抗日本军队的侵略，并组织了数次有效的反击。奉命负责守卫雨花台至安德门阵地一线的是中国守军第八十八师。

图 5-5　光华门侵华日军光辉战绩景点图片
图片来源：[日] 泷藤治三郎，《南京の全眺》，1941 年，華中洋行株式会社出版。

自南向雨花台进攻的是侵华日军第十军第一一四师团和第六师团，拥有各式火炮近 200 门，2 个装甲战车中队及 1 个战车大队。

安德门阵地拥有两处小高地，其一是被日军编号为 82 号高地、战后命名为"六师山"的高地，其二便是 82 号高地正北面、略低于它的，被日军编号为 83 号高地的菊花台高地。菊花台以北，地势向南京城墙方向逐渐下降。进攻安德门的日军第二十三联队遭到中国守军顽强反击，整个联队陷入苦战，其联队第一大队长驹泽中佐、代理大队长金田大尉在中国守军激烈的抵抗中先后受伤。

1937 年 12 月 10 日中午，侵华日军第二十三联队的援军——日军第四十七联队附一个独立山炮大队，赶到安德门前线以 5 个步兵大队和 2 个炮兵大队的兵力对付驻守安德门的中国守军第五二七团的两个营。

中国守军第五二七团第二营的官兵在 82 号高地顽强反击，日军《乡土部队奋战史》即侵华日军第六师团步兵第四十七联队的队史一文中，这样写道："敌人的狙击技术高超，加上集结了强大的火力，使日本军的伤亡不断增加，攻击难以进展。再低的洼地，也会有敌人的子弹不分昼夜地不断飞来，使我军无处藏身。"①打头阵的日军第五中队损失巨大，中队长吉田光治大尉当场被打死。日军第二十三联队的首藤中尉被打成重伤，其余各小队长均相继负伤，中队兵力锐减 1/4，最后只剩数十人。

由于双方武器装备实力悬殊，在日军压倒性的炮火覆盖下，守卫 82 号高地的中国守军第五二七团第二营营长陈斌升和 500 余名战士全部牺牲。

日军占领 82 号高地后，中国守军据邻近的菊花台制高点，继续顽强回击。此时日军增援不断赶到，将全部炮火集中在 82 号高地附近，以掩护日军第二十三联队对菊花台高地进行正面突破。

至 12 月 11 日下午 2 时 40 分，菊花台附近一带高地全部被日军占领。在这场战斗中，侵华日军第二十三联队包括吉良中尉在内的 27 人被中国守军击毙。

南京保卫战后，由于日军第六师团第二十三联队在菊花台附近的战斗中损失惨重，且菊花台高地的突破也是日军拿下中国守军安德门阵地的关键，日军第二十三联队联队长首藤提出在菊花台战斗地点上竖起一块木质的纪念碑，以表彰、纪念第二十三联队的"战绩"。

随后侵华日军第十军全体官兵决定，在菊花台建立表忠碑，并清理四周、开辟菊花台公园。菊花台公园内，除表忠碑外，还有侵华日军吉良中尉等战死者的碑，并仿照第十军登陆杭州湾李家大宅的六角亭，建起若干个圆亭。此外，还在菊花台附近修建数座墓地，埋葬了数十位战死的中国守军遗体（图 5-6），其目的是"希望来参拜表忠碑的人，为误作抗战牺牲品的蒋军将士洒上一掬之泪。"②实为企图以此威慑、恐吓中国抗日军民。至 1938 年 5 月，保卫战结束后的半年期间，南京城内外仍有许多中国守军的尸体

图 5-6　菊花台公园内的表忠碑、六角亭及新修坟墓 2 座
图片来源：个人收藏。

①乡土部队奋战史 王卫星. 南京大屠史料集 .56-57: 日文献 [M]. 刘军、罗文，等译. 南京: 苏人民出版社, 201
②谷田勇. 南京菊花附近谷兵团奋战记. 和十七年十二月六油印本 // 王卫星、国山. 南京大屠杀料集 11: 日本军方件 [M]. 南京: 江苏民出版社, 2005.

①明妮·魏特琳. 魏特琳日记. 南京: 江苏人民出版社, 2015: 280.

图 5-7　侵华日军为中国战殁将士之墓献鲜花的摆拍
图片来源: [日] 日日新闻社 1940 年 4 月 21 日发行『首都南京の和平四景』海报, 个人收藏。

图 5-8　1939 年日军举办的菊花台公园表忠碑盛大揭幕仪式的报道
图片来源: [日]《支那事变画报》第 74 辑。

未被收敛, 而日本士兵战亡的地方, 均设有标记以示纪念①。由此可见, 日军在菊花台表忠碑公园内设立中国守军墓用心之叵测, 其此举不外是以此警告、恐吓中国人民不要反抗日本帝国主义的侵略, 不然只有被其杀害的下场罢了。之后, 菊花台公园内的中国战殁将士之墓又成为侵华日军及日当局进行殖民宣传, 摆拍做戏的场所 (图 5-7)。

菊花台表忠碑、菊花台公园及所有设施均由日军藤原工兵部队领导、强迫中国战俘劳动建造的, 工程历时约一年, 于 1939 年 12 月 13 日举行了盛大的竣工仪式 (图 5-8)。

建成的菊花台表忠碑, 位于菊花台制高点的一处土台上。碑身自下往上向内收缩。底层由四根方形巨柱支撑, 形成四面各一的高大门洞。碑顶仿庙宇造型, 正面拥有三座假门造型。碑身上写有 "表忠碑" 三个大字。

除表忠碑及六角亭外, 在日军步兵二十三联队伤亡最为惨烈的战斗地点, 日军还竖立起一座小型 "步兵第二十三联队第二大队奋战之迹" 纪念碑。

在泷藤治三郎编著的南京旅游导览《南京の全眺》中, 菊花台表忠碑成为其推荐日人前往观瞻、祭拜的 "风景名胜" 点之一, 并在南京全景地图上做出了标记 (图 5-9)。

3. 其他侵华日军纪念设施

除以上两处日军所建纪念设施外, 日军还在南京战中与中国守城军队激烈战斗并死伤

图 5-9 《南京の全眺》中南京地图上标注的菊花台表忠碑位置
图片来源：［日］泷藤治三郎，《南京の全眺》，1941 年，华中洋行株式会社出版。

惨重的南京附廓激战点附近设立小型纪念碑，供日军和日侨祭奠、参拜。

　　从一张侵华日军某部士兵保留的其在南京游玩时拍摄的观光照（图 5-10）中便可以看出，这类在战争发生的原址所建造起来的永久或半永久的纪念侵华日军战死兵将的纪念设施，不仅成为日当局及侵华日军恐吓、威慑中国百姓，对中国民众进行殖民思想宣传的工具，也成了帝国主义日本向其自身兵将进行侵略宣传及帝国主义思想洗脑的工具之一。

图 5-10 照片旁备注文字大意为"立于
南京城外战死者墓碑前 井上古富启"
图片来源：个人收藏。

第二节 侵华日军"慰安所"

"慰安妇"及"慰安所"诞生于日本帝国主义的侵略之下，起源于日本帝国主义政府。这种反人道的侵略政策和战争暴行，是帝国主义日本的一项重要国策。侵华日军在南京制造了震惊世界的大屠杀惨案，之后长达八年的时间内其上海派遣军、华中方面军、中国派遣军司令部等侵略部队均设址于南京。无论在军事还是政治方面，南京都处于非常重要的地位。日当局在南京大量驻军，且引进人数众多的日本商人在南京居住并经营事业，使得南京成为日当局实施"慰安妇"制度最完善、设置"慰安所"最多、拥有"慰安妇"数量最众的城市，同时也成了中国、韩国、日本以及其他国家地区妇女受帝国主义日本迫害最为严重的地方。

日本帝国主义侵略军队侵略其他国家的过程中，其部队所到之处均有大量日本军人奸淫当地妇女的兽行发生。1918年至1920年间日军在苏俄西伯利亚就不无例外地因为大肆奸淫当地妇女而造成日本侵略军队中性病泛滥，非战斗死亡人员数量大大超过战斗死亡人员。1937年8月至12月间，从淞沪会战开始到战火蔓延至南京期间历史再度重演。日军一路纵火焚烧房屋、抢劫平民、屠杀无辜百姓的同时，对沿途中国妇女大肆进行奸淫。侵华日军华中方面军司令部官员担心西伯利亚时候的情况再度发生，因此在1937年12月11日南京还未被侵华日军攻陷之时，侵华日军最高领导层就已经开始打算在南京开办日军"慰安所"了。

"慰安妇"最初是日军由日本国内征集来为日军提供性服务的女性，随着日军在中国战事时间的拉长，日军不断向中国大陆输送士兵，日本政府与日军上层所组织、选派来的日籍女性远远不能满足日本士兵的需求之时，日军当局便开始长期地、有计划地强征大批各国妇女，为日军官兵提供性服务。而"慰安妇"制度竟然成了帝国主义日本的一项维稳国策，真实体现了日本帝国主义政府的野蛮和罪恶。

1937年12月13日侵华日军占领南京，在制造血腥的南京大屠杀惨案的同时，无数困于南京城内的中国妇女被日军残忍强奸甚至是杀害。短时间内，有超过2万的中国妇女遭到日军的强奸、轮奸。在日军方未及在南京开办"慰安所"之前，由于日军当局纵容其士兵大肆烧杀淫掠，日军无度奸淫的行径造成性病快速在其军队中蔓延开来。1938年初日军对其部队进行士兵性病感染的抽样调查，其结果甚至震惊了日本东京最高军事当局。担心士兵因性病而降低战斗力的侵华日军华中方面军司令官松井石根决定加速在南京实行"慰安妇"制度。

在日本当局的推行下，"慰安妇"制度在南京及其他日占区迅速实施与建立起来。南京的侵华日军"慰安所"主要是通过以下三种途径建立起来的。

1. 侵华日军军队系统内部建立的"慰安所"

侵华日军体系内设立的"慰安所"，主要是在其临时驻军及行军的过程中为满足日军兽欲而建立起来的，具有一定的临时性与流动性。具体又可分为两类，其中一类是日军依命令、有计划地于部队中设立的，以日本籍和朝鲜籍慰安妇为主；而另一类数量上占绝大多数的，则是日军各部在领导阶层默许下擅自设立的临时"慰安所"，以日军劫掠而来的中国妇女为主。

在南京沦陷初期，日军当局从后方征调的"慰安妇"短时间内无法大量运至南京，驻南京日军当局遂密令日军各部先行建立各自的临时"慰安所"。例如京都六十师团的福知山第二十联队就建立了自己的"慰安所"，其中有日本籍、朝鲜籍及中国籍的慰安妇；第十五师团步兵联队也设有自己的"慰安所"[1]。

侵华日军公开诱骗、强迫、劫掠中国妇女，大量被日军掳走的中国妇女再也没能回到亲人身边。"许多年轻妇女和姑娘被从她们的家里带走，人们不知道她们的情况如何，因为以后再也没有见到过她们。"[2]在南京安全区国际委员会委员的日记、书信、官方报告中，日军绑架、强奸中国妇女的恶行频频发生，从孩童到老妪，都遭受了日军的残害。日军还堂而皇之地前往南京安全区收容妇女儿童难民的金陵女子文理学院难民所，要求美籍教师明妮·魏特琳在难民中挑选出 100 名"妓女"提供给日军。在南京红卍字会的一位中国官员的诱骗下，有 21 位妇女从难民中走了出来，被日军带走[3]。南京全城几乎所有地方都有日军强暴妇女的事件发生，美国医生威尔逊夫人致加西德的信件中就这么写着："我完全相信除了我们在的地方，医院是城里唯一一个没有人被强奸的建筑了。"[4]

日军各部队自主建立的慰安所并不挂牌经营，而是设在日军兵营中，由日军各部队自行支配。1938 年 4 月 30 日，魏特琳教授为调查可以安置孤儿的场所前往南京东郊原国民政府遗族学校，发现学校里原新建的女生宿舍已经被彻底摧毁了，那里"似乎被日本士兵和大量的中国妓女占据着"[5]。魏特琳教授所说的"中国妓女"，应该实为被日军掳至其军营

①江苏省委党史工作办公室. 江苏省抗日战争时期人口伤亡和财产损失 [M]. 南京: 中共党史出版社 2014:299.
②汉口德国大使馆1938 年 1 月 6 日报告（编号: 11）附件[M]// 陈谦平, 张连红, 戴袁支. 南京大屠杀史料集 30: 德国使领馆文书. 郑寿康, 译. 南京: 江苏人民出版社, 2007.
③明妮·魏特琳. 魏特琳日记 [M]. 南京: 江苏人民出版社 2015: 158.
④威尔逊夫人致加西德, 1938 年 7 月 24 日 [M]// 张生. 南京大屠杀史料集 69: 明鲁文献（上）. 舒建中, 龚洪烈, 钱彩琴, 译. 南京: 江苏人民出版社, 2010.
⑤同① 272.

中的大量无辜中国妇女。

　　由于这类临时"慰安所"，存在时间不长，且跟随着军营的变动而变动，所以并没有留下固定的场所遗址。侵华日军在南京抢劫的中国女性不仅为满足驻扎在南京的日军兽欲的需要，还将一部分运往上海，投入上海的"皇军俱乐部"，还曾有 320 名妇女被装在闷罐车内秘密运往苏北[①]。

2. 中国汉奸、流氓及伪政府在日军指使下设立的"慰安所"

　　南京沦陷初期，另一种形式的"慰安所"就逐渐开办起来，最终代替了日本军营中的临时"慰安所"。这种"慰安所"由日军指派的中国籍汉奸、流氓出面，以招募、诱骗等手段胁迫中国妇女成为侵华日军的"慰安妇"。在伪政权被扶植起来后，侵华日军甚至直接指令其伪政权组织专人负责为其筹办"慰安所"。

　　1937 年 12 月 13 日南京沦陷，当月中旬侵华日军特务班便指派孙叔荣、王承典等汉奸头子策划在短时间内组织起两座为日本军官服务的"慰安所"。南京安全区国际委员会主席约翰·拉贝在 1937 年 12 月 26 日的日记中这样记述道："现在日本人想到了一个奇特的主意，要建立一个军用妓院。"

　　汉奸王承典，原为南京安全区国际委员会工作，很快投靠侵华日军，因其与南京社会上的流氓、帮派、黑社会等类人物关系亲密，遂向日军特务机关推荐了一位对开办妓院很有经验的黑社会人员乔鸿年来为日军操办开设"慰安所"事宜。乔鸿年积极为日军奔走，陪同日本特务机关头目到南京安全区中多家难民所搜寻、挑选中国妇女，并将搜寻重点放在专门收容女性难民的金陵女子文理学院难民所。从 1937 年 12 月 18 日至 20 日间，乔鸿年协同日军从金陵女子文理学院难民所强征了 300 余名妇女，又从中挑选出 100 余名年轻美貌的，交给侵华日军相关负责人过目[②]。

　　为使其开办的"慰安所"更好地为日军服务，乔鸿年直接霸占了位于汉中路铁管巷、中山北路傅厚岗的两处因战争而空置的中国业主的豪华公馆，并伙同日本宪兵队从原南京国民政府大员的公馆内拉来高级家具以布置这两处公馆。12 月 22 日，这两处"慰安所"正式开业。位于傅厚岗的"慰安所"专为日军将校服务，选年轻美貌的"慰安妇"30 余名；位于铁管巷的"慰安所"专为日军下级军官及士兵服务。这两家"慰安所"由日军直接委派大西出任主任，而副主任则是中国人乔鸿年。开办经费最开始由日本军部支付，营业后由售票所得进行支付，如有盈余则都归大西所有。这所南京第一家由汉奸操办开设的"慰安所"，后因日军大批军妓到达南京于1938年2月关门歇业。[①]

在中国汉奸帮日军组织起第一家"慰安所"的同时，以"为日军建立三家妓院"为其第一要务而被扶植起来的伪南京自治委员会，堂而皇之地对外宣称其谋划为日军建立"慰安所"的目的，是满足日军的需求，以"保护"南京的其他市民不再遭受其骚扰。伪南京市自治委员会计划在鼓楼火车站以北建一座专为日军普通士兵使用的"慰安所"，在新街口以南建一座专为日军军官使用的"慰安所"。

在第一家"慰安所"成功开办之后，王承典、孙叔荣、乔鸿年等一帮汉奸又于1938年初开始在南京其他地方陆续开办起多家"慰安所"。其中有位于铁管巷瑞福里的"上军南部慰安所"，位于山西路口的"上军北部慰安所"。这两家"慰安所"的主任都是汉奸乔鸿年，且均为侵占原中国业主的房屋开办。

1938年4月12日，奉日军特务机关的"委托"，乔鸿年以"上军慰安所主任"的身份向伪自治委员会会长孙叔荣、工商课课长王承典呈文，以"繁荣市面""振兴商业"的借口，申请占用夫子庙贡院街原海洞春旅馆房屋，及市府路永安汽车行房屋，新开一所"人民慰安所"。而此时这两处房屋均已装修完毕，只待开业了，乔鸿年此番呈请，也仅是走个形式而已。果不其然，第二天，即1938年4月13日，伪市自治委员会便专门发出"训令"予以批准。

此外，南京其他的一些大小汉奸、流氓也在日军的唆使和纵容下，相继开办起"慰安所"。其中有夫子庙"日华亲善馆"、傅厚岗"皇军慰安所"、白下路219号"大华楼慰安所"、"鼓楼饭店中部慰安所"等，此外在科巷、水巷洋屋内及珠江饭店等处均设有"慰安所"[②]。然而这些新开办的"慰安所"仍然满足不了驻南京日军的需求，在日军的指示下伪政府将当时社会上一些恢复营业的妓院安排来专门接待日军。1939年9月20日香港《大公报》第5版刊登的《南京魔窟实录——群魔乱舞的"新气象"》一文中，就记述了伪政府将二十五家一等妓院划归日军专用，其中有"绮红楼""桃花宫""浪花楼""共乐馆""蕊香院""广寒阁""秦淮别墅"等。

中国汉奸、流氓开办的"慰安所"较为集中地分布在鼓楼与太平路附近区域内（图5-11），在南京沦陷初期一度受到日军当局的欢迎，但这些"慰安所"的经营人和管理者并不是日

①经盛鸿.南京沦陷八年史[M].北京:社会科学文献出版社,2016:860;转引自乔鸿年证词,藏于南京市中级人民法院档案室。
②柏芜.今日之南京[J].南京晚报出版社,1938年。

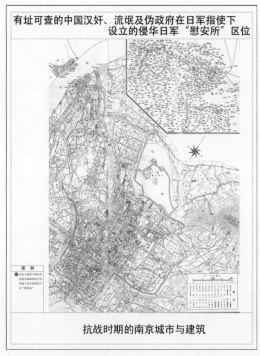
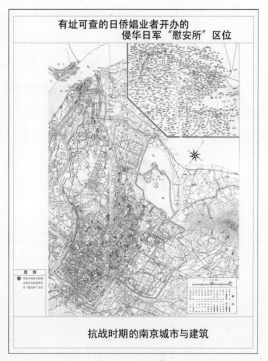

图 5-11　有址可查的中国汉奸、流氓及伪政府在日军指使下设立的侵华日军"慰安所"区位
图片来源：笔者自绘。

图 5-12　有址可查的日侨娼业者开办的侵华日军"慰安所"区位
图片来源：笔者自绘。

本人，侵华日军及日当局对其总带有猜疑和顾忌，加上日当局实行所谓"对华新政策"之后，日军不得不稍微收敛其在南京的野蛮行径。中国汉奸为日军开设的"慰安所"逐渐减少、停办，或被日方接管后由日本军部转交日侨娼业者经营。

3. 日侨娼业者开办的"慰安所"

在南京数量最多、存在时间最长的"慰安所"是日军指派日侨娼业者开办的，专门为日军中、高级将校提供服务的"慰安所"，以及日方大量引入日本商人后，日侨娼业者自行开办的专门为日军普通士兵及下级士官服务的"慰安所"（图 5-12）。

早在南京沦陷的几天前，侵华日军当局就邀请上海日侨"方便屋"的老板出面谋划在其攻陷南京后到城内开办所谓的"民间慰安所",并提供巨款资助。侵华日军占领南京后,原在日本国内及东北沦陷区、上海的日籍娼业主便奉日军当局的征召,携大量"慰安妇"来到南京,选择靠近日本兵营的地点,霸占中国业主的房产,开办"慰安所",做起日军士兵的生意。这类"慰安所"中的"慰安妇"最开始是从日军后方调运至南京,或跟随日籍娼业者到达南京的日本籍、朝鲜籍的妇女,随着日侨娼业者经营的展开,越来越多的中国妇女被诱骗、胁迫到这类"慰安所"中成为"慰安妇"。

①江苏省委党史工作
办公室. 江苏省抗日
战争时期人口伤亡
和财产损失[M]. 南
京: 中共党史出版社,
2014:305-306。

在 1938 年日军"慰安所"管理机构发给其部队的,由南京伪维新政府行政院宣传局新闻训练所编辑出版的《南京指南》小册子中,就明确标注了南京 9 家侵华日军陆军"慰安所"的名称及地点(表 5-1):

表 5-1　南京部分日本陆军"慰安所"表(1938)①

编号	地点	名称
1	白下路 312 号	"大华楼慰安所"
2	桃源鸿 3 号	"共乐馆慰安所"
3	利济巷普爱新村	"东云慰安所"
4	中山东路	"浪花楼慰安所"
5	湖北路楼子巷	"菊花馆慰安所"
6	太平路白菜园	"青南馆慰安所"
7	相府营	"满月慰安所"
8	鼓楼饭店	"鼓楼慰安所"
9	贡院街 2 号	"人民慰安所"

同时,日侨娼业者所开办的"慰安所"数量远多于这 9 家,其主要集中在城南夫子庙至大行宫一带及下关商贸港口驻军区,城中零星分布着另外数十家"慰安所"。此外,如龙潭、浦口、江浦、汤山等地凡有侵华日军驻军的地点附近也均开办有此类"慰安所"。

(1)城南片区"慰安所"

南京城南夫子庙到大行宫一带,战前便是南京最为繁华的区域,战后虽然遭到日军毁灭性的破坏,但局势稍稳定之后商业逐渐复苏。加上这一区域属于由日本军方划定的供日侨生活的日人街,靠近多个日本驻军兵营与日军军事机关,遂有数量众多的日本军方与日侨娼业者开办的"慰安所"出现在这一片区内。长白路科巷、利济巷、白下路二条巷、四条巷、文昌巷等，均有"慰安所"存在。其中规模较大的几家是：

①"日军军官俱乐部"

侵华日军军官俱乐部是占用原中国业主安乐酒店原址建筑开办起来的。

安乐酒店，位于太平南路西侧、火瓦巷口。始建于 1932 年，坐西朝东，面阔 12 间，长约 50 米，高三层。战前是南京著名饭店之一，以经营粤菜而负有盛名。南京沦陷后，侵华日军霸占安乐酒店，由日军军方在此开办"日军军官俱乐部"。

这里专门为日军中、上级军官服务，一直有日籍、朝鲜籍和中国籍"慰安妇"应召前去提供服务。所以"日军军官俱乐部"实质上是一处由日本军方直接开办的级别较高的"慰安所"。甚至直到日军战败投降、中国国民党军队进驻南京后，这家"慰安所"还在公开营业。

②"青南馆慰安所"

又名"菊水楼慰安所"。它是侵华日军霸占了太平南路文昌巷 19 号白菜园大院的民居改建而成，拥有 8 栋形制一样的二层别墅洋房，以及其他几栋二层、三层洋房，总建筑面积约 5 000 平方米。日军在这片洋房区四周建起围墙和铁丝网，大门两边的门柱上写着"菊水楼"的招牌。这是南京城内规模最大的一家"慰安所"，规格较高。这里的"慰安妇"以菲律宾籍、朝鲜籍、中国籍（包括台湾地区）为主。服务对象为侵华日军将、佐级军官。

③"松下富贵楼慰安所"

南京常府街西柳巷福安里 5 号，战前是一户李姓人家于 1931 年至 1932 年间修建的出租房屋，一共有 4 栋，临街两栋为联排二层楼房，后面 2 栋为洋式平房，共有 40 间房，建筑面积共 1 200 平方米。1937 年 8 月日军对南京进行无差别轰炸的时候，这户李姓人家逃离南京。

南京沦陷后日本宪兵队遂霸占了这 4 栋房屋开起"慰安所"。日军对房屋进行了改建，在 4 栋房屋周围竖起铁栏杆。经营与管理这处"慰安所"的日侨娼业者姓松下，于是临街面的联排楼墙壁上嵌有一块写着"松下富贵楼"的水泥牌。这家慰安所中的 40 间房间内，除一间办公室外，其余 39 间均为日籍、中国籍"慰安妇""接待营业"的场所。其服务对象为日军将、佐级官员，因而，这家"慰安所"的"慰安妇"每周都要前往指定的地点检查身体。

④"东云慰安所"

这处"慰安所"又名"东方旅馆"。南京一富人杨普庆于战前在中央饭店对面、利济巷口建造了一片高级住宅区"普庆新邨"。日军占领南京后，霸占这片住宅区内利济巷

2 号的一座长方形的水泥砖瓦结构二层楼洋房，将其改造成一家"慰安所"，交由日侨娼业者千田进行经营。这栋长方形的二层洋楼为内廊式建筑，走廊为东西向，对门而立的小房间均为长方形平面。一楼有 14 间小房间，并设有吧台。二楼有 16 间小房间。屋顶内有一间狭小的阁楼，被用来关押、折磨不听话的"慰安妇"。这 30 间小房间，便是"慰安妇""接待、服务"日军的工作场所。

这座洋房西南面有一座临街的二层楼房，入口与售票处设于一楼中央位置。这里的"慰安妇"多为朝鲜籍妇女。

⑤"故乡楼慰安所"

杨普庆所建的"普庆新邨"主体部分位于利济巷 16 号，原与利济巷 2 号相通，拥有形制一样的 8 栋二层洋楼。日军霸占这里后，将其改造成另一处"慰安所"，门口挂着"安乃家"的牌子。这里的慰安妇是日籍妇女，主要接待日军军官。

⑥"吾妻楼慰安所"

与利济巷 2 号"东云慰安所"隔街相望，日军于科巷寿星桥口又设立了一家慰安所，这里的"慰安妇"全为中国妇女，专门为日军普通士兵服务，等级较低。由日侨娼业者经营，名为"吾妻楼慰安所"。

⑦"浪花楼慰安所"

这座"慰安所"由日侨娼业者河村开办，位于中山东路四条巷树德里 48 号。

⑧"筑紫屋军食堂"

表面上是餐厅，此处实质上是为日军提供"慰安妇"服务的又一家"慰安所"。经营者是日本人山本照子，地址位于市中心的洪武路 18 号。后改名为"朝日屋军食堂"，店主更换为日本人重冈又三郎。

⑨"下士官兵俱乐部"

位于韩家巷 10 号。

（2）城中片区"慰安所"

原本南京城中部及偏北的区域为文教区及行政区。由于这个区域内的日军驻军部队较少，所以"慰安所"也相对较少。其中主要有以下几所：

①"鼓楼饭店中部慰安所"

这处"慰安所"开在鼓楼黄泥岗、鼓楼教堂隔壁，为一处两层楼房。"慰安妇"均为日籍妇女。

②“傅厚岗慰安所”

这处“慰安所”是霸占一户廖姓人家的房屋而建，拥有一座两层洋楼和一处院子。地址在鼓楼北、中央路左，现高云岭 19 号。此处慰安妇均为日籍妇女。

③“蛇山聚萍村慰安所”

位于汉中门内蛇山聚萍村日军驻军军营内，为霸占原南京国民政府官员官邸开办，是一座三层的法式洋楼。此处的“慰安妇”为 60 人左右，绝大多数是日籍妇女，其他还有朝鲜籍、中国籍妇女各 10 人左右。每隔十天就有日本军医前来为慰安妇检查身体。

④还有几处只有具体或模糊的地址信息留存的“慰安所”，具体如下：

“利民慰安所”：汉中路左所巷。

“梦乡慰安所”：双门楼 33 号。

“满月慰安所”：相府营。

“珠江饭店慰安所”：珠江路上。

“菊花馆慰安所”：湖北路楼子巷 5 号。

“共乐馆慰安所”：桃源鸿 3 号。

“皇军慰安所”：铁管巷瑞福里。

“上军南部慰安所”：铁管巷四达里。

（3）下关商贸港口侵华日军驻军区“慰安所”

下关位于长江岸边，是南京水运码头、客货集中地，在战前即为重要的商贸口岸与交通枢纽。日军占领南京后在下关驻军众多，严格控制了下关码头和铁路的运输、经营与下关码头仓库的使用与管理。为给侵华日军驻军提供“服务”，下关地区拥有数量众多的“慰安所”，其中主要有以下几所：

①“铁路桥慰安所”

位于下关石梁柱大街 85 号，为一座平房。其拥有约 30 间房间，内廊式平面布局，由日本人经营。有慰安妇 30 余名，大多数为日本籍、朝鲜籍妇女。

②“华月楼慰安所”

位于下关商埠街惠安巷 3 号，原是一栋黄姓富户所有的带有院子的三层木质结构楼房，战争逼近南京时黄姓富户携全家逃离南京。南京沦陷后这处房屋遂被日军霸占。1939 年初，一对日侨娼业者夫妇在此开办"慰安所"。此处房屋每层拥有 6 ～ 7 个房间，占地面积约 200 平方米。"慰安妇"绝大多数是中国妇女，共有 20 余人，其中扬州人居多。

③"日华会馆慰安所"

中国商人黄辉凤在下关商埠街公共路 26 号拥有一处三层洋式楼房。该处住宅在侵华日军占领南京后，被日本商人吉延秀吉霸占，于 1938 年 8 月开办"慰安所"，一直经营到 1945 年 8 月日本战败投降。

④"东幸昇楼慰安所"：由日侨娼业者久下喜八郎开办，位于大马路德安里 14 号的"慰安所"。

⑤"大垣馆军慰安所"：由日侨娼业者三轮新三郎创办的"慰安所"，位于大马路。

⑥"煤炭港慰安所"：位于惠民桥升安里。

⑦"鹤见慰安所"：隶属于侵华日军海军驻南京部队。地址不详。

此外，下关地区还有具体地址不详、"慰安妇"为日籍妇女的"圣安里 A 所慰安所"以及慰安妇为中国妇女的"圣安里 B 所慰安所"，等等。

（4）南京城郊"慰安所"

作为津浦铁路的终点站，同时又是日军第二碇场码头、日本国策公司下属的三井码头及浦口战俘营所在地，南京江北的浦口一带驻防了大批侵华日军。正因如此，浦口地区亦开办有数间"慰安所"。同理，南京其余郊县内只要有侵华日军驻军，便有日军方或日侨娼业者为其开办的"慰安所"。这类"慰安所"大多较为简陋，是专门服务当地驻防日军士兵的。可以说，哪里有日军军营，哪里便有日军"慰安所"。

这些"慰安所"中，主要有以下几处：

①"昭和楼慰安所"：由日侨娼业者久山卜创办，位于浦口大马路 7 号，是一处三层建筑。

②"日支馆料理店兼慰安所"：由朝鲜人沟边几郎创办，位于浦口大马路 3 号，是一座三层建筑。

③"一二三楼慰安所"：由济道创办，位于浦口大马路 10 号。

④"浦镇南门慰安所"：位于现浦口区龙虎巷 2 号，是一座平面长宽均约 25 米的二层方形建筑。日据时期，其对面的浦镇扶轮学校操场被日本宪兵霸占驻兵，于是这里便开办起一处"慰安所"。

⑤龙泉路的"慰安所"：位于江浦汤泉镇龙泉路上，原为小学校长夏中岳的家。有"慰

①松冈环．南京战·寻找被封闭的记忆：侵华日军原士兵 102 人的证言 [M]. 新内如，全美英，李建云，译. 上海：上海辞书出版社，2002:339.

安妇"二三十人，均为从苏北地区强行抓来的中国妇女。此处"慰安所"由汉奸经营，为日军在汤泉镇的驻军服务。

⑥ 汤泉老街上的"慰安所"：位于汤泉老街，曾是电报局的建筑，被汉奸霸占后改为"慰安所"。有慰安妇六至七人，均为朝鲜籍妇女。

⑦ "天福慰安所"：位于江宁汤山镇汤山街。战前南京国民政府在汤山建立了一所炮兵学院。南京保卫战中，炮兵学院被侵华日军占领后其便在此长期驻军。日侨娼业者天福遂在汤山街上开设了一家"天福慰安所"，由天福夫妻共同管理、经营。

除此之外，汤山地区还有多家日本人开设的"慰安所"，如日军驻地指挥营后的"天然温泉浴室"，其中的"慰安妇"有日本籍、朝鲜籍、中国台湾地区的妇女。汤山老街上原地主袁广智的房屋也被日人霸占作为"慰安所"使用，两三年后该处"慰安所"搬至汤山高台坡的巷子里，由日本娼业者山本夫妻管理、经营，其中的"慰安妇"均为朝鲜籍妇女。

为日军服务的"慰安所"，多设在日军驻军地及日侨集中区附近，利用其霸占的原南京国民政府时期已经建成的房屋改造而成，只为日本人服务，中国人不准入内。其建筑功能序列基本相同：都为独栋或是由铁栏杆、铁丝网、围墙所围合的一组建筑，便于日军及日侨娼业者与部分汉奸对"慰安妇"们进行严密的管控。"慰安所"内通常在入口处即设有售票柜台，柜台内挂有价目表，所有"慰安妇"不以姓名称呼，而是编以编号。每个"慰安妇"被分配有一个狭小房间，在其中居住与"接待、服务"，小房间门口挂着对应的编号号牌。为预防性病蔓延，大部分"慰安所"都会每隔十天左右，请日本军医到"慰安所"来为"慰安妇"进行身体检查，或者将"慰安妇"集中送去指定的地点进行体检。对于不听管教的慰安妇，"慰安所"经营者常常施以重责，关禁闭、吊打、鞭挞等无所不用，甚至是直接将其虐杀。而对患病的"慰安妇"，"慰安所"经营者们则往往直接将其抛弃，任其自生自灭。

南京城内外及周边郊县的"慰安所"，除了日本军方指定日侨娼业者开办的所谓"正式"的"慰安所"外，还有些日侨自行开办、价格较为低廉，未得到日本军方许可的"慰安所"。这种"慰安所"一般都是以旅店或餐厅等打着掩护，由一个日本"老板"带着 5 个左右的女性做着"慰安所"的生意①。

4. 日军及日当局对南京侵华日军"慰安所"的管理

①江苏省委党史工作
办公室. 江苏省抗日
战争时期人口伤亡
和财产损失[M]. 北
京: 中共党史出版社,
2014:307.

由于南京的侵华日军"慰安所"数量众多,权属复杂,造成管理十分混乱。1938 年 4 月 16 日,驻南京的日本陆军、海军和领事馆方面举行联席会议,特意就"慰安妇"管理问题做出如下决定:

① 陆海军专属的军队"慰安所"与领事馆无关;

② 关于一般人也能利用的"慰安所",其老板方面由领事馆之警察管理,对出入其间的军人、军属则由宪兵队负责;

③ 在必要的时候,宪兵队可以对任何"慰安所"进行检查、取缔;

④ 将来军队也可以将民间的"慰安所"编入军队的"慰安所";

⑤ 军队开设"慰安所"时,须将"慰安妇"的原籍、住所、姓名、年龄、出生及死亡变动情况及时通报给领事馆。①

沦陷八年间,南京成了侵华日军在中国实施"慰安妇"制度最为完善的城市之一。但是在日军战败后,大量军队"慰安妇"档案被其销毁,致使目前南京"慰安所"的具体数量无法得到完全的统计,被日军残害的"慰安妇"的人数更是不计其数。"慰安妇"制度是日本帝国主义侵略、殖民统治下对受害地区人民残忍、野蛮与暴虐行径的充分表现,是人类历史上罕见的暴行,受害的妇女跨越国籍,数以万计。

）经盛鸿．南京沦陷
八年史 [M]．北京：社
会科学文献出版社，
016:559；转引自：
辽宁省档案馆：《满
铁档案中有关南京大
屠杀的一组史料》，《民
国档案》（南京版），
第5页。

第三节　南京城内"日人街"

侵华日当局在南京推行其殖民政策，其中很重要的一项便是要将南京打造成日本的经济附庸体，使南京的本土经济日本化，从而更易被日当局完全掌控。所以日当局在南京大量引进日本人与日本企业，让其在南京立足、发展、壮大。

1937年抗战爆发之前，作为全国的经济政治中心，曾有约20个国家的侨民852人居住在南京，其中有日侨179人。战火逼近南京之时，1937年8月15日上午11时30分左右，在日本当局的要求下，南京国民政府派专人护送全部日侨撤离南京，之后直至12月13日南京沦陷之前，南京城内没有任何日本侨民。

侵华日军占领南京后，遂组织越来越多的日本人及日本殖民统治下的朝鲜籍与中国台湾地区人士来到南京定居、经营工商业，并予以其在南京的全面保护。来到南京的日本侨民，其"首要条件是引进有资本、有技术的日本人"。为此，"占领以来特务机关和派遣军协作，确定了一定区域，制定了局部性的、集团性的复兴计划"[1]。在侵华日军占领南京后，即改变原本拟将南京城北2/3区域划分给日侨的计划，转而将城市最繁华的新街口地区霸占成为日本军管区，并作为日本人的聚居区与商业区。即便在侵华日军及日当局扶植起伪政权之后，这个区域仍在南京城市重新划分的行政区之外，形成了城中城一般的存在，即日当局后来宣称的所谓"日人街"。

日人街范围北起国府路，南达白下路，西至中正路，东到市内小铁路线，总面积231.40万平方米。这个区域是原南京国民政府大力建设的城市中心，拥有南京市内质量最好、价值最高的建筑群（图5-13）。侵华日军霸占了这个区域之后，直接将这个区域划归日方财产，把仍留在这个区域中的中国人尽数赶走，将这个区域中的房屋按照日军当局的安排分配给日侨居住与进行商业经营。"日本人控制了以前被他们洗劫过的、大部分已被纵火烧毁的商业街，并毫不顾及那里的私

图5-13　位于日人街的中山路一景（可见日本商铺招牌及日本国旗）
图片来源：东京日日新闻社与大阪每日新闻社联合出版，《支那事变画报》，1940年1月5日发行。

人财产关系或中国与日本以及其他国家订立的协定状况，宣称它是日本人街。"[1]其中包括中山路、中正路、中山东路、江南路、国府路、白下路、太平路，囊括了战前南京城内最繁华的商业区域。曾有战时暂避至乡下的中国商人见局势逐步稳定，便回到城内，却发现自己在新街口的店面已经被日本商人占据。如 1938 年 3 月 22 日，有中国商人王钰华等向伪南京自治委员会呈文，表示其位于中山东路 58 号还存有货物的店铺，现被日本商人居住，并准备起名为"中村富庄商店"，希望伪南京自治委员会能帮助自己收回店铺[2]。然而，此时新街口一带已被划归侵华日军全权管理，伪政权对被剥夺财产的中国商人根本帮不上任何忙。

日军占领南京初期因物资奇缺，日人街上的商铺被禁止向日本人以外的人出售商品，只可为日本人服务。这一时期内只有日本人和持有日当局颁发的"购买许可证"的伪政府人员才能用日本军票在日本人开办的商铺中购买商品。第三国的外侨也不例外，他们如果想在日本人开的店铺里买东西，也只能花钱请日本宪兵去帮他们购买。直到 1938 年 2 月，为加强殖民统治、稳定民心，才经侵华日军上海派遣军参谋长及军经理部长的同意，指定 13 家日人开办店铺向中国人销售商品。这 13 家商铺分别是：福田洋行、东运公司、丸甲洋行、衣川洋行、日比野洋行、议和洋行、鸭川洋行、思明堂、三星洋行、西亚洋行、本田商店、中村商店、大石洋行[3]。这些商铺所售基本均为日需用品，在其中消费必须使用日本军票，且物价是由日本警备司令部、日军经理部及其宪、特机关指派委员所组成的物价统制委员会所制定的。

至 1938 年 3 月 10 日，日本所谓"日俄战争纪念日"当天，南京的日侨成立了在宁日本居留民会。至 3 月底，已经有日本侨民 820 人（其中包括女性 390 名）来到南京定居，其从事职业主要有商人、医生、演员及少数餐饮业者。在南京经商的日本人须向日本军方贷借房屋，而这些由日本军方发予日本商人的房屋，毋庸置疑均是中国人的财产。1938 年 3 月底，到达南京的日人向日军方贷借房屋 148 间，获得营业许可 140 件，其中 88 间开业，其中一半以上均是食品杂货及餐饮店。[4]

继而在宁日本居留民会决定拨出高达 30 万日元对南京日人街进行建设：10 万日元用于整修南京沦陷初期被日军纵火焚毁的房屋；3 万日元用于修缮平民房屋；5 万日元用于建立一座日本公园和南京神社；设立一个救火会，2 400 日元用于支付 10 个消防员的薪水，3 500 日元用于其他开支；2 万日元建立一所医院，用于预防因日军大屠杀而可能引起的传染

①罗森.罗森致柏林德国外交部报告（1938年 4 月 29 日）[M]//陈谦平，连连红，戴袁支.南京大屠杀史料集 30：德国使领馆文书.郑寿康，译.南京：江苏人民出版社，2007.

②王钰华等呈，1938年 3 月 22 日//郭必强，夏蓓，等.南京大屠杀史料集 66：日伪时期市民呈文[M].南京：江苏人民出版社，2010.

③张树纯，卢岳美，权方敏，等.满铁档案中有关南京大屠杀的一组史料（续）[J].民国档案，1994(3)：17.

④经盛鸿.南京沦陷八年史[M].北京：社会科学文献出版社，2016：567.

①南京将建立一条日
人街——上海《新申
报》1938 年 4 月 10
日报道 [M]// 陈谦平,
张连红, 戴袁支. 南京
大屠杀史料集 30: 德
国使领馆文书. 郑寿
康, 译. 南京: 江苏人
民出版社, 2007.
②罗森. 罗森致日本
总领事花轮函 .1938
年 5 月 17 日 [M]//
陈谦平, 张连红, 戴袁
支. 南京大屠杀史料
集 30: 德国使领馆
文书. 郑寿康, 译. 南
京: 江苏人民出版社,
2007.
③向岛熊吉. 南京 [M].
出版地不详]: 华中
印书局股份有限公
司],1941:651.

病; 2 000 日元用于消毒杀菌; 1.6 万日元用于购买一辆洒水车, 30 日元用于清道夫清扫马路。① 他们俨然一副"主人"的架势, 并不需要中国人的政府批准, 而可以自行根据其需要对南京部分城区进行规划建设。

为保证日本人商业的正常发展, 日军当局集中全城资源供给日人街。1938 年 5 月, 德国驻南京大使馆罗森秘书在致日本总领事花轮的函中, 就日军停供其他区域的自来水以满足日人街需要的行为提出了抗议: "自本月初开始, 本国大使馆南京办公大楼以及使馆官员们的私人住宅所在区域的自来水供应被切断了。目前我能够确定这是日本军事当局的所作所为, 其目的是要增加日本人居住区域的供水量。"②

随着越来越多的日本人来到南京, 日方开始设立专门为日人服务的社会机构, 依旧是以"接管"原南京政府所建设的公共机构转为向日人服务为主。为便于日本侨民出行, 南京市内小火车增设中山东路站。位于延龄巷, 由中国商人汤子才于 1927 年创办的东方饭店, 被日本商人占用, 改名为"宝来馆", 专门接待日本旅客; 太平南路上建于 1932 年的安乐饭店, 被日军占用, 改为"日军军官俱乐部"。1938 年 5 月 3 日, 日本同仁会接管了中华路下江考棚的原南京市立医院, 这家原来为南京普通市民服务的市立医院, 变成了专为日军与日侨服务的"日本同仁会南京医院", 开始为日军军属免费诊疗。1938 年 6 月, 日本同仁会又在莫愁路秣陵村开设日军专用防疫站——"同仁会南京防疫处"。至 1941 年 12 月底, 日本人开设的医院有 9 家、牙科诊所 11 家、兽医院 1 家③(图 5-14)。

与此同时, 专门为日本青年、儿童而开办的学校也开始了授课。位于邓府巷 10 号, 战前关闭的"日本侨民团立幼儿园", 于 1941 年重新开始招生, 共有 153 名儿童在读。1940 年 6 月 1 日, 于金銮巷, 开设"日本侨民团立日本高等女学校"。至 1941 年 6 月, 共有 151 名日籍学生在校就读。创立

图 5-14　南京沦陷期间日侨开办并仅向日侨开放的主要机构分布图
图片来源: 笔者自绘。

①向岛熊吉.南京[M
[出版地不详]:
中印书局股份有限公
司,1941:645-647.

图 5-15　南京日本寻常高等
小学挂牌摆拍照
图片来源：凤凰网。

图 5-16　在光华门日军战绩纪念碑拜墓的日本小学生
图片来源：东京日日与大阪每日特派员摄影出版，《支那事變画報》，1940 年 1
月 5 日发行。

于 1915 年的上海"侨民团立日本普通高等小学"分校，"南京日本第一国民学校"，1923
年迁校址于碑亭巷；1937 年 7 月 15 日休课，1938 年 4 月 11 日迁校址于金湾巷开课；1940
年再次迁校于中山东路，至 1941 年 5 月末，拥有日籍学生 2 497 人（图 5-15）。另外还有"日
本侨民团立日语学校"，1939 年 3 月 15 日，在淮海路 116 号开课，教师 5 人。至 1941 年
中，拥有日籍学员 159 人，中国学生 238 人。该校主要为日人教授中文，给中国人教授日语，
通过语言教育，来达到日当局日化中国普通市民、宣传"中日亲善"的殖民目的。"南京
日本第一国民学校"里还另立"日本侨民团立南京日本青年学校"，拥有学生 72 人[①]。在
对日本青年、儿童授课的同时，日本当局亦不放松对本国青少年思想的把控，经常组织日
本儿童、青年对南京周边侵华日军设立的"慰灵"设施进行祭拜（图 5-16）。

　　由于侵华日军与日当局的推动与支持，到南京经商、生活的日侨与日俱增。至 1939 年，
南京已经有超过 5 000 日本人从事商业活动。1939 年初春，在南京经商的日侨倡议成立了"南
京日本商工会议所"，并于当年夏季在碑亭巷水野组的"水之乡"揭幕。委员会长是日通

向岛熊吉.南京[M]
出版地不详]: 华
印书局股份有限公
,1941:附录。

的岩山爱敬，副委员长为南京铁工所渊本、土桥号的武井。该商工会议所主要负责代表在南京的日籍商人与领事馆当局交涉，向日本国策公司和银行等商议劳动仲裁、贷款等事宜，并得到日本国策公司，如三井、三菱等财团的支持。

根据统计，至 1941 年 4 月，在南京从事商业活动，并在南京日本商工会议所登记备案的日侨开办商铺共计 204 家，其经营概况如附录三[1]。根据书中的内容，可以看到南京日侨的事业涉及方方面面。其中从事贸易的日侨商铺中，有 43% 在经营棉花、棉布、丝织等相关产品，这类原本是南京支柱产业的商品，其生产链被日军破坏殆尽后，引入日本商人重新进行经营的行为，是日当局经济侵略的典型表现。

根据这204家日人商社在南京日本商工会议所所登记的店铺地址，其所处区位见表5-2:

表 5-2　日侨商铺区位统计表（1941）

行业种类	下关	中山路沿线	中山北路与颐和路沿线	鼓楼范围内	复兴路（中正路沿线）	中山东路沿线	太平路沿线	维新路沿线	洪武路沿线	汉中路沿线	中华路沿线	白下路沿线	总计
日本国策公司	2		1			2	1						6
贸易百货	1	15	1	1	1	24	33	2	2	2	1	2	85
运输与汽车销售业	2	3	2			3	2			1			13
工业		3		1		2		1		3			10
食品、餐饮业		3			1	24	9	1	1				39
烟草业						1	1	2				1	5
建造业		4	2			3							9
旅社	2	4				4	3		2			1	16
银行	1	1				2							5
其他	1	3	1	1		3	6	1					16
总计	9	36	7	3	3	68	55	7	6	5	1	4	204

表格来源：笔者自制。资料数据来源：向岛熊吉，《南京》，华中印书局股份有限公司,1941。

可见日侨所经营的商铺，基本位于沦陷前南京最为繁华的区域，仅位于中山路沿线、太平路沿线与中山东路沿线的日人商铺就多达 159 家，占登记商铺总数的 78%。其余日人商铺则是以南京新街口侵华日军军管区为集中经商中心，周边区域零星分布。

而事实上在南京的日侨店铺远远不止这 204 家。根据南京日本商工会议所的统计，截至 1938 年 12 月末，南京已有日本侨民 3 950 人，占南京全市人口的 0.89%，共有日商企业 579 家。至 1939 年 12 月末，南京的日本侨民数量上升至 8 425 人，占南京全市人口的 0.98%，有日商企业 1 029 家。1940 年 12 月末，日本企业增至 1 500 家，日本侨民人数为 11 229 人，占南京市民总人数的 1.796%。至 1941 年 6 月，南京的日本侨民达到 12 816 人，占南京市居民人口的 2.06%，其中男性 7 120 人，女性 5 696 人；中国台湾人 648 人，占日本侨民的 5%；朝鲜籍人 573 人，占日本侨民的 4.47%。这里面包括日本商人及其家属和数量众多的日本无业浪人。此时，在南京的日商企业数为 1 200 家。[①]到 1943 年，南京的日本侨民人数约有 18 000 人，占南京市民总人口的 2.57%。[②]

日本侨民还组织了大量的民间团体，除"在宁日本居留民会""南京日本商工会议所"外，随着来宁人数的增加，于 1938 年 12 月 23 日，中山东路日本侨民团内成立了"大日本国防妇人会南京分会"；1939 年 12 月 13 日，在中山东路上乘巷 18 号，成立了"南京青年会"；南京的日本现役军人，于 1939 年 6 月 10 日，在国府路石婆婆庵 3 号，成立了"帝国在乡军人会南京分会"以及"职场青年团"等。

大量日本新闻通讯社也在南京开办了分社。至 1941 年 6 月，南京市日本新闻社概况如表 5-3 所示：

表 5-3 1941 年 6 月南京市日本新闻社概况表

名称	南京地址	总社地址
朝日新闻社南京支局	中山北路 123 号	东京
大阪每日新闻社南京支社	国府路	大阪
东京每日新闻社南京支局	国府路	东京
上海每日新闻南京支社	保泰街 50 号	上海
爱知新闻社南京支局	中山路 241 号	名古屋
中外商业新报社南京支局	丰莱桥景星里	东京
同盟通信社南京支局	复兴路 125 号	东京
名古屋新闻南京支局	中山北路 53 号	名古屋

①向岛熊吉. 南京[民]. 出版地不详]：华印书局股份有限公司,1941:481-483,622-624.
②孙继强, 鲁晶石. 战后南京日侨集中管理生活之考察[J]. 兰台世界, 2014(28):41-42; 转引自：[日] 山德雄.十五年战争重要文献系列2《集报》不二出版社,1990.

名称	南京地址	总社地址
南京大陆新报	中山北路 25 号	上海
日华写真通信社	羊皮巷	南京
日刊工业新闻南京支局	中山路 13 号	大阪
日本工业新闻	中山东路 149 号	大阪
福冈日新闻南京支局	中山路 202 号	福冈
报知新闻南京总局	中山北路 71 号	东京
满洲每日新闻社支局	中山北路 51 号	奉天
读卖新闻社南京支局	中山路 399 号	东京
新亚产业时报南京总局	中山东路 241 号	上海

表格来源：笔者自制。资料来源：向岛熊吉，《南京》. 华中印书局股份有限公司,1941 年，第 649 页。

对于蜂拥前来南京开办分社进行殖民宣传和虚假"亲善"报道的日本媒体公司，南京抗日民众充满了愤怒。1938 年 1 月 1 日，日本大阪每日新闻社开业的当天，其支社的后墙便被南京抗日民众破坏了（图 5-17）。

图 5-17　大阪每日新闻社南京支社被抗日民众破坏的后墙
图片来源：秦风、杨国庆、薛冰，《金陵的记忆——铁蹄下的南京》，广西师范大学出版社，2009。

由于日本侨民人数的激增，日军原本划定的"日人街"区域不敷使用，于是日伪当局开始向其他城区逐步扩张"日人街"的范围。为满足来南京日侨的住房需求，伪南京市政府特意在特务机关内设立了"日侨家屋组"。日侨向伪政府租借房屋，只需要付每月 20 元左右极其低廉的租金。伪政府一度想要提高租金，都被日军特务机关直接驳回。除通过向伪政府租赁房屋外，还有些日本军人和日侨在日当局的暗中支持下，直接驱赶中国居民、强占中国人的房屋和财产。

1939 年 5 月 17 日，金陵女子文理学院美籍教授魏特琳就在她的日记中记录了一个中国承包商家中的 14 个房间被日本商人霸占了 10 间。为了适应日本人的生活习惯，这些日本商人将房屋的墙壁擅自推倒，一分钱的租金都不付给这位中国承包商，并且还想霸占剩下的 4 个房间[①]。直到 1939 年 10 月，日军还在持续没收中国人的财产，将原中国业主驱赶出去，并命令中国业主不准带走房屋中的任何财产。"这样一来，日军又能霸占她（中国业主）几处很不错的住宅和一家医院，以及里面所有的家具和设备了。"[②]

除强占中国业主财产外，日方当局还往往用恐吓、胁迫等手段，强制中国商户接纳没有任何资本的日本所谓"合作伙伴"，或要求中国人经营的商业必须用日本人的名字才能获得经营许可，对南京的本土商业发展造成了严重的损害。而在南京经商的日本商人往往利用其殖民特权，压榨中国劳工、偷税漏税、随意提高商品价格、违法乱纪、欺行霸市等等，日当局对日本商人这些行径视而不见，而伪政府方面，不论是伪南京市自治委员会、伪维新政府，还是汪伪南京国民政府，在日当局的监控下，均无力作为。

直到 1945 年 8 月日本战败投降，日本侨民在南京享受殖民特权所进行的商业活动才结束。当时在南京的日侨约有 1.1 万人，日本商铺 1 000 多间[③]。

①明妮·魏特琳. 魏特琳日记 [M]. 南京：江苏人民出版社，2015:470.
②同① 580.
③经盛鸿. 南京沦陷八年史 [M]. 北京：社会科学文献出版社，2016:580；转引自郑炳森：《南京日侨集中营》，《中央日报》（南京版），1945 年 12 月 27 日，第 5 版；《京日俘感我宽待，愿尽力效劳赎罪》，《大公报》（天津版）1946 年 1 月 1 日，第 3 版。

第四节　南京日本侵略神社

明治维新之后，蓄谋对外扩张的日当局开始极力鼓吹"大和魂"，强化极端民族主义，提倡"祭政合一"，作为日本民族宗教的神道教逐渐与日本极端殖民族主义思想融合，不仅遍布日本国内，还随着帝国主义日本对外侵略的步伐蔓延开来。

侵华日军占领南京后，其部队及日当局不但利用中国本土已有宗教对南京市民进行思想侵蚀，还企图将日本神道文化、日本节日、日本风俗等日本文化移植到南京社会中，希望其融入南京社会，进而达到同化市民思想、风俗的目的，最终使其成为南京殖民文化中的骨干内容。其中，建造日本神道教神祀场所——神社，便是最具代表性的一项活动。总的来说，位于日本国土之外的神社大致可分为两种：一种是由日本移民或当地信众所组织建造的，这类神社属于"氏神型"神社；另一种则是由日本政府主持建造的，这类建筑属于"神宫型"神社。其中，位于中国大陆的神宫型日本神社，无一例外是由日本殖民政府或伪政权出于明确的政治目的而组织进行建设的，是宣传与强制执行日本所谓皇国臣民教育、加强殖民统治、奴化中国人民的场所。基于这个事实，日本学者辻子实将日本明治时期至"二战"战败期间在日本国土之外建设的神宫型神社称为"侵略神社"，准确定义了这一类日本海外神社，并被学界广泛使用。位于南京五台山顶的侵华日军南京神社，便是日军侵华期间在中国大陆建造起来的规模最大的一座侵略神社。

帝国主义日本于 1937 年发动侵华战争后，战事的走向并不如日军和日本当局所妄想的那样速战速决，而是在中国战场上逐渐陷入胶着状态。1939 年 10 月，日本侵华中国派遣军总司令部在南京建立，一方面为了进一步推广日本神道文化，另一方面为了祭奠在中国战场上阵亡的越来越多的日本兵将，日军总部开始着手在南京建造一座中国规模最大的日本神社，在祭拜日本神明天照大神、明治天皇和国魂大神的同时，还用以暂存阵亡日本兵将的骨灰、超度其亡灵，再转运回日本。日当局希望这座神社建成后，不仅供日军和日侨前去参拜，同时也能吸引南京市民，培养其对日本神道文化的崇拜和信仰。

为筹建"南京神社"，日军方发动南京日侨，成立了南京神社造营奉齐会，名誉总裁即为日本侵华中国派遣军总司令官畑俊六，名誉顾问为南京所有驻军日军将领。在经过几番考察之后，选定五台山顶作为社址。其理由一是因为五台山是南京市内的一处制高点，能俯视全市、远眺长江港口；二是因为五台山邻近的清凉山上有日军军用小型火化场，便

图 5-18　日本《东亚印画》画册中清凉禅寺的照片与介绍
图片来源：［日］《亜東印画輯》第十册，（日本）满蒙印畫協會，1938.1–1939.6。

于就近安放骨灰。而日军选址清凉山修建其军用火葬场，也与清凉山上清凉禅寺在日本佛教界颇具影响有关。南京沦陷初期，日本出版发行的《东亚印画》中就有关于清凉禅寺的介绍："清凉寺位于和北极阁相对的城内西部的高丘上，是自古以来就作为大修道场而闻名的灵场，唐时，有空海上人以下许多的日本僧侣，以留学参禅的名义在此居住。"（图 5-18）

五台山南京神社于 1940 年 2 月动工。日当局一开始企图通过伪政府为其找到一位中国建筑师设计神社，但遭到南京的十几位中国建筑师各种形式的回绝。最后，日当局从东京调来日本建筑师高见一郎，才完成了神社的设计，设计好的南京神社其建筑风格与建筑规制基本上是仿日本东京的靖国神社而成的（图 5-19）。

为修建这座中国规模最大的日本神社，日方出动了 2 个大队的日本士兵，另外又动用了一部分南京民工。其社址霸占原五台山小学校址，在开挖地基的时候挖出了两个千人坑，这正是 1937 年 12 月日军攻占南京时，其第九军团将困在五台山上的 2 000 多名中国警察、高射炮官兵和难民全部屠杀后就地掩埋的地点。南京神社真正是建在中国人民白骨上的日本神社。

1941 年 5 月 2 号南京神社内的护国神社建成完工。同年 10 月，南京神社正殿及偏殿基本完工。

图 5-19　（左）南京神社（右）日本东京靖国神社
图片来源：左：［德］海达·莫理循，拍摄于 1944 年，美国哈佛大学数字图书馆藏；右：谷歌全景地图。

建成的南京神社其大门设在五台山下，神社主建筑入口处设有花岗岩材质的日本明神系鸟居一座，高约 10 米，两柱间距约 6 米。

南京神社主建筑中间是祭殿，为正殿，是一座坐南朝北的一层砖木结构建筑，具有日本典型神社建筑的特征：黑色屋面、黑色大门、黄色墙壁、褐色窗户、柱跗式台基围以外廊柱、宽而舒展的坡屋顶。殿内供奉着日本神明天照大神和宝剑等神器，上方悬挂着黑色、白色布条组成的招魂条。正殿两侧米黄色的厢房内，建有一排排的木格，用于暂存侵华日军阵亡、病死的高级别军官的骨灰，每个骨灰盒上都有死者的相片、姓名、生卒年月、军衔等信息。神社大殿和厢房两侧均有石狮雕塑。正殿东南侧约 100 米处，为南京神社的护国神社，其建筑造型是与主殿形制相仿、规模略小的黑瓦平房，建筑四周都留有大窗户，外围一圈宽大走廊，用于存放侵华日军中、下级兵将的骨灰。神社内的神职人员全为日本人。

另外，神社内还建有一座岗楼，由日军驻守、日夜戒备。

此后，每当清凉山日军军用火化场送日本兵将的骨灰前往五台山南京神社，就有日军宪兵队与仪仗兵进行护送，沿广州路、拉萨路、上百步坡，送入南京神社内暂存，接受祭祀。

每年 4 月，侵华日军及日本当局都要举行所谓的"慰灵祭"。驻南京日军、政要头目和日侨代表均要到五台山南京神社进行祭拜仪式。同时日方还胁迫伪政府的军政大员及南京各界民众派出"代表"，一同参加祭拜仪式。南京神社举办的最为隆重的一次祭祀活动是在 1942 年 12 月底，驻汉口日军专门派一艘日军炮艇送来驻武汉日军第十一军司令官冢田攻大将及 19 名将佐的骨灰盒。冢田攻曾是指挥进攻南京与大屠杀的侵华日军华中方面军的参谋长、松井石根的重要助手，双手沾满了南京军民的鲜血。其死后又回到建在南京军民尸骨上的南京神社里，接受侵华日军的祭拜。

日当局通过建立起各种日本神社、胁迫中国伪政府官员和人民参加各种日本神社的祭拜仪式，歪曲其兵将阵亡事实，将侵华日军说成是中国人民的"救星"和为保护日占区中国人民而"牺牲"的"英雄"，企图让伪政府官员和普通平民逐渐接受与融入日本文化，并对日本侵略军产生负罪感和崇拜感，从而达到其文化侵略、巩固其殖民统治的险恶目的。

第五节　日本国策公司驻南京分部

随着侵华日军侵略战线在中国的推进，为更充分地掠夺中国资源实现其"以战养战"的侵略政策，日当局成立了"中国振兴株式会社"，专门经营日当局在中国占领区内的公共事业及重要产业。"中国振兴株式会社"下又成立了针对不同产业的各式各样的子公司。这些"中国振兴株式会社"的子公司均在南京开设了分社，其具体经营内容及分社所在地址如下。

中国振兴株式会社南京事务所：

位于灵隐路 223 号，设立于 1941 年 5 月 30 日。主要经营内容为：对日方在中国占领区内的公共设施与重要产业经营的投资及融资。

华中矿业股份有限公司南京营业部：

位于赤壁路 14 号，设立于 1938 年 4 月 8 日。主要经营内容为：（1）中国日占区铁矿及其他矿产的经营；（2）矿业相关的附加业务。

华中水电股份有限公司南京支店：

位于中山东路 105 号，设立于 1938 年 6 月 30 日。主要经营内容为：城市水电建设相关业务，包括：（1）电灯、电力、电热供给；电气机械、器具的贩卖和租赁业务；（2）用水供给；（3）其他相关的附加业务。

上海内河轮船股份有限公司南京分店：

位于下关江边路，设立于 1938 年 12 月 1 日。主要经营内容为：（1）中国日占区主要内河航线的客运及货运；（2）船舶的租赁；（3）仓库及码头的经营及附加项目。

华中电气通信股份有限公司南京营业所：

位于太平路 212 号，设立于 1938 年 8 月 1 日。主要经营内容为：（1）中国日占区电气、通信事业的垄断经营；（2）电气、通信行业的贷款业务；（3）相关附加业务。

华中都市公共汽车股份有限公司南京营业所：

位于建邺路 2 号，设立于 1938 年 11 月 3 日。主要经营内容为：（1）中国日占区主要都市市内公共汽车业务；（2）相关附加业务。

华中铁道股份有限公司南京分社：

位于南京站内，设立于 1939 年 5 月 1 日。主要经营内容为：（1）铁路业务；（2）除市内公交车外的汽车运输业务；（3）相关附加业务。

华中水产股份有限公司南京营业部：

位于下关惠民河龙江桥北，设于 1939 年 6 月 17 日。主要经营内容为：(1) 活鱼批发市场的经营及水产买卖；（2）制冰、冷藏、冷冻，渔获的运输及其他附加业务。

华中蚕丝股份有限公司南京分店：

位于中山东路 372 号，设于 1939 年 6 月 7 日。主要经营内容为：（1）机织丝绸的经营；（2）蚕种的繁育与配给；（3）产业新规下的加工业；（4）必要的生丝买卖；（5）其他相关附加业务。

淮南煤矿股份有限公司南京营业部：

位于西康路 15 号，设于 1939 年 6 月 15 日。主要经营内容为：（1）煤炭的开采及销售；（2）相关附加业务。

中华轮船股份有限公司南京办事处：

位于下关江边路，设于 1940 年 12 月 4 日。主要经营内容为：（1）航运业；（2）码头仓库的管理经营；（3）相关附加业务。

在侵华日军当局扶植起伪政权后，为协助日本国策公司的经营，侵华日军当局又与伪政权进行了合作，开办起一些所谓"中日合资"的日本国策企业，名义上与伪政府当局合办、共同经营企业，实则是通过伪政府更深入地对中国物产进行掠夺。其中具有代表性的企业有：

中华航空株式会社南京分社：

位于明故宫机场内，设于 1938 年 12 月 18 日，与伪维新政府合办。主要经营内容为：（1）旅客、邮包及其他货物的航空运输；（2）飞机租赁业务；（3）其他与飞机相关的一切业务；（4）航空资源发展项目；（5）相关附加业务。

永礼化学浦口工业所南京营业部：

位于中山路，设于 1939 年 5 月 8 日。主要经营内容为：制造硫酸铵。

日本国策公司所经营的业务，垄断中国日占区工矿业、运输业、交通业、民生相关等业务，侵占中国支柱产业——蚕丝业的生产和经营，掠夺中国的资源、破坏中国经济。日本国策公司所控制的产业外的一般工商业，则由日本民间工商资本财团或日军方委托经营或自主经营。华中沦陷区所有资源开采、物资运输、经营等，均在侵华日军当局的严格管控下进行。侵华日军当局不仅在南京进行军事、政治上的殖民统治，还在南京形成了典型的殖民经济。

第六节　日方扶持的毒品倾销所

日当局在中国华北地区扶植起伪满洲国和伪蒙疆联合自治政府后，随即将毒品贩卖引入中国，以毒品来残害中国人民的身体与精神，消磨国人的抗争精神，并获得了一定的成功。在南京被侵华日军占领之后，日当局随即将一套已经驾轻就熟的毒品推销与贩卖系统引入了南京。在治外法权的保护下，生产和经营毒品是侵华日军当局对华政策的主要支柱之一。

战前南京国民政府全力禁毒，在首都南京地区实行了最为严厉而有效的禁毒措施。自1920年便来到南京的金陵大学历史系美籍教授贝德士，经历了南京沦陷及日伪统治时期，至1941年5月才离开南京。他曾在南京安全区国际委员会与南京国际救济委员会内工作，并对中国日占区，特别是南京地区的毒品泛滥情况进行了为期数年的调查。1946年7月，贝德士教授在远东国际法庭上作证时曾指出："在1937年事变前10年，这里（指南京）没有公开的麻醉剂出售与吸食鸦片。……实际上，在我从1920年至1937年居住此地期间，从未看到鸦片或学会辨认它的香味与形状。"①

然而南京国民政府这一切的努力，在南京沦陷后被侵华日军直接摧毁了。随着日军而来的是大量、公开的毒贩，这些毒贩是由日本当局直接引入的，并且为其提供官方货源。1938年3月南京城内便已经出现了鸦片与毒品的销售。"南京城内和城外居民的经济状况依然异常糟糕，他们的牲畜、种子和农具几乎全都被摧毁了，什么都没有了。令人极为担忧的是毒品侵入到了南京，以前的国民政府曾经全力反对毒品瘟疫。美国传教士们在毒品贩子中做了调查，发现毒品是由日本浪人提供的，交易地点就在日本军队特高课所住大楼的一个房间里。对于熟悉华北地区和东北沦陷区情况的人来说，这种日本军队毒害民众和黑社会坏分子紧密合作的做法并不是什么新鲜事。"②

日军在南京实行毒品毒化政策，首先要组织起严密的贩毒机构网络，统一管理与倾销各类毒品。1937年8月淞沪会战打响之时，侵华日军便派特务前往东北沦陷区的大连、天津及境外的伊朗等地秘密运来大量鸦片销售，以筹措军费、补贴特务活动。1938年3月在中国长期从事贩毒及情报工作的日本人里见甫，在上海九江路50号成立了一家日满商事株式会社，开始建立日本在华中地区的贩毒机构与组织网络。当月，里见甫便勾结到一些中国的大毒品商、黑社会和伪维新政府内部分官员，成立了一家总揽华中地区毒品贩卖的机

①章开沅.天理难容：美国传教士眼中的南京大屠杀：1937-1938[M].南京：南京大学出版社，2005:79.

②罗森.罗森致柏林德国外交部报告，1938年3月24日//.陈谦平，张连红，戴袁支.南京大屠杀史料集30[M].德国使领馆文书.郑寿康，译.南京：江苏人民出版社，2007.

构——华中宏济善堂。这家机构顶着慈善团体和商业公司的名号，暗地里做着为害百姓、伤天害理的毒品销售买卖。与此同时，适逢伪维新政府正式成立，遂在伪政府内设立了"鸦片管理局"，并宣称因海洛因等毒品较鸦片危害更大，所以先行禁止海洛因等烈性毒品，让这部分瘾君子先改抽鸦片，之后再慢慢戒除。表面上看，这是为了全民戒毒，但实际上是为鸦片销售大开方便之门，十分荒谬。

华中宏济善堂是华中地区最大，也是唯一的毒品总批发商，在华中各地设立地方分堂，地方分堂不得有日本人参与，以显示是"中国人自己开办的商行"。南京分堂为各分堂中最大的一家，由 5 名鸦片商人入股组成，理事长为蓝岂荪，下设营业与会计庶务两股，管理鸦片的购进与分销事宜。在南京分堂下又设鸦片烟土批发商店，即土膏行或土膏店。土膏行下又设鸦片销售及吸食所，称为烟馆、休息所或戒烟所。华中宏济善堂规定，只要向其分堂注册、呈交保证金，由分堂出面向伪政府提交申请报告书，便可以获得经销鸦片的经营执照，其销售的鸦片变成了合法的"官土"。

"官土"之外，在南京还有销售量与"官土"持平，甚至超过"官土"的"私土"，其中包括驻南京侵华日军特务机关直接经营的销售系统，日本和朝鲜浪人经营的毒品销售系统，日本人开设的洋行、商店经营的毒品销售系统。这三类毒品交易并没有获得伪政府批准，没有伪政府颁发的营业执照，也不向伪政府缴纳税费，所以被称为"私土"。

伪维新政府将鸦片的销售当成其公共事务的一项来经营，亦是其重要的政府收入。1938 年夏秋之际，贝德士教授亲见许多贫困的难民被小贩纠缠，劝说其吸食鸦片及海洛因。在很短的一个时期内毒品销售成了南京伪政府的公开产业，伪政府公然开设商店销售毒品。至 1938 年 11 月，取得伪政府合法经营执照的大烟馆有 175 家，还有 30 家鸦片商店遍布在这些大烟馆之间，每个月大烟的销售额达 200 万元，而同一时期海洛因的销售额也高达 300 万元。伪维新政府依靠销售毒品的税收运作。另外，侵华日军还用鸦片作为为其提供服务的中国人的酬劳。[1]在侵华日军方划归日侨居住、生活的日人街上，最初由日侨开办的众多商店中有半数左右在销售毒品，这些商店被日方禁止向日本人销售毒品，却对中国人及"第三国"人，极为热情地招揽生意。[2]

1938 年至 1939 年间，在保留至今的日伪档案中有记载的南京市区内部分鸦片土膏行可见表 5-4：

① 章开沅. 天理x
容: 美国传教士x
中的南京大屠杀
1937—1938[M]. 南
京: 南京大学出版
社, 2005:79-84.
② 张生. 南京大屠x
史料集 69: 耶鲁文献
(上)[M]. 舒建中, x
洪烈, 钱彩琴, 等译.
京: 江苏人民出版社
2010. Kindle 版. (x
置 4574—4592.

（）经盛鸿．南京沦陷
八年史[M].北京：社
会科学文献出版社，
2013:905/924；转引
自：日军积极毒化南
京[N].申报（上海租
界版），1938-11-
8。

表 5-4　南京市区的部分鸦片土膏行（1938—1939）

区号	土膏行牌号	等级	地址	业主
一区	天福记	乙等	建康路 172 号	刘荣榜
	协昌公记	丙等	中华路 227 号	朱得先
	永康	丙等	建康路 215 号	叶道主
	协记公	丙等	贡院街 104 号	史汝广
	森记	丙等	军师巷 46 号	汪德普
	福记	丙等	中华路 102 号	王益秋
	一	丙等	一	江立山
	仁记	丙等	一	吴宏声
	福堂记	丙等	一	李仁峰
	一	丙等		茅集安
二区	公记	乙等	大香炉 25 号	王春芳
	一	乙等		顾明霞
	德泰	丙等	滨江巷 205 号	方希禄
	公大	丙等		一
	利用	丙等		一
	升记	丙等	上新河区	孙步云
	一	丙等		傅廷静
	大新	丙等	一	吴行
三区	兆记	乙等	中山北路 504 号	周文兆
	协记	丙等	珠江路 96 号	张达明
	永利	丙等	洪武路 292 号	章文汉
	式谦	丙等	珠江路 70 号	吴式谦
	崇记	丙等		郑剑虹
四区	鑫记	丙等	汉中路 8 号	姜鹏
	一	丙等	管家桥 36 号	杨永清
五区	公泰	甲等	永宁街 121 号	徐松林
	一	乙等	宝塔桥 14 号	谢雨田
	一	丙等	永宁街 60 号	许贯吾
	协泰	丙等	鲜鱼巷口	余星汉
	一	丙等	永发街 23 号	孔宪发
	一	丙等	鲜鱼巷口	余星汉
	协裕记	丙等	鲜鱼巷 7 号	符志钧

表格来源：经盛鸿，《南京沦陷八年史》（下），社会科学文献出版社，2013，第 905-906 页。

在这些土膏行中，甲等土膏行拥有 10 ~ 12 支烟枪，乙等土膏行拥有 6 支烟枪，丙等土膏行拥有 3 支烟枪。在日伪当局的宣传和政策鼓励下，南京烟民的人数在以每月 1% 的速度不断增加，并向各年龄段、各阶层、各职业蔓延[①]。

除贩卖鸦片外，侵华日当局还向南京及其他中国沦陷地区倾销海洛因。由于公开销售鸦片的"官方"理由是为了禁止海洛因的销售，所以华中宏济善堂通过暗线来进行海洛因的倾销。根据贝德士教授的调查，至 1938 年 11 月 22 日，南京已有约 5 万人吸食海洛因，相当于当时南京 1/8 的人口，或许还高于这个比例。至 1939 年底，南京的吸毒人数就已经占了总人口的 1/4 甚至 1/3[1]，以当时南京人口 40 万计算，即吸毒的南京人竟有 10 万余之众。

至汪伪政府上台，为表示其与伪维新政府相比更为正统，汪精卫集团曾想重新立法禁毒，但是未及实施便遭到日当局的反对及警告，并被要求发布关于"合理使用"鸦片与其他毒品的法令。汪伪政权亦不敢违抗日方的意愿，于是从伪维新政府到汪伪政府，日当局在南京等沦陷区推行毒品倾销、毒化政策从未遇到阻力，并得到延续与发展。华中宏济善堂在汪伪时期得到进一步发展，除其在组织上更完善与"合法"外，还更加注重"新品"的开发。华中宏济善堂支持日商东兴公司于 1941 年 1 月开始在南京推销其公司的新品"东光强壮剂"，实则为一种更加强烈的海洛因制品。

南京社会在日本当局推行的毒品毒化策略下遭受了严重的打击，激起了强烈的民愤。同时，汪伪当局亦对华中宏济善堂和日军当局垄断毒品的销售和利润大为不满，但是敢怒不敢言。1943 年 12 月，汪伪政府由于财政赤字，遂打算争夺南京地区的毒品贩卖利益。其利用日本对华新政策实施之机，在取得了日本侵华中国派遣军总司令部第三科科长等人的支持后，于南京、上海发动了一场所谓的"清毒"和"除三害"运动，并由汪伪"中国青少年团"打头阵。深受毒品所害的南京人民在中共抗日地下组织的领导下，利用日伪矛盾与汪伪政府的内部矛盾，掀起了沦陷后空前大规模的反对毒品贸易销售的群众运动。

在 1943 年 12 月 17 日晚至 19 日的三天里，南京爱国学生组织青年救国社组织、领导了全南京 3 000 多名大中学生，高呼"禁毒"的口号，将南京城南商业闹市夫子庙、朱雀路一带的烟馆统统砸烂，进而扩大到反对烟、赌、舞"三毒"，对部分赌场、舞池也进行了冲砸。游行的学生们，聚集到国民大会堂前，公开焚烧了收缴来的大量鸦片、烟具、赌具，召开大会，号召南京人民行动起来，声讨"三毒"罪行，铲除危害。

这次大规模游行中，华中宏济善堂在一份呈报中举例的、被学生砸毁的城内鸦片烟馆就有 39 家，其店名与地址如表 5-5 所示：

①经盛鸿. 南京沦陷八年史 [M]. 北京：社会科学文献出版社，2013:905, 926；引自：[日]江口圭一. 抗日战争时期鸦片侵略 // 国外中国近代史研究 (北京版)第 20 辑：87.

表 5-5　1943 年底被学生打坏的"特业商店"（鸦片烟馆）统计

编号	烟馆名	店址
1	得意楼	评事街 112 号
2	三友	六板巷 34 号
3	大新	瞻园路 23 号

（续表）

编号	烟馆名	店址
4	福记	黑廊坊 10 号
5	桃花宫	姚家巷 29 号
6	民乐	复兴路 567 号
7	南园	建康路 3 号
8	云霞	复兴路
9	粤园	大仓巷 13 号
10	广陵	教敷营 4 号
11	华新	实辉巷
12	隆记	中华路 537 号
13	翠云阁	石坝街 26 号
14	龙云阁	牛市 37 号
15	增城	瞻园路 221 号
16	新亚	瞻园路 131 号
17	卧云轩	利济巷 4 号
18	东南	金沙井 1 号
19	同乐	程善坊
20	太平洋	元境
21	雪园	建康路
22	静庐	邓府苑 26 号
23	一乐天	东牌楼 185 号
24	鑫记	实辉巷 5 号
25	聚宝	中华路
26	百乐门	姚家巷
27	新乐园	生姜巷 16 号
28	鸿兴	瞻园路 183 号
29	西园	老坊巷 4 号
30	升园	望鹤楼 13 号
31	逸园	黑龙巷

（续表）

编号	烟馆名	店址
32	金陵	复兴路 646 号
33	三八三	建康路 383 号
34	云中	厨子巷 34 号
35	康乐	新街口 5 号
36	云雅	颜料坊
37	天天	牛市
38	胜六朝	石坝街 26 号
39	又乐天	平江府 44 号

表格来源：经盛鸿，《南京沦陷八年史》(下)，社会科学文献出版社，2013，第 907-908 页。

南京这次青年学生的清毒运动，震动了社会各界。华中日占区其他城市的青年纷纷走上街头，举行清毒运动。南京学生进而成立了首都学生清毒总会，并于 1944 年 1 月 31 日抓获了号称南京"白面大王"的大毒贩曹玉成，将其押至新街口孙中山铜像前认罪示众，随后转交给伪首都警察总监署看押。

这次大规模的清毒运动，涉及多个华中日占区城市，声势浩大，予以日本毒品毒化日占区政策沉重一击，不仅使鸦片销售企业直接遭受了巨大的经济损失，更是捣毁了其贩毒网络，揭露了毒品在中国日占区内泛滥的元凶就是日当局的毒品毒化政策，同时也让日方当局震惊于南京及其他沦陷区城市人民的反抗精神与力量。汪伪政府也顺势趁机于 1943 年 12 月 18 日发布了戒烟令。

华中日占沦陷区最大的贩毒组织华中宏济善堂在这次清毒行动中成了众矢之的，如同过街老鼠人人喊打。自感无以为继的华中宏济善堂于 1943 年 12 月 31 日向汪伪政府戒烟总局呈文停止营业。

早已对日本华中宏济善堂在华中日占区销售毒品独获巨额利润极度不满的汪伪政府，一方面慑于南京等地清毒运动中人民高涨的反抗情绪，一方面为了显示其伪政府的"正直"与"清廉"，于 1944 年初开始以清毒运动民意为后盾，与侵华日当局展开关于华中沦陷区禁止鸦片销售、泛滥的谈判。而侵华日本当局基于倾销毒品的巨额利润及对中国人民清毒的反感和伪政府的鄙视，对谈判事宜极其冷漠，仅派一名经济顾问与汪伪政府进行谈判。

不久后，侵华日当局对禁烟谈判的态度骤然转变，其原因有如下几点：

（1）日当局所见华中日占区人民清毒禁烟的态度激烈，唯恐发展成大规模的反日、抗日人民运动；

（2）日本在太平洋及中国战场上败相毕露，从而开始实施对中国日占区维稳的新政策；

（3）日本政府内部与日本社会各界出现了越来越多反对日当局与日军对华毒品政策的人士；

（4）最为重要的一点是，日当局在中国沦陷区获得了其他多种利益丰厚的财政收入来源，毒品的倾销已经不再是其主要经济来源了。

因此，侵华日当局开始配合汪伪政府的禁烟行动，但日当局仍以顾及伪蒙疆政府收入为由，提出不能立刻完全断绝蒙疆鸦片向华中沦陷区的输入。1944 年 4 月 2 日，华中宏济善堂正式关闭。

但是华中宏济善堂的关闭，并没有带来华中沦陷区内毒品肃清的局面，只不过是日当局被迫将毒品的贸易权转交给了汪伪政府而已。汪伪政府一方面在表面上"大力禁烟"以平民愤，例如：于 1944 年 4 月 20 日下令将南京"白面大王"曹玉成押往雨花台刑场，并于上午 11 点进行了枪决。南京、上海等地的毒品产业也不得不暂时停业。一方面又另辟蹊径，以较为隐秘的方法暗中支持与保护毒品交易，以增加政府财政收入。1944 年 5 月至 12 月间，各类毒品销售仍按月向伪政府缴纳款项，总额高达 23 亿多元，伪政府也每年仍持续就毒品业务向日军缴纳津贴数千万元。而对被迫关张的华中宏济善堂，伪政府也予以 500 万元的慰劳金对其进行补偿。

南京沦陷八年间，市民深受侵华日当局毒品毒化政策所害，其毒品销售活动直至 1945 年 8 月战败投降，一直未有停止。

第七节　魔窟：侵华日军荣字第一六四四部队

日本帝国主义侵略部队在侵华战争中曾公然违反国际公法，实施了细菌战与化学战，直接对中国军民造成了严重的伤害和长期的危害。为实施生化战与进行相关细菌与病毒实验，侵华日军还将其生化武器实验室搬到中国。日军陆军参谋部于 1937 底专门成立了一个从事秘密歼敌及阴谋破坏与杀人活动的谋略性机构——第九技术研究所，亦称"登户研究所"。该所策划与指挥的一项重要工作就是在中国日占沦陷区内组建新的生化武器研究生产基地与生产网络。其先后在华北、华中、华南沦陷区建立了三大"防疫给水部队"，即日军生化武器部队，并在北平、南京、广州建立起大规模生化武器研究基地。侵华日军第九技术研究所又在这三个基地辖下，于华北、华中、华南地区的数十个城市建立生化武器研究分部，形成一个巨大的网络，遍布中国日占区。

1939 年 4 月 14 日，哈尔滨第七三一细菌战部队部队长石井四郎指派其高级助手增田知贞，以代理部队长的身份带领一部分研究人员与设备器材来到南京，成立了"荣字第一六四四部队"。这支部队对外宣称的名称是"华中防疫给水部"，又称"石井部队"。其表面上如同对外宣称的部队名号一样，为了维护侵华日军士兵健康、预防传染病、作战时提供清洁水源而服务，但其实是一家大型研究细菌与毒气战的研究机构，主要负责研究、实验与生产各种致命细菌及毒气武器。

在担任了数月代理部队长后，增田知贞于 1941 年 2 月，正式成为南京荣字第一六四四部队的部队长，但仅五个月后便返回日本东京担任陆军军医大学教官，由七三一部队第二部部长太田澄继任荣字第一六四四部队的部队长。1943 年 2 月，广东波字第八六〇四部队部队长调任荣字第一六四四部队部队长。1944 年 2 月部队长变更为近野寿男，1945 年 4 月再度变更为山崎新。

而这支自七三一部队分化出来的部队名称，自 1943 年后才改称为"荣字第一六四四部队"，对外名称由最初的"石井部队"后改称为"多摩部队"，或"桧字部队"。根据日军军画兵石田甚太郎回忆，荣字第一六四四部队共分三个科，其中一科承担生物化学武器和细菌武器的研究和制作，是部队的"心脏"；二科负责部队的武器资材管理和经营食堂；三科的任务是防疫，主要是制造疫苗。除南京的总部外，至 1944 年左右，荣字第一六四四部队还在上海、苏州、常州、杭州、金华、武昌、汉口、九江、南昌、安庆、岳州等地设

佛洋. 伯力审判：
② 名前日本细菌
犯的自供词 [M].
林人民出版社，
997:257。

图 5-20 悬挂着日本国旗的荣字第一六四四部队总部 (原中央医院)
南大门
图片来源：南京大屠杀遇难同胞纪念馆网站：http://www.nj1937.org/

立了 12 个支部，共拥有各类工作人员约 1 500 名[①]。

与第七三一细菌战部队在哈尔滨的情况不同，南京的荣字第一六四四部队总部设于城市中心地带的中山东路上，原南京国民政府中央医院内 (图 5-20)，南面便是明故宫机场，东面为伪政权绥靖军官学校，即后来的汪伪中央军校，西南面为日军航空队宿舍，西面为"日人街"，并有市内小火车的停靠站，侵华日军中国派遣军司令部、日军宪兵司令部、日本"领事馆"、日军陆军医院、一家日本人开的影院与一家日本人开的百货大楼，均在 30 分钟的距离之内。该部队拥有多辆汽车、卡车，自备三架飞机，直接起降于明故宫机场。可谓交通便利、军警环绕，部队所有的需求均可就近满足。

荣字第一六四四部队本部，由一道 3 米高的院墙围合起面积广阔的本部大院，院墙上架设着铁丝网和数股通电铁丝。院内驻扎着一支精锐日军警察部队，24 小时全天候在本部大院内外巡逻，并配有军犬以对付逃犯和非法入侵。大院南门入口处挂着一块"华中支那防疫给水部"的木牌掩人耳目。1930 年代新民族形式建筑的代表作之一的原国民政府中央医院主要建筑，被侵华日军荣字第一六四四部队霸占成为其本部司令部大楼。大楼里设有司令官办公室和各个行政管理办公室。

在总部大院的北端，有一栋四层高的楼房，是荣字第一六四四部队的第一科办公、进行试验的场所：

一层是第一科的办公室、仓库、器材室。

二层是将校以及从军研究人员的研究室。日军研究员以研究室为单位，在这里从事霍乱、鼠疫、伤寒等研究。

三层是细菌、毒素的活体实验室。日军细菌专家在这里以活人为对象，进行惨无人道的活体细菌、毒素实验。这一层不仅有细菌活体研究室，还有一间带观察窗的毒气室。

四层，即顶楼，为关押受试者的地方。被关押在这里的受试者通常有 20 ~ 30 人，最多时达 100 多人。这些受试者多是被日军抓来的中国战俘与抗日人士，也有很多俄国人，还有少数其他国籍的人。实验不局限于成年男子，南京的实验室中，许多无辜的妇女、儿童都沦为日军的实验对象，且所占比例比哈尔滨和长春的日军第七三一细菌战部队实验室大得多。

关押他们的房间并不像普通的牢房，而是开敞的房间内放置着数个笼子，笼子里锁着即将被日军用作实验的人，每个房间均设有铁窗，被称为"不开门的屋子"，由日军重兵把守。根据日军军画兵石田甚太郎回忆，这层楼上朝南的大房间中通常放有 5 个笼子，西面的小房间中有 2 个笼子，每个笼子大小只有一张 3 尺床铺那么大，关着一个供试验的活人[①]。又根据看守兵松本博回忆，他所负责看守的房间里有 7 个鸟笼一样的笼子，每个笼子长、宽、高各仅 1 米，相互之间用煤酚槽间隔。关押的受试者被称为"原木"，并以"根"来计算。每个笼子里关一根被剥光衣物的"原木"，因笼子很小，"原木"只能抱膝靠在笼子里，既不能伸腿，也不能站立。笼子里有个罐子当作便器，送去的食物也并不给餐具，让"原木"用手抓着吃[②]。

日本试验者根本不把受试者当作人，甚至连动物都不如，而是供细菌与毒素的试验材料——"原木"。被关进荣字第一六四四部队这栋实验楼四层的受试者，没有幸存下来的，他们体内被植入各种细菌与毒素，受尽数月折磨。当日军实验者判断细菌在受试者身体中已经产生作用时，便在其还在活着的时候抽干全身的血液。死去的受试者，尸体还要被日军解剖研究，最后被丢进日军专门建造的一座焚尸炉中焚化。为掩人耳目，焚尸都是在凌晨进行的，骨灰被深埋在营区空地下，以防止泄密。根据美国哈里斯教授研究判断，荣字第一六四四部队存在南京的六年期间，试验杀害人数至少达 1 200 名[③]。

原国民政府中央医院北面紧邻原国民政府卫生署(图 5-21)。中央医院境内建有医院新大楼、男护士宿舍、东宿舍楼、停尸房、焚化炉、锅炉房、洗衣房、厨房及球场等建筑。卫生署境内建有办公大楼、卫生设施实验处新楼、卫生署新礼堂、特别实验楼、药剂师宿舍等建筑。1935年国民政府中央防疫处搬迁至南京黄埔路一号内政部卫生署内，内设三科[④]，分别为：

第一科：掌管抗毒素、血清、毒素的制造、制品检定、各项生化研究试验、免疫学研究检查等。

第二科：掌管疫苗、菌苗、抗原的制造、细菌学的检查研究、原虫寄生虫研究、菌种保管、培养基制造等。

第三科：掌管制造牛痘苗、狂犬疫苗、制造兽疫血清疫苗、进行滤过性病毒的研究等。

① 经盛鸿. 南京沦陷八年史[M]. 社会科学文献出版社，2016:905/952；引自：《石田甚太郎的证词》，引自 [日] 水谷尚子《遗愿今天实现了——记我的友人石田甚太郎》，《汇报》，1995 年 1月 29 日，第 3 版。
② 王希亮. 南京荣字 1644 细菌部队的罪行[J]. 钟山风雨，2004(4):29-33.
③ 谢尔顿.H.哈里斯. 死亡工厂：美国掩盖的日本细菌战犯罪[M]. 上海：上海人民出版社，2000:406.
④ 中国第二历史档案馆馆员奚霞，"民国时期的国家防疫机构——中央防疫处"，《民国档案》，2003(4):136-138.

图 5-21　1937 年南京地中上的中央医院
与国民政府卫生署区位关系
图片来源：新南京地图，日新舆地学社出版，
1937

由于原国民政府中央防疫处主要从事病毒研究及传染病的防疫、防治工作，参考其内迁昆明之后的功能设置①及历史资料②，其附属建筑应包括有图书室、检诊室、试验室、毒素室、化学室、血清疫苗痘苗培养基制造室、狂犬病疫苗室、蒸汽灭菌室、动物室、采血室、种痘室、采痘室、冰室、煤气室、焚兽炉、鼠疫疫苗制造所、山式狂犬疫苗制造所等等，以及养殖动物与培育病毒并进行实验的场所。

有充分理由可以相信，侵华日军荣字第一六四四部队霸占原中央医院及卫生署后，利用了原有的实验大楼、实验场地等建筑与动物饲养及细菌研究培养等设施，再加以增建、改建后，用来进行泯灭人性的人体实验。与原中央医院一路之隔的政治区公园，也被荣字第一六四四部队霸占开垦，成了部队草药种植园。

笔者根据美国国家档案局版本的荣字第一六四四部队内部设施概要图③，在研究了原中央医院与原民国卫生署的平面布局相关历史资料的基础上，尝试在空间上恢复当年荣字第一六四四部队本部的布局，如图 5-22 所示：

① 荣字第一六四四部队本部大门；
② 大讲堂，即原国民政府卫生署新礼堂；
③ 教学楼，即原国民政府卫生署办公室及特别实验楼房；
④ 一科大楼，从事霍乱、斑疹伤寒、赤痢、鼠疫菌的培养，即原国民政府卫生实验处新楼；
⑤ 锅炉房、车库、厨房、烟囱；
⑥ 原国民政府卫生署礼堂，被荣字第一六四四部队霸占时功能不明；
⑦ 原国民政府中央防疫处大楼，被荣字第一六四四部队霸占时功能不明；
⑧ 荣字一六四四部队军属、军官居住室；
⑨ 原中央医院男护士宿舍，被荣字第一六四四部队霸占时功能不明；
⑩ 飞行员宿舍；
⑪ 部队种植的药草园；
⑫ 实验用动物圈养所；

①中国第二历史档案馆藏，档案号：十二-⋯-5710。
②中国第二历史档案馆馆员奚霞，民国时期的国家防疫机构——中央防疫处，《民国档案》，2003(4):136-138。
③原文夫，芦鹏．日军荣字1644部队在南京设立的细菌工厂之铁证 [J]．南京大屠杀史研究，2011(2):84-3。

⑬ 药局、诊疗部，即原中央医院东宿舍楼。

此外，荣字第一六四四部队本部大院内，还有细菌战训练用营房、游泳池、兵器库、衣类消毒所等设施，及一座用高铁丝网围合、挂有"闲人禁入"标记的、专门用来处理实验死亡动物及人类遗体的焚尸炉。

在距离本部大院西北约一公里的南京城东北角、九华山南侧，荣字第一六四四部队还设有一座细菌武器工厂。工厂利用其北侧的九华山上的洞窟当作储藏室，厂区周围安置岗哨，严密戒备，禁止中国人入内。该工厂本身并不挂牌、设立标识，对外宣称其为"血清疫苗制造厂"，实则主要产业是生产细菌战剂。

图 5-22 （上）荣字第一六四四部队空间布局；（下）历史鸟瞰照片建筑对应图
图片来源：笔者自绘。

加上位于南京的各支部，荣字第一六四四部队总人数最多时曾达 1 500 人[1]。其军官和高级文职、科技人员并不住在部队营区内。代理部队长增田住在离中山东路步行不到 10 分钟便可到达的一栋钢筋水泥结构的单层别墅内，这所别墅曾经是一个德国人的财产。增田霸占后在里面过着奢华的生活，故而这所别墅又被称为"桃源宿舍"。

南京的荣字第一六四四部队的研究与生产同时并重、相互促进，这也是其一个重要特点。荣字第一六四四部队以其生产力在细菌的每个生产周期（3 ~ 5 天内）内，可以生产 10 公斤浓缩活细菌浆。在 1945 年日军战败投降后，第一六四四部队的战剂生产工厂虽在日军撤离南京时被其破坏，但仍然留下大量用于生产细菌战剂的细菌培养原料：琼脂、蛋白胨和牛肉膏等，数十吨，中国方面接收后将其运往上海江湾的国防医学院，竟然装了十节火车车箱[2]。可见，当时荣字第一六四四部队细菌战剂生产能力之强大。中国日占沦陷区内，能与南京荣字第一六四四部队相比及的，只有位于哈尔滨同样臭名昭著的侵华日军第七三一部队。

荣字第一六四四部队参与的对华细菌战有：1940 年 10 月的宁波鼠疫战，1941 年 11 月

①谢尔顿·H.哈里斯
死亡工厂：美国掩盖
的日本细菌战犯罪
[M].上海人民出版社
2000:176；转引自：
Khabarovsk Trial:307.
②郭成周，廖应昌
侵华日军细菌战纪实
[M].北京燕山出版社
2007:281.

谢尔顿·H. 哈里斯.
亡工厂：美国掩盖的
本细菌战犯罪 [M].
海 : 上海人民出版
, 2000:184.

黄益来. 最新发现：
军曾在南京近郊投
疫跳蚤 [N]. 南京晨
, 2006-11-16(12).

王希亮. 南京荣字
644 细菌部队的罪
[J], 钟山风雨,
004(4):29-33.

的常德鼠疫战，1942 年 5 月至 9 月间的浙赣细菌战。仅 1942 至 1943 年间，因为日军所散播细菌带来的瘟疫，浙赣地区死亡中国平民和军事人数就以千万计[1]。侵华日军先后三次在江浙赣地区对中国军民实施了细菌战，不仅在当时造成大量中国军民死亡，其重大危害与严重影响数十年后仍在当地广泛存在。

除大规模地进行细菌战外，根据日本著名学者、731 细菌战宣传运动委员会代表奈须重雄研究发现，日军还秘密将带有病原体与细菌的跳蚤等生物散播至南京近郊的一些小村庄内。一名曾在南京荣字第一六四四部队服役的日本士官小泽作证：1943 年夏，他和 4 名同伴在南京上飞机，他们把带有鼠疫的跳蚤放在瓶子里，在南京一个国民党军队使用过的飞机场降落，将瓶子里的跳蚤在周围撒掉。1943 年冬小泽再次接到上级指示，让他们到距离南京五六公里的一个村子去散播伤寒菌。小泽他们进村子时，刚好有个三四岁的小男孩走出来，小泽当场把小男孩杀掉。至于最后有否暴发鼠疫、伤寒，因为地点是严格保密的，所以他们并不知道。此外，南京荣字第一六四四部队还曾将活人运到日本东京的一个实验室去进行活体实验。后来在东京曾挖出一百多具活体实验的遗骸，脑袋上都有弹孔[2]。

侵华日军荣字第一六四四部队在南京进行活人体实验、活人体解剖、细菌培植、病毒散播等泯灭人性的残忍暴行，在其存在于南京的六年间从未停止过。至 1945 年日本战败投降之前，日军在华最高司令部向中国日占区各个细菌研究所发出销毁的命令。荣字第一六四四部队位于中山东路原国民政府中央医院的本部大院内的设施及九华山脚下细菌武器工厂内的设施被日军迅速爆破，无法带回日本的设备和资料全部被销毁，本部内的"原木"被集体屠杀，而荣字第一六四四部队的主要科学研究者和技师及部队头目，除佐藤俊二被苏军俘获，后在伯力城苏联军事法庭上受审，山崎新被中国抓获、受审外，全员均在中国军队进入南京前，设法逃回了日本。

除遍布日占区的针对人类的细菌武器研究、制造部队与军工厂外，侵华日本陆军中还有以家畜传染病作为武器的对外宣称为"军马防疫厂"的细菌研究、制造厂，例如长春的关东军军马防疫厂第 100 部队[3]。根据抗战胜利之后，日军于 1946 年 1 月所进行的军属地产普查表上显示，在南京也有一所"军马防疫厂"，名为第十三军军马防疫场南京分部。其位于小营练兵场旁，即荣字一六四四部队东北方、细菌工厂附近，拥有面积 2 420 ㎡、工作人员 70 人。从其地理位置及名称，可推断南京的这处军马防疫厂应为日军家畜细菌传染病武器研究、制造厂的南京厂址所在。另外，在这份普查表上还明确了在镇江也有一处"镇江军马防疫厂"的存在。

第八节　战俘营

①戴维·贝尔加米尼.
本天皇的阴谋[M].
震久, 周郑, 何高济
等译. 北京 : 商务印
馆, 1984:70.

1929 年 7 月 27 日，全世界 47 个国家在日内瓦签署了《关于战俘待遇的日内瓦公约》（简称《公约》）。《公约》中明确写道：

"第一部第二条：战俘是在敌方国家的权力下，而不是在俘获战俘的个人或队伍的权力下。他们应在任何时候都应受到人道待遇和保护，特别是不遭受暴行、侮辱和公众好奇心的烦扰。对战俘的报复措施应予禁止。第三条：战俘应享受人身及荣誉之尊重。对于妇女的待遇应充分顾及其性别。俘虏应保持全部民事能力。第四条：拘留战俘的国家应有维持战俘生活的义务。战俘之间待遇的区别仅因基于享受待遇者的军级、生理或心理健康状况、职业能力或性别的理由始为合法。"

日本亦在签署这项《公约》的国家之列。而当 1937 年 12 月 13 日，日军攻陷南京后，侵华日军公然违反这一国际公约，对南京城内放弃抵抗的中国士兵和无辜的青壮年市民实施了残暴的大规模屠杀。

在针对南京的侵略战争开战之前，日军便早已定下了"不留战俘"的政策。于 1937 年 12 月 2 日被任命为侵华日军上海派遣军司令官的日本天皇叔父朝香宫鸠彦，8 日到达南京外围阵地时，得知有大约 30 万中国士兵被围在南京城内，这些中国士兵可能会有投降行为时，遂签署盖章发出标有"机密，阅后销毁"字样的命令，其内容十分简单："杀掉全部俘虏。"①

由于日军本着"不留俘虏"的作战方针，在占领南京后没有建立像华北沦陷区那样的战俘集中营，而是将战俘原地集中收容，接着集体屠杀。屠杀时又根据战俘人数的多少，选择不同的场地，采用不同的杀害方式。在规模较小的屠杀中，日军或令战俘自掘坟墓后将其活埋；或将战俘绑在树上，以刺刀刺杀；或令战俘跪在地上，以军刀斩首；等等。当屠杀规模较大、人数众多的时候，日军将战俘们集中起来，先以机枪扫射，再逐一检查是否仍有幸存者加以补刀，最后在被屠杀的战俘遗骸上浇上汽油，进行焚烧。

南京沦陷后作为警备部队驻守南京的侵华日军第十六师团师团长中岛今朝吾在其攻陷南京当天的日记中就写道："俘虏到处可见，达到难以收拾的程度。因采取大体不留俘虏之方计，故决定全部处理之。"与此同时，侵华日军华中方面军司令官松井石根下达了"分地区进行扫荡"的命令，日军各级自上而下逐级下达了屠杀命令。当 12 月 18 日，第六师

①洞富雄.南京大屠杀
之证明 [M]. 东京：日
本朝日新闻社,1986.
②谢尔顿·H.哈里
斯.死亡工厂：美国
掩盖的日本细菌战犯
罪 [M].王选,徐兵,
杨玉林,等译.上
海：上海人民出版
社,2000:170；转引
自：David Bergamini.
Japan's Imperial
Conspiracy,New
York:Willam Morrow,
1971: 45.

团向松井石根电话请示"在下关的中国难民十二三万如何处理"时，松井石根获知难民中混杂着放弃抵抗的中国军人，遂下令对所有难民中的中国军人进行"纪律肃正"即进行屠杀，其情报课课长长勇中佐，直接以侵华日军华中方面军司令部的名义发出命令："全部杀掉。"①

南京沦陷后有不少于 10 万的战俘，被日军残忍杀害②。日军有计划、有组织地对已放弃抵抗的中国军人和难民进行大规模屠杀，制造了震惊中外的南京大屠杀惨案。

随着中日战争进入相持阶段，日军不得不改变对华作战方针，制定了"以战养战"的策略，大肆掠夺中国资源，而在这之中需要大量的无偿劳动力来为其服务。于是侵华日军改变了其屠杀战俘与平民的政策，在日占沦陷区内长江沿岸重要港口和各战略要地，建立起了大大小小的战俘劳工集中营。

1. 浦口战俘集中营

1938 年全面控制南京港的侵华日军第二碇泊场司令部与日商财团联手兴建浦口三井煤炭场和华中煤炭场的时候，直接将煤炭场修成四面环水，只有一条狭窄铁路堤埂与外界连通的长江"孤岛"，"孤岛"四周竖起电网，建设了炮楼，对整个煤炭场实施严格的军事管理与戒备。其主要原因之一，就是在这处日本煤炭场从事装卸工作的绝大部分都是中国战俘，只有少数是日军抓来的犯人。

在兴建煤炭场的同时，日军第二碇泊场司令部就在浦口修建了两座战俘营：一个位于现在新华街、合作街、场南街一带，另一个在今天虎桥路至津浦铁路一带。1940 年战俘营建成，共占地约 267 公顷，三面环水，一面为日军把守的出入口。四周架设三道 2 米高的铁丝网，中间一道通电，四角建有木头架起的瞭望台，营中还有碉堡一座，驻防日军看守小队日夜把守、巡逻。所有战俘都住在成排的低矮木板条房子里。1941 年三井煤炭场与华中煤炭场全部建成投入使用的时候，浦口新建的这两座战俘营也开始投入使用，很明显日军的企图就是为新建的煤炭场提供劳动力。从 1941 年开始，日军从太原、北平、上海、武汉、裕溪口等地，先后分 6 批向浦口战俘营押送了共 5 500 多名战俘与"犯人"，这些人中绝大部分在三井煤炭场和华中煤炭场干活，只有少数被送去南京港其他码头。

浦口战俘营中的战俘劳工过着地狱般的生活，每天被日军强迫从事 12 小时以上的高强度体力劳动，伙食仅为少量粗黑面粉做的不大的馒头、霉米、山芋等。若监工日军觉得哪个战俘劳工动作慢了或者是装卸量偏少，立刻施以皮鞭抽、刀背砍、军靴踢、棍棒捶等惩罚，常有劳工被当场打死。对待生病的战俘劳工，日军不仅不予医治，还编号，将未断气的生病战俘逐一活埋。此外，日军还用各种方法当众折磨、残杀战俘，枪毙、活埋、让军犬活活咬死等等，穷极凶恶。而战俘的生活环境也极端恶劣，住的是简易工棚，睡的是没有铺盖的大通铺，穿的是草袋烂衣。

至 1945 年日本战败投降，在 4 年不到的时间内，充当三井煤炭场和华中煤炭场劳工的浦口战俘营中 5 500 多人，只剩下了约 800 人，先后有 4 700 多人惨死在了浦口战俘营日军的折磨与屠杀中。

2. 南京老虎桥监狱战俘营

南京老虎桥监狱，曾经为民国南京四大监狱之一。南京沦陷之后，位于城中、靠近伪政权政治中心与侵华日军驻军区的老虎桥监狱即被日军控制，最后成了关押战俘劳工的集中营。

老虎桥监狱三丈多高的围墙上设有带电铁丝网，监狱大门左右各有一座岗楼，日军哨兵荷枪实弹，戒备森严。监狱里关押着七八百中国战俘和日军在各地抓捕的抗日要犯，其中有国民党中央军、有共产党新四军，也混杂着汪精卫的和平军，有正人君子也有地痞流氓，鱼龙混杂。日军只负责看守，并恣意监狱内关押的人员互相斗殴、自相残杀，监狱内三口枯井里堆满了尸体，每隔几天狱卒都要清运一批尸体出去。

1941 年 12 月 7 日太平洋战争爆发，日军占领上海租界，在淞沪战役中坚守四行仓库的中国军队陆军第四路军八十八师五二四团一营数百官兵被日军从上海租界内的战俘营中几经转移，最后关押至南京老虎桥监狱。

在日军统治下的老虎桥监狱里，战俘不仅要遭到刑讯、服苦役，而且每隔一段时间便有百余名被送去中山东路上的日军荣字第一六四四部队本部，成为活体实验品。

①高晓星，时平. 民国空军的航迹 [M]. 北京：海潮出版社，1992:398.

②南京市地方志编纂委员会. 南京人民防空志 [M]. 深圳：海天出版社，1994:34.

③同②.

第九节　日军以南京为基地对周边地区进行的空袭活动

1937 年 12 月 13 日南京沦陷之后，占领南京的日军随即霸占了原中国空军大校场机场，使南京成为日军的空军基地之一，为日军接下来的侵略行径提供空中军事打击力量。

1940 年 3 月汪伪政权在南京上台后，伪政府设立了航空署，一度想要组建属于伪政权自己的空军力量。但直至 1941 年 5 月，日军转让出 3 架九五式教练机前，汪伪空军署空有名号并未拥有飞机。6 月，以日军转让的教练机为基础，汪伪空军在常州陈渡桥机场创办了中央空军学校，共培训过 60 名飞行学员①。10 月，国民党空军第一大队分队长张惕勤带 2 名飞行员驾驶 1 架美制轰炸机飞抵南京投靠汪伪。但随后这架飞机就因为较为先进而被日军接管了。

1942 年 9 月至 10 月间，侵华日海军中国方面舰队司令部及日本商业机构向汪伪航空署转让了 20 余架教练机。于是汪伪航空署将其空军学校改为空军教导总队，但实质上整个伪教导总队都在日军的严密监控之下，毫无实战的实力与装备。至 1945 年 1 月，汪伪航空署经几次改组后降级为空军科。由此可见，汪伪政府想要组建自己的空军自一开始就是一场注定要破灭的梦，沦陷期间南京的空军力量一直都掌握在侵华日军手中。

1938 年 1 月至 2 月间，由于日军调整华中方面战斗序列，导致其兵力不足，遂将日军驻军先后于 2 月撤出高淳，3 月撤出六合。随后日军开始对高淳县、六合县及两县周边地区展开轰炸。5 月 23 日，日机轰炸六城镇、竹镇。7 月 2 日，8 月 11、12、13 日，日军飞机连续轰炸竹镇、马集、八百、瓜埠、东旺庙。8 月 17、18、19 日三天，日军飞机再度对六城镇、竹镇实施连续轰炸。平民死伤千余人，民房被炸毁 2 000 多间。日军对六合的轰炸，其主要军事目标为中国六合县地方政府所在地的竹镇。抗战之前，竹镇拥有人口 4 000 多，商店众多，发电厂、油坊一应俱全，在遭到日军累日轰炸之后，全镇房屋 90% 均被炸毁②。

同年的 4 月 6 日至 5 月 26 日期间，日本空军 5 次空袭江浦星甸。此时江浦县城已经被日军占领，江浦县地方政府迁往星甸，使其成为日军空袭的重点目标。5 月 26 日，正是星甸赶集的日子，同时临近端阳节，赶集的百姓人数众多。下午 2 时，日军飞机到达星甸上空，投下多枚炸弹和燃烧弹，烧毁房屋 360 多间，占星甸房屋总数的 70% 以上，炸死平民 20 多人，炸伤、烧伤 80 多人③。

江浦县西北部未被日军占领的地区在 1938 年也遭到日军多次空袭轰炸。3 月 27 日至

29 日期间，日军飞机轰炸桥林、陡岗、汤泉、龙山等地。4 月 7 日，日军飞机再次轰炸汤泉，在朱家菜园、东天巷、桃园等处投弹并进行低空扫射，炸死数人，炸毁房屋 17 间[1]。

　　1938 年 7 月 4 日，日机对高淳县的东坝、下坝、固城等镇实施空袭轰炸，平民死伤 100 多人，民房被毁 50 余间[2]。同年 10 月，日军侵华策略以"速战速决"改为"以华制华"后，便取消了对南京郊县的空袭轰炸。

[1]南京市地方志编纂委员会. 南京人民防空志 [M]. 深圳: 海天出版社, 1994:35.
[2]同[1].

第十节　沦陷期间日军在南京不动产概况

自南京于 1937 年底沦陷后，侵华日军随即将其侵华最高司令部——侵华日军中国派遣军司令部设于南京。沦陷期间南京及周边日占区的军事及政治大权始终被日军及日当局掌握，在其扶植起伪政权的同时积极推行殖民统治政策，加强对南京生产、运输、经济方面的推进及把控，通过伪政府实施新的保甲制度及明目张胆的毒品销售等种种手段，进一步控制南京市民。其最终目的，便是利用南京水、陆、空及南北与东西通达的交通优势，妄图将南京打造成一个日军侵华战备物资的生产基地与其侵略战争华中区后勤基地及各类掠夺而来的物资的转运中心。

南京被占领初期日军将其部队驻扎于城市及四周郊县，但随着战事发展战线不断拉长，导致日军部队兵力不足，侵华日军遂撤出南京高淳、六合等郊县。但江北的交通重镇江浦镇始终被日军占据。1941 年 12 月 7 日太平洋战争爆发，驻南京侵华日军及日当局随即霸占了位于原下关区江边属于英国及美国的资产，包括工厂、码头、办公楼及仓库等大批不动产，自此全面把控了南京城北江边及江北的水路货运。而江宁县的汤山国民政府炮兵学校校址也一直被日军霸占，用于其士兵的训练、军马训练等。

为保证南京作为其侵略战争后援中心的持续运转，日军在南京驻扎了大量部队，霸占并新建了大批建筑物供其使用。在 1945 年日本宣布无条件投降之际，日军组织人员对其在南京的不动资产进行了概况普查。从一份《南京付近日本軍使用建造物調書 昭和 21 年 1 月 5 日》的调查报告中，可以大体了解到战败前夕，日军在南京城内、近郊及南京附近部分地区的不动资产情况。

战败前夕，日军在南京共驻扎有 45 支部队与部队医院、兵工厂等部队附属机构，这其中的 43 支部队主力均驻扎于南京城内及近郊区域。其各部队及所属不动产建筑面积及人员概况如表 5-6 所示。

表 5-6　抗战胜利前夕驻南京日军及其各部人数与所占建筑面积概况表

编号	部队名称	日文原文件统计数目		笔者核算之后需更正数目		各国产权建筑数				
		建筑面积 /㎡	人员 /人	建筑面积 /㎡	人员 /人	中国	日本	英国	美国	其他
1	中国派遣军总司令部	15 569.00	1 160			5	2			
2	中国下士官候补队	71 067.62	5 027	81 066.74		4	5			

(续表)

编号	部队名称	日文原文件统计数目		笔者核算之后需更正数目		各国产权建筑数				
		建筑面积 / m²	人员 / 人	建筑面积 / m²	人员 / 人	中国	日本	英国	美国	其他
3	中国经理部下士官候补队	8 402.10	732			4	2			2
4	中国卫生部下士官候补队	9 003.00	995	8 968.00	1 134	4	2			
5	中国派遣军军犬繁育所	1 500.00	97			2	2			
6	中国派遣军军禽繁育所	530.00	36			2	2			
7	中国派遣军刑务所	4 963.10	14			3	1			
8	军事顾问部	3 356.00	115	3 357.00		7	1			
9	中国教化队	4 160.34	435			2	1			
10	中国派遣军测量队	9 051.65	255			4	1			
11	中国派遣军野战兵工厂	39 121.14	7 457	130 121.12		27	9			
12	中国派遣军总司令附属机关	10 603.80	884			4	1			
13	中国派遣军野战铁路工厂	3 141.05	311			4				
14	第一五六兵站医院	60 220.00	4 410	65 320.00		16	14			
15	中国派遣军总司令部通信班	16 216.55	1 105		1 234	13	13			
16	第六军司令部	10 900.00	890			2				
17	南京防卫司令部	20 010.00	1 320			3	1			1
18	南京特别市联络部	2 770.00	220			4	1			
19	第十三军经理部南京办事处	12 070.00	620			4	7			
20	第一五六兵站医院第一附属医院	46 220.00	3 570			5	3			
21	中国野战侦查用品厂南京分厂	276 410.00	2 870	277 490.00	2 898	32	46	3		1

（续表）

编号	部队名称	日文原文件统计数目		笔者核算之后需更正数目		各国产权建筑数				
		建筑面积/㎡	人员/人	建筑面积/㎡	人员/人	中国	日本	英国	美国	其他
22	中国野战军械厂南京分厂	89 605.00	965			7	14			
23	中国野战汽车厂南京分厂	54 060.00	660			5	8			
24	第一五六兵站医院第二附属医院	902.30	95			3	1			2
25	第一七二兵站医院	18 300.00	1 180			5	4			
26	南京检疫所	1 200.00	100				2			
27	第十三军军马防疫场南京分部	2 420.00	70			2	1			
28	高射炮第二十一联队	6 140.00	350	6 240.00		4	6			
29	第四十四野战邮局	6 550.00	410			1	2			
30	第四〇野战邮局	1 670.00	180			3				
31	第五〇兵站警备队	6 300.00	470			5	5			
32	兴中门独立宿舍	12 480.00	1 190		1 290	2	3			
33	狮子山部队宿舍	15 630.00	1 370			2	2			
34	城内第一兵站宿舍	2 500.00	240	1 872.00		3	1			
35	城内第二兵站宿舍	3 090.00	360			2	1			
36	城内第三兵站宿舍	1 440.00	150			1	1			
37	城内第四兵站宿舍	2 620.00	280			2	1			
38	城内第五兵站宿舍	1 950.00	140			2	1			
39	兴中门西兵营	3 110.00	350				3			
40	第二船舶运输部门	18 425.00	1440	18 385.00		19	14			
41	第十三飞行师团司令部	197 853.00	14 679	193 551.00	14 456	72	24			
42	南京宪兵队	8 320.00	565	8 270.00		3	1			
43	驻南京海军司令部	21 637.00	902			18	9	3	4	
44	中国派遣军步兵教育队（汤水镇）①	28 501.28	1 958	28 503.08		8	10			

①汤水镇为日方叫法，实为汤山镇。

（续表）

编号	部队名称	日文原文件统计数目		笔者核算之后需更正数目		各国产权建筑数				
		建筑面积 /㎡	人员 /人	建筑面积 /㎡	人员 /人	中国	日本	英国	美国	其他
45	中国派遣军炮兵教育队（汤水镇）	21 657.75	1 266		1 360	10	6			
	合计	1 151 646.68	61 893	1 253 873.58	62 160	333	234	6	4	6

表格来源：笔者自制。

由于涉及内容名目众多、数字庞大，笔者在对《南京付近日本軍使用建造物調書》进行翻译的同时，对各个部队所拥有不动产面积相加后的数字进行了核算，对部分原调查书中相加错误的数字提出了修正。以核算后得出的数字为准，可以看到仅侵华日军军事机构在南京就拥有约 125 万平方米的建筑使用面积，驻扎有 62 000 余士兵与军政人员。

侵华日军在南京驻扎的主要部队，除进行远距离作战的日军第十三飞行师团司令部外，主要为其侵华物资保障与医疗部队。其中包括日军中国野战侦查用品厂南京分厂、日军野战军械厂南京分厂、日军野战汽车厂南京分厂、日军中国派遣军野战兵工厂以及日军第一五六兵站医院及其分院等，这几支军用物资保障与医疗部队所用建筑面积占到了全部南京日军不动资产的一半以上。另外，作为侵略前线作战的兵力补充、支援基地，日军中国下士官候补队、日军中国派遣军步兵教育队也驻扎在南京城内及近郊。同时，为保证南京的"安全"，在南京各个军事要地，日军均驻扎有防守部队。从图 5-23 中可以看到，南京北城原国民政府新建设区、下关沿江商贸区、城东原南京商业中心区都是日军驻扎较为密集的地区。而在原国民政府建设投入较少、南京保卫战中被日军破坏最为严重的城区之一的城南，日军几乎没有部队驻扎。从图 5-24 可以一目了然地看到，日军驻军所使用与建造的建筑与原国民政府新建的建筑区域大部分重合。由此可见，日军在南京是以利用原国民政府及南京市民建造的等级较高、质量较好的已有建筑为主，不敷使用的部分再加以增建。

从日军所统计的其在南京不动资产统计表中所显示的各侵华日军部队、机构所用建筑的所属产权中也可得到同样的结论。在所有驻南京的日军部队、机构使用的建筑中，其直接霸占中国业主的房屋多达 333 处，占总数的 57% 以上。而权属属于日本的建筑物，其实质也是日军在中国土地上所建，多数为兵营、仓库及其他一些小型、附属性建筑。相较于其霸占的中国权属的建筑，侵华日军自建的建筑绝大多数等级不高、面积较小、质量较一

图5-23　南京附近侵华日本军建造、
使用建筑物区位图
图片来源：笔者自绘。

图5-24　南京附近侵华日军建造及
霸占建筑物区位对比图
图片来源：笔者自绘。

般。从表5-6中可以看出，虽然日军在南京拥有多达234处属于其本国产权的建筑物，但实质上总体规模远不及其霸占的中国产权房屋。而日军所占用的英国、美国产权的建筑物，均位于下关江边，其中属于英国产权的江边不动资产中，应该包括了位于宝塔桥的大型机械化工厂，英商和记洋行所有厂房、设备、仓库及货运码头等。

表5-7　日军南京不动资产中各国产权下建筑面积

日军南京不动资产	各国产权下建筑面积 / ㎡				
	中国	日本	英国	美国	其他
总计	708 219.67	442 583.01	99 140	1 347	2 583.9

表格来源：笔者自制。

日军除在南京占据土地、建筑物为其侵略战争进行生产，提供军用物资及后勤服务外，还霸占了大量南京市民房产作为其军官、士兵等宿舍使用，其中就包括白崇禧、黄仁霖、陈调元等原国民政府军政要员的房产。

但同时，为掩盖其战争罪行，一些性质敏感的部队、机构，在日军战败前的资产统计中，被并入了其他部队进行统计。

例如臭名昭著的日军侵华细菌部队在南京的支队，即荣字第一六四四部队，在南京进行细菌研究及细菌武器生产的数年中，其一直对外宣称是保障日军部队饮水清洁而设置的"华中防疫给水部队"。但在战败前的资产统计中，这支"荣字第一六四四部队"的名称并没有出现在统计表中，掩饰其真实身份的"华中防疫给水部队"的名称也没有出现。在比对部队驻扎地点后，笔者发现日军荣字第一六四四部队被冠以"第一五六兵站医院第一附属医院"的名称，以日军随军医院附属医院的身份出现在统计表中。其所有不动资产包括砖混结构四层楼房2栋，根据各方面资料对荣字一六四四部队平面布局的描述，应该就是其部队办公所用的本部大楼及进行细菌人体活体实验的一科大楼。另还有砖混结构二层楼房4栋，应是荣字一六四四部队的日本教学楼与药局、诊疗部大楼等建筑，以及砖木结构平房49栋，应为荣字第一六四四部队驻总部军警的兵营及随军家属宿舍、仓库等用房。

登记在案的该部队驻扎日军人数据统计已达3 570人，相较于该部队的部队长，同时也是后来日军广东细菌部队波字第八六〇四部队部队长的佐藤俊二在苏联伯力审判中供述的1 500人左右的部队人员规模，增加了2 000人左右。究其原因，其一可能为战争败势已定的情况下，日本军方及当局加大对细菌武器研究的人员投入，企图以细菌武器投入战场扭转败局；其二可能是因细菌武器的研究与使用的反人类性质，该部队驻扎地人员数量的激增是日本战败之前，撤离了所有细菌武器研究人员，该处由其他侵华日军部队接管，驻扎进入了人数数倍于原研究人员的士兵，将用于做细菌战研究、实验与细菌武器生产的场地提前由其他番号部队接收，以掩盖日本军队及当局在战争期间犯下的罪行。第二种可能性也从另一侧面印证了揭露日军细菌战罪行的日本老兵们所阐述的，在日本宣布无条件投降之前，所有细菌部队的技术人员均已设法回到了日本国内的事实。

另外，在日军战败前资产统计表上还有一处被称为"第一五六兵站医院第二附属医院"的医疗机构，其地址位于四牌楼"蔡巷"。经笔者查阅南京历史地名、对照老地图后，发现四牌楼处历史上并没有"蔡巷"这个地名，疑为四牌楼南苍巷的误写。此处医疗机构与成贤街上中央大学旧址、沦陷期间的日军陆军医院比邻，却被单独列项，作为"第二附属医院"，地位与荣字第一六四四部队相当，推测可能为另一处"特殊用途"的日军医疗机构，但目前尚未发现其他相关资料。

自 1937 年底被侵华日军占领之后，南京便成了日本侵略中国的华东沦陷区的伪政治中心。为数众多的日军部队盘踞于南京城内，霸占土地、房屋，掠夺各类资源，一味地强取，而并未对南京城实施系统性的建设，这使得南京经历八年沦陷中的殖民统治后，整座城市在衰败中保持住了战前国民政府建设所产生的城市格局及中西合璧的城市建筑风格。

第十一节 小结

攻占南京期间，侵华日军付出了出乎其意料的巨大代价。攻陷南京城后，为宣传其所谓"战绩"，纪念其在攻占南京过程中丧命的军士，威慑南京市民，日军在南京设立起了众多规模各异的祭鬼标识物及纪念性建筑。

沦陷的八年期间南京在日伪殖民统治下，城市内外出现了殖民社会特有的产物——日人街，这一区域成为日侨享有治外法权的城中城。同时，为满足日军兽欲而建立起来的长期经营的日军"慰安所"在南京城市内外有40余处，另有"慰安所"性质的妓院至少25家。同时，日本新闻社在南京成立分社，其国策公司在南京开设分公司，堂而皇之地经营起各项殖民事业。为消磨中国人民的抗日意志，日伪当局公然在南京销售鸦片与海洛因，并诱骗市民进行吸食。为满足其资源掠夺的劳动力需求，日军从其他地区战俘营调来大批战俘，建立起浦口战俘营，为其物资掠夺公司服务。与此同时，日军细菌部队也来到南京安营扎寨。荣字第一六四四部队在南京期间，不断地在中国人身上进行惨无人道的活体实验，并在江浙皖赣等抗日地区屡次发动细菌战，对中国军民的生命安全、身体健康造成极大损害的同时，其产生的严重危害持续数十年都无法消散。沦陷期间，侵华日军于南京驻军部队多达40余支，驻扎人数逾6万，使南京在日军、日当局及其扶植起来的伪政府的殖民统治下，成了华中沦陷区侵华日军的政治与经济中心。

现在，这些满载中国人民血泪的侵华日军暴行历史罪证的遗址遗迹仍遍布在南京城市之中，其所承载的历史大多不为普通市民所熟知。挖掘这些历史实物证据的价值，保护其文物本体及周围历史环境，扩大其影响力，是保护南京抗战建筑遗产中的一项重要工作。

第六章

中国共产党在南京的抗日活动和政府建设

　　1937 年南京沦陷后，中国共产党领导下的各有关组织立刻行动起来，迅速派遣各类抗日人员返回南京及周边地区，展开抗日活动。与此同时，位于延安的中共中央亦迅速指示其领导下的抗日武装部队新四军从皖南向东挺进，在侵华日军大后方的南京周边地区建立抗日民主根据地，开展抗日游击战。

第一节　中共地下组织在南京的抗日活动

①中共中央关于目前时局与党的任务给晓的指示（1938年月21日）[M]// 中档案馆.中共中央文选集：第10卷.北京中共中央党校出版社1985:483–484.

面对日军的侵略，中共中央已经做好了长期作战的准备。1938 年 3 月 21 日，中共中央指示潜伏在上海的中共江苏省委书记刘晓："在敌人占领的中心城市中，应以长期积蓄力量保存力量，准备将来的决战为主。"①

作为华中日占区的政治、军事中心，南京成为中共地下组织活动的重点城市之一。然而由于沦陷后，侵华日军制造的大规模、长时间的屠杀暴行，与侵华日当局对南京全面的交通管制，中共地下组织在南京沦陷后的较长一段时间内难以在城内立足，只有中共情报组织上海情报站因拥有日籍成员的关系，首先进入了南京。

抗战期间中共中央的情报组织是中共中央保卫部和情报部，1939 年 10 月后改组为中共中央社会部。中共中央情报部在 1937 年淞沪会战后不久于上海设立情报站，负责人为潘汉年。该情报站拥有 2 名共产国际上海情报组织的日籍中共党员，他们是：公开身份为日本同盟社记者的西里龙夫，公开身份为日本南满株式会社上海事务所调查室职员的中西功。

1938 年 3 月，侵华日军中国派遣军报道部将西里龙夫调到南京，担任日本同盟社南京支社的首席记者。这也是中共地下组织情报员在南京沦陷后首次进入南京。在西里龙夫的巧妙安排下，中共上海情报站成员陈一峰在伪维新政府成立后考入伪政府成立于 1938 年 8 月 1 日的"中华联合通讯社"，任首席记者。西里龙夫与陈一峰在南京的日伪机构里先后任职，标志着中共上海情报站开始进入南京开展工作。

1939 年 4 月，中共上海情报站再次派出一名工作人员张明达（又名方知达），来到南京专门负责为西里龙夫和陈一峰传递情报。在南京夫子庙朱雀桥北头、伪政府的斜对面，张明达开了一家小百货商店，经营香烟与化妆品等，作为职业掩护。不久后陈一峰通过朋友将张明达介绍到伪政府体育协会当小职员，但由于要按时上下班，不便于传递情报，于是张明达又报考了伪政府"中华联合通讯社"的联络员，后被录取，其主要工作便是轮班乘火车将"中华联合通讯社"的新闻稿件送往南京到上海之间沿线各城市，张明达利用职务之便，降低了中共情报站之间情报传递的风险。

汪伪政府于 1940 年 3 月成立后，西里龙夫继续以侵华日军中国派遣军司令部报道部顾问、日本同盟社南京支社首席记者的身份在南京日伪上层活动。在伪维新政府"中华联合通讯社"担任记者的陈一峰转到汪伪"中央电讯社"继续担任记者。中共上海情报站继续

①陆艺, 经盛鸿. 战
在日伪统治中心
京的中共情报尖
兵 [J]. 档案与建设,
2012(8):50-51.

先后派遣李德生（又名纪纲）与张鸣先夫妇、汪锦元、吕一峰、阮毓琪到达南京开展情报工作，与已在南京的西里龙夫、陈一峰、张明达组成南京情报组，李德生任组长。

李德生原来学过中医，到达南京后在小火瓦巷长治里 1 号租了一所房屋开设"国医李德生诊所"，作为职业掩护。李德生利用山东同乡的关系，得到汪伪政府山东同乡政府要员的捧场和帮助，不仅结识了众多当时南京社会各方面的人士，且行医业务十分红火。西里龙夫和陈一峰获取的情报多先送到李德生的医馆，再由李夫妇传递出去。

汪锦元，父亲为留日学生，母亲为日本人，常年在日本生活，1929 年回国。1936 年 12 月，在西里龙夫和陈一峰的介绍下加入中国共产党。他利用自己中日混血的特殊身份，成功成为汪精卫的日文翻译兼随从秘书，于 1940 年 9 月到达南京就职。

1941 年 10 月，日本东京警察厅破获共产国际与苏联总参谋部派驻日本的佐尔格间谍小组，日当局遂根据其破获的线索派特务到达上海、南京等地，对中西功、西里龙夫等人进行严密监视。1942 年 6 月 6 日，日本警察当局在南京逮捕了西里龙夫，并于同一天在杭州逮捕了中西功。7 月 29 日，李德生、汪锦元、陈一峰被日本东京警察局与南京日本宪兵队联合逮捕后，关押在中山北路日军宪兵司令部，于次日押往上海虹口日军宪兵司令部，两个月后押往日本东京审讯。中西功、西里龙夫被日当局判处死刑，后因中国抗战取得胜利未及执行。李德生、汪锦元、陈一峰被判处无期徒刑，后在汪伪政府的要求下于 1943 年 7 月，被押解回南京关押在老虎桥监狱中。①

李德生三人被日当局抓捕后，中共南京情报站工作一度停摆。直到当年的 12 月，中共中央华中情报部派白沙到南京恢复情报工作，与原在南京的情报人员吕一峰、阮毓琪取得联系后，重新开展情报工作至抗战胜利。

继中共上海情报站之后第二个进入南京城内进行活动的中共组织，是中共中央东南局领导下的中共苏皖区党委。自 1939 年暑期开始至 1945 年间，共培养了中共党员 50 余名，在南京青年学生界内展开活动。

第三个进入南京城内开展工作的是中共江苏省委。在南京沦陷初期，进驻南京开展活动十分困难，直到 1940 年 3、4 月间，中共江苏省委才成功调派在上海英商公共公司的南京籍地下党员马卓然回到南京。经过半年时间的努力，在日伪合营的华中铁道运输公司下关营业所找到一份工作。1940 年 9 月，中共江苏省委又从浦东游击队抽调在南京有些人脉的朱启銮回到南京重建党组织。1942 年 8 月，中共江苏省委在南京成立中共南京工作小组，全组有 17 名党员。1943 年 2 月，江苏省委被撤销，另在中共中央华中局设立城工部。1944 年 6 月中共南京工作委员会成立，除领导南京工作外还兼管马鞍山、镇江等地的中共地下组织工作。至 1945 年日本战败投降，中共中央华中局城工部在南京拥有 80 多名党员。

第四个派遣人员进入南京开展工作的是延安八路军总参谋部情报部门，于 1942 年 3 月派情报人员徐楚光进入南京。徐楚光经武汉到达南京后，先经商，随后先后到伪中央军校任上校战术教官、伪军委会政治部情报司上校秘书、伪陆军部第六科上校科长、伪军委会参赞武官公署上校参赞武官等职务，并经人介绍结识了南京黑社会大亚山堂堂主、红帮头子朱亚雄。徐楚光在伪军中、上层军官中广交朋友、搜集情报、策反伪军。1943 年，延安八路军总参谋部情报部门又派马蕴平等人潜入南京，协助徐楚光工作。

此外，还有淮南新四军二师系统、苏北新四军一师、新四军三师系统等中共系统派遣人员进入南京开展抗日活动，均取得了重要成就。

第二节　中共新四军征战苏南

1937 年"七七事变"后，中国共产党随即主动向全国发出通电，再次要求国共两党紧密合作，一致抗击外来侵略势力。8 月 13 日淞沪会战爆发后，国民党对与中国共产党合作抗日的态度日趋积极，当月 19 日国共两党就合作达成协议，22 日国民政府军事委员会公布红军改编命令，将红军主力改编为国民革命军第八路军。一个月后的 9 月 22 日蒋介石发表讲话承认共产党的合法地位及国共两党合作抗日。国共两党第二次合作在中共中央的不懈努力下得到实现，抗日民族统一战线正式形成。9 月 28 日叶挺被任命为陆军新编第四军军长后，鄂豫皖边、湘鄂赣边、赣粤边、浙闽边和闽西等地红军游击队相继被编入新四军的队伍。

1938 年 1 月 6 日，中共新四军军部在江西南昌成立。叶挺任军长，副军长项英，参谋长张云逸，副参谋长周子昆，政治部主任袁国平，副主任邓子恢。全军编为 4 个支队，10 个团，1 个特务营，共 10 300 余人，6 200 余支枪[①]。

2 月 15 日，毛泽东对新四军的工作发出指示，指出新四军应该力争集中苏浙皖边，发展游击战。但是目前最有利于发展的地区还是在江苏境内的茅山山脉，以溧阳、溧水地区为中心，向南京、镇江、丹阳、金坛、宜兴、长兴、广德线上的日军作战，必定能建立根据地，扩大新四军的基础。如果有两个支队，则至少以一个支队在茅山山脉，另一个支队位于吴兴、广德、宣城线以西策应。[②]新四军第一、二、三支队随后开始向皖南，第四支队向皖中集中。

4 月 21 日，毛泽东、刘少奇在给刘伯承的电报中便肯定了擅长山地游击战的中共军队在平原地区进行游击战的可能性："根据抗战以来经验，在目前全国坚持抗战与正面深入群众工作的两个条件之下，在河北、山东平原地区的广大的发展抗日游击战争，坚持平原地区的游击战，也是可能的。"[③]4 月 28 日由新四军第一、第二、第三支队抽调的干部组成的 500 人先遣队遂在粟裕的带领下，进入华中敌后区向溧水一带进发，展开敌后侦查活动。当月，新四军第四支队在皖中舒城、桐城、庐江一带与地方党组织和游击队取得联系，开始开展抗日游击战争。

5 月 4 日，毛泽东电示新四军副军长项英开展华中地区敌后游击战争，指出："在广德、苏州、镇江、南京、芜湖五区之间广大地区创造根据地，发动民众的抗日斗争……是完全有希望的。在茅山根据地大体建立起来之后，还应准备分兵一部进入苏州、镇江、吴淞三

①中国人民解放军历史资料丛书编审委员会.新四军[M].北京:解放军出版社,1992.

②刘家国.论华中抗日根据地的开辟[J].军事历史研究,2002(3):56-62.

③黄朝军,沈杨,田杰.东进新四军:新四军抗战影像全纪录[M].北京:长城出版社,2015:71.

角地区去，再分一部分渡江进入苏北地区。"[1] 5 月 14 日，中共中央发出新四军行动方针的指示，指出根据华北的经验在目前形势下在日军广大后方——平原地区也同样便利于新四军游击活动的展开和根据地的创造。新四军应利用目前有利时机，主动深入到日军后方，扩大新四军的影响。5 月 16 日，新四军第四支队一部在安徽巢湖县东南蒋家河口伏击日军，全歼日军 20 余人，首战告捷[2]。5 月中旬，新四军一支队在陈毅的率领下继先遣部队之后，从皖南出发，向苏南日军后方挺进。6 月 1 日，新四军第一支队由南陵出发，3 日抵达高淳、宣城边境，从宣城、芜湖之间越铁路进入江苏境内，当夜渡过固城湖，于 4 日凌晨抵达高淳县城后，部队分别驻扎于淳溪镇及附近的东甘、肇倩、姜家、南塘、夹埂、大巷等村庄，司令部位于淳溪镇东吴家祠堂。在到达高淳的当日，新四军即展开抗日活动，收集情报、走访士绅与群众、组织抗日宣传等。在得到粟裕先遣部队的情报后，陈毅将新四军第一支队重新部署，兵分两路：第一团第一、第三营及教导队，从高淳北肇圩渡过石臼湖，在京杭国道以西的江宁、溧水、当涂地区活动，团部设于小丹阳；第二团直驱茅山，14 日到达茅山。

6 月 2 日，在新四军一支队东进第二天，毛泽东对新四军工作发出指示，指出新四军应向敌后发展，凡敌后一切没有友军的地区，我军均可派队活动，不但太湖以北、吴淞江以西广大地区可以活动，就是长江以北到将来力所能及时，也应派出小的支队去。枪支可以从地方和日军处大批取得，不必多花钱去远处购买。根据最新指示，新四军二支队也从皖南出发东进。6 月 5 日第二支队司令机关及第三、第四团在司令张鼎丞、参谋长罗忠毅、政治主任王集成的率领下先后由皖南泾县田坊出发，突破南陵到湾址附近宣芜铁路日军封锁线，北渡石臼湖，到达博望、横山及江宁秣陵关，成功进驻江宁—当涂—溧水—高淳地区。至 6 月中旬，第二支队除一个营外全部进驻江南敌后抗日区，于京芜铁路以东、京杭国道以西地区展开抗日活动。

6 月 17 日，新四军先遣队在镇江以南三十里的卫岗伏击日军车队，击毁日军多辆汽车，击毙击伤日军大尉梅津五四郎以下 30 余人，江南首战告捷[3]。6 月 28 日，新四军第二团副团长刘培善和参谋长王必成率第二营在镇江西南的镇句公路上的竹子岗、孔家边地区（今属丹徒县）伏击日军车队，共伏击日军车队及来援之日军 400 余人，击毁日军汽车 6 辆，毙伤日军 20 余人，俘虏日军特务机关经理官明弦政南，这是新四军在苏南地区俘虏的第一名日军军官[4]。当月下旬，先遣支队撤销建制，粟裕回到新四军第二支队司令部主持工作。

7 月至 8 月间，新四军第一支队活动区内，召开了各界代表会议，成立了镇（江）、句

①南京市地方志编委员会. 南京建置[M]. 深圳：海天出社，1994:245.
②肖一平，等. 国共产党抗日战时期大事记193 1945[M]. 北京：人出版社，1988:56.
③同② 62.
④六安党史网 (http://www.ahlac gov.cn/).

①曹景文，张士引.试论新四军东进战略及其重要意义[C]//唐培吉.新四军研究.上海：上海辞书出版社，2010.

②肖一平，等.中国共产党抗日战争时期大事记 1937—1945[M].北京：人民出版社，1988:70—71.

③中国人民解放军历史资料丛书编审委员会.新四军[M].北京：解放军出版社，1992:22.

④同③ 24.

（容）、丹（阳）、金（坛）四县抗敌总会；第二支队活动地区成立了江（宁）、当（涂）、溧（水）三县抗敌自卫委员会①，在陈毅等领导下，发动群众，广泛开展统一战线工作。同时，新四军第三支队挺进皖南芜湖、繁昌、青阳地区，发展群众，开展游击战争。

8 月 12 日，新四军第一支队夜袭句容县城日伪守军，歼灭日伪驻军 40 余名，摧毁了伪县政府。22 日，驻沪宁线上的日军调动步兵 4 000 余人、骑兵 500 余人，配重炮 10 余门、轻炮数十门、轰炸机 20 余架、装甲车数十辆，由秣陵关、溧水、当涂、采石、江宁等地兵分八路，企图将新四军第二支队三团全歼于小丹阳。新四军第二支队以小部兵力对日军进行阻击，主力集结在小丹阳以西杨家庄准备打击日军；另以一部兵力对陶吴、当涂和南京近郊进行袭击，一度夺取了南京城南中华门外雨花台制高点。与此同时，新四军第一支队也动员广大群众和地方武装，对京沪、沪杭、镇（江）句（容）等公路进行破坏，阻滞京沪线上日军向武汉方向支援其主力进攻武汉。至 26 日，日军对新四军第二支队的围攻被完全粉碎②。

新四军在华中日占区频繁活动，日军深感其占领下的城镇与交通要道受到严重威胁，于是从 9 月初起，日军将新调来华的第十五、第十七师团，并以杭州地区第一一六师团一部及伪满军 5 000 余人增调至南京、芜湖、苏州，使京、镇、芜地区兵力从 3 个联队增加至 2 个多师团，组成据点群，经常向四周展开"扫荡"。新四军面对武器装备方面敌强我弱的实际情况，依靠群众，灵活使用游击战术，接连取得了天王寺（1938 年 9 月 21 日）、禄口（1938 年 10 月 2 日）、白兔镇（1938 年 12 月上旬）等一系列战斗胜利，并粉碎了日军大小"扫荡"二三十次③。日军被迫放弃小据点，集中兵力防守大据点，陷入了被动。

1938 年新四军挺进苏南敌后地区进行抗日活动后，发挥中共新四军近战、夜战特长，连续对日军展开突袭，在京沪铁路、京芜铁路、京杭国道两侧，南京近郊的句容、江宁等地，取得了大大小小 280 余次战斗的胜利，成功粉碎多次日伪"扫荡"，击毙击伤日伪军 3 200 余人，俘虏 600 余人，击毁日伪汽车 180 余辆，颠覆火车 2 列，毁桥梁 90 余座④。南京城郊机场、雨花台附近、麒麟门外均有新四军抗日行动的足迹，严重打击了侵华日军及伪政权的交通线，打击日伪的嚣张气焰，鼓舞了敌后军民的胜利信心。在短短半年多的时间内，新四军在十分艰苦及复杂的条件下，进入华中日占区的敌人大后方，首次开展平原游击抗日活动，在壮大了自己队伍的同时成功开辟了华中敌后战场，在中共地方组织和人民群众的支持下，打开了苏南、皖中的敌后抗战局面，成功策应了正面战场的作战。

1938 年底，国民党当权集团抗日意志动摇，汪精卫叛国投敌。1939 年 1 月，国民党当

①中国人民解放军史资料丛书编审委会. 新四军[M]. 北京解放军出版,1992:2

权集团开始限制新四军的发展，强行规定新四军的活动范围。在抗日局势开始发生重大转变的时候，中共中央仍以抗击日本侵略、争取民族解放为党和军队的行动目标。1939年2、3月间周恩来受毛泽东委托，从重庆到达皖南新四军军部，进一步传达中共六届六中全会关于"发展华中"的战略方针，并与项英商定新四军的战略任务是"向南巩固，向东作战，向北发展"，并明确提出了新四军在江南敌后发展的三个原则[1]：

（1）哪个地方空虚，我们就向那个地方发展；

（2）哪个地方危险，我们就到那个地方去创造新的活动地区；

（3）哪个地方只有敌人伪军，友党友军较不注意，没有来活动，我们就向那里发展。

4月，中共中央发出关于发展华中武装力量的指示，再次指出华中是联系华北、华南的枢纽，战略地位极为重要，关系整个抗战前途。

遵照中共中央和周恩来的指示，新四军自1939年起冲破国民党划定的地域限制，进一步向敌后挺进，扩大抗日阵地范围。

为贯彻"向东作战"方针，陈毅派叶飞率新四军第六团于1939年4月向锡澄公路以东的东路地区开进。5月5日抵达武进地区后，与中共上海组织领导的江南抗日义勇军会合，成立江抗总指挥部，第六团随后改称江抗第二路，在东路地区积极展开抗日活动，开辟了苏（州）常（州）太（仓）和（无）锡虞（常熟）游击根据地。5月下旬，江抗第二路途经无锡东北黄土塘，与日伪军遭遇，击毙击伤日伪军30余名，新四军东进首战告捷；6月夜袭苏州西北部浒墅关火车站，全歼车站日伪守军50余人，使京沪铁路3日不能通车；7月一部进至上海近郊夜袭虹桥机场。新四军进入东路地区，不仅开辟了新的抗日游击根据地，作战近百次，取得了一系列的胜利，震慑了京沪沿线的日伪当局，并且改善了装备，壮大了抗日队伍。

为贯彻"向北发展"方针，陈毅令新四军第二团（欠一个营）于1939年初协同江南抗日义勇军挺进纵队向长江北岸发展。同时新四军第四支队到江浦开展工作。8月，第五支队进入六合县北山区竹镇、马集一带。11月，新四军江南指挥部在溧水县西村成立，陈毅任指挥，粟裕任副指挥，统一领导新四军第二、第四、新六团、挺纵及全区地方武装。中共天六仪扬（天长、六合、仪征、扬州）中心县委也于11月成立，建立了包括六合在内的（津浦铁）路东根据地。随着新四军敌后抗日活动的推进，抗日根据地不断扩大，中共地方组织相继成立。至1939年底，新四军苏南部队已经发展到1.4万余人，并造就了跨长江两岸的抗日有利形势；

①中国人民解放军
历史资料丛书编审
委员会.新四军[M].
北京:解放军出版
社,1992:32.
②同①44.

同年，新四军整军人数由 1 万人发展到近 5 万人，6 分支队和豫鄂挺进纵队基本完成了在华中敌后实施战略展开的艰巨任务[①]。

1939 年 11 月，国民党五届六中全会确定了其"军事反共为主，政治限共为辅"的反动方针，公然解散全国爱国团体，逮捕抗日爱国进步和民主人士。针对国民政府的反动方针，中共中央在纪念抗战两周年宣言中，提出"坚持抗战，反对投降；坚持团结，反对分裂；坚持进步，反对倒退"三大政治口号，动员全国同胞统一抗日阵线，与投降及反动、反共势力做斗争。1940 年开始，中共八路军与新四军明确首要战略任务为在粉碎日伪"扫荡"，坚持游击战争的总任务下，击退一切反动派、顽固派的进攻，坚持华北与华中的抗战，稳定全国抗战统一战线。

为稳定华中地区抗战局势，中共中央决定派刘少奇进入华中敌后抗日新四军江北战区。1939 年 11 月，刘少奇抵达安徽定远县东南藕塘镇的新四军江北指挥部。1940 年 10 月，苏南抗日根据地东路部队已经发展到 7 个支队，2 000 余人。新四军苏南主力北渡后，第二支队统一领导留下的第四团、新三团和地方武装共 3 000 余人。1940 年 11 月中旬新四军华中总指挥部在盐城成立，叶挺任总指挥，刘少奇为政治委员，陈毅任副总指挥。苏南抗日根据地的发展，成功牵制了沿江京沪段日军力量，积极支援和保障了苏北抗日斗争工作的展开。

同年春夏之际，为支持华中日占区其后抗日活动、联系华北与华中抗战区，中共八路军第二纵队政治委员黄克诚率第三四四旅、新编第二旅共 5 个团，共计 1.2 万余人及教导营干部 500 余人，从华北方面南下华中，与华中战区新四军会合后，于 6 月 27 日合编为八路军第四纵队；8 月中旬，进入皖东北的原八路军新编第二旅、第三四四旅第六八七团与苏鲁豫支队、陇海南进支队、新四军第六支队第四总队，合编为八路军第五纵队。在八路军第四纵队与第五纵队的支援下，新四军初步开辟了淮海区抗日根据地，沟通了皖东、皖东北与淮海区的联系，同时华中突击力量的发展得到了加强，华中与华北的战略联系得到了沟通，为新四军发展苏北抗战区建立了自北向南的前进阵地。

在不到 3 年的敌后游击战中，至 1940 年底，新四军在南京、上海、武汉、徐州、开封外围对日伪作战 2 700 余次，击毙击伤日伪军 3.8 万余人，俘虏 1.7 万余人，并缴获大量武器装备，直接威胁日伪指挥机构，牵制日军约占整个侵华日军的 1/6[②]，有力遏制了日军对正面战场的进攻。至 1941 年初，华中日占区敌后 86 个县中，由中共建立的县民主政权已经达到了 42 个。

而在 1940 年秋，由于国际形势发生新变化，日、德、意三国结成同盟，形成瓜分世界的法西斯联盟。这之后日本图谋发动太平洋战争称霸亚洲，希望尽快结束中国战场的战争，因此对重庆国民政府掌权集团加紧了诱降活动。同时国际势力分为三股，美、英从自身利益出发，希望中国战场能牵制住日本，于是加强了对华的军事援助；德、意极力劝说重庆国民政府掌权集团向日本妥协，加入其集团；苏联为防止日本北进，积极支持中国抗战。处于"左右逢源"状态下的重庆国民政府此时却选择了错误的反动政策，抛弃了抗日统一战线，利用其有利的军事资源开始对中共军队进行"围剿"，于 1941 年 1 月制造了震惊中外的皖南事变，造成中共新四军队伍的严重损失。皖南事变爆发后，全国广大人民、各界民主党派、爱国人士、海外侨胞及国际进步舆论，群起谴责国民党当局制造内战、分裂抗日阵营的罪恶行径，同情和支持中国共产党在皖南事变问题上的正义立场。

皖南事变虽使中共新四军蒙受严重损失，但中共中央及新四军广大指战员以民族利益为重、顾全大局，面对国民党顽固派在进行针锋相对的斗争的同时，恪守全民团结抗日的民族大义，维护了抗日民族统一战线和国共联合抗日的局面。

1941 年 1 月 25 日，新四军新军部在苏北盐城成立，陈毅任代军长。新军部以华中新四军、八路军总指挥部为基础组成，将新四军和活动于陇海路以南的八路军部队先后统一整编为 7 个师和 1 个独立旅。统一整编后的新四军，全军共 9 万余人。其中第一师，由原苏北指挥部所属部队编成，师长为粟裕。第一师活动于东至黄海，西达运河，南临长江，北到淮安、大岗、斗龙港一线以南的苏中抗日根据地，紧邻侵华日军中国派遣军军部和汪伪政权所在地南京，及日伪经济中心的上海，在坚持抗日游击战争的同时，作为新四军主力部队机动作战。第二师由原江北指挥部所属部队编成，由副军长张云逸兼任师长。第二师主要活动于东起运河，西至淮南铁路、瓦埠湖，北达淮河，南濒长江的淮南抗日根据地，与南京隔江对峙，在坚持淮南抗日游击战争的同时，防范西方桂军东犯。另第三至七师及独立旅，在华中敌后抗日区内各司其职，形成了新的华中战略布局。

而自 1941 年起，中共敌后抗日活动进入艰苦坚持的严重困难时期。侵华日军急于结束中国境内的战争，派出 11 万日军直接用作对抗新四军，并在一年内发展起伪军 16 万人之多，一并用于对抗活动于敌后抗日战区的新四军。与此同时，重庆国民政府掌权集团的顽固派仍没放弃对中共新四军的军事打击。上半年，日伪当局在苏南地区设立了 300 余处据点，对苏南地区新四军进行"驻缴"。新四军在反"扫荡"作战中，采用灵活机动的战略战术，主力军与地方武装及广大群众密切配合，取得了多场战斗的胜利。

1941 年底日本偷袭美国海军基地珍珠港，1942 年 1 月 1 日起苏、美、英、中等 26 个国家在华盛顿签署了反法西斯联合宣言，世界形势进入了一个新的阶段。日当局为了将中国变成其太平洋战争中的所谓"大东亚圣战"基地，加强了对中共领导下抗日力量的打击。在华中地区，日军以 14 个师团、3 个独立混成旅团共约 29 万人的兵力，继续并强化"扫荡""清乡"与"蚕食"。而这一时期的重庆国民政府，则采取了"消极抗日、积极反共"的抗战方针。

1942 年 2 月至 3 月间，日伪当局在华中展开"清乡"计划，汪伪政府也于 3 月成立了"清乡委员会"，由汪精卫亲自担任委员长，开始进行"清乡"策划、选拔特务、建立情报网、招募和培训伪警察及伪军等，同时日军也调集大批人马协助汪伪政府在苏南地区进行大规模的"清乡"活动。太平洋战争爆发后，侵华日军中国派遣军司令部要求在 1942 年内将第一、第二期"清乡"的地区，编成汪伪政府"独立统治的模范地区"，使日军可以"逐步撤走"[①]。其范围在苏（州）常（州）太（仓）地区及澄（江阴）锡（无锡）虞（常熟）地区。1 月至 6 月间，日伪军队在澄、锡、武（进）和昆山部分地区展开了第三期"清乡"。6 月后，日伪"清乡"行动推进至浙江省，进而是上海市郊区。至下半年，日伪"清乡"行动先后推行至青浦、吴江、平湖、海盐、金山、南汇、奉贤等县。12 月，日伪决定进一步扩展"清乡"，以苏南镇江地区和苏中南通地区为重点。1943 年 3 月开始，日伪纠集 1 万余人，在镇江地区的丹阳北、茅山、太（湖）滆（湖）等地进行"清乡"。

面对日伪声势浩大的清剿行动，中共新四军在苏浙皖赣地区采取灵活机动的战斗策略，发动广大人民群众，一边战斗一边壮大自身的武装力量，在取得大小无数场反"清乡"战斗的胜利后，1944 年新四军开始局部反攻，日伪在各地的"清乡"活动以彻底失败而告终。长达三年的华中军民反"清乡"斗争，不仅粉碎了日伪企图消灭其后方抗日根据地的"清乡"计划，打破了侵华日军伪化根据地的阴谋，还巩固了抗日民主政权，坚持了抗日阵地，使日当局"以华制华""以战养战"的殖民侵略计划陷入重重困难，最终破产。根据地的军民在极其困难与艰苦的环境下坚持斗争，浴血奋战，付出重大牺牲的同时，也磨炼得更加坚强，成为平原地区长期坚持敌后斗争的光辉典型，体现了华中军民的爱国主义精神和百折不挠的英雄气概。

至 1945 年抗战胜利前夕，中共新四军已经对作为华中日伪政治权力中心的南京形成了包围的态势。

①日本防卫厅防卫研究所战史室．中国事变陆军作战史[M]．田中新一，译．北京：中华书局，1979:225．

第三节　南京地区中共抗日民主政府

①中共南京市委党史
工作办公室.南京地[区]
抗日战争史（1931-
1945）[M].北京：
中共党史出版社，
2015:273.

抗战期间江苏境内情况复杂：交通要道、城市和较大的集镇均由日伪控制；苏南、淮东、徐西几个县仍在国民政府的控制之下；中共新四军在广大的农村地区开辟了无数抗日根据地，成为华中地区抗日活动的主要力量。日伪占领的日占区、国民政府统治区和中共领导下的解放区及游击区三种不同性质的政权在华中地区并存，且相互交织，形成这一特定历史时期特殊的行政建制情况。

1938年新四军挺进江南敌后抗战区，在开展抗日活动的同时，积极协助地方建立各级群众及党组织。7月，中共苏南区工委在新四军第一支队活动区内成立，9月18日改为中共苏南特委。9月，新四军高淳办事处成立。10月，新四军第二支队活动范围内成立了中共当芜工委，后更改为县委。同月第一支队于溧水、高淳边境一带设立溧水工委，后于第二年3月改为中共溧高县委①。至1939年底，新四军与江南敌后抗日区内成立了中共宣郎高县委、阳溧高县委及中共苏北特委，并在溧阳地区、江当溧地区和江溧句地区建立了多处党组织。

1940年3月开始，根据中共中央关于抗日根据地政权问题的指示，敌后抗日根据地开始发动组织群众，建立抗日民主政府，将县级抗敌总会、协会改建为掌握政权的领导机关，代行县政府职权；区设区公所，由中共组织选派区长。当年6月，江当溧（江宁、当涂、溧水）三县抗敌自治委员会成立；8月，江溧句（江宁、溧水、句容）三县联合抗敌会成立；12月，以上两会合并成立江当溧句四县国民抗敌总会，向敌后民主政权过渡。南京地区长江南岸先后建立了溧水县抗日民主政府、江宁县抗日民主政府、横山县抗日民主政府、高淳县抗日民主政府；长江北岸也先后建立了六合县抗日民主政府、冶山县抗日民主政府、东南办事处、来六（来安、六合）办事处、江浦县抗日民主政府、江全（江浦、全椒）县抗日民主政府等政权机关。中共新四军在南京周边农村地区发动广大群众所主导组建的抗日民主政权机关，在残酷的敌后战争环境中，其建制、名称、辖区等都随着斗争形势的变化而常有变动。

至1945年8月抗战胜利之时，南京地区拥有8个抗日民主县政权，它们是：

1. 江宁县抗日民主政府

成立于1941年8月。辖区范围在京杭公路以南及以西，溧武（溧水至武进）公路以东，包括江宁、溧水、句容三县边境。成立最初，虽然辖境内包括江宁五、六、七区，句容的六、七区和溧水虬山、秦淮两区的一部分，但是实际上由于日伪的"清乡扫荡"，每个区只有几个保能够开展抗日工作。1941 年 12 月 7 日太平洋战争爆发，日伪当局自顾不暇，敌后抗日形势好转。江宁县抗日民主政府先后建立了龙都区、方山区、虬山区等建制区。1943 年 10 月起，江宁县抗日民主政权更加巩固，辖区内有青龙、赤山、秦淮、方山、虬山 5 个区，60 个乡镇、594 个保，其中 5 ~ 6 个能够向抗日人民政府缴纳公粮和抗战经费。

江宁县抗日民主县政府设在龙都乡邹家边，抗战后期迁至今句容县杨巷。县政府内设有公安、税务两个局和军事、财经、民政三个科。地方武装也发展至 3 个连的规模，后全部编入新四军主力部队。其控制范围也向外扩展到县境秦淮河以东，句容天王寺以西，南至禄口，北到南京中华门附近，直逼日伪控制中的南京南门。1945 年 1 月，县政府在南京南郊设立了京畿办事处。

1945 年 10 月，在日本战败投降、国民政府迅速派兵接管南京后，江宁县人民政府随新四军北撤。

2. 横山县抗日民主政府

江当溧（江宁、当涂、溧水）三县行政委员会，即苏南行政公署横山办事处于 1942 年 8 月成立，下辖江宁县境西部、当涂、溧水边界地区，1943 年冬改组为横山县抗日民

图 6-1　横山县抗日民主政府旧址现状
图片来源：笔者自摄。

主政府。县政府设在横溪乡呈村（图 6-1），下设公安局和财政、军事、文教三科。辖区为秦淮河以西江宁县大半区域，其中包括铜山、丹阳、横溪、陶吴、东善桥、谷里、江宁镇、板桥、陆郎、铜井等地。

横山县抗日民主政府控制范围，西至马鞍山，北达长江，南至石臼湖，东面与江宁县抗日民主政府衔接。横山县抗日民主政府亦于 1945 年 10 月随新四军北撤。

3. 上元县抗日民主政府

中共淮南区委于 1945 年 4 月在南京东北郊建立上元县，由淮南（津浦铁）路东地委领导，下辖长江南岸的尧化门、栖霞、龙潭、下蜀及长江北岸的南圩各区，管辖范围包括南京到镇江的沿江地区及江北六合县沿江一带。县政府在辖区内江南各区移动，主要任务是为新四军进攻南京作各项准备工作。

1945 年 10 月，上元县抗日民主政府随新四军北撤。

4. 溧高县抗日民主政府

溧水县抗日民主政府于 1941 年 5 月在溧水县境东南部成立，即京溧公路以南、石臼湖以东，下辖新桥、白马、韩胡、蒲塘四个区。

图 6-2 溧高县抗日民主政府旧址现状
图片来源：笔者自摄。

1944 年 1 月，高淳、溧阳两县边区，成立了高淳县抗日民主政府，下辖高淳县内安兴、韩村、固城及溧阳县边境的强埠四个区。

1944 年 6 月，溧水县抗日民主政府及高淳县抗日民主政府合并，成立溧高县抗日民主政府，管辖范围又有所扩大，包括：高淳境内的安兴、东坝，溧、高边境的韩固，溧水境内的新桥、韩胡、城关，以及溧阳境内的强埠、周城八个区。县政府设在安兴区西舍，下设财经、公安、货管三个局和民政、司法、文教三科。

1945 年 10 月，溧高县抗日民主政府随新四军北撤。

5. 高淳县抗日民主政府

在前高淳县抗日民主政府与溧水县抗日民主政府合并之后，于 1945 年 8 月另组建高淳县，下辖沧溪、临城，安徽省金宝圩、大宫圩、新丰和宣城 – 郎溪 – 高淳边境的昆山六个区。

县政府设在淳溪镇，下设公安、货管两个局和财经科。

2 个月后的 1945 年 10 月，县政府随新四军北撤。

6. 六合县抗日民主政府

1939 年 8 月，新四军即进入六合竹镇、马集一带建立抗日民主根据地。1940 年 4 月，六合县抗日民主政府在竹镇成立。1941 年 7 月至 9 月间，中共（津浦铁）路东区党委决定，将六合县境内的八百区、东王庙区、东沟区改为县级行政单位。1942 年 5 月，改竹镇镇为六合县属竹镇市，并成立竹镇市抗日民主政府。同年 10 月，八百区和东王庙区合并成立了冶山县，并成立县抗日民主政府。1943 年 2 月，六合、来安两县合并，抗日民主政府改为来六办事处。第二年 9 月，来六办事处撤销，重新建立冶山县和来安县，六合的竹镇、马集、程桥划归来安县；改 1943 年 9 月建立的中共浦六工委为六合县委，下辖南圩、王子、滁河三县，另建六合县。1945 年 6 月，六合县被撤销，划归冶山县；8 月 15 日，撤销冶山县，恢复六合县建制，县政府于当月 20 日进驻六合县城。

至 1946 年 1 月 9 日，国民党军队五十八师进占六合县，中共六合县抗日民主政府撤至冶山一带，9 月转移到阜宁益林镇。

7. 江浦县抗日民主政府

1939 年 5 月，中共苏皖省委在江浦县西部及和县地区建立和江（和县—江浦）中心县委，同时成立县级政权机构江浦办事处，设在和县香泉钟太三村。同年 7 月，因新四军四支队八团一大队调防，县委、办事处随之撤销。此后，江浦县境内，先后建立起江和全（江浦—和县—全椒）工作委员会、江全（江浦—全椒）县委及办事处等县级党、政领导机构。

至 1944 年 10 月，经中共淮南区党委批准，在江浦、六合、来安三县交界地带，成立中共江浦县工委和江浦办事处，机关设于汉河区文山观音寺。1945 年 1 月，江浦办事处改为江浦抗日民主政府。同年 10 月，江浦抗日民主政府又改回为江浦办事处，以适应新四军北撤之后的战略需要。

8. 江全县抗日民主政府

1942 年 5 月，江和全（江浦—和县—全椒）工委与全椒县委合并，成立江和全县委，机关设在滁县花山。1943 年 9 月至 1945 年 9 月，以和县北乡与江浦县地区成立中共江全县委及江全办事处，机关先后设在和县境内和江浦驷马山大姚村。1945 年 10 月后，随新四军北撤后战略需要，转移至和县境内。

南京沦陷之后，即排除万难向南京方向华中敌后区挺进、进行抗日斗争的中共新四军，对全国抗战胜利做出了巨大贡献。新四军克服困难，将中共部队擅长的山区游击战灵活运用在平原地区的华中敌后抗战区，8 年间抗击日军 16 万人，占侵华日军总数的 22%；抗击伪军 23 万人，占伪军总数的 30%。[1]新四军运用游击战术，至 1945 年 8 月日本战败投降，共与日伪军进行了 2.46 万多次战斗，击毙、击伤日伪军 47 万多人次[2]。至日本战败投降前，江浙皖解放区已经连成一片，苏皖边区政府在江苏境内就有 32 个县[3]，新四军有实力，并已经部署了对仍被日伪占据的南京的攻占行动。但随后，中共中央从争取和平、民主的大局考量，放弃攻打日占南京、上海等江南大型城市的计划，主动将长江以南新四军全部撤往长江以北，南京地区长江以南的所有抗日民主政府亦随部队北撤，江北各抗日民主政权机关也转移驻地，并坚持工作。

[1]马洪武,杨丹伟.新四军和华中抗日根据地研究 20 年 [J]. 南京大学学报 (哲学·人文科学·社会科学), 2000(2):154–157; 转引自 : 中共中央党史研究室 . 中流砥柱 [M]. 北京 : 中共党史出版社 ,1996.
[2]马洪武,杨丹伟.新四军和华中抗日根据地研究 20 年 [J]. 南京大学学报 (哲学·人文科学·社会科学), 2000(2):154–157.
[3]南京市地方志编纂委员会 . 南京建置志 [M]. 深圳 : 海天出版社 ,1994:247.

第四节　小结

南京沦陷初期，1938 年 3 月，中共地下组织便开始活动，并成功潜入南京伪政权机要层，潜伏人员不顾个人安危，为抗战胜利而进行情报获取工作。4 月，中共新四军即排除万难，向日占区敌后挺进，先后在南京周边郊县组织起为数众多的抗日民主政府，组织群众力量，进行敌后斗争。至 1945 年日本战败投降前，中共新四军所领导的敌后抗日武装力量已对南京呈包围态势。

抗战期间，中共新四军英勇深入敌后，在平原地区灵活利用了中共军队在山区进行游击战的成功经验，展开抗日斗争活动，成功分散了侵华日军正面战场的兵力，粉碎了其"以华制华""以战养战"的殖民统治计划，激励了广大敌后抗战区人民抗战胜利的信心。与此同时，中共新四军顶住了来自国民党顽固派的血腥镇压与迫害，浴火重生，以民族大义为重，以抗击日本侵略者为主要目标，同时坚决与国内反动势力的迫害斗争到底，稳固了华中敌后根据地，为抗战的最终胜利做出了重要贡献。

残酷的敌后战争环境中，南京各郊县抗日民主政府建制、名称、辖区等都随着斗争形势的变化而不断变动。至 1945 年 8 月抗战胜利之时，南京地区拥有八个抗日民主县政权，目前其中两个民主政府办公旧址已经分别被评为市、区级文物保护单位，另有一处旧址因原物主搬迁后无人维护，现状堪忧。其他五处抗日民主政府旧址确切位置尚不明确，仍需根据史料进行具体地点的考察与证实。

第七章
还都南京后的城市规划

　　1945 年 8 月 8 日苏联对日本宣战，并出兵我国东北日占区支援抗战，侵华日军全局失败在即。沦陷八年间，中国共产党新四军在南京近郊积极展开抗日活动，此时已经对南京形成了包围的趋势，并为最后攻打南京做好了准备。蒋介石远在重庆收复南京心切，怕被中共新四军抢先进入南京，遂于 8 月 11 日以国民政府军事委员会委员长的名义在重庆连发三道电令。其一，命令国军"加紧作战，积极推进，勿稍松懈"；其二，严令中共新四军第十八集团军"就地驻防，不得擅自行动"；其三，命令仍在南京的日伪军"负责维持地方安全"，对中国八路军与新四军做出"有效之防范"。与此同时，又令军统任命汪伪政府海军部部长、苏浙皖"绥靖"主任任援道为国民党南京先遣军总司令，负责南京至苏州一带的治安，军统特务武装忠义救国军同时迅速向南京挺进，争取于中共新四军之前占领日占区内所有东南重镇。

　　8 月 12 日，重庆国民政府委员长侍从室又电令任命多年来与重庆国民政府保持联系的汪伪政府头号汉奸周佛海为国民政府军事委员会京沪行动总队总指挥，潜伏在汪伪政权中多年的军统局南京站少将站长周镐为南京指挥部指挥。

　　8 月 15 日，日本宣布接受《波茨坦公告》，无条件投降。隔日，汪伪国民政府便随着日本投降而宣告解散。周镐随即自作主张地宣布成立了国民政府军事委员会京沪行动总队南京指挥部，开始着手接管汪伪政权机构、控制各交通要道、抓捕重要汉奸等。其指挥部设在市中心新街口的伪中央储备银行大楼。此时战败的侵华日军部队避集在他们的军营、据点中，并不插手周镐的接管行动，而一部分的伪军则进行了激烈的反抗。在周镐着手拘捕伪军校总队队长鲍文沛时，伪军校 1 000 多名武装学员架起重武器包围了中央储备银行大楼周镐的总部。在伪军的火力威胁下，周镐最后只得放人。此后支持伪政府的武装在南京城内到处设置路障，甚至计划要攻打周佛海公馆。南京城内局面几近失控，这严重打乱了蒋介石"稳定南京现状、防范近郊新四军"的部署，于是蒋介石竟求助于仍在南京城内的侵华日军部队，下达了"南京治安暂由日军维持"的命令。周镐指挥部仅仅成立三天，便遭到蒋介石授意的已经宣布投降的侵华日军扣押，这次接管行动也不了了之。

8月27日，先行到南京接洽受降事宜的国民政府前进指挥所主任、陆军参谋长冷欣同样将南京的安全维持交给城内侵华日军部队，他要求侵华日军中国派遣军总司令冈村宁次："在任何情况下，务请贵方设法维持交通安全！""上海、南京、北平……重要城市，务请特别注意。"①

在长达数十年的与外来侵略者的抗争中，在中国人民终于取得胜利的时刻，国民党已经亲手揭开了内战的序幕，为与同为中华儿女的中共八路军、新四军争夺胜利果实，假借侵略者的军事力量来维护沦陷区的"安全"，不可谓不荒谬。

①陈庆喜.针锋相对的斗争 [M]. 北京：中[国]文史出版社 ,2015:3[ ]

阿明. 南京受降：
史节点中的细节
事[J]. 湖北档案，
015(Z1):32-37.

第一节　日本战败与南京受降

日本天皇于 1945 年宣布无条件投降，但在中国境内的侵华日军高层将领们仍趾高气扬、不愿认输。8 月 10 日，侵华日军中国派遣军总司令官冈村宁次接到日本总部下达的投降指令后，当即回电陆军大臣阿南惟几："陆军几百万大军未经决战即行投降，如此奇耻大辱在世界战争史上也很少见。而今百万精锐健在，竟向重庆的残兵败将投降，这是在任何情况下都不能听命的……"[1]为威慑气焰仍十分嚣张的侵华日军，中国政府将洽降点选在湖南芷江。

湖南芷江是湘西战役中国军队大败日军的重镇，同时又是中国军队重要的空军基地，芷江机场更是第二次世界大战中盟军在东方战场上的第二大军用机场。

8 月 21 日，日方洽降代表到达芷江，当日下午即举行第一次会谈。次日上午举行了第二次会谈，就侵华日军投降事宜进行了商讨。23 日，中国陆军总司令何应钦通报日军代表，中国军队将于 8 月 26 日至 30 日间空降南京进行接管。

8 月 27 日上午 9 时 20 分，冷欣中将率领中国精锐部队新六军 157 名官兵，乘坐七架美军运输机由芷江直飞南京，下午 2 时 40 分到达光华门外大校场机场。

1945 年 9 月 8 日，在九架战斗机的护卫下陆军总司令何应钦一行乘坐美龄号专机抵达南京，并于当晚举行中外记者招待会，宣布第二次世界大战中国战区将于 9 月 9 日上午 9 时在中央军校礼堂接受侵华日军中国派遣军总司令冈村宁次签降。选择这个时间，也是出于中国传统文化中的"逢九大吉"，亦寓意着"三九良辰"。

9 月 9 日当天，中央陆军总司令部广场周围，竖起五十二个盟国的国旗，每根旗杆下均有一名中国军队新六军士兵肃立警戒。一些主要街道上，都立起了用松柏枝叶扎起的牌楼，上嵌"胜利和平"四个金色大字。

中央军校的大门用松柏装饰，挂着"和平永奠"（图 7–1）、"中国陆军总司令部"等字样。作为主会场的中央

图 7–1　中央军校的大门用松柏装饰，挂着"和平永奠"等字样
图片来源：张宪文，《日本侵华图志》，山东画报出版社，2015。

图 7-2 中央军校礼堂内受降仪式，1945 年 9 月 9 日。
图片来源：抗日战争纪念网，http://www.krzzjn.com。

军校礼堂正门上，悬挂着中华民国、苏联、美国、英国的国旗，礼堂正中央墙壁上悬挂着孙中山像，两旁为中华民国国旗和国民党党旗。下方，在"和平"两个中文字之间，有一个英文字母"V"，表示胜利。上方悬挂着写有"中国战区日本投降签字典礼"12 个金字的红布横幅。孙中山像对面的礼堂墙壁上悬挂有中华民国、美国、英国、苏联四国元首肖像（图 7-2）。

礼堂中，受降和投降席的桌子都用淡蓝色的布包围起来。为了显示胜利者的身份，受降席的桌面是投降席桌面的三倍宽，受降一方的座椅为皮包座椅，投降一方的座椅为布包座椅，受降一方人员的帽子均放在桌面上，投降一方仅允许冈村宁次将帽子放在桌面上。

受降席的西侧为中华民国和盟国高级官员观礼席，东侧为记者席，二楼观礼台是中外一般官员的席位。

上午 9 时 07 分冈村宁次在《日本投降书》上签下了自己的名字，然而他并没有亲自递出降书，而是交由日军总参谋长小林浅三递交给中国陆军总司令何应钦，算是冈村宁次在战败投降之时做出的最后的消极抵抗了。

9 时 15 分，何应钦宣布中国陆军总司令部第一号命令：即日起冈村宁次改任中国战区日本官兵善后总联络部长官，侵华日军中国派遣军总司令部也改名为中国战区（日本）官兵善后总联络部，负责传达、执行中国陆军司令部的命令，以及办理日军投降后的一切善后事宜。接着，何应钦宣布日军投降代表退席，签字仪式结束。

南京受降仪式，标志着中国八年全面抗日战争的最终胜利，是中国乃至世界历史上最有意义的时刻之一。然而此时，距离中国人民真正迎来全国和平和民族复兴，还有一段不短的路要走。

第二节　日俘集中管理所

南京沦陷八年间,在日方当局的保护和推动下,至抗战胜利前夕南京城内除驻守日军外,拥有日侨万余人。此外,在南京周边郊县也驻扎有侵华日军部队,在日本驻军附近亦有少数日侨居住以及进行商业活动。

1945年8月,日本当局宣布战败投降,中国部队新六军进驻南京后分四个区接受日军的投降缴械,分别是:市区与近郊(图7-3)、浦口与浦镇、龙潭(图7-4)与汤山、镇江与句容。缴械后的日俘奉命前往中方指定的临时地点:汤山、仙鹤门、栖霞镇等地集中,分批上缴武器。日俘集中营被安置在汤山、栖霞的江南水泥厂、光华门外的工兵学校、兴中门内外的原日军兵站宿舍等地。

11月12日,"中国战区日本兵善后总联络部"奉命从原国民政府外交部迁往鼓楼日本大使馆,由冈村宁次率近400名原侵华日军军官在此处办公。

南京汤山日俘集中营名为"汤山地区日本徒手官兵集中营"。在日本投降、日军缴械后,原驻防南京和蚌埠的一部分日军,共6 416人集中在南京城东70千米的汤山镇一带,分四个地方驻营。其中有日军步兵教育队、炮兵教育队、下士官候补队和经理部下士官候补队,四个地点相距10余里,由日军步兵教育队少将教官能势熊三负责联络管理,新六军第一三九团副营长胡德秀率一个步兵连驻防。汤山集中营中日俘的休息所就设在战前蒋介石的别墅内,根据1945年《申报》记者韩笑鹏前往采访、体验生活所写的报道《南京日军

图7-3　1945年9月20日,驻南京的日军投降部队在中山门外接受国军新六军的检查
图片来源:凤凰网, https://www.ifeng.com。

图7-4　1945年9月,南京龙潭日军战俘集中营的日军战俘起火做饭
图片来源:凤凰网, https://www.ifeng.com。

图 7-5　南京市日侨集中营管理所大门（南京市民蔡寒兵收藏）
图片来源：网易新闻。

集中营》一文中记载，南京汤山集中营中日俘吃、住都照中国军队待遇安排，除要求上缴武器弹药等军用品外，日俘官兵私人物品，中国军队均丝毫未动。而且日俘代表不止一次地表示："集中营的待遇很好，全体官兵都很感激。回国后，定将大中华民族宽大为怀的精神带给日本人民。"汤山集中营中的日俘，每隔几日还能集中洗一次温泉。

此外，在栖霞镇日俘集中营的日军家属用物品与当地中国百姓交换食物的时候，中国百姓也都与之交换。至今栖霞寺外还留有一口战俘营日军为解决喝水问题所打的井，现被命名为"受降井"。

南京日侨集中营管理所设置在兴中门外。1945年9月27日，第一批日侨共 10 651 人[①]进入管理所。10 月，南京市政府在兴中门外搭建了南京市日侨集中管理所的门头及一部分营房，还都南京后的第一任市长沈怡请前市长马俊超题写了"南京市日侨集中营管理所"的大门匾额（图7-5）。

1945 年 11 月 26 日，南京市日侨集中营管理所在兴中门外原日军军队宿舍正式成立。为维持管理所正常运营，在国民政府中国境内日侨集中管理办法的基础上，南京市政府颁布了《南京日侨管理所组织规则》，允许管理所内的日侨成立自己的组织以负责日常生产生活，组织娱乐活动等。

在第一批日侨进入管理所之后，遂成立了"南京市日侨集中营自治实验区委员会"，设有会长及八九个事务小组，如保健小组、文化小组等。自治委员会会长是前日本驻南京总领事。营内有 3 种报纸发行，其中中国报纸 2 种，分别为中国第三方面军司令部专为日本人主办的《改造日报》和《中央日报》，另一种为管理所与日本人合办并自行于 1945 年10 月 5 日发行的日文版八开油印《集报》。

除日本侨民外，兴中门外还安置了部分日军战俘。战俘们所住的房屋大多是他们自行搭建的，为铁皮顶、木质的一层房屋（图 7-6）。侨民住在如今建宁路的北侧，战俘住在路的南侧（图 7-7）。

①孙继强．南京日侨集中营管理所机关报研究[J]．日本侵华史研究，2014, 4(4):39-47．

①何应钦.中国与世界前途[M].台北:正中书局,1974:201;转引自:[日]冈村宁次.徒手官兵[J].

图 7-6　日军自行搭建战俘集中营内房屋
图片来源:《联合画报》1945 年第 155-156 期。

图 7-7　兴中门外日侨集中营
图片来源:新浪新闻。

　　南京市日侨集中营管理所拥有一间小型医院,30 多栋营房及一些零星的民房。每栋营房的房间数在 6 ~ 8 间左右。室内铺有日式榻榻米,面积较小的房间能住 10 多人,面积较大的房间可住 20 多人。每一栋营房还设有"栋长",每一室设"室长"。房间内堆满了日侨带进营内的行李及个人财产。

　　日侨进出集中管理所十分自由,只要佩戴管理所的臂章,就能自由进出,甚至还有夜不归宿的现象。在日本投降前,南京日侨就拥有各种汽车近 600 辆,进入管理所之后日侨仍有 100 多辆汽车可以使用,南京市民经常可以看到三五个日本人,戴着臂章,坐着汽车进出管理所。日侨、日俘集中营中,所予待遇不差,柴米油盐储备充足。

　　管理所中的日侨和日俘也会参加一些政府所安排的劳动,一般都是些修路、挖河泥等市政工程的建设。兴中门外管理所的日俘就曾集体参加过疏浚秦淮河的工程,汤山日俘集中营中的日俘奉调修筑过南京至汤山的公路,清理过南京郊外的水沟。

　　南京所有日侨、日俘集中营内的人员在 1945 年底至 1947 年间,被陆续遣返回日本。在遣返的过程中,中方对他们采取了相当宽大的态度,允许日人除了铺盖外,各自带行李30 千克,侨民每人可再带 1 000 日元,军人每人可再带 500 日元的现金。对此,冈村宁次也不得不承认:"与其他从南洋各国返日的人相较,从中国返日者的行李的确太多了。"①

　　中国军民以德报怨,战后在日侨、日俘集中营中的日人不仅没有受到虐待和歧视,反而生活得十分自在。冈村宁次后来在他的回忆录中写道:"停战后,中国官民对我等日人态度,总的来看,出乎意料的良好。"

第三节　国民政府还都南京

1945 年 9 月受降仪式完成之后，国民政府一方面开始处理和改编投降的日军及伪军，一方面便开始了还都的准备工作。

12 月初，国民政府派专人到南京实地勘察原有的各个政府机关办公地点与办公人员的食宿问题。根据结果，国民政府决定，除行政院暂时在萨家湾铁道部旧址办公外，其余各部基本搬回原址办公。

国民政府行政院随后拟定了政府人员还都办法，所有人员分批返回南京，国民政府行政院例会也回到南京举行。至 1946 年 2 月初，国民政府系统中已经有 1 000 余人回到南京。但短时间内将重庆政府全部迁回南京十分困难，首先根据统计，应随政府还都南京的公务人员及家属，总数至少在 43 万人以上[1]，而当时的运输能力不高，航空运输一个月内从重庆到达南京上海的运输能力仅为 4 500 人次，且一票难求。从重庆到南京使用轮运需要一周左右的时间，长途汽车运输则需要近一个月的时间。国民政府公务人员大多数选择了轮运和长途汽车返回南京，使得这一迁移过程花费了大量时间。

而国民政府面对的另一个问题，便是还都后公务人员的办公用房和宿舍问题。原南京国民政府的房产或在战争中被破坏，或历经日伪八年统治间掠夺式的使用，破败不堪，而日伪使用下相对较为完好的房产也被最先进入南京的国民政府军事机关及特务机关接收了。据估算，当时国民政府行政部门缺少办公楼和宿舍至少 2.8 万栋。为此，国民政府向联合国救济署拨借 10 亿元作为房屋建设费，并向美国紧急订购简易活动房屋 1 700 栋[2]。与此同时，南京颐和路一带，原新住宅区的 1 000 多栋西式洋房，均被国民政府军政大员接收。国民政府在拨款修缮破败的政府大院的同时，还修缮了蒋介石位于中央军校内的公馆、美龄宫和汤山别墅。

国民政府于 1946 年 4 月 30 日正式颁布了还都令，并决定于 5 月 5 日举行还都典礼。5 月 3 日上午，蒋介石、宋美龄夫妇到达南京，当天下午与国民党进行和平谈判的中共代表周恩来、邓颖超夫妇，也乘坐美国特使马歇尔的专机抵达南京，入住南京梅园新村中共代表团办事处。

1946 年 5 月 5 日，国民政府正式还都南京。

① 吴雪晴. 抗战胜利后国民政府还都纪实[J]. 世纪, 1999(6):32–34.
② 吴雪晴. 抗战胜利后国民政府还都纪实[J]. 世纪, 1999(6):32–34

第四节　还都南京之后的城市规划：1945—1949

国民政府还都南京后，去除了日伪在南京八年期间建立的宣传殖民统治和纪念侵华日军亡魂的纪念性建筑。菊花台表忠碑被拆仅存基座，光华门外等地的日军阵亡墓标被拔除，保泰街"保卫东亚纪念塔"也被拆除，在原址安放了一尊蒋介石铜像。

重新成为中华民国首都的南京，面临着人口骤增、城市破败、商业衰退等一系列严重的城市问题。国民政府为了对南京进行复原建设，从 1946 年起进行了一系列的努力。

1947 年 1 月，国民政府编制了规划文件草案，提出拟开中山北路以南、惠民河以西、扬子江以东、三汊河以北，为第一商业区；将草鞋峡、金陵乡一带及老虎山、象山地区划为第二工业区，作为纺织化工业、食品轻工业基地（图 7-8）。之后又对中央政治区及南京全市的规划进行了草案的拟定。

1.《首都政治区建设计划大纲草案》

在南京全市的规划建设中，重中之重便是急需对中央政治区进行规划建设。早在南京沦陷之前的《首都计划》中，便受当时西方古典形式城市规划思想的影响，提出了集中设

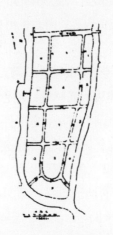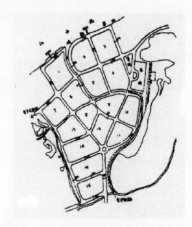

图 7-8　拟开第一商业区、第二工业区区位图（左）；第一商业区规划图（中）；第二工业区规划图（右）
图片来源：熊浩，《南京近代城市规划研究》，武汉理工大学，2003。

置与规划的想法，但是在随后实施的过程中，因为规划过于理想主义、当时国民政府经济实力不足等原因，未能实施。在还都南京之后，集中设置首都中央政治区的思想再度呈现。

1947 年初，《公共工程专刊》第二辑发表了由陈占祥、娄道信于当年 1 月拟定的《首都政治区建设计划大纲草案》。

陈占祥，祖籍浙江省奉化县。1935 年考入上海雷士德工专。1938 年 8 月赴英国利物浦大学建筑学院留学。1942 年被推选为利物浦大学建筑学院学生会主席，成为利物浦大学有史以来第一位担任学生会主席的外国人。1943 年考取利物浦大学城市设计专业硕士研究生。1944 年进入伦敦大学学院攻读博士，同年成为英国皇家规划学会会员。

1946 年，陈占祥在当时北平市市长谭炳训的邀请下归国。到达南京后，由于时局的影响，陈占祥并没有北上北平，而是留在南京，在南京国民政府内政部的营造司工作，同时兼任中央大学建筑系教授，主讲都市计划学。

陈占祥接受的西方建筑理论及城市规划理论系统教育，对于南京政治区集中式的规划可以说是手到擒来。

《首都政治区建设计划大纲草案》其主要内容有：

（1）首都政治区的建设必须表现出中国固有文化及新中华民国的民主精神；其布局应参考原有建筑位置，将中国传统都市理念与现代城市需求相结合。

（2）中央政治区范围为：以明故宫旧址为中心，东、南两面以城墙为界，西沿秦淮河，北面自竺桥东经国防部至突出的城角为界。南北长约 2.5 千米，东西宽约 2 千米，合计面积约 5 平方千米。

（3）光华门至后宰门为中央政治区的轴心地带，为国民政府及各院部会署及国民大会堂所在地，依据各机关需求适当建设附属建筑；轴心地带以南至城墙北侧范围内，建造各级官邸；中央政治区四周，沿秦淮河与城墙，联系原市立公园等公共绿地，配置园林风光地带；机关用地两旁为发展预留地；区内东北角中央博物院一带，设为文化机关及其他功用机关用地。

（4）自竺桥起沿小营向东，经半山寺折向南至中山门，再由中山门沿城墙向南，经光华门至通济门止，修建一条宽 40 米的环区大道，缓解贯穿政治区的中山东路的交通压力；政治区内修建一级道路一条，宽 40 米，二级道路四条，各宽 20 米，成棋盘网格状布局。

（5）建筑限高，以国民大会堂、国民政府及五院建筑为最高。

草案规划总图如图 7-9 所示。

2.《南京都市计划大纲》

为保证还都后全市各项建设具有依据，需要国民
政府切实地制订一个都市发展计划。基于此项需求，
1947 年 2 月南京第 69 次市政会议上通过了《南京市都
市计划委员会组织章程》，随后很快成立了南京市都
市计划委员会，负责南京的都市规划工作。委员会认
为编制《都市计划》不是短时工作，不可操之过急，
所以应该先行设立一个明确纲目，而繁枝末节的部分
可以随后逐次添加。在这种背景下，南京市都市计划
委员会制定了《南京都市计划大纲》（简称《大纲》）。

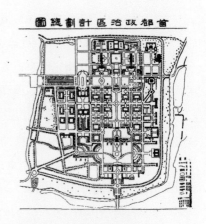

图 7-9　首都政治区计划总图
图片来源: 熊浩,《南京近代城市规划研究》
武汉理工大学, 2003。

主要参与《南京都市计划大纲》编写的有中国著名建筑师冯纪忠先生。

冯纪忠，1915 年出生于河南开封的一个书香世家。1934 年进入上海圣约翰大学学习土
木工程，同班同学有贝聿铭、胡其达等后来闻名世界的建筑大师。1936 年赴奥地利维也纳
工科大学学习建筑专业。1941 年毕业就读博士，并获得了德国洪堡基金会奖学金。1946 年
归国。1947 年进入南京都市计划委员会，从事都市计划大纲的编制。

为编制《南京都市计划大纲》，冯纪忠组织开展了大量南京城市现状调研的规划基础
工作，进行了包括工业现状与建筑现状在内的九大类调查。在对南京现状进行全面调查的
基础上，寻找城市发展的问题，从而预见城市未来的发展，制定规划方案。

冯纪忠受到其在欧洲留学时期接受的西方教育的影响，十分注重建筑法规的确立，并
特别草拟了南京的建筑法规。在冯纪忠的观点中，城市不是逐步实现不变的主观形式或物
质空间体，而应因势利导地使之合理发展，所以不应过于强调古典规划所特有的城市形式，
应该因地制宜、结合城市地理地貌特点，制定合理的相应法规，疏导空间的自由发展。[1]《南
京都市计划大纲》在一定程度上体现了冯纪忠的这些城市规划理念。

《南京都市计划大纲》具有以下几个特点：

（1）不限定规划期限，对"规划方案"可以根据实际情况随时更正。

赵冰，冯叶，刘小⋯. 1947 年《南京都市计划大纲》：冯纪忠作品研讨之五⋯. 华中建筑，2010, 28(8):1-4.

（2）确定了国防计划与城市发展规划并重的原则，将国防建设与城市发展建设中产生的矛盾作为首要必须解决的问题。

（3）对以前历次南京城市规划中所表达的"集中式"分区的规划模式提出了质疑。

（4）更加强调城市发展规模和发展极限等的依据性问题。

《南京都市计划大纲》包括以下八项内容：

（1）范围

以1933年国民政府行政院核定的南京市辖区和1936年并入的汤山区为规划范围，并依此确定城市规划的空间界限。

（2）国防

国防建设须以适应城市水陆空三方城市防御体系，同时不能妨碍都市发展与市民安全等几项规划任务为原则。

（3）政治

规定首都作为全国政治中心，必须划定政治行政区域。

（4）交通

此项规划较为详尽，其中包括：市内交通、对外交通、民用交通、军用交通、铁路、公路、水路交通及空间交通（图7-10）。

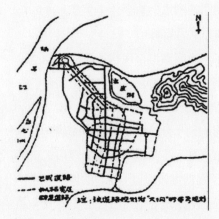

图7-10 《南京都市计划大纲》中的交通规划图
图片来源：南京市地方志编纂委员会，《京城市规划志（上）》，江苏人民出版社，2008:118。

（5）文化

划定文化区域，除兴办学校发展文化教育外，还要重点保护历史古迹。

（6）经济

重新确定工业区、商业区位置，并研究了解工商业可能的发展规模、程度及对城市环境的影响。

（7）人口

预测城市人口增加趋势，研究城市人口密度限制，并依此预测将来居民需要等几项内容。

（8）土地

《大纲》笼统制定了城市分区，但认为仍有需要研究土地重新规划的必要。

　　1947 年编制的《南京都市计划大纲》，引入现代欧洲的城市规划思想，对战前南京都市规划中所采取的城市功能区集中布局的方式提出了质疑，认为城市功能的单一集中布局，在战时更易受到敌方攻击。此外首次提出了城市内应设有教育专区，将城市的规划发展与市民的生活需求相挂钩，尊重城市中"人"的权益，提出城市规划并不是一种固化的方案，而应根据时间的推移、城市情况的变化而变动、改进。制定《大纲》的新工作方法及其中所包含的城市规划的思想，在中国城市规划历史上具有一定意义。

　　由于时局动荡，国共两党陷入内战，完整的《南京都市计划大纲》只完成了大纲编制，就没有再深入落实下去了。

3. 城市行政区域的再划分

　　于 1945 年还都南京后，国民政府随即决定废除汪伪时期所划定的城乡区划，恢复 1937 年南京沦陷前的建制，并增加安德门一区。1948 年 3 月，江宁县的汤水等四个乡镇划归南京市，成为汤山区。1949 年 1 月 22 日又决定在八卦洲、江心洲各建一区。各区设区公所，根据各区的位置、人口等情况分为甲、乙、丙三等。区以下废除汪伪时期设立的"坊"一级，分编保甲以管辖。

　　至 1949 年 3 月南京市各区概况如表 7-1：

表 7-1　1949 年南京市各区概况表

区编号	区公所		区域范围	面积/平方千米	下辖保甲	备注
	等级	地址				
第一区	甲等	珠江路236号	西以中山路为界，南起新街口，北至鼓楼；北以保泰街、泰山路城墙为界；自东水关闸向北至逸仙桥，以河道东岸为界；自逸仙桥至新街口，以中山路为界	8.85	36 保，892 甲	军政中心
第二区	乙等	洪武路仁育堂	西以中正路为界，北起新街口，南至白下路；北以中山东路为界，西起新街口，东至逸仙桥；东南以秦淮河为界，自逸仙桥起，经东关头、淮清桥、四象桥，到内桥转折向北，以白下路为界至中正路交界处	6.34	24 保，647 甲	商业中心

(续表)

| 区编号 | 区公所 | | 区域范围 | 面积/平方千米 | 下辖保甲 | 备注 |
	等级	地址				
第三区	甲等	贡院街	北以白下路沿秦淮河向东经四象桥、淮清桥至东关头为界；东及东南角以城墙为界；自石观音向北以石观音为界，至长乐路向西以长乐路为界，更折向西南新桥以秦淮河为界，至渡船口折向东北，以升州路为界；至马巷向北，以马巷、天青街为东界	2.18	31保，806甲	商业区
第四区	乙等	钓鱼台117号	东以石观音为界，南至城墙，北至长乐路；南、西均以城墙为界；至长乐路西头折向丝市口、新桥，向西沿秦淮河上、下浮桥至西关头为止	2.2	36保，806甲	住户稠密区
第五区	甲等	绒庄巷	东以中山路、中正路、天青路、马巷为界；南以升州路丝市口沿秦淮河向西到西关头为界；西以汉西门、水西门城乡为界；北以草场门、虎踞关、汉口路为界	6.46	35保，969甲	
第六区	甲等	山西路	东以中央门向北库伦路、环湖马路至太平门为界；南自太平门向西沿城墙、泰山路、保泰街，至鼓楼向南折至中山路、汉口路口；转向西至虎踞关、草场门，西、北均以城墙为界	15.1	26保，682甲	风景名胜区、文教区、军政要员及外人住宅区
第七区下关	乙等	商埠街50号	东北自城墙根、东岳庙曲埂，向北经黄土山、朱家圩沿京沪铁路，南折转向西，至运粮河水关桥，再至下关火车站、东炮台、煤炭港、老江口为界；东南以城墙为界；西南以定淮门外三汊河为界；西北以长江为界	3	25保，701甲	水陆交通中心区
第八区浦口	丙等	浦口	东北自三样沟淤塞处起与六合县分界，顺延二样沟向西以三汊河铁路桥为界；沿会通河向西南至贯心埂，折向东南至土地庙，再折向南至砖窑，与江浦县分界	9.85	18保，196甲	水陆码头区
第九区北郊	乙等	燕子矶镇	东自瓜冲起，沿王家边、羊头山、尧化门，以外郭城与江宁县分界；南顺京沪铁路、库伦路向西至中央门，折向西沿城墙至东岳庙为界；西南自东岳庙曲埂向北经黄土山、叶家埂，沿铁路路面向西至运粮河水关桥，直至下关车站、东炮台、煤炭港，以铁路北侧为界；西北以长江为界	180.32	25保，383甲	乡区

（续表）

区编号	区公所		区域范围	面积/平方千米	下辖保甲	备注
	等级	地址				
第十区东郊	丙等	孝陵卫	东南以尧化门、仙鹤门、麒麟门、上旬庄、沧波门、小水关、沿外郭与江宁县分界；西南自小水关沿河道至河水埠转而向北，以横沟为界，至横沟以北鹅房桥，折向西以山头为界；西以环湖马路、太平门、中山门至中山门与中庄之间山头为界；北以京沪铁路为界	71.31	37保，355甲	风景区、农林区
第十一区南郊	不详	中华门外雨花路	北自城墙西南角起，经中华门、雨花门、通济门、光华门至中庄以北山头，以城墙为界；东自山头向东至鹅房桥折向南，沿横沟向南至河边，沿头埠东折，沿河至小水关为界；南自小水关西行经高桥门、上坊桥、夹岗门、周家楼子、南北中村，转向南，至麻田桥折向西，经铁心桥、小苇村、护花村至西善桥，以外郭边界与江宁分界	52	44保，648甲	乡区，古迹众多
第十二区西郊	丙等	上新河	东南自赛虹桥起，经西善桥、格子桥、天保桥、大胜关以河为界，西善桥大胜关一段与江宁分界；西以长江为界；北以定淮门外护城河、三汊河为界	107.1	47保，662甲	乡区
第十三区汤山	不详	汤山	原江宁包括汤水在内的四个乡镇	93.56	10保，161甲	乡区
第十四区	不详	八卦洲	原第九区内的八卦洲	不详	不详	江中沙洲
第十五区	不详	江心洲	第十二区内的江心洲	不详	不详	江中沙洲

表格来源：笔者自制。
资料来源：南京市地方志编纂委员会，《南京建置志》，海天出版社，1994。

其中第十四区与第十五区是 1949 年 1 月，中国人民解放军开进至长江北岸时，国民南京市政府匆忙建立的两个区，辖区各只有一个长江中沙洲的范围。至 1949 年 3 月，南京全市共有 394 保、7 705 甲，人口 114.24 万。

第五节　小结

本章就还都南京后受降仪式这一历史重要事件在南京发生的过程进行了阐述，并对抗战胜利之后，中国政府首都回迁南京及面对经历八年日伪殖民统治而严重破败的城市与倒退的城市文化所展开的再次全面规划进行了论述。

抗日战争这一历史时期对南京城市所产生的影响并不会随着全国抗战的结束而戛然而止，而是在之后的数年左右着南京城市再规划与发展的方向。然而在制定了企图使南京城市复兴规划的同时，国民党再度一手燃起内战的火焰，再度将城市建设中心转移向针对中共军队的布防上，而未能将规划方案全面地付之于行动。

本章总结、论述了 1945 年至 1949 年之间南京的两次较为全面的城市规划方案的内容，力求初步填补南京城市规划发展历史中这一时期的研究空白。

第八章
南京抗战建筑遗产概述

　　基于对抗日战争时期南京城市与建筑历史的研究，提出
"南京抗战建筑遗产"这一概念。南京抗战建筑遗产，是抗
日战争文化的物质承载体，它既符合文化遗产的普遍定义，
又拥有自身特殊的历史含义。人类社会上任何时期产生的任
何建筑，都无法脱离历史、社会与人类活动而独立存在，不
同的历史时期和社会特征都会赋予建筑独特的个性与历史价
值。本书所提出的"抗战建筑遗产"，具体所指为抗战文化
的一种物质载体，是具有视觉效果和现实利用价值的抗战建
筑文化。其同相关文献资料一样，都是对历史的记录方式，
是将记忆实体化呈现的一种手段。研究抗战建筑遗产，是研
究抗战历史、发掘抗战文化的主要方式。

第一节　南京抗战建筑遗产概念与内涵

基于前面章节所述，南京在抗战期间的特殊历史背景，我们可以将以下几类建筑及其附属物划归于南京抗战建筑遗产之列：

（1）与全国抗战过程中重大活动有关、对战局曾产生重大影响的故地与遗迹；

（2）为抗战而修建的各类战时建筑及其附属物，抗击日本帝国主义侵略的过程中所留下的战场遗址、遗迹；

（3）在抗战期间被日伪使用、霸占或遭到日伪破坏的重要建筑及其附属物；

（4）日本帝国主义侵略下沦陷区殖民社会内出现的、特殊时期特有的建筑及其附属物；

（5）中共新四军南京根据地、人民政府旧址；

（6）抗战期间与之后及现代所修建的抗日烈士墓葬及各类纪念抗战时期人物与历史事件的建筑及其相关设施；

（7）与抗战相关历史名人的故居、旧居。

南京的抗战建筑遗产与中国其他地区抗战建筑遗产相比，具有更为鲜明的独特性。首先，它既包括一系列经长期规划、筹备，在国民政府聘请的德国军事顾问指导下建设而成的现代化军事防御设施的遗址遗迹及被改建的中国传统军事防御设施，南京明城墙上的现代军事工事遗址；其次，它包含南京沦陷前日本帝国主义侵略战争的战争罪行及南京沦陷以后日军血腥屠杀、劫掠的罪行的罪证；再次，它包含南京城沦陷后在日伪统治下所产生的新建筑及被迫更替使用功能的原有建筑，体现了在日军及日当局扶持的伪政权下产生的日本帝国主义侵略殖民社会特征；最后，也是最为重要的，它拥有中国军民在沦陷区积极反抗日本帝国主义侵略，争取民族自由与解放的活动的遗址遗存。可以说，南京的抗战建筑遗产承载的是一部完整的中国在日本帝国主义侵略、压迫、残害下奋勇反抗、最终获得胜利的民族史书。从建筑风格上来说，南京抗战建筑遗产中的主要历史建筑属于民国建筑的一部分，具有民国建筑的典型风格，由于位处南京而被赋予了特殊的历史含义，南京军民对日本帝国主义侵略的反抗和牺牲，更给予了这些历史建筑新的历史价值。

所以，本书所提出的南京抗战建筑遗产，是指承载着 20 世纪中国抗日战争这一特定历史时期内南京特殊历史记忆的建筑物、建筑群、建筑环境、战争遗存遗迹、现代新建的纪念性建筑，以及与这段历史时期息息相关的历史名人的故居、旧居、陵墓、纪念性建筑等，而并不是特指代表某一种或某一时期建筑风格的历史建筑。

　　为更深入认识和理解南京抗战建筑遗产，更好地保护与利用南京抗战建筑遗产，在对南京抗战建筑遗产进行定义的同时，亦要对南京抗战建筑遗产的内涵做出明确界定。抗战建筑遗产，首先是依托于抗战文化的。其次，抗战建筑遗产，也是一种文化遗产。同时，抗战建筑遗产与广泛概念中的文化遗产建筑相比，又具有一个特殊时期的特定的内涵和历史的坐标性，符合国家文物保护法中对近代文物保护对象的定义，具有遗址类文物"不完整性"的一般特性，同时它还拥有一定的区域范围性，其所涵盖的内容包括近现代文物、建筑及其附属物。城市抗战历史文化独一无二的载体和中华民族抵抗外来侵略并最终取得胜利的见证，具有时代性、不可再生性、不可替代性，同时还兼有城市符号与历史象征的作用。

　　综上所述，南京抗战建筑遗产内涵是以受到抗日战争影响，在南京留存的抗战时期被日伪霸占的民国建筑、日伪在南京新建的各类型建筑及重要历史事件发生地的遗址遗存为界定，包括战争期间直至现代所建造起来的纪念、缅怀抗战时期历史事件与人物的重要建筑遗存及新建建筑，是不可移动的文物与现代建筑。同时，南京抗战建筑遗产还包括这些不可移动文物及现代建筑所体现的历史、文化背景和演变过程。所以南京抗战建筑遗产既承载着中华民族的一段抗争历史与中国人民的集体记忆，又彰显出人文价值和一座城市的个性与文化品位。

第二节　南京抗战建筑遗产的特征

基于南京抗战历史与笔者定义的南京抗战建筑遗产概念，笔者总结出 400 余处可作为南京抗战建筑遗产，经过实地调研发现其中现存 332 处遗址遗存。以此为依据，总结南京抗战建筑遗产的特征。

南京抗战建筑遗产特征，是指构成南京抗战建筑遗产的各类建筑的总体特征。从这个宏观层面进行归纳，南京抗战建筑遗产的特征总结为：

1. 建筑种类的多元化特征

划定南京抗战建筑遗产范围的依据，是该历史建筑处于南京抗战的历史阶段内，并对南京抗战历史上的历史人物、历史事件、历史活动造成影响或被其影响，或是影响南京抗战历史进程的重大历史事件发生地，及相关历史事件与民族情感的储存场所。所以南京抗战建筑遗产并不局限于某一个建筑类别，也不会局限于某个始建时期之内，同时也会与属于其他类型文化的建筑遗产存在交叉，也就造成了组成南京抗战文化遗产的建筑种类具有多元化的特征。

1）同时拥有历史建筑与现代建筑

南京抗战建筑遗产作为一种文化遗产的物质承载，按其建造时间进行分类可分为 1949 年前建成的亲历过历史的建筑及 1949 年至今建成的纪念抗战时期重大历史事件的现代建筑两大类。

2）建筑规格高、数量大

南京在抗战前后直至解放前均为中国首都，在抗日战争时其是华中伪政权的首都城市，造成南京所拥有的抗战文化遗址遗迹不论是在规格、数量上还是在种类上，都与南京在抗战时期的地位与影响形成正比。经笔者调查证实，现存的南京 332 处现存抗战建筑遗产中，拥有市级以上文物保护级别的就有 205 处，占总数的 61% 以上，这些历史遗迹不论从它们的历史地位、所发挥的历史作用、还是名人效应上，毫无疑问都具有非常重要的文物价值。

3）类型丰富

南京抗战建筑遗产因各类建筑建造时间不一、功能各异，建筑建成之初质量参差不齐，所以时至今日，其各类别建筑现状条件差异很大。笔者经过对历史资料的调查梳理与统计，将南京抗战建筑遗产分为十个大类，它们分别是①南京保卫战遗址遗迹；②南京大屠杀遇难同胞殉难地与丛葬地纪念设施；③南京沦陷初期难民所旧址建筑；④中共抗日活动南京旧址与遗址建筑；⑤抗日英雄墓葬及纪念设施；⑥抗战名人故居与旧居建筑；⑦日伪建筑旧址与遗址遗迹；⑧侵华日军"慰安所"旧址建筑；⑨日侨、日俘集中管理所旧址；⑩日伪时期的南京民国建筑。现存 10 大类共 330 处可归为南京抗战建筑遗产之列的建筑、建筑群及遗址遗存，不仅种类非常丰富、数量众多，还具有重要的历史价值与意义，是南京城市文化中不可或缺的一部分。

2. 在重大历史事件影响下波澜曲折的时间分布特征

南京抗战建筑遗产的出现、存在与发展受到重大历史事件的影响，时间分布可以归为五个阶段及一个时间节点：

（1）第一阶段（1927—1937 年），界定时期上限的重大历史事件是国民政府开始在南京稳定执政，并着手进行城市的现代化规划，界定时期下限的是侵华日军兵临南京城下，南京城市攻防战一触即发。

（2）时间节点（1937 年 12 月），界定时间节点的重大历史事件是南京保卫战的爆发。确定时间节点的重要原因是在这一时间节点上南京城市内外的各类建筑在侵华日军的破坏下急速减少。在这个时间节点之后，南京城内仍保留下来的质量较高的政府建筑及私人建筑几乎全部因被日伪霸占而改变了其功能，南京的工业、商业及社会公共事业等发展全面倒退。

（3）第二阶段（1937 年 12 月 23 日—1940 年 3 月 29 日），界定时期上限的重大历史事件是南京沦陷后侵华日军及日当局匆忙扶植起第一届南京伪政府，界定时期下限的是伪维新政府被日当局遗弃而覆灭。

（4）第三阶段（1940 年 3 月 30 日—1945 年 9 月 9 日），界定时期上限的重大历史事件是汪伪国民政府成立，界定时期下限的是日本政府无条件投降，中国抗日战争获得全面胜利后，中国政府于南京受降。

（5）第四阶段（1945 年 9 月 9 日—1949 年 4 月 23 日），界定时期上限的重大事件是还都南京，界定时期下限的是南京解放。

（6）第五阶段（1949 年 4 月 23 日至今）日本投降之后由民众自发建立及政府主持陆续建造起来的，纪念抗战时期重大历史事件及重要历史人物的新纪念性建筑，虽然始建事件在抗日战争结束之后，但是其仍是南京抗战时期发生的重要历史事件的物质承载。

3. 集中于老城区、逐渐向郊县发散的空间布局特征

在笔者实地调研后证实，现存的 330 处南京抗战建筑遗产中，有 247 处位于南京明城墙所圈定的南京老城区内，如表 8-1 所示。这既与南京抗战建筑遗产主要由原国民政府于战前所建的政府机关建筑与城区内高质量的建筑组成有关，也与在中共新四军的领导下南京郊区区域内抗日武装力量积极活动，日伪力量无法发展至南京明城墙之外的区域、只能龟缩在主城区内有关。位处南京郊县的抗日建筑遗产，除去零星几处位于道路及铁路交通要道沿线与日军掠夺中国矿藏地点上的日军建筑外，均为中共新四军根据地旧址、遗址及与日伪军进行激烈战斗的纪念地。

表 8-1　南京市各区县抗战遗址分布统计表（2020）

区县 ＼ 级别	国家级	省级	市级	区县级	文物点	合计（处/点）
玄武区	18	11	22	4	10	65
秦淮区	6	9	15	12	13	55
鼓楼区	21	26	44	13	14	118
建邺区	3	2	1	2	1	9
栖霞区	2	0	3	3	3	11
雨花台区	2	2	2	0	3	9
浦口区	1	1	1	5	3	11
江宁区	0	2	7	6	7	22
六合区	0	0	2	11	4	17
溧水区	0	0	0	0	5	5
高淳区	0	1	0	3	4	8
总计	53	54	97	59	67	330

表格来源：笔者自制

　　所以，从空间布局上来看，南京抗战建筑遗产具有集中于老城区、逐渐向郊县发散的特征。

4. 特殊历史时期中西方文化与建筑风格交融的营造特征

　　南京抗战建筑遗产的主要建筑艺术价值体现在抗日战争爆发之前民国政府所建成的数量众多的高质量建筑之上。南京的民国建筑是中国近现代建筑的重要组成部分。南京的民国建筑风格主要有折中主义、古典主义、传统中国宫殿式、新民族形式、传统民族形式及现代派六种，兼容中外融会南北，堪称中西方文化与建筑风格交融的缩影，具有民主共和体制初期在中国出现的中西方文化与建筑风格交融的营造特征。

5. 蕴涵抗日战争时期多元政治文化特征

　　一般认为抗战文化是指 20 世纪三四十年代一切为抗战服务和于抗战有利的文化[①]。但这种概念描述仅包含了抗战期间中国军民抗击侵华日军而产生的文化，而忽视了在日占区处于日伪统治下的特殊社会形态所产生的特殊文化。这两方面的文化同时存在，并互为因果关系、相互影响。中国抗战时期，由于各方势力的不同政治主张而产生了不同的文化，同时不同的文化也为不同的政治目的服务。存在于日伪统治之下的沦陷区殖民社会文化是最真实的帝国主义日本侵略中国的证据。其应与中国军民抗击侵略而产生的文化一起成为中国抗战文化的两个重要组成部分，而不应被割裂、被划出抗战文化的范畴。

　　同时必须明确的是，南京抗战文化是以民族大义为前提，以新民主主义文化为主流，以共产主义文化为中坚力量，以沦陷区文化为侵华日军历史罪证的，由多元政治基础组成的民族文化。南京抗战建筑遗产即为南京所具有多元政治文化特征的抗战文化的物质载体。

① 唐正芒. 近十年抗战文化研究述评[J]. 湘潭大学学报（哲学社会科学版），2007,31(4):123-131.

第三节　抗战建筑遗产在南京城市历史和文化中的价值

南京抗战文化中的建筑遗产是中华民族抗日战争这段悲壮、同时又无比辉煌的历史的亲历者，是第二次世界大战中国战场上中国人民为世界反法西斯战争做出巨大贡献并最终取得胜利的见证者，是世界人民反对侵略与战争、要求平等与和平的参与者，同时也是日本帝国主义侵略暴行的历史罪证。南京抗战建筑遗产，既是历史遗存又与现代南京的城市生活息息相关，是城市文化资源的重要组成部分，与市民的文化生活密不可分。深入了解南京抗战建筑遗产、保护其历史遗存、挖掘其珍贵价值，将成为现代南京城市建设的重要依据、基础与资源。

对于南京城市来说，抗战建筑遗产的重要价值可归纳为以下 4 点：

1）铭记抗战历史，构建南京城市记忆。

1937 年 7 月抗日战争全面爆发，是南京现代化城市建设陷入停滞、成为抗日正面战场的重要历史节点。南京全城三分之一的房屋被侵华日军焚毁，约 30 万同胞死于侵华日军的暴行之下。在长达八年的沦陷时期内，南京是侵华日军中国派遣军司令部所在地、侵华日本政府所扶持的华中伪政权中央政府所在地，是中国华中沦陷区内受到日本帝国主义殖民统治与破坏性资源掠夺最为严重的地区，同时也是华中抗日敌后斗争的中心地带。这是一段中华民族遭受灾难最为严重的时期，同时也体现出中华民族在残酷战争中百折不挠的抗争精神。

抗战时期的南京历史，是中国抗战史中必不可少的重要组成部分。在强敌迫害与严密监控之下，中华民族在南京仍产生了伟大的抗战精神，弘扬了优良的爱国主义传统，形成了丰富多彩的敌后抗战文化，它们属于南京，也属于整个中华民族。

研究与保护南京抗战建筑遗产，是对南京城市发展历史的再认识，是对中华民族抗战历史与精神的铭记，也是构建中华民族抗战集体记忆与南京城市记忆的重要方式。

2）保护与继承优秀文化遗产，促进社会文明。

抗战文化遗产是中华民族抵抗侵略争取和平的历史见证，同时具有历史价值、精神价值、研究价值、艺术与欣赏价值。加强抗战文化遗产的保护，有利于保护历史文化，给后人留下宝贵的文化财富，促进精神文明建设与促进南京城市经济发展。

《中华人民共和国文物保护法》(下文简称《文物保护法》)总则指出，加强对文物的保护，是为了"继承中华民族优秀的历史文化遗产，促进科学研究工作，进行爱国主义和革命传统教育，建设社会主义精神文明和物质文明"，受国家保护的文物包括：

（1）具有历史、艺术、科学价值的古文化遗址、古墓葬、古建筑、石窟寺和石刻、壁画；

（2）与重大历史事件、革命运动或者著名人物有关的以及具有重要纪念意义、教育意义或者史料价值的近代现代重要史迹、实物、代表性建筑；

（3）历史上各时代珍贵的艺术品、工艺美术品；

（4）历史上各时代重要的文献资料以及具有历史、艺术、科学价值的手稿和图书资料等；

（5）反映历史上各时代、各民族社会制度、社会生产、社会生活的代表性实物。

南京抗战文化中的建筑遗产其内容属于国家文物的范畴，与重大历史事件、革命运动或者著名人物有关，具有较高的历史与艺术价值，反映抗战时期的社会制度与社会生活，具有重要的科研与教育价值，是传播历史、文化知识的必要媒介。

综上所述，保护与开发南京抗战建筑遗产的最终目的，旨在铭记历史、缅怀先烈、传承民族文化、珍爱和平、开创未来，促进社会文明。

3）警示世界，加固战后和平主义的基石。

抗日战争期间，南京是中国遭受日本帝国主义侵略和残害最为严重的城市，日本帝国主义侵略者将他们对中国人民的民族主义仇恨宣泄在无辜的南京市民及放弃抵抗的中国官兵身上，制造了不亚于纳粹德国种族主义大清洗的震惊世界的南京大屠杀惨案。

然而作为"二战"战败国的日本，近年来由于其右派政客掌权，开始将自身定位在"二战受害者"的可怜位置上，屡屡控诉美国于广岛与长崎投下的两颗原子弹对日本这个国家与日本国民所造成的伤害，却从来避免论及其遭受原子弹轰炸的原因及日本帝国主义侵略军在以中国为中心的亚洲战场上所进行的暴虐侵略。其国民所遭受的苦难，正是其自身帝国主义侵略所埋下的苦果。而日本右翼政府在要求美国对投放原子弹道歉的同时，却拒绝对其侵略中国领土、掠夺中国资源、残害中国人民的行径进行忏悔，矢口否认其侵略部队占领南京后，在城市内、外大规模屠杀中国战俘与普通市民的暴行。

作为历史亲历者的南京抗战建筑遗产，以实际存在的遗址、遗迹、文献资料、幸存者叙述等，向世界印证着这段历史的真实性。要避免战争、争取世界和平，就必须先正视历史。南京抗战建筑遗产拥有足以申报世界警示性文化遗产的丰富历史资源与深刻文化内涵，它们在体现对历史的尊重的同时，也警示着世界"不要战争、要和平"。

4）明确南京城市文化定位，促进城市科学发展。

抗日战争期间，南京在沦陷之前是国民政府首都，沦陷时为华东日伪政权的中心，抗战胜利后国民政府还都于此，南京作为国民政府及日伪政权的政治权力中心城市贯穿整个抗战时期，因此在南京留有丰富的抗战时期的旧址、遗址及遗迹，南京也成为全国抗战文化最为集中、特点最为鲜明的城市之一。保护与开发南京抗战文化中的建筑遗产，可以彰显南京在中国近代史中的地位，体现南京城市不屈与抗争的精神，展现中国共产党为取得抗战胜利所做出的巨大努力与起到的重要作用。

南京作为长江中下游重要城市之一，东部地区重要的中心城市、国家历史文化名城、全国重要的科研教育基地和综合交通枢纽，其未来发展应该找寻新的模式与思路，更需要一个相应的文化载体来支撑。抗战文化蕴含着南京的文化资源，应该在南京城市未来的发展规划里扮演不可替代的重要角色。保护南京抗战建筑遗产并合理地进行开发与利用，关系到南京城市文化的建设与创新，将成为提升市民的城市认同感、推动南京城市科学发展的重要内容。

综上所述，保护、开发、利用好南京抗战建筑遗产，无论在南京城市建设还是在市民素质提升上，都会起到举足轻重的作用。保护南京抗战建筑遗产，是对历史的尊重，既能还原历史，又能通过历史搭建合作交流的平台，促进国际交流；开发与利用南京抗战建筑遗产，能助力提升市民素质、推动历史认知、促进文化传承，在城市新区快速发展的同时，为中心老城区的再发展提供新的资源与依据。

第四节　小结

南京抗战文化产生于帝国主义日本发动的侵略战争及全国军民反抗侵略所进行的反侵略战争之中，南京抗战建筑遗产并不局限于其始建年代，也不局限于始建人，它是呈现历史真实性的历史建筑与现代建筑的集合体。相较于同时期的其他抗战文化名城，南京在抗战前、中、后期均为中国的政治、军事焦点城市，南京抗战建筑遗产更为完整地贯穿着整个中国抗战历史，具备明显的时代特征和脉络清晰的时间与空间分布属性。南京抗战建筑遗产在中国抗日战争文化中同时具备典型性与特殊性。

时至今日，南京抗战建筑遗产的体系还未建立，虽然其中一部分建筑点已经得到较好的保护与开发利用，如颐和路民国公馆区的第二十二片区，已经开发成为民国风情旅馆群，片区内的小别墅仍发挥其主要的居住功能，但有更多的抗战建筑遗产处于被社会遗忘、缺少保护与修缮的境地，在城市发展中面临被拆除的危险。为保护这些建筑，保持南京抗战建筑遗产的完整性，应尽快建立起南京抗战建筑遗产体系，将南京抗战建筑遗产纳入体系，在加大对体系内所有建筑点的保护力度的前提下，逐一进行有针对性的保护与再利用的研究。

第九章

结语

第一节　主要观点与结论

1. 南京保卫战对南京城市建设具有重要意义

在抗日战争初期正面战场上最为重要的战争之一——南京保卫战对于南京城市建设具有重要影响。中国政府自 1932 年起进行规划并实施的以南京为保护中心与重心的华东军事大防线建设，不仅将南京原有的明城墙进行了现代化军事改造，还在城市内外建造起规模庞大的军事设施，使得时至今日南京拥有全国数量最多、种类最为丰富、体系最为完整的近代军事防御体系遗址遗迹。

同时，南京保卫战的爆发造成南京明代城墙严重破坏，继而由于日伪政权的无权与无能而缺乏修缮，进一步造成大面积垮塌，缺失城墙段的部分也成了后来南京城市现代化发展向原明城墙外扩展的路径。

2. 从城市与建筑的角度较为完整地呈现南京沦陷八年城市历史

一座城市的变化与发展同其所处的时间与空间环境密不可分。南京沦陷的八年时间，城市空间格局基本未发生重大改变，这与沦陷后的政治环境密不可分。而同时南京城市内外为数众多的建筑的权属与功能在沦陷期间的转变，又充分呈现了沦陷时期侵华日军在南京进行高压殖民统治及中共中央积极组织抗日活动逐渐保卫南京城的历史。笔者以城市区域功能的变化及城市历史的物质承载即建筑遗址遗存为着眼点，尝试较为完整地对南京沦陷八年间城市历史进行归纳与阐述。

3. 南京抗战建筑遗产是南京城市和建筑文化遗产的重要组成部分

抗日战争时期的历史是南京城市历史中不可缺失的一环，是定义与研究南京抗战建筑遗产的重要依据。南京抗战建筑遗产是南京城市和建筑文化遗产的重要组成部分。它由南京民国建筑、南京红色遗迹、南京保卫战战场遗迹、侵华日军南京暴行历史罪证等笔者归纳总结出的十大类共 330 处建筑遗址遗存组成，拥有多元化的种类与庞大的数量，是完整呈现南京城市历史必不可缺的一环。由于南京抗战建筑遗产拥有良好的再利用价值，在南京城市文化遗产保护和利用中必能发挥其应有的作用。

第二节　未来研究展望

　　对于抗战期间南京城市与建筑历史的研究，笔者主要基于民国政府机构的历史资料、国内外的相关历史资料、国内外学者的研究成果及实地调研时所获得的相应信息，而对于南京沦陷时期日军及日当局的城市规划等相关历史资料的收集、翻译工作仍处于起步阶段。南京沦陷期间各界伪政府均处于在侵华日军及日当局的直接控制之下，这一时期的日方文献与资料大量存储于日本相关学术研究机构中。笔者研究过程中所翻译的日本亚洲历史资料中心（https://www.jacar.go.jp）网站上所提供的日本陆军战史中大东亚战史中文件《南京附近日军使用建筑物调查书 1946 年 1 月 5 日》的内容便是日军战败后自行对其军队在南京范围内所使用、霸占、建造的建筑资产的清算，从这份资料中可以清楚地看到南京沦陷期间侵华日军对中国资产的侵占状况。而笔者在查找南京沦陷期间城市规划资料的过程中，曾听闻日当局做过一份针对南京西起五台山、东至太平路的"日人街"规划，但在资料查找及研究中至今未能在国内的资料库中寻得这份规划书。在此后的研究工作中，增加对抗日战争南京沦陷时期日方文件的研究，可以从另一视角挖掘南京抗战建筑遗产的深层价值。

　　同时，基于对南京抗战历史的研究，笔者定义南京抗战建筑遗产的概念、对建筑遗产内容进行分类，并进行了实地调研，将在接下来的研究过程中展现南京抗战建筑遗产的概况。但因人力、物力的局限，尚不能完整展现南京抗战建筑遗产的全貌，南京抗战建筑遗产涵盖甚广，仍有笔者未能查找、定义出来的抗战建筑遗产点，在已经定义出的抗战建筑遗产点中一定也存在着可以再深入挖掘其各类价值的历史建筑。